现代控制理论

孙希明　主编
杨　斌　副主编

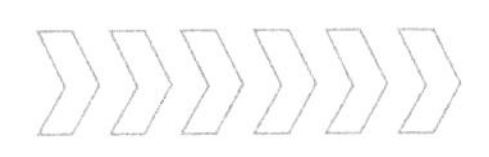

\+

XIANDAI KONGZHI
LILUN

·北京·

内 容 简 介

本书是为适应国家对高等院校自动化及相关专业人才培养的需要，配合高校教育教学改革的进程，编写的一本符合自动化专业培养目标和教育教学改革要求的新型自动化专业教材。本书比较全面地阐述了现代控制理论的基本概念、分析方法及其应用，主要介绍了状态空间描述的建立、状态方程的解、能控性和能观测性、稳定性分析、状态反馈和状态观测器等内容。本书结合现代控制理论的基本概念和分析方法的讲解，应用 MATLAB 及控制系统工具箱进行计算机辅助分析和设计，通过例题、习题介绍了 MATLAB 在控制系统分析、综合及仿真中的应用。

本书可作为高等院校自动化、电气工程及其自动化、机械设计制造及其自动化等相关专业本科生的教材，也可供从事自动化及相关专业的科技人员参考。

图书在版编目（CIP）数据

现代控制理论/孙希明主编；杨斌副主编．—北京：化学工业出版社，2021.12（2023.1重印）

高等学校自动化专业系列规划教材

ISBN 978-7-122-40043-7

Ⅰ.①现… Ⅱ.①孙…②杨… Ⅲ.①现代控制理论-高等学校-教材 Ⅳ.①O231

中国版本图书馆 CIP 数据核字（2021）第 206226 号

责任编辑：郝英华　　装帧设计：史利平

责任校对：田睿涵

出版发行：化学工业出版社（北京市东城区青年湖南街 13 号　邮政编码 100011）

印　　装：天津盛通数码科技有限公司

787mm×1092mm　1/16　印张 15½　字数 382 千字　2023 年 1 月北京第 1 版第 2 次印刷

购书咨询：010-64518888　　售后服务：010-64518899

网　　址：http://www.cip.com.cn

凡购买本书，如有缺损质量问题，本社销售中心负责调换。

定　　价：49.00 元

前　言

随着科学技术的迅速发展，尤其是计算机技术的成熟和普及，使得现代控制理论在工业、航空航天、交通运输等许多领域发挥着越来越重要的作用。因此，国内外的许多大学都把现代控制理论列为自动化和相关专业的理论基础课程。

本书是以编者多年的教学讲义为基础，广泛参考国内外优秀教材，集全体参编者多年教学经验而总结出来的集体智慧结晶。本书包括了教学讲义中的大部分内容，同时又丰富了许多问题的不同解法，加入了较多的例题和习题，便于学生自学。鉴于近年来 MATLAB 在自动化等专业教学中的广泛应用以及为控制系统分析和设计带来的极大便利，为了培养学生现代化的分析和设计能力，在每一章都配备了一节利用 MATLAB 进行控制系统的理论分析、综合和应用设计的内容，以适应现代化教学发展的需要。最后，为了让学生更好地把握每一章的重点内容，每一章都进行了小结并配有相关习题，在书末给出了习题的参考答案以便于教学。

全书共 6 章，相应的讲课学时不超过 32 学时（不包含实验学时）。各章节的基本内容是：第 1 章绪论，简单回顾了控制理论和实践发展史，介绍了现代控制理论包括的主要内容以及现代控制理论的应用；第 2 章较详细地阐述了控制系统的状态空间描述、建立状态空间描述常用的几种方法以及状态空间描述的三种标准形实现；第 3 章讨论了线性系统状态方程的求解方法，以及线性连续定常系统的离散化问题；第 4 章着重讲述了线性定常系统的能控性和能观测性的定义、判别方法及其对偶定理，系统的能控标准形和能观测标准形以及系统的结构分解；第 5 章介绍了控制系统稳定性的基本概念，在此基础上，着重阐述了李亚普诺夫稳定性理论，特别是李亚普诺夫第二方法及应用；第 6 章讲述了线性反馈控制系统的基本结构、系统的极点配置以及状态观测器的设计。

本书配套电子课件可提供给有需要的院校使用，请发邮件至 cipedu@163.com 索取。

本书由孙希明任主编，杨斌为副主编。全书分工如下：第 1 章由孙希明编写，第 2 章由孙希明、杨斌编写，第 3 章由汪锐编写，第 4 章由夏卫国编写，第 5 章由杨斌编写，第 6 章由潘学军编写。全书由孙希明、杨斌统稿和审阅。在编写过程中，参编者多次召开研讨会，交流教育教学经验和体会，完成了稿件的交叉审阅，使得全书做到了内容全面、符号统一、格式一致。在此对化学工业出版社、大连理工大学教务处、大连理工大学电子与信息工程学部等单位给予的大力支持，表示衷心感谢。

由于编者水平有限，书中难免有遗漏和不妥之处，敬请广大读者批评指正。

编者

2021 年 10 月

目　录

1　绪论

2　控制系统的状态空间描述

3　线性系统的状态空间运动分析

4 线性系统的能控性和能观测性

5 李亚普诺夫稳定性分析

6 线性定常系统的综合

部分习题参考答案

参考文献

1 绪论

1.1 控制理论和实践发展简史

自动控制在任何工程和科学领域都是必不可少的。在宇宙飞船、机器人系统、现代制造系统、工业系统中，自动控制都是其重要的组成部分。

18世纪，詹姆斯·瓦特（Jams Watt）为控制蒸汽机转速而设计的离心调节器，被公认为自动控制领域的第一项重大成果。在控制理论发展初期，迈纳斯基（Minorsky）在1922年研制出船舶自动控制器，并且证明了如何从描述系统的微分方程中确定系统的稳定性。在1932年，奈奎斯特（Nyquist）提出了一种根据对稳态正弦输入的开环响应来确定闭环系统稳定性的简洁方法。

控制理论的第一个发展高潮出现在第二次世界大战期间，火炮系统、飞机自动驾驶系统、导引系统无一不对控制精度和系统稳定性提出了更高的需求。这促使工程师和科学家对已有控制技术和控制手段进行拓展，正是这一时期大量基于数学和分析的设计方法的诞生，使控制科学由之前依赖于"试凑法"的"手艺"发展为一门严谨的工程科学。20世纪40年代，频率响应法，特别是由伯德（Bode）提出的伯德图法，为工程技术人员设计满足性能要求的线性闭环控制系统，提供了一种可行的方法。20世纪40年代和50年代，许多工业控制系统采用PID控制器去控制压力、温度等。20世纪40年代末到50年代初，伊凡斯（Evans）提出并完善了根轨迹法。

频率响应法和根轨迹法是经典控制理论的核心。由这两种方法设计出来的系统是稳定的，并且能够或多或少地满足一组独立的性能要求。一般说来，这些系统是令人满意的，但它不是某种意义上的最佳系统。从20世纪50年代末期开始，控制系统设计问题的重点从设计许多可行系统中的一种系统，转变到设计在某种意义上的一种最佳系统。

第二次世界大战结束后，在美苏军备竞赛的国际背景和电子计算机投入使用前提下，控制理论迎来了第二次发展契机。具有多输入和多输出的现代设备变得越来越复杂，因此需要大量的方程来描述现代控制系统。而经典控制理论只涉及单输入-单输出系统，无法很好地处理新出现的控制任务。大约从1960年开始，数字计算机的出现为复杂系统的时域分析提供了可能性，因此，利用状态变量、基于时域分析的现代控制理论应运而生。现代控制理论建立在微分方程组时域分析的基础之上，基于实际控制系统的模型，所以现代控制理论使得控制系统的设计变得比较简单，从而适应了现代设备日益增加的复杂性，同时也满足了军事、空间技术和工业应用领域对精确度、质量和成本等方面的严格要求。

这段时期诞生了控制理论史上一系列里程碑式的杰作——卡尔曼（Kalman）滤波器、贝尔曼（Bellman）动态规划理论、庞特里亚金（Pontryagin）的极大值理论。其中，卡尔曼滤波器与维纳（Werner）理论中的最优线性最小二乘滤波器相比，它不受平稳随机过程假设以及求解积分方程等限制，在计算机上的实现也同样更加方便易行；而动态规划理论和极大值原理则为包括美国阿波罗计划和苏联航天计划在内的大量空间运载器的成功设计提供了理论基础。从1960年到1980年这段时间内，不论是确定性系统和随机系统的最优控制，还是复杂系统的自适应和学习控制，都得到了充分的研究。从20世纪80年代至今，现代控制理论的进展主要集中在鲁棒控制及相关的课题上。

随着人类对外太空的不断探索和信息时代的到来，现代控制理论又有了新的推动力。为空间探测器和精密芯片的加工制造设计复杂的、高精度的控制系统已成为目前的迫切需要。对于航空航天工业，既要减轻卫星等飞行器的质量，又要对它们实施精密控制；对于芯片制造，目前国际领先的加工精度已达到7nm，并且还在朝着更高的精度不断发展。正是基于上述需求，最近几十年来，由李亚普诺夫（Lyapunov）和迈纳斯基等人提出的时域方法受到了极大地关注。

1.2 现代控制理论的主要内容

在半个多世纪的发展过程中，针对形形色色的控制问题，控制理论产生了如下所述的主要分支：

（1）最优控制

20世纪中叶，在航空航天技术的需求和计算机迅猛发展的双重推动下，工程师在设计复杂控制系统时，把最优性作为重要的性能指标。然而，当时的变分法不成熟，不能完全解决这类优化问题，美国学者贝尔曼所提出的“动态规划”和苏联学者庞特里亚金等人所提出的“极大值原理”，有效地解决了这类优化问题，从而推动了最优控制的发展。他们对原有的变分法作了进一步的发展和完善，为研究最优控制问题提供了有效的理论工具。半个多世纪以来，除了在过程控制上的广泛应用，最优控制在经济建设、国防军备以及管理科学等诸多领域也发挥着重要作用。

（2）自适应控制

自适应控制为一类模型参数、模型结构以及环境变量都充满不确定性的控制系统提供了一种自适应的控制机制，以达到预期的控制效果。在工程实践中，工件载荷的突然变化、零器件的老化、不同工况的温湿度变化都会导致不确定因素的产生。相应地，自适应控制器可以定义为具有可调参数以及相应的参数调节机制的控制机构。也正是由于参数调节机制，这种控制器常常是非线性的，具有一种特殊的结构。作为控制科学中一个发展较为成熟的理论分支，自适应控制器在机器人、汽车、人造心脏等场景都有典型的应用范例。

（3）非线性控制理论

相较于线性系统，在非线性系统中不仅叠加定理不再成立，分析其行为和性能所需要的数学工具也更加繁冗。此外，将非线性系统在某一稳定点处线性化的方法只能描述其在特定的稳定状态附近的行为，并且系统模型在线性化后会丢失原系统的动力学信息。不仅如此，极限环、混沌、有限逃逸时间、次谐波和谐波震荡等特定的非线性现象只能用非线性模型有效描述。因此，非线性系统控制理论的产生便十分必要了。

(4) 鲁棒控制理论

1972 年，鲁棒控制的概念一经提出就引起了学术界的广泛关注。通常情况下，鲁棒控制的目的在于评估被控对象模型的不确定性，并对在某些特定界限下达到预定的控制目标所留有的自由度做出估计，主要解决系统存在模型不确定性和外界干扰时如何设计控制器使得相应的闭环系统具有期望的性能。在几十年的发展过程中，鲁棒控制理论逐渐形成了几个完整的主流分支：Lyapunov-Krasovskii 鲁棒稳定性理论、H-Infinity 理论、结构奇异值理论等。

(5) 系统辨识

对于复杂的控制系统，我们无法从系统的机理入手得到其数学模型，因此引入了系统辨识的方法。它的理论前提是：系统的输入输出数据中蕴含着系统的动态特性，因此可以采取一定的数学手段从中提炼出系统模型的信息。系统辨识的主要思路是：在一定条件下对系统施加典型激励信号并记录所获得的输入输出数据，再借助最小二乘法、梯度校正法等数学工具进行处理，估计出控制系统的数学模型。

1.3 现代控制理论的应用

理论的诞生和发展，究其本源，是从实践中得来的；而成熟的理论又会反过来指导实践。对于控制理论来说也不例外，在接近一个世纪的发展过程中，工程项目的实际需求也往往是其向前发展的首要推动力。

制造一款能够模仿人类行为的机器人是近数十年来无数杰出工程师孜孜不倦的追求，波士顿动力公司研发的 ATLAS 机器人就是其中翘楚，从 2013 年 7 月拖着长长的电源线、蹒跚前行的婴儿碎步，到 2016 年 2 月展示的矫健的步伐，再到 2019 年 9 月可以从容地表演跑酷、后空翻，乃至于体操等高难度动作，ATLAS 的表现远远超出了人们对以往机器人的认知。与广泛用于工业的专用机器人不同，ATLAS 追求的是功能上的稳定性，而非执行任务时分毫不差的精确度。为此，工程师运用了线性时变 LQR（Linear Quadratic Regulator）来设计稳定轨迹，从而简化了机器人的运动学模型。通过将最优 LQR 与机器人的瞬时动态、输入以及接触约束整合为一个 QP（Quadratic Program）问题求解，工程师不仅得出了 LQR 的稳态性质，还保持了基于 QP 问题的控制构造所带来的一致性。正是后者确保了机器人“身体”的动作可以通过多种方式追踪和控制。最后，为了使上述理论能够在真实的物理系统中行之有效，工程师们又设计了一种主动集（active-set）算法，从而可以在不到 1ms 的时间内求出 ATLAS（68 个状态，28 个输入）的有效解。

现代航空实践中，运载火箭的每一次发射都要付出巨大的时间和经济成本，这无疑阻滞了航天航空工业快速发展及其商业化进程。而可重复使用的运载火箭在完成发射任务后，其全部或部分组件能够返回指定的降落区，经过相对简单的检修维护便可再次投入使用。2010 年，美国 SpaceX 公司推出采用伞降回收方案的第一代猎鹰九号火箭，但最早的两次试验均宣告失败。随后，在 2015 年推出了采用垂直起降方案的第二代猎鹰九号，并首次成功实现了运载火箭一子级垂直回收和重复利用。火箭垂直软着陆制导问题属于典型的约束落角、落速、落点位置的制导问题，其所采用的控制算法是凸优化制导。凸优化能够以较高的效率有效处理各种约束。为使火箭在回收时精确着陆，关键在于控制诸多偏离变量。具体而言，在着陆前的瞬间要求至少有 99%的偏离变量值符合要求，否则将会导致着陆失败。目前，以凸优化制导算法为理论基础的运载火箭垂直软着陆方案已经成为广泛使用的主流技术。

我们的日常生活也离不开现代控制理论，从20世纪50年代末开始，随着国家电网的电力系统发展和单机容量的增大，电力工作者发现基于古典控制理论设计的工业装置不能很好满足日益复杂的电力系统对振荡抑制以及稳态电压调节精度等方面的要求，面向更为复杂的控制问题更是如此。在诸多具有代表性的方法中，线性最优控制受到了广泛关注，这是现代控制理论中最优控制领域的一个重要分支。其中应用最广的是线性二次型控制，现已应用于电力系统的控制中，为生产和生活提供稳定的电力支持。

在军事科技方面，现代控制理论也发挥着重要的作用。作为现代陆军的主力装备，我国火箭军使用的反坦克导弹是现代陆军作战的主力装备之一，具有精度高、威力大、射程远、结构简单、造价低廉、使用方便等优点。为了满足反坦克导弹对作战的需求，提高导弹对复杂环境的适应能力和对目标的毁伤效能，就需要提高导弹导引控制的精度和适应性。随着现代控制理论在工程中的广泛应用，导弹末端导引和制导控制一体化设计得到了快速的发展，对于提高导弹武器系统制导精度、实现导弹武器一体化设计具有深刻意义。鲁棒控制理论在应对系统不确定性和外部干扰时具有独到的优势，其中滑模变结构控制的研究较为成熟，对系统的参数摄动和外界干扰具有良好的适应性，能够有效提高系统的鲁棒性，已经成功应用于部分战术导弹的自动驾驶仪中。

随着现代科技的不断进步和人们生活水平的不断提高，无人机已经得到了很大的发展，开始进入生活的方方面面，并有了许多应用，包括对民用建筑（如桥梁和高层建筑）的结构健康监测，清洁太阳能电池板以提高发电效率和飞机目视检查。诸多的应用场景中，无人驾驶飞机都要求具有很多的准确性和抗干扰性，对无人机的飞行控制提出了更高的要求。中国的大疆无人机公司针对不同的使用场合开发多种系列产品，在其控制系统设计中最基础的就是使用现代控制理论对飞行器进行模型构建。

控制系统的状态空间描述

在经典控制理论中，系统动态特性的数学模型通常采用微分方程或传递函数来描述，但这两种模型只描述了系统的输入量和输出量之间的关系，不能反映出系统的全部特征。

在现代控制理论中，系统动态特性的数学模型通常采用状态空间描述。状态空间描述通常由一阶微分方程组构成，也可以采用更简洁的矩阵表示方法。这种方式描述了系统的输入、输出与内部状态之间的关系，揭示了系统内部状态的运动规律，反映了控制系统动态特性的全部信息。

2.1 引言

从经典控制理论到现代控制理论，是人类对控制技术认识上的一个飞跃。两者在数学基础、研究领域、研究方法和技术手段上，都有着显著的区别。

(1) 研究领域的拓展

一般说来，经典控制理论只适用于单输入-单输出线性定常系统的分析与综合，而现代控制理论则适用于多输入-多输出系统，系统可以是线性的或非线性的，也可以是定常的或时变的。适用领域的扩大使现代控制理论成为控制理论中一门更具有普遍性的理论。

(2) 研究工具的区别

经典控制理论主要限于处理单输入-单输出的单变量线性定常系统，因此数学上归结为单变量的常系数微分方程或传递函数的问题，傅里叶变换和拉普拉斯变换是研究的主要数学工具，分析方法主要采用的是频域方法。而现代控制理论的主要研究对象是多输入-多输出的多变量系统，因此矩阵理论和向量空间理论就构成了它的主要数学工具，为了能更完全地表达系统的动力学性质，它采用状态变量描述方法，其本质是一种时域方法。两者在数学基础上不同，决定了相应的计算和分析方法的差别。经典控制理论是建立在图解、手工计算基础上的一种算法体系，而现代控制理论则是采用计算机进行运算的一种先进算法体系。

(3) 模型特征的区别

在经典控制理论中，常采用线性高阶微分方程或传递函数这两种以输入-输出特性作为研究的依据，它反应的是系统的输出响应与输入的关系，称为外部描述，即将系统视为一个“黑盒子”，而不管其内部结构如何。现代控制理论引入了状态和状态空间的概念，是以系统的输入-状态-输出特性作为研究的依据，它揭示了系统的内部特征，也称为内部描述，是一种完全描述。

如同经典控制理论一样，采用现代控制理论对控制系统进行研究，也需要经过建立模型、性能分析、综合与校正等过程。作为分析研究的前提，必须首先建立控制系统在状态空间中的数学模型，即控制系统的状态空间描述。

2.2 状态空间描述

2.2.1 状态和状态空间

这里，首先对状态和状态空间的概念，进行扼要的介绍。状态和状态空间，并不是一个新的概念，长期以来就在描述质点和刚体运动的经典动力学中得到了广泛的应用。事实上，在经典控制理论中所讨论过的相平面，就是一个特殊的二维状态空间。但是，将状态和状态空间的概念在经典动力学的基础上加以发展，并使之适合于控制过程的描述，则是 20 世纪 60 年代前后的事。

(1) 状态

所谓系统的状态是指表示系统的一组变量，只要知道了这组变量的当前取值情况、输入信号和描述系统动态特性的方程，就能够完全确定系统未来的状态和输出响应。例如一个质点作直线运动，这个系统的状态就是它的每一时刻的位置与速度。又如一个 RLC 电路，任何时刻电路中的电感电流与电容电压就反映了系统的状态。

(2) 状态变量

状态变量是指能够完全描述系统运动状态且数量最少的一组变量。

完全描述是指，如果给定了 $t=t_0$ 时刻这组变量的值，和 $t \geqslant t_0$ 时的输入信号，系统在 $t \geqslant t_0$ 的任何瞬时的行为就完全确定了（系统的状态变量和系统输出的未来取值）。根据因果关系，系统现在的状态是系统过去历史情况的终结，系统未来的状态只与现在的状态和新的输入信号有关。

电灯开关是状态变量的一个简单例子。开关可以处于闭合或断开的位置，因而开关的状态可以用一个二值变量来表示。如果知道开关在 t_0 时刻（当前时刻）的状态（位置），并且知道下一步的输入，那么就能确定开关状态变量下一步的取值。

状态变量组可以用来描述动态系统。可以用下面的例子加以具体说明。

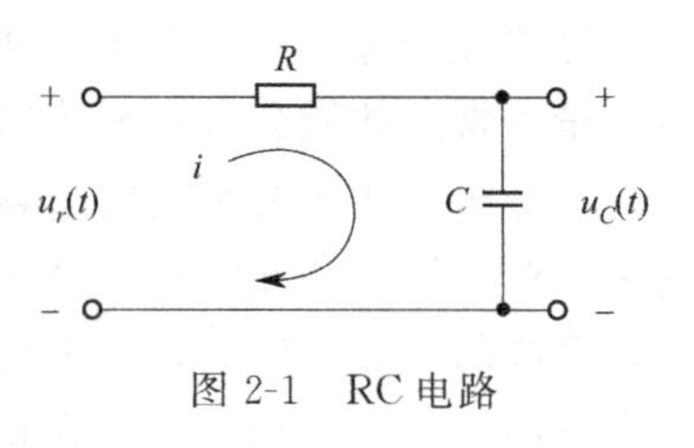

图 2-1 RC 电路

【例 2-1】 图 2-1 所示 RC 电路，设 $t=t_0$ 时电容上的电压为 $u_C(t_0)$。在 $t \geqslant t_0$ 时，加上激励源 $u_r(t)=u_{r0}$。得解为

$$u_C(t)=[u_{r0}-u_C(t_0)][1-e^{\frac{-(t-t_0)}{RC}}]+u_C(t_0)$$

上式说明

① $u_C(t_0)$是 $0<t<t_0$ 时电路状态的终结；

② $t \geqslant t_0$ 时，$u_C(t)$ 由初始电压 $u_C(t_0)$ 和激励源 $u_r(t)$ 以及电路方程所确定；

③ $u_C(t)$ 完全地描述了该电路的行为。

数量最少的一组变量是指反映系统状态的一组独立的变量，每个变量都称为状态变量。例如质点作直线运动，描述这个质点运动状态的变量有它的位置、速度、加速度，但是它们并不是独立的。可以选位置和速度作为一组独立的状态变量。又如 RLC 电路，可以选电路

中的电感电流和电容电压作为一组独立的状态变量，但是如果再加上电感电压或电容电流，它们就不是一组独立的变量了。一个用 n 阶微分方程描述的系统，有且仅有 n 个独立的变量，当这 n 个独立变量的时间响应都求得时，系统的运动状态也就完全被确定。

系统的状态变量刻画了系统的动态行为特性。工程师感兴趣的主要是物理系统，因而状态变量通常是电压、电流、速度、位置、压力、温度以及其他类似的物理量。而事实上，系统状态这一概念并不局限于描述和分析物理系统，在生物、社会和经济系统的分析中，它也是特别有用的概念。在这些系统中，系统状态的概念不再仅仅指物理系统的当前状态，而是扩展到那些能够描述系统未来行为的、意义更广泛的各种变量。

(3) 状态向量

以状态变量为分量组成的向量称为状态向量。设 $x_1(t), x_2(t), \cdots, x_n(t)$ 是系统的一组状态变量，则状态向量就是以这组状态变量为分量的向量，记为

$$\boldsymbol{x}(t)=\begin{bmatrix} x_1(t) \\ x_2(t) \\ \vdots \\ x_n(t) \end{bmatrix} \quad 或 \quad \boldsymbol{x}^{\mathrm{T}}(t)=\begin{bmatrix} x_1(t) & x_2(t) & \cdots & x_n(t) \end{bmatrix} \tag{2-1}$$

一般来说，状态变量并不一定要在物理上是可测量或可观察的。但是，从便于描述和分析控制系统的角度来讲，当然还是将状态变量选择为可以测量的量比较合理。

(4) 状态空间

以 $x_1(t), x_2(t), \cdots, x_n(t)$ 为坐标轴所构成的 n 维欧氏空间称为状态空间。状态空间中每一点都代表了状态变量特定的一组值，即系统的一个特定状态。如果给定了系统 t_0 时刻的状态，那么系统 $t \geqslant t_0$ 各时刻的状态，就构成为状态空间中的一条轨迹（如图 2-2 所示）。显然，这一轨迹的形状，完全是由系统在 t_0 时刻的初始状态和 $t \geqslant t_0$ 时的输入以及系统的动力学特性所唯一决定。当组成状态空间坐标轴数为有限数时，此状态空间称之为有限维的。

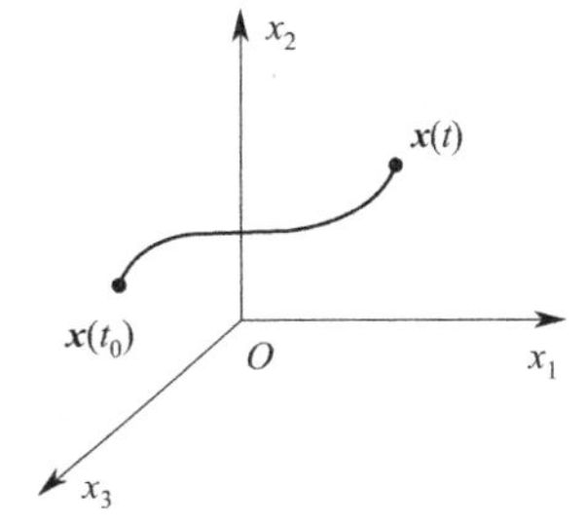

图 2-2 状态空间及状态轨迹

2.2.2 状态空间描述的一般形式

在引入了状态和状态空间概念的基础上，现在来建立动力学系统的状态空间描述，从结构的角度，一个动力学系统可以用图 2-3 所示的方框图来表示。

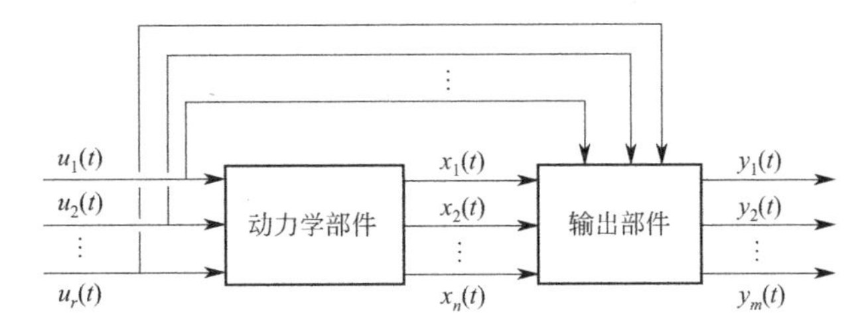

图 2-3 动力学系统结构示意图

在图 2-3 中，$u_1(t), u_2(t), \cdots, u_r(t)$ 为控制变量，它是由控制器提供的施加于动力

学部件的输入变量。$x_1(t),x_2(t),\cdots,x_n(t)$ 为动力学系统的状态变量。而输出变量 $y_1(t),y_2(t),\cdots,y_m(t)$ 则认为是可直接测量的，故也称之为量测变量。

(1) 非线性系统的状态空间描述

一般情况下，动力学系统的特性，可以用下面的 n 个一阶常微分方程组来描述

$$\dot{x}_i=f_i(x_1,x_2,\cdots,x_n;u_1,u_2,\cdots,u_r;t) \quad i=1,2,\cdots,n \tag{2-2}$$

而其输出特性，则是简单的函数关系，可表为

$$y_j=g_j(x_1,x_2,\cdots,x_n;u_1,u_2,\cdots,u_r;t) \quad j=1,2,\cdots,m \tag{2-3}$$

方程(2-2) 和方程(2-3)，构成了动力学系统的状态空间描述。为使表达式更为简洁，有必要引入向量和矩阵描述形式。为此，令

$$\boldsymbol{x}=\begin{bmatrix} x_1 \\ x_2 \\ \vdots \\ x_n \end{bmatrix} \quad \boldsymbol{u}=\begin{bmatrix} u_1 \\ u_2 \\ \vdots \\ u_r \end{bmatrix} \quad \boldsymbol{y}=\begin{bmatrix} y_1 \\ y_2 \\ \vdots \\ y_m \end{bmatrix} \tag{2-4}$$

它们分别是 n 维状态向量，r 维控制向量和 m 维输出向量。同时引入向量函数

$$\boldsymbol{f}(\boldsymbol{x},\boldsymbol{u},t)=\begin{bmatrix} f_1(x_1,x_2,\cdots,x_n;u_1,u_2,\cdots,u_r;t) \\ f_2(x_1,x_2,\cdots,x_n;u_1,u_2,\cdots,u_r;t) \\ \vdots \\ f_n(x_1,x_2,\cdots,x_n;u_1,u_2,\cdots,u_r;t) \end{bmatrix}$$

$$\boldsymbol{g}(\boldsymbol{x},\boldsymbol{u},t)=\begin{bmatrix} g_1(x_1,x_2,\cdots,x_n;u_1,u_2,\cdots,u_r;t) \\ g_2(x_1,x_2,\cdots,x_n;u_1,u_2,\cdots,u_r;t) \\ \vdots \\ g_m(x_1,x_2,\cdots,x_n;u_1,u_2,\cdots,u_r;t) \end{bmatrix}$$

这样方程(2-2) 和方程(2-3) 就可写成如下的向量形式

$$\dot{\boldsymbol{x}}=\boldsymbol{f}(\boldsymbol{x},\boldsymbol{u},t) \tag{2-5}$$

$$\boldsymbol{y}=\boldsymbol{g}(\boldsymbol{x},\boldsymbol{u},t) \tag{2-6}$$

通常，式(2-5) 称为状态方程，式(2-6) 称为输出方程或量测方程。这两个向量方程，构成了系统的状态空间描述，或称之为状态空间表达式。如果向量函数 $\boldsymbol{f}$ 和（或）$\boldsymbol{g}$ 中显含时间 t，则系统称为时变系统。

(2) 线性系统的状态空间描述

如果向量函数 $\boldsymbol{f}$ 及 $\boldsymbol{g}$ 都具有线性的关系，则式(2-5) 和式(2-6) 的向量方程对应于如下的方程组

$$\left.\begin{aligned} \dot{x}_1&=a_{11}(t)x_1+a_{12}(t)x_2+\cdots+a_{1n}(t)x_n+b_{11}(t)u_1+b_{12}(t)u_2+\cdots+b_{1r}(t)u_r \\ \dot{x}_2&=a_{21}(t)x_1+a_{22}(t)x_2+\cdots+a_{2n}(t)x_n+b_{21}(t)u_1+b_{22}(t)u_2+\cdots+b_{2r}(t)u_r \\ &\vdots \\ \dot{x}_n&=a_{n1}(t)x_1+a_{n2}(t)x_2+\cdots+a_{nn}(t)x_n+b_{n1}(t)u_1+b_{n2}(t)u_2+\cdots+b_{nr}(t)u_r \end{aligned}\right\} \tag{2-7}$$

和

$$\left.\begin{aligned}y_1&=c_{11}(t)x_1+c_{12}(t)x_2+\cdots+c_{1n}(t)x_n+d_{11}(t)u_1+d_{12}(t)u_2+\cdots+d_{1r}(t)u_r\\y_2&=c_{21}(t)x_1+c_{22}(t)x_2+\cdots+c_{2n}(t)x_n+d_{21}(t)u_1+d_{22}(t)u_2+\cdots+d_{2r}(t)u_r\\&\vdots\\y_m&=c_{m1}(t)x_1+c_{m2}(t)x_2+\cdots+c_{mn}(t)x_n+d_{m1}(t)u_1+d_{m2}(t)u_2+\cdots+d_{mr}(t)u_r\end{aligned}\right\}\tag{2-8}$$

上述关系用矩阵方程表示为

$$\dot{\boldsymbol{x}}=\boldsymbol{A}(t)\boldsymbol{x}+\boldsymbol{B}(t)\boldsymbol{u}\tag{2-9}$$

$$\boldsymbol{y}=\boldsymbol{C}(t)\boldsymbol{x}+\boldsymbol{D}(t)\boldsymbol{u}\tag{2-10}$$

其中，$\boldsymbol{A}(t)$ 称为系统矩阵，$n\times n$ 维；$\boldsymbol{B}(t)$ 称为控制矩阵，$n\times r$ 维；$\boldsymbol{C}(t)$ 称为输出矩阵，$m\times n$ 维，$\boldsymbol{D}(t)$ 称为传递矩阵，$m\times r$ 维，且具有如下形式

$$\boldsymbol{A}(t)=\begin{bmatrix}a_{11}(t)&a_{12}(t)&\cdots&a_{1n}(t)\\a_{21}(t)&a_{22}(t)&\cdots&a_{2n}(t)\\\vdots&\vdots&\vdots&\vdots\\a_{n1}(t)&a_{n2}(t)&\cdots&a_{nn}(t)\end{bmatrix}\qquad\boldsymbol{B}(t)=\begin{bmatrix}b_{11}(t)&b_{12}(t)&\cdots&b_{1r}(t)\\b_{21}(t)&b_{22}(t)&\cdots&b_{2r}(t)\\\vdots&\vdots&\vdots&\vdots\\b_{n1}(t)&b_{n2}(t)&\cdots&b_{nr}(t)\end{bmatrix}$$

$$\boldsymbol{C}(t)=\begin{bmatrix}c_{11}(t)&c_{12}(t)&\cdots&c_{1n}(t)\\c_{21}(t)&c_{22}(t)&\cdots&c_{2n}(t)\\\vdots&\vdots&\vdots&\vdots\\c_{m1}(t)&c_{m2}(t)&\cdots&c_{mn}(t)\end{bmatrix}\qquad\boldsymbol{D}(t)=\begin{bmatrix}d_{11}(t)&d_{12}(t)&\cdots&d_{1r}(t)\\d_{21}(t)&d_{22}(t)&\cdots&d_{2r}(t)\\\vdots&\vdots&\vdots&\vdots\\d_{m1}(t)&d_{m2}(t)&\cdots&d_{mr}(t)\end{bmatrix}$$

(3) 线性定常系统的状态空间描述

在系统状态空间描述式(2-9) 和式(2-10) 中，如果矩阵 $\boldsymbol{A}(t),\boldsymbol{B}(t),\boldsymbol{C}(t),\boldsymbol{D}(t)$ 的各元素都是与时间 t 无关的常数，则称该系统为线性定常系统或线性时不变系统。这时，系统的状态空间描述为

$$\dot{\boldsymbol{x}}=\boldsymbol{A}\boldsymbol{x}+\boldsymbol{B}\boldsymbol{u}\tag{2-11}$$

$$\boldsymbol{y}=\boldsymbol{C}\boldsymbol{x}+\boldsymbol{D}\boldsymbol{u}\tag{2-12}$$

其中 $\boldsymbol{A},\boldsymbol{B},\boldsymbol{C},\boldsymbol{D}$ 分别为常数矩阵。为了简化表达式，常常将线性系统的状态空间描述简记为 $\Sigma(\boldsymbol{A},\boldsymbol{B},\boldsymbol{C},\boldsymbol{D})$，当 $\boldsymbol{D}=\boldsymbol{0}$ 时，则为 $\Sigma(\boldsymbol{A},\boldsymbol{B},\boldsymbol{C})$。

(4) 离散系统的状态空间描述

上面所讨论的系统，不管是作用于系统的变量，还是表征系统状态的变量，都是时间 t 的连续变化过程。当系统的各个变量只在离散的时刻取值时，这种系统称为离散时间系统，简称离散系统，其状态空间描述只反映离散时刻的变量组之间的因果关系和转换关系。用 $k=0,1,2,\cdots$表示离散时刻，那么离散系统状态空间描述的最一般形式：

$$\boldsymbol{x}(k+1)=\boldsymbol{f}(\boldsymbol{x}(k),\boldsymbol{u}(k),k)$$

$$\boldsymbol{y}(k)=\boldsymbol{g}(\boldsymbol{x}(k),\boldsymbol{u}(k),k)\quad k=0,1,2,\cdots$$

对于线性离散时间系统，则上述状态空间描述还可以进一步化为如下形式：

$$\boldsymbol{x}(k+1)=\boldsymbol{G}(k)\boldsymbol{x}(k)+\boldsymbol{H}(k)\boldsymbol{u}(k)$$

$$\boldsymbol{y}(k)=\boldsymbol{C}(k)\boldsymbol{x}(k)+\boldsymbol{D}(k)\boldsymbol{u}(k)\quad k=0,1,2,\cdots$$

2.2.3 非线性状态空间描述的线性化

严格地说，实际的控制系统总是非线性的，即

$$\dot{\boldsymbol{x}}=\boldsymbol{f}(\boldsymbol{x},\boldsymbol{u},t)$$
$$\boldsymbol{y}=\boldsymbol{g}(\boldsymbol{x},\boldsymbol{u},t)$$

式中，$\boldsymbol{f},\boldsymbol{g}$ 是 $\boldsymbol{x},\boldsymbol{u}$ 的非线性函数。

如果只限于考察系统在 $\boldsymbol{x}(t_0)$ 附近的运动，且对于 $\boldsymbol{x}_0=\boldsymbol{x}(t_0)$ 和 $\boldsymbol{u}_0=\boldsymbol{u}(t_0)$ 有

$$\dot{\boldsymbol{x}}(t_0)=\boldsymbol{f}(\boldsymbol{x}_0,\boldsymbol{u}_0,t_0)$$
$$\boldsymbol{y}(t_0)=\boldsymbol{g}(\boldsymbol{x}_0,\boldsymbol{u}_0,t_0)$$

那么，通过一次近似可导出线性化模型。为此将 $\boldsymbol{f}$ 和 $\boldsymbol{g}$ 在 $\boldsymbol{x}_0,\boldsymbol{u}_0$ 处进行泰勒级数展开，有

$$\boldsymbol{f}(\boldsymbol{x},\boldsymbol{u},t)=\boldsymbol{f}(\boldsymbol{x}_0,\boldsymbol{u}_0,t_0)+\left.\frac{\partial \boldsymbol{f}}{\partial \boldsymbol{x}^{\mathrm{T}}}\right|_{\substack{\boldsymbol{x}_0\\ \boldsymbol{u}_0}}\Delta\boldsymbol{x}+\left.\frac{\partial \boldsymbol{f}}{\partial \boldsymbol{u}^{\mathrm{T}}}\right|_{\substack{\boldsymbol{x}_0\\ \boldsymbol{u}_0}}\Delta\boldsymbol{u}+\alpha(\Delta\boldsymbol{x},\Delta\boldsymbol{u},t)$$

$$\boldsymbol{g}(\boldsymbol{x},\boldsymbol{u},t)=\boldsymbol{g}(\boldsymbol{x}_0,\boldsymbol{u}_0,t_0)+\left.\frac{\partial \boldsymbol{g}}{\partial \boldsymbol{x}^{\mathrm{T}}}\right|_{\substack{\boldsymbol{x}_0\\ \boldsymbol{u}_0}}\Delta\boldsymbol{x}+\left.\frac{\partial \boldsymbol{g}}{\partial \boldsymbol{u}^{\mathrm{T}}}\right|_{\substack{\boldsymbol{x}_0\\ \boldsymbol{u}_0}}\Delta\boldsymbol{u}+\beta(\Delta\boldsymbol{x},\Delta\boldsymbol{u},t)$$

式中 $\Delta\boldsymbol{x}=\boldsymbol{x}-\boldsymbol{x}_0$，$\Delta\boldsymbol{u}=\boldsymbol{u}-\boldsymbol{u}_0$。由此即可导出

$$\Delta\dot{\boldsymbol{x}}=\left.\frac{\partial \boldsymbol{f}}{\partial \boldsymbol{x}^{\mathrm{T}}}\right|_{\substack{\boldsymbol{x}_0\\ \boldsymbol{u}_0}}\Delta\boldsymbol{x}+\left.\frac{\partial \boldsymbol{f}}{\partial \boldsymbol{u}^{\mathrm{T}}}\right|_{\substack{\boldsymbol{x}_0\\ \boldsymbol{u}_0}}\Delta\boldsymbol{u}+\alpha(\Delta\boldsymbol{x},\Delta\boldsymbol{u},t)$$

$$\Delta\boldsymbol{y}=\left.\frac{\partial \boldsymbol{g}}{\partial \boldsymbol{x}^{\mathrm{T}}}\right|_{\substack{\boldsymbol{x}_0\\ \boldsymbol{u}_0}}\Delta\boldsymbol{x}+\left.\frac{\partial \boldsymbol{g}}{\partial \boldsymbol{u}^{\mathrm{T}}}\right|_{\substack{\boldsymbol{x}_0\\ \boldsymbol{u}_0}}\Delta\boldsymbol{u}+\beta(\Delta\boldsymbol{x},\Delta\boldsymbol{u},t)$$

其中，$\alpha(\Delta\boldsymbol{x},\Delta\boldsymbol{u},t)$ 和 $\beta(\Delta\boldsymbol{x},\Delta\boldsymbol{u},t)$ 为 $\Delta\boldsymbol{x},\Delta\boldsymbol{u}$ 的高次项，而一次项可表示为

$$\left.\frac{\partial \boldsymbol{f}}{\partial \boldsymbol{x}^{\mathrm{T}}}\right|_{\substack{\boldsymbol{x}_0\\ \boldsymbol{u}_0}}=\boldsymbol{A}(t),\quad \left.\frac{\partial \boldsymbol{f}}{\partial \boldsymbol{u}^{\mathrm{T}}}\right|_{\substack{\boldsymbol{x}_0\\ \boldsymbol{u}_0}}=\boldsymbol{B}(t),\quad \left.\frac{\partial \boldsymbol{g}}{\partial \boldsymbol{x}^{\mathrm{T}}}\right|_{\substack{\boldsymbol{x}_0\\ \boldsymbol{u}_0}}=\boldsymbol{C}(t),\quad \left.\frac{\partial \boldsymbol{g}}{\partial \boldsymbol{u}^{\mathrm{T}}}\right|_{\substack{\boldsymbol{x}_0\\ \boldsymbol{u}_0}}=\boldsymbol{D}(t)$$

略去泰勒级数展开中的高次项后，就得到了非线性系统的线性化模型

$$\Delta\dot{\boldsymbol{x}}=\boldsymbol{A}(t)\Delta\boldsymbol{x}+\boldsymbol{B}(t)\Delta\boldsymbol{u} \tag{2-13}$$

$$\Delta\boldsymbol{y}=\boldsymbol{C}(t)\Delta\boldsymbol{x}+\boldsymbol{D}(t)\Delta\boldsymbol{u} \tag{2-14}$$

或者略去 Δ，将其表示为习惯的形式，就是

$$\dot{\boldsymbol{x}}=\boldsymbol{A}(t)\boldsymbol{x}+\boldsymbol{B}(t)\boldsymbol{u}$$
$$\boldsymbol{y}=\boldsymbol{C}(t)\boldsymbol{x}+\boldsymbol{D}(t)\boldsymbol{u}$$

【例 2-2】 试求下列非线性系统在 $\boldsymbol{x}_0=\boldsymbol{0}$ 和 $u_0=1$ 处的线性化方程。

$$\dot{x}_1=x_2$$
$$\dot{x}_2=x_1+x_2+x_2^3+2u^2$$
$$y=x_1+x_2^2$$

解 由状态方程和输出方程得

$$f_1(x_1,x_2,u)=x_2$$
$$f_2(x_1,x_2,u)=x_1+x_2+x_2^3+2u^2$$
$$g(x_1,x_2,u)=x_1+x_2^2$$

故有

$$\left.\frac{\partial f_1}{\partial x_1}\right|_{\substack{x_0=0\\u_0=1}}=0 \qquad \left.\frac{\partial f_1}{\partial x_2}\right|_{\substack{x_0=0\\u_0=1}}=1 \qquad \left.\frac{\partial f_1}{\partial u}\right|_{\substack{x_0=0\\u_0=1}}=0$$

$$\left.\frac{\partial f_2}{\partial x_1}\right|_{\substack{x_0=0\\u_0=1}}=1 \qquad \left.\frac{\partial f_2}{\partial x_2}\right|_{\substack{x_0=0\\u_0=1}}=(1+3x_2^2)\,|_{\substack{x_0=0\\u_0=1}}=1 \qquad \left.\frac{\partial f_2}{\partial u}\right|_{\substack{x_0=0\\u_0=1}}=4$$

$$\left.\frac{\partial g}{\partial x_1}\right|_{\substack{x_0=0\\u_0=1}}=1 \qquad \left.\frac{\partial g}{\partial x_2}\right|_{\substack{x_0=0\\u_0=1}}=2x_2\,|_{\substack{x_0=0\\u_0=1}}=0 \qquad \left.\frac{\partial g}{\partial u}\right|_{\substack{x_0=0\\u_0=1}}=0$$

于是

$$\Delta\dot{\boldsymbol{x}}=\begin{bmatrix}0 & 1\\1 & 1\end{bmatrix}\Delta\boldsymbol{x}+\begin{bmatrix}0\\4\end{bmatrix}\Delta u$$

$$\Delta y=\begin{bmatrix}1 & 0\end{bmatrix}\Delta\boldsymbol{x}$$

2.3 状态空间描述的系统结构图

类似于经典控制理论，对于线性系统，状态方程和输出方程可以用方框结构图表示，它形象地表明了系统中信号的传递关系。对于状态空间描述的一般形式

$$\dot{\boldsymbol{x}}=\boldsymbol{A}\boldsymbol{x}+\boldsymbol{B}\boldsymbol{u}$$

$$\boldsymbol{y}=\boldsymbol{C}\boldsymbol{x}+\boldsymbol{D}\boldsymbol{u}$$

其系统结构图如图 2-4 所示。

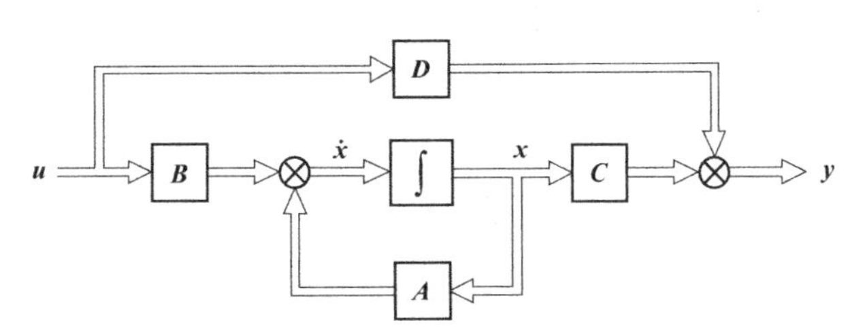

图 2-4 状态空间描述的系统结构图

图 2-4 中双线箭头表示向量信号，系统方框结构图既表征了输入对于系统内部状态的因果关系，又反映了内部状态对于输出的影响，所以状态空间描述是对系统的一种完整的描述。

2.4 状态空间描述的状态变量图

在状态空间分析中，仿照模拟计算机的结构图，通常采用状态变量图来表示系统各状态变量之间的信息传递关系，这种描述形式为系统提供了一种清晰的物理图像，有助于加深对状态空间等概念的理解，并且对于建立系统的状态空间描述很有帮助。

状态变量图由比例器、加法器、积分器等几个基本部件所组成，它们的表示符号如图 2-5 所示。图 2-5(a) 为加法器，输出是所有输入信号的代数和；图 2-5(b) 是比例器或放大器，它将输入信号放大 K 倍，如果 $K=-1$，则成为反向器；图 2-5(c) 为积分器；图 2-5(d) 为带有初始条件的积分器。

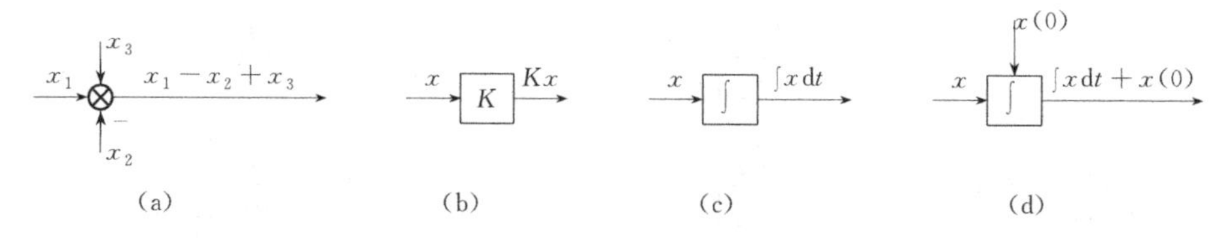

图 2-5　组成状态变量图的基本部件

绘制状态变量图的步骤：首先在适当的位置画出积分器，积分器的数目等于状态变量的个数，每个积分器的输出表示对应的状态变量；然后根据所给的状态方程和输出方程，画出相应的加法器和比例器；最后用箭头线表示信号的传递关系。

对于一阶标量微分方程

$$\dot{x}=ax+bu$$

它的状态变量图如图 2-6 所示。

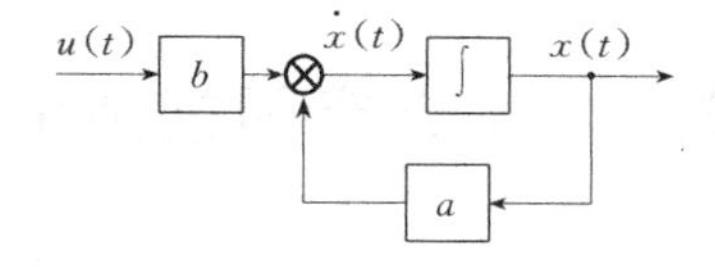

图 2-6　一阶系统的状态变量图

再以三阶微分方程为例：

$$\dddot{x}+a_1\ddot{x}+a_2\dot{x}+a_3x=bu$$

上式可改写为

$$\dddot{x}=-a_1\ddot{x}-a_2\dot{x}-a_3x+bu$$

其状态变量图如图 2-7 所示。

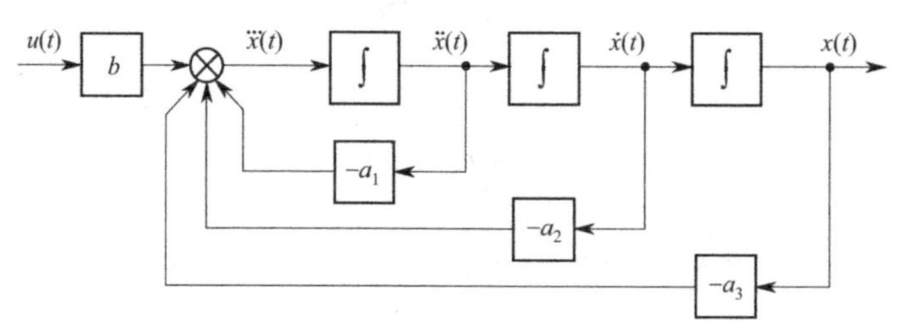

图 2-7　三阶系统的状态变量图

2.5　状态空间描述的建立

在状态空间分析中，首先要建立系统的状态空间描述。系统的状态空间描述一般可以从三个途径获得：一是从系统物理的或化学的机理出发进行推导；二是由系统的结构图，按系统各个环节的实际连接来建立；三是对描述系统的高阶微分方程或传递函数予以演化。本节先介绍前两种方法。

2.5.1　从系统的机理出发建立状态空间描述

一般常见的控制系统，按其能量属性，可分为电气、机械、液压、热力等。根据其所遵循的物理或化学规律，如基尔霍夫定律、牛顿定律、能量守恒定律等，即可建立系统的状态空间描述。下面将列举电路网络、机械位移等几种系统的状态空间描述列写方法。

【例 2-3】 试列写图 2-8 所示 RLC 网络的状态空间描述，其中以电流 i_2 为输出。

解　此网络的储能元件有电感 L_1，L_2 和电容 C，考虑到 i_1，i_2 和 u_C 这三个变量是独

立的，故可选它们为状态变量。根据网络回路和节点方程，可得

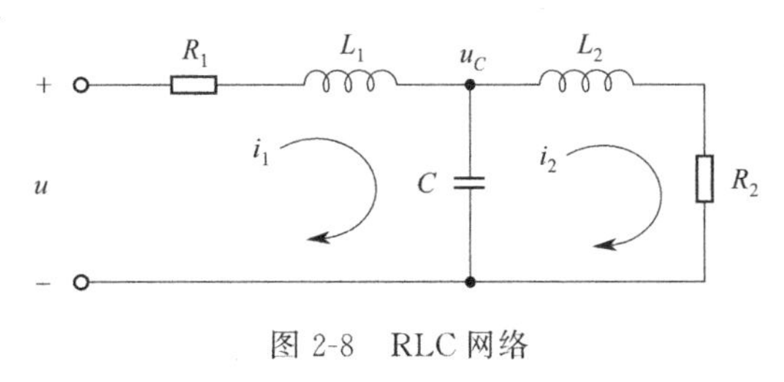

图 2-8 RLC 网络

$$R_1 i_1 + L_1 \frac{\mathrm{d}i_1}{\mathrm{d}t} + u_C = u$$

$$u_C = L_2 \frac{\mathrm{d}i_2}{\mathrm{d}t} + R_2 i_2$$

$$C \frac{\mathrm{d}u_C}{\mathrm{d}t} = i_1 - i_2$$

令 $x_1 = i_1$，$x_2 = i_2$，$x_3 = u_C$，整理得

$$\dot{\boldsymbol{x}} = \begin{bmatrix} -\frac{R_1}{L_1} & 0 & -\frac{1}{L_1} \\ 0 & -\frac{R_2}{L_2} & \frac{1}{L_2} \\ \frac{1}{C} & -\frac{1}{C} & 0 \end{bmatrix} \boldsymbol{x} + \begin{bmatrix} \frac{1}{L_1} \\ 0 \\ 0 \end{bmatrix} u$$

$$y = \begin{bmatrix} 0 & 1 & 0 \end{bmatrix} \boldsymbol{x}$$

【例 2-4】 试列写图 2-9 所示机械运动模型中以质量块 M_1 和 M_2 的位移 y_1 和 y_2 为输出的状态空间描述。

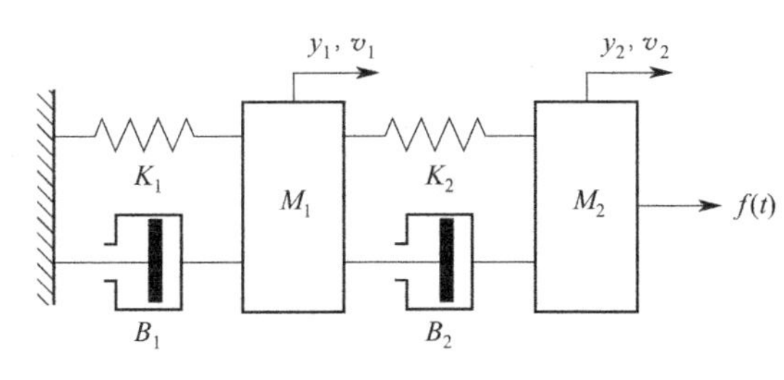

图 2-9 机械系统运动模型

解 该机械系统中 K_1 和 K_2 是弹簧，M_1 和 M_2 是质量块，B_1 和 B_2 是阻尼器，$f(t)$ 是外作用力。其中弹簧和质量块是储能单元，可选择位移 y_1, y_2 和速度 v_1, v_2 为状态变量。

根据牛顿定律，对于 M_1，有

$$M_1 \frac{\mathrm{d}v_1}{\mathrm{d}t} = K_2(y_2 - y_1) + B_2(v_2 - v_1) - K_1 y_1 - B_1 v_1$$

对于 M_2，有

$$M_2 \frac{\mathrm{d}v_2}{\mathrm{d}t} = f - K_2(y_2 - y_1) - B_2(v_2 - v_1)$$

令 $x_1 = y_1$，$x_2 = y_2$，$x_3 = \frac{\mathrm{d}y_1}{\mathrm{d}t} = v_1$，$x_4 = \frac{\mathrm{d}y_2}{\mathrm{d}t} = v_2$ 及 $u = f$，代入整理后有

$$\dot{x}_1 = \frac{\mathrm{d}y_1}{\mathrm{d}t} = x_3$$

$$\dot{x}_2 = \frac{\mathrm{d}y_2}{\mathrm{d}t} = x_4$$

$$\dot{x}_3 = -\frac{K_1 + K_2}{M_1} x_1 + \frac{K_2}{M_1} x_2 - \frac{B_1 + B_2}{M_1} x_3 + \frac{B_2}{M_1} x_4$$

$$\dot{x}_4 = \frac{K_2}{M_2} x_1 - \frac{K_2}{M_2} x_2 + \frac{B_2}{M_2} x_3 - \frac{B_2}{M_2} x_4 + \frac{1}{M_2} u$$

写成矩阵形式，有

$$\dot{\boldsymbol{x}}=\begin{bmatrix}0 & 0 & 1 & 0\\ 0 & 0 & 0 & 1\\ -\dfrac{K_1+K_2}{M_1} & \dfrac{K_2}{M_1} & -\dfrac{B_1+B_2}{M_1} & \dfrac{B_2}{M_1}\\ \dfrac{K_2}{M_2} & -\dfrac{K_2}{M_2} & \dfrac{B_2}{M_2} & -\dfrac{B_2}{M_2}\end{bmatrix}\boldsymbol{x}+\begin{bmatrix}0\\0\\0\\ \dfrac{1}{M_2}\end{bmatrix}u$$

$$\boldsymbol{y}=\begin{bmatrix}1 & 0 & 0 & 0\\ 0 & 1 & 0 & 0\end{bmatrix}\boldsymbol{x}$$

式中 $\boldsymbol{x}^{\mathrm{T}}=[x_1 \quad x_2 \quad x_3 \quad x_4]$，$\boldsymbol{y}^{\mathrm{T}}=[y_1 \quad y_2]$。

上面所举例子表明，对于结构和参数已知的系统，建立状态空间描述的问题归结为依据物理定律得到微分方程，再化为状态变量的一阶微分方程组。在状态变量的选取上，一般选取储能部件的变量为状态变量，同时还要注意它们都应该是独立变量。

2.5.2　从系统结构图出发建立状态空间描述

该方法是首先对系统结构图中各个环节按 2.3 节中所述方法，变换成相应的状态变量图，并把每个积分器的输出选做状态变量 x_i，而积分器的输入便是相应的 $\dot{x}_i$，然后由状态变量图直接写出系统的状态方程和输出方程。

【例 2-5】 某系统的结构图如图 2-10(a) 所示。其输入为 u，输出为 y，试求其状态空间描述。

解　将各环节用状态变量图的形式表示，如图 2-10(b)。从图可知状态方程为

$$\dot{x}_1=\frac{K_3}{T_3}x_2$$

$$\dot{x}_2=-\frac{1}{T_2}x_2+\frac{K_2}{T_2}x_3$$

$$\dot{x}_3=-\frac{K_1K_4}{T_1}x_1-\frac{1}{T_1}x_3+\frac{K_1}{T_1}u$$

输出方程为 $y=x_1$。写成向量矩阵形式，则系统的状态空间描述为

$$\dot{\boldsymbol{x}}=\begin{bmatrix}0 & \dfrac{K_3}{T_3} & 0\\ 0 & -\dfrac{1}{T_2} & \dfrac{K_2}{T_2}\\ -\dfrac{K_1K_4}{T_1} & 0 & -\dfrac{1}{T_1}\end{bmatrix}\boldsymbol{x}+\begin{bmatrix}0\\0\\ \dfrac{K_1}{T_1}\end{bmatrix}u$$

$$y=[1 \quad 0 \quad 0]\boldsymbol{x}$$

对于传递函数中含有零点的环节，如图 2-11(a) 所示系统，需要将其变换成真分式，即 $\dfrac{s+z}{s+p}=1+\dfrac{z-p}{s+p}$，其等效结构图如图 2-11(b)，相应状态变量图如图 2-11(c)。从图可得系统的状态空间描述为

$$\dot{\boldsymbol{x}}=\begin{bmatrix}-a & 1 & 0\\ -K & 0 & K\\ -(z-p) & 0 & -p\end{bmatrix}\boldsymbol{x}+\begin{bmatrix}0\\ K\\ z-p\end{bmatrix}u$$

$$y=\begin{bmatrix}1 & 0 & 0\end{bmatrix}\boldsymbol{x}$$

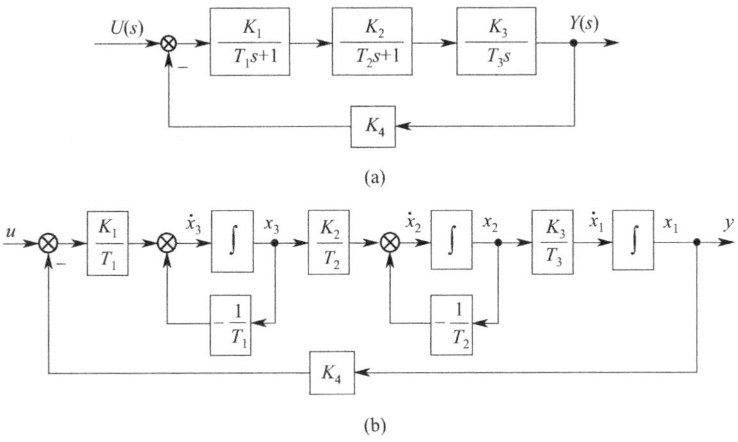

U(s)　$\frac{K_1}{T_1s+1}$　$\frac{K_2}{T_2s+1}$　$\frac{K_3}{T_3s}$　Y(s)　K_4

(a)

u　$\frac{K_1}{T_1}$　$\dot{x}_3$　x_3　$-\frac{1}{T_1}$　$\frac{K_2}{T_2}$　$\dot{x}_2$　x_2　$-\frac{1}{T_2}$　$\frac{K_3}{T_3}$　$\dot{x}_1$　x_1　y　K_4

(b)

图 2-10　系统结构图与状态变量图

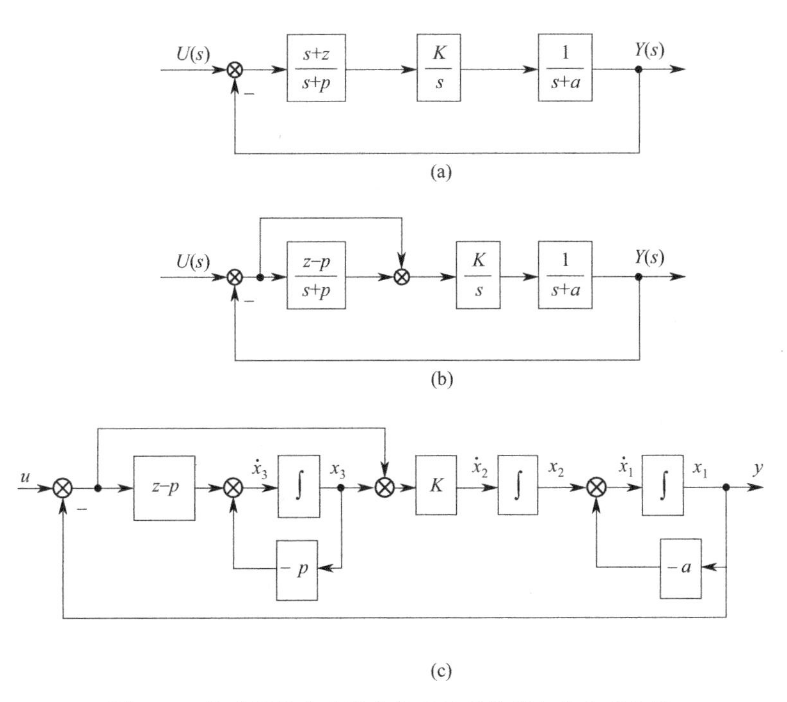

(c)

图 2-11　传递函数含有零点的系统结构图与状态变量图

2.6　化输入-输出描述为状态空间描述

本节专门讨论从描述系统输入-输出关系的高阶微分方程或传递函数出发，建立与之等效的状态空间描述问题。所求得的状态空间描述既保持了原系统所特定的输入-输出关系，而且也将系统的内部结构确定了下来，故该状态空间描述是所给系统的一种实现。

考虑一个单变量线性定常系统，它的运动方程是一个 n 阶线性常系数微分方程

$$y^{(n)}+a_1y^{(n-1)}+\cdots+a_{n-1}\dot{y}+a_ny=b_0u^{(m)}+b_1u^{(m-1)}+\cdots+b_{m-1}\dot{u}+b_mu \quad (2\text{-}15)$$

它的传递函数为

$$G(s)=\frac{b_0s^m+b_1s^{m-1}+\cdots+b_{m-1}s+b_m}{s^n+a_1s^{n-1}+\cdots+a_{n-1}s+a_n}\;,\quad m\leqslant n \quad (2\text{-}16)$$

单输入-单输出系统的 n 阶线性常系数微分方程或传递函数的实现问题，就是寻求与之对应的如下形式的状态空间描述

$$\begin{aligned}\dot{\boldsymbol{x}}&=\boldsymbol{A}\boldsymbol{x}+\boldsymbol{b}u\\ y&=\boldsymbol{c}\boldsymbol{x}+du\end{aligned} \quad (2\text{-}17)$$

式中，矩阵 $\boldsymbol{A}$ 为 $n\times n$ 维，$\boldsymbol{b}$ 为 $n\times 1$ 维，$\boldsymbol{c}$ 为 $1\times n$ 维，d 为 1×1 维。当 $m<n$ 时，$d=0$。而当 $m=n$ 时，$d=b_0\neq 0$。在这种情况下，式(2-16) 可以写成下面的形式

$$\begin{aligned}G(s)&=b_0+\frac{(b_1-a_1b_0)s^{n-1}+(b_2-a_2b_0)s^{n-1}+\cdots+(b_n-a_nb_0)}{s^n+a_1s^{n-1}+\cdots+a_{n-1}s+a_n}\\ &=b_0+G_1(s)\end{aligned}$$

式中，$G_1(s)$ 为真分式。此时

$$Y(s)=G_1(s)U(s)+b_0U(s) \quad (2\text{-}18)$$

这意味着，当 $m=n$ 时，输出含有与输入直接相关的项。

应该指出，从微分方程或传递函数求得的状态空间描述并不是唯一的，在保证输入输出关系不变的前提下，可以有无穷多种状态空间描述与之相对应。也就是说，式(2-17) 中的 $\boldsymbol{A}$，$\boldsymbol{b}$，$\boldsymbol{c}$，d 可以取无穷多种形式，而每一种形式就是一种实现。但是，为了分析与设计的简便，通常规定了实现的几种标准形（也称规范形）。下面就以传递函数化成几种标准形的实现问题分别予以介绍。

2.6.1 能控标准形实现

设单输入-单输出控制系统的运动方程由下列 n 阶微分方程来描述

$$y^{(n)}+a_1y^{(n-1)}+\cdots+a_{n-1}\dot{y}+a_ny=b_1u^{(n-1)}+b_2u^{(n-2)}+\cdots+b_{n-1}\dot{u}+b_nu \quad (2\text{-}19)$$

式中，u 为输入信号；y 为输出信号；a_i，b_i 为常系数。相应地，如果初始条件为零，则系统的传递函数为

$$G(s)=\frac{b_1s^{n-1}+b_2s^{n-2}+\cdots+b_{n-1}s+b_n}{s^n+a_1s^{n-1}+\cdots+a_{n-1}s+a_n} \quad (2\text{-}20)$$

式中，$G(s)$ 是真分式，因此状态空间描述中的 $d=0$，即

$$\begin{aligned}\dot{\boldsymbol{x}}&=\boldsymbol{A}\boldsymbol{x}+\boldsymbol{b}u\\ y&=\boldsymbol{c}\boldsymbol{x}\end{aligned} \quad (2\text{-}21)$$

只需确定状态空间描述的 $\boldsymbol{A},\boldsymbol{b},\boldsymbol{c}$ 阵。在此，应用状态变量图来建立系统的状态空间描述。将式(2-20) 改写如下

$$G(s)=\frac{b_1 s^{-1}+b_2 s^{-2}+\cdots+b_{n-1} s^{-n+1}+b_n s^{-n}}{1+a_1 s^{-1}+\cdots+a_{n-1} s^{-n+1}+a_n s^{-n}} \tag{2-22}$$

将上式与梅逊公式相比较。从分母看，可知该传递函数所描述的系统含有 n 个独立回路，分别对应于$-a_1 s^{-1},\cdots,-a_{n-1} s^{-n+1},-a_n s^{-n}$，且各回路均互相接触。分子则表明系统含有 n 条前向通道，分别对应于$b_1 s^{-1},\cdots,b_{n-1} s^{-n+1},b_n s^{-n}$，且各条前向通道与所有回路都相接触。据此绘制系统的状态变量图如图 2-12 所示。从输出端开始，选择每个积分器的输出为状态变量，分别为 $x_1,x_2,\cdots,x_n$，就可得系统的状态空间描述的能控标准形，如式(2-23)。

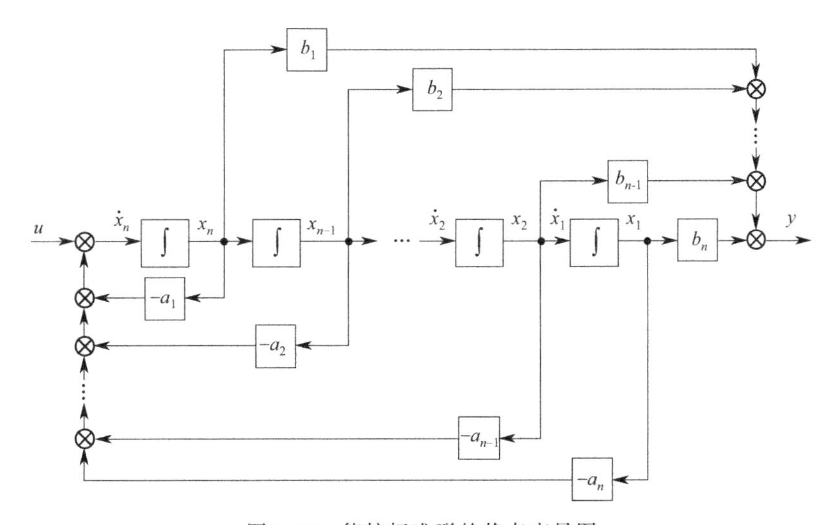

图 2-12　能控标准形的状态变量图

$$\dot{\boldsymbol{x}}=\begin{bmatrix} 0 & 1 & 0 & \cdots & 0 \\ 0 & 0 & 1 & \ddots & \vdots \\ \vdots & \vdots & \ddots & \ddots & 0 \\ 0 & 0 & \cdots & 0 & 1 \\ -a_n & -a_{n-1} & -a_{n-2} & \cdots & -a_1 \end{bmatrix}\boldsymbol{x}+\begin{bmatrix} 0 \\ 0 \\ \vdots \\ 0 \\ 1 \end{bmatrix}u \tag{2-23}$$

$$y=\begin{bmatrix} b_n & b_{n-1} & b_{n-2} & \cdots & b_1 \end{bmatrix}\boldsymbol{x}$$

在状态空间描述中，凡是矩阵 $\boldsymbol{A}$，$\boldsymbol{b}$ 具有如上形式的，称为能控标准形。其中 $\boldsymbol{b}$ 阵中的最后一行元素为 1，其余元素均为零；$\boldsymbol{c}$ 阵中元素可以取任意值；而 $\boldsymbol{A}$ 矩阵如式(2-23) 的形式，则称为友矩阵。友矩阵的特点是主对角线上方的元素为 1，最后一行的元素可以为任意值，而其余元素一概为零。

【例 2-6】 试列写如下二阶系统状态空间描述的能控标准形。

$$\frac{Y(s)}{U(s)}=\frac{Ts+1}{s^2+2\xi\omega_n s+\omega_n^2}$$

解　将传递函数分母中公因子 s^2 提出，于是有

$$\frac{Y(s)}{U(s)}=\frac{Ts^{-1}+s^{-2}}{1+2\xi\omega_n s^{-1}+\omega_n^2 s^{-2}}$$

按梅逊公式构建系统的状态变量图如图 2-13 所示。从输出端开始，选择每个积分器的输出

分别为状态变量 x_1, x_2，得如下状态空间描述。

$$\dot{\boldsymbol{x}}=\begin{bmatrix}0 & 1\\ -\omega_n^2 & -2\xi\omega_n\end{bmatrix}\boldsymbol{x}+\begin{bmatrix}0\\1\end{bmatrix}u$$

$$y=\begin{bmatrix}1 & T\end{bmatrix}\boldsymbol{x}$$

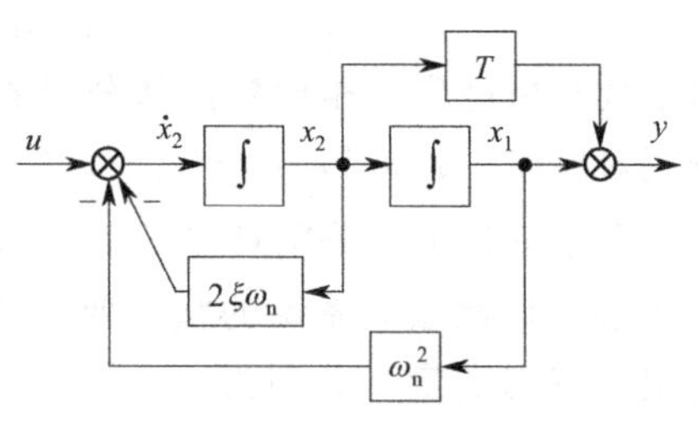

图 2-13　二阶系统的能控标准形状态变量图

应该指出，建立控制系统的状态空间描述的方法不仅限于状态变量图方法，也可以通过选择状态变量的方法实现。下面根据描述控制系统的微分方程是否包含输入导数项的情况分别讨论。

(1) 不包含输入导数项的情况

设系统的微分方程为

$$y^{(n)}+a_1y^{(n-1)}+\cdots+a_{n-1}\dot{y}+a_ny=u$$

首先，按选取状态变量如下

$$\begin{aligned}x_1&=y\\x_2&=\dot{y}\\&\vdots\\x_{n-1}&=y^{(n-2)}\\x_n&=y^{(n-1)}\end{aligned}$$

然后，建立一阶微分方程组，则上式成为

$$\begin{aligned}\dot{x}_1&=\dot{y}=x_2\\\dot{x}_2&=\ddot{y}=x_3\\&\vdots\\\dot{x}_{n-1}&=y^{(n-1)}=x_n\\\dot{x}_n&=y^{(n)}=-a_nx_1-a_{n-1}x_2-\cdots-a_1x_n+u\end{aligned}$$

最后，表示成矩阵形式，则为

$$\dot{\boldsymbol{x}}=\begin{bmatrix}0 & 1 & 0 & \cdots & 0\\0 & 0 & 1 & \ddots & \vdots\\\vdots & \vdots & \ddots & \ddots & 0\\0 & 0 & \cdots & 0 & 1\\-a_n & -a_{n-1} & -a_{n-2} & \cdots & -a_1\end{bmatrix}\boldsymbol{x}+\begin{bmatrix}0\\0\\\vdots\\0\\1\end{bmatrix}u$$

$$y=\begin{bmatrix}1 & 0 & \cdots & 0 & 0\end{bmatrix}\boldsymbol{x}$$

(2) 包含输入导数项的情况

将式(2-19) 重写如下

$$y^{(n)}+a_1y^{(n-1)}+\cdots+a_{n-1}\dot{y}+a_ny=b_1u^{(n-1)}+b_2u^{(n-2)}+\cdots+b_{n-1}\dot{u}+b_nu$$

设初始条件为零，则系统的传递函数为

$$G(s)=\frac{b_1s^{n-1}+b_2s^{n-2}+\cdots+b_{n-1}s+b_n}{s^n+a_1s^{n-1}+\cdots+a_{n-1}s+a_n}$$

将上式分解为如下两部分串联，并引入中间变量 $Z(s)$，见图 2-14。

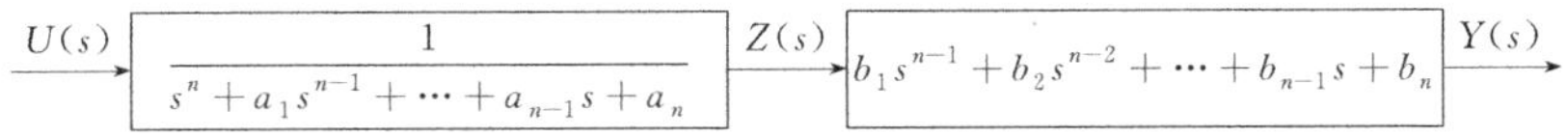

$$U(s) \rightarrow \boxed{\frac{1}{s^n+a_1s^{n-1}+\cdots+a_{n-1}s+a_n}} \xrightarrow{Z(s)} \boxed{b_1s^{n-1}+b_2s^{n-2}+\cdots+b_{n-1}s+b_n} \rightarrow Y(s)$$

图 2-14 包含输入导数的系统结构图

从图中可以看出，z、y 满足下列微分方程

$$z^{(n)}+a_1z^{(n-1)}+\cdots+a_{n-1}\dot{z}+a_nz=u$$

$$y=b_1z^{(n-1)}+b_2z^{(n-2)}+\cdots+b_{n-1}\dot{z}+b_nz$$

定义如下一组状态变量

$$x_1=z,\ x_2=\dot{z},\ \cdots,\ x_{n-1}=z^{(n-2)},\ x_n=z^{(n-1)}$$

则状态空间描述为

$$\begin{aligned}
\dot{x}_1&=\dot{z}=x_2\\
\dot{x}_2&=\ddot{z}=x_3\\
&\vdots\\
\dot{x}_{n-1}&=z^{(n-1)}=x_n\\
\dot{x}_n&=z^{(n)}=-a_nx_1-a_{n-1}x_2-\cdots-a_1x_n+u\\
y&=b_nx_1+b_{n-1}x_2+\cdots+b_2x_{n-1}+b_1x_n
\end{aligned}$$

写成矩阵形式，就成为如式(2-23) 所示的能控标准形。

2.6.2 能观测标准形实现

对式(2-19) 所描述的系统，也可以采用另外一种形式的状态变量图来描述。重写系统的传递函数如下

$$G(s)=\frac{b_1s^{-1}+b_2s^{-2}+\cdots+b_{n-1}s^{-n+1}+b_ns^{-n}}{1+a_1s^{-1}+\cdots+a_{n-1}s^{-n+1}+a_ns^{-n}} \tag{2-24}$$

建立状态变量图如图 2-15。参照梅逊公式，不难得到式(2-24) 与图 2-15 的对应关系。从输入端开始，选择每个积分器的输出为状态变量，分别为 $x_1,x_2,\cdots,x_n$，就可得系统的状态空间描述的能观测标准形，如式(2-25)。

$$\dot{\boldsymbol{x}}=\begin{bmatrix}0 & 0 & \cdots & 0 & -a_n\\ 1 & 0 & \cdots & 0 & -a_{n-1}\\ 0 & 1 & \ddots & \vdots & -a_{n-2}\\ \vdots & \ddots & \ddots & 0 & \vdots\\ 0 & \cdots & 0 & 1 & -a_1\end{bmatrix}\boldsymbol{x}+\begin{bmatrix}b_n\\ b_{n-1}\\ b_{n-2}\\ \vdots\\ b_1\end{bmatrix}u \tag{2-25}$$

$$y=[0\ \ 0\ \ \cdots\ \ 0\ \ 1]\boldsymbol{x}$$

在状态空间描述中，凡是矩阵 $\boldsymbol{A}$,$\boldsymbol{c}$ 具有如上形式的，称为能观测标准形，其中 $\boldsymbol{b}$ 阵中的元素可以为任意值。比较式(2-23) 和式(2-25) 可以看出，能控标准形的系数矩阵与能观测标准形的系数矩阵存在互为转置关系，称为对偶关系。后面将会进一步讨论这种对偶关系。

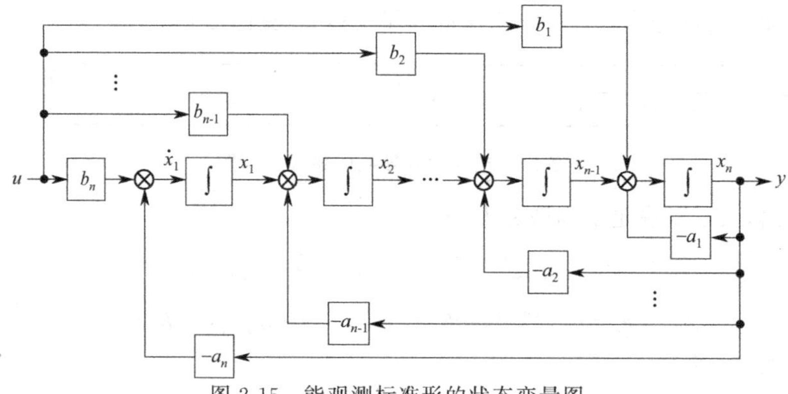

图 2-15　能观测标准形的状态变量图

【例 2-7】 试列写如下二阶系统状态空间描述的能观测标准形。

$$\frac{Y(s)}{U(s)}=\frac{Ts+1}{s^2+2\xi\omega_n s+\omega_n^2}$$

解　将传递函数分母中公因子 s^2 提出，于是有

$$\frac{Y(s)}{U(s)}=\frac{Ts^{-1}+s^{-2}}{1+2\xi\omega_n s^{-1}+\omega_n^2 s^{-2}}$$

按梅逊公式构建系统的状态变量图如图 2-16 所示。从输入端开始，选择每个积分器的输出分别为状态变量 x_1，x_2，得如下状态空间描述。

$$\dot{\boldsymbol{x}}=\begin{bmatrix}0 & -\omega_n^2\\1 & -2\xi\omega_n\end{bmatrix}\boldsymbol{x}+\begin{bmatrix}1\\T\end{bmatrix}u$$

$$y=\begin{bmatrix}0 & 1\end{bmatrix}\boldsymbol{x}$$

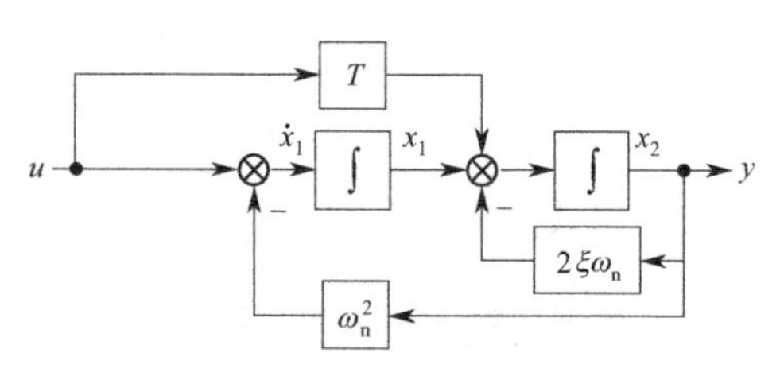

图 2-16　二阶系统的能观测标准形状态变量图

2.6.3　约当标准形实现

现将系统的传递函数用部分分式来表示。由于系统的特征根有两种情况：一是所有特征根均是互异的，二是有些特征根是重根的，分别讨论如下。

(1) 特征根互异情况

此时系统的传递函数可写成

$$G(s)=\frac{b_1 s^{n-1}+b_2 s^{n-2}+\cdots+b_{n-1}s+b_n}{(s-\lambda_1)(s-\lambda_2)\cdots(s-\lambda_n)} \tag{2-26}$$

式中，$\lambda_1,\lambda_2,\cdots,\lambda_n$ 为互异的特征根。将式(2-26) 展开成部分分式

$$G(s)=\frac{C_1}{s-\lambda_1}+\frac{C_2}{s-\lambda_2}+\cdots+\frac{C_n}{s-\lambda_n}=\sum_{i=1}^{n}\frac{C_i}{s-\lambda_i}$$

式中 C_i 为

$$C_i=G(s)(s-\lambda_i)\big|_{s=\lambda_i},\quad i=1,2,\cdots,n$$

此时输出为

$$Y(s)=\sum_{i=1}^{n}C_i\frac{U(s)}{s-\lambda_i}$$

令

$$X_i(s)=\frac{U(s)}{s-\lambda_i},\quad i=1,2,\cdots,n \tag{2-27}$$

则有

$$\dot{x}_i=\lambda_i x_i+u_i,\quad i=1,2,\cdots,n$$
$$y=C_1x_1+C_2x_2+\cdots+C_nx_n$$

将上式写成矩阵形式，就得到状态空间描述的对角线标准形，如式(2-28)，相应的状态变量图如图 2-17。

$$\dot{\boldsymbol{x}}=\begin{bmatrix}\lambda_1 & 0 & \cdots & 0\\ 0 & \lambda_2 & \ddots & \vdots\\ \vdots & \ddots & \ddots & 0\\ 0 & \cdots & 0 & \lambda_n\end{bmatrix}\boldsymbol{x}+\begin{bmatrix}1\\1\\\vdots\\1\end{bmatrix}u \tag{2-28}$$
$$y=\begin{bmatrix}C_1 & C_2 & \cdots & C_n\end{bmatrix}\boldsymbol{x}$$

如果不是按式(2-27) 选择状态变量，而是按下式选择状态变量

$$X_i(s)=C_i\frac{U(s)}{s-\lambda_i},\quad i=1,2,\cdots,n \tag{2-29}$$

则状态方程和输出方程分别为

$$\dot{x}_i=\lambda_i x_i+C_i u_i,\quad i=1,2,\cdots,n$$
$$y=x_1+x_2+\cdots+x_n$$

用矩阵形式描述，就得到另外一种对角线标准形，如式(2-30) 和图 2-18。

$$\dot{\boldsymbol{x}}=\begin{bmatrix}\lambda_1 & 0 & \cdots & 0\\ 0 & \lambda_2 & \ddots & \vdots\\ \vdots & \ddots & \ddots & 0\\ 0 & \cdots & 0 & \lambda_n\end{bmatrix}\boldsymbol{x}+\begin{bmatrix}C_1\\C_2\\\vdots\\C_n\end{bmatrix}u \tag{2-30}$$
$$y=\begin{bmatrix}1 & 1 & \cdots & 1\end{bmatrix}\boldsymbol{x}$$

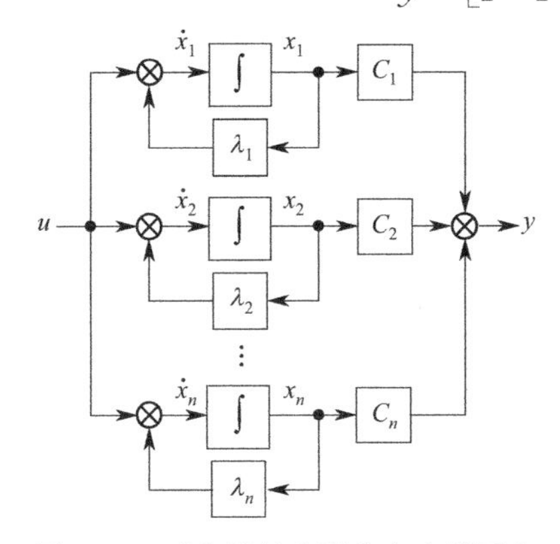

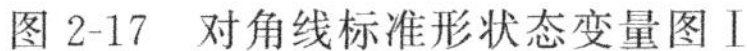
图 2-17　对角线标准形状态变量图 Ⅰ

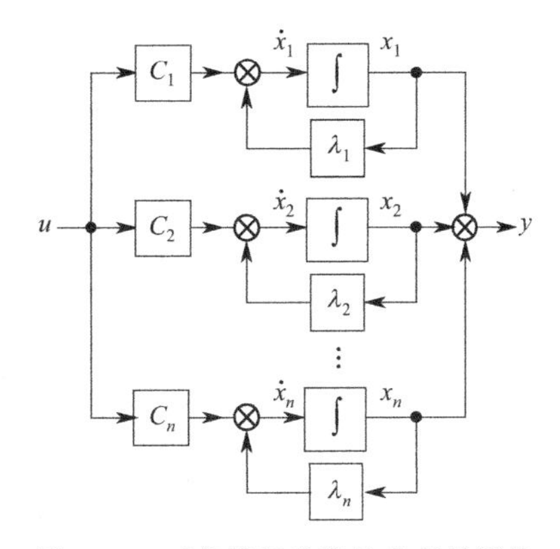

图 2-18　对角线标准形状态变量图 Ⅱ

不论是式(2-28) 还是式(2-30)，其矩阵 $\boldsymbol{A}$ 都是对角线阵，对角线上各元素是系统 n 个互异的特征根，因此都称为对角线标准形。为了区分对角线阵，常用 $\boldsymbol{\Lambda}$ 代替 $\boldsymbol{A}$ 阵，则对角线标准形的状态空间描述为

$$\begin{aligned}\dot{\boldsymbol{x}}&=\boldsymbol{\Lambda x}+\boldsymbol{b}u\\ y&=\boldsymbol{cx}\end{aligned}\tag{2-31}$$

广义地说，对角线标准形属于约当标准形。

(2) 特征根有重根情况

设系统有 n 个特征根，其中只有 λ_1 是重根，且重数为 k（对于多个重根的情况，可以类推），其余 $n-k$ 个特征根是单根。此时，系统的传递函数可写成

$$G(s)=\frac{b_1s^{n-1}+b_2s^{n-2}+\cdots+b_{n-1}s+b_n}{(s-\lambda_1)^k(s-\lambda_{k+1})\cdots(s-\lambda_n)}\tag{2-32}$$

将 $G(s)$ 表示为部分分式

$$G(s)=\frac{C_1}{(s-\lambda_1)^k}+\frac{C_2}{(s-\lambda_1)^{k-1}}+\cdots+\frac{C_k}{(s-\lambda_1)}+\sum_{j=k+1}^{n}\frac{C_j}{(s-\lambda_j)}$$

式中

$$C_i=\frac{1}{(i-1)!}\frac{\mathrm{d}^{i-1}[G(s)(s-\lambda_1)^k]}{\mathrm{d}s^{i-1}}\bigg|_{s=\lambda_1},\quad i=1,2,\cdots,k$$

$$C_j=G(s)(s-\lambda_j)\big|_{s=\lambda_j},\quad j=k+1,k+2,\cdots,n$$

故输出的拉普拉斯变换 $Y(s)$ 为

$$Y(s)=\frac{C_1U(s)}{(s-\lambda_1)^k}+\cdots+\frac{C_kU(s)}{(s-\lambda_1)}+\sum_{j=k+1}^{n}\frac{C_jU(s)}{(s-\lambda_j)}$$

由上式可得系统的结构图如图 2-19 所示。相应的状态空间描述如式(2-33)。

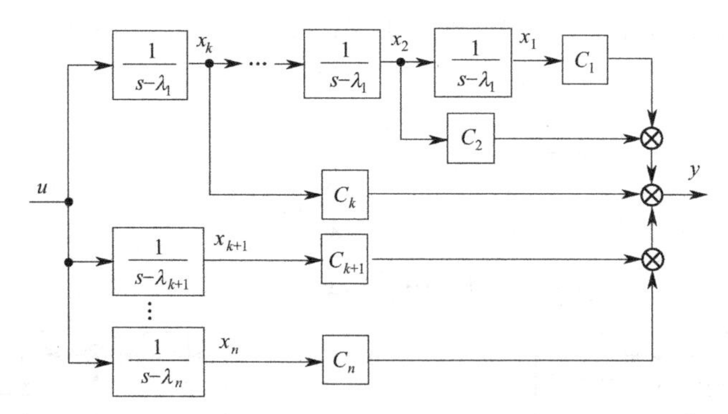

图 2-19　约当标准形的结构图

$$\dot{\boldsymbol{x}}=\left[\begin{array}{ccccc|ccc}\lambda_1 & 1 & 0 & \cdots & 0 & 0 & \cdots & 0\\ 0 & \lambda_1 & 1 & \cdots & \vdots & & & \\ 0 & 0 & \lambda_1 & \ddots & 0 & \vdots & & \vdots\\ \vdots & \vdots & \ddots & \ddots & 1 & & & \\ 0 & \cdots & 0 & 0 & \lambda_1 & 0 & \cdots & 0\\ \hline 0 & & \cdots & & 0 & \lambda_{k+1} & & 0\\ \vdots & & & & \vdots & & \ddots & \vdots\\ 0 & & \cdots & & 0 & 0 & \cdots & \lambda_n\end{array}\right]\boldsymbol{x}+\left[\begin{array}{c}0\\0\\\vdots\\0\\1\\\hline 1\\\vdots\\1\end{array}\right]u\tag{2-33}$$

$$y=[C_1\quad C_2\quad\cdots\quad C_{k-1}\quad C_k\ \vdots\ C_{k+1}\quad\cdots\quad C_n]\boldsymbol{x}$$

从式(2-33) 可知，矩阵 $\boldsymbol{A}$ 的特点是，主对角线上的元素是特征根，主对角线下面的元素均为零；至于主对角线上面的元素，当特征根互异时亦为零；当有重根时，则紧靠重根上面的元素为 1，其余均为零。凡具有此特点的矩阵，称为约当标准形。为了区分于其它标准形，常用 $\boldsymbol{J}$ 来代替 $\boldsymbol{A}$ 阵。实际上，约当标准形是一个分块矩阵，每一块都对应一个特征根，如式(2-34)。当所有特征根都是单根时，约当标准形就退化成对角线标准形。

$$\dot{\boldsymbol{x}}=\begin{bmatrix}\boldsymbol{J}_1 & \boldsymbol{0} & \cdots & \boldsymbol{0}\\ \boldsymbol{0} & \boldsymbol{J}_2 & \ddots & \vdots\\ \vdots & \ddots & \ddots & \boldsymbol{0}\\ \boldsymbol{0} & \cdots & \boldsymbol{0} & \boldsymbol{J}_l\end{bmatrix}\boldsymbol{x}+\begin{bmatrix}\boldsymbol{b}_1\\ \boldsymbol{b}_2\\ \vdots\\ \boldsymbol{b}_l\end{bmatrix}u=\boldsymbol{J}\boldsymbol{x}+\boldsymbol{b}u \tag{2-34}$$

$$y=\begin{bmatrix}\boldsymbol{c}_1 & \boldsymbol{c}_2 & \cdots & \boldsymbol{c}_l\end{bmatrix}\boldsymbol{x}=\boldsymbol{c}\boldsymbol{x}$$

式中

$$\boldsymbol{J}_i=\begin{bmatrix}\lambda_i & 1 & 0 & \cdots & 0\\ 0 & \lambda_i & 1 & \ddots & \vdots\\ 0 & 0 & \lambda_i & \ddots & 0\\ \vdots & \vdots & \ddots & \ddots & 1\\ 0 & 0 & \cdots & 0 & \lambda_i\end{bmatrix},\quad \boldsymbol{b}_i=\begin{bmatrix}0\\0\\ \vdots\\0\\1\end{bmatrix}$$

2.6.4 多输入-多输出系统的实现

仅以双输入-双输出二阶系统为例。设系统的微分方程为

$$\ddot{y}_1+a_1\dot{y}_1+a_2y_2=b_1\dot{u}_1+b_2u_1+b_3u_2$$

$$\dot{y}_2+a_3y_2+a_4y_1=b_4u_2$$

与单输入-单输出一样，其状态空间描述的实现也是非唯一的。采用状态变量图方法，对上式按导数的阶数进行积分

$$y_1=\iint[(-a_1\dot{y}_1+b_1\dot{u}_1)+(-a_2y_2+b_2u_1+b_3u_2)]\mathrm{d}t^2$$

$$=\int[(-a_1y_1+b_1u_1)+\int(-a_2y_2+b_2u_1+b_3u_2)\mathrm{d}t]\mathrm{d}t$$

$$y_2=\int(-a_3y_2-a_4y_1+b_4u_2)\mathrm{d}t$$

取每个积分器的输出为一个状态变量，得到系统的状态变量图如图 2-20 和状态空间描述如式(2-35)。

$$\dot{\boldsymbol{x}}=\boldsymbol{A}\boldsymbol{x}+\boldsymbol{B}\boldsymbol{u}$$

$$=\begin{bmatrix}-a_1 & 1 & 0\\ 0 & 0 & -a_2\\ -a_4 & 0 & -a_3\end{bmatrix}\boldsymbol{x}+\begin{bmatrix}b_1 & 0\\ b_2 & b_3\\ 0 & b_4\end{bmatrix}\boldsymbol{u} \tag{2-35}$$

$$\boldsymbol{y}=\boldsymbol{C}\boldsymbol{x}=\begin{bmatrix}1 & 0 & 0\\ 0 & 0 & 1\end{bmatrix}\boldsymbol{x}$$

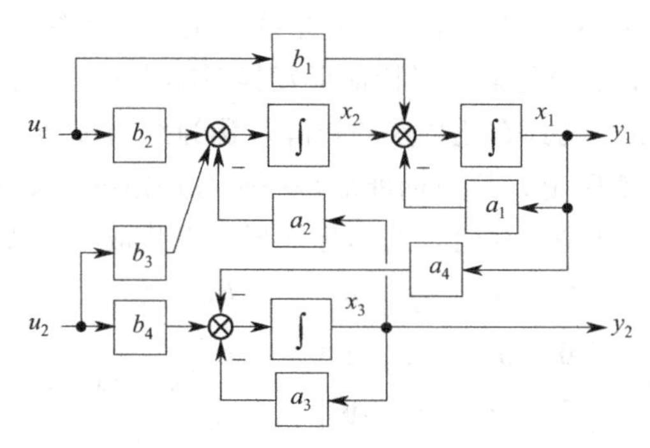

图 2-20　多输入-多输出系统的状态变量图

2.7　离散系统状态空间描述的建立

在此之前，所讨论的都是连续时间系统，其特点为系统中各处的信号都是连续时间的函数。而离散系统则至少有一处或多处的信号是离散时间的函数，即离散系统在时间变量上是不连续的。随着计算机控制技术的发展，离散控制变得越来越重要。

在经典控制理论中，连续时间系统的动力学特性通常用高阶微分方程或传递函数来描述，而离散时间系统的特性则要用高阶差分方程或脉冲传递函数描述。对于周期性采样的线性定常系统而言，其差分方程一般具有如下的形式

$$y(k+n)+a_1y(k+n-1)+\cdots+a_ny(k)=b_0u(k+m)+\cdots+b_mu(k) \tag{2-36}$$

式中，k 为系统运动过程的第 k 个采样时刻。

假设初始条件为零，对式(2-36) 进行 Z 变换，可以导出脉冲传递函数

$$W(z)=\frac{Y(z)}{U(z)}=\frac{b_0z^m+b_1z^{m-1}+\cdots+b_{m-1}z+b_m}{z^n+a_1z^{n-1}+\cdots+a_{n-1}z+a_n} \tag{2-37}$$

式(2-37) 与连续时间系统的传递函数对比，可以看出除了 z 和 s 不同外，其余的完全一样，因此连续时间系统状态空间描述的建立方法完全适用于离散时间系统。仿效连续时间系统，可以写出单输入-单输出离散系统的状态空间描述

$$\begin{aligned}\boldsymbol{x}(k+1)&=\boldsymbol{Gx}(k)+\boldsymbol{h}u(k)\\ y(k)&=\boldsymbol{cx}(k)+du(k)\end{aligned} \tag{2-38}$$

式中，$\boldsymbol{G}$ 为 $n\times n$ 维；$\boldsymbol{h}$ 为 $n\times 1$ 维；$\boldsymbol{c}$ 为 $1\times n$ 维；d 为 1×1 维。

由差分方程或脉冲传递函数求取离散系统的状态空间描述也是一种实现，实现也是非唯一的，各种标准形与连续系统的一致。

将单输入-单输出离散系统的状态空间描述式(2-38) 推广到多输入-多输出离散系统，其状态空间描述为

$$\begin{aligned}\boldsymbol{x}(k+1)&=\boldsymbol{Gx}(k)+\boldsymbol{Hu}(k)\\ \boldsymbol{y}(k)&=\boldsymbol{Cx}(k)+\boldsymbol{Du}(k)\end{aligned} \tag{2-39}$$

式中，$\boldsymbol{G}$ 为 $n\times n$ 维；$\boldsymbol{H}$ 为 $n\times r$ 维；$\boldsymbol{C}$ 为 $m\times n$ 维；$\boldsymbol{D}$ 为 $m\times r$ 维。

根据式(2-39)，离散系统的状态空间描述也可以用系统结构图来表示，如图 2-21。图中 T 表示一个单位采样周期的时间延迟器，类似于连续系统的积分器。

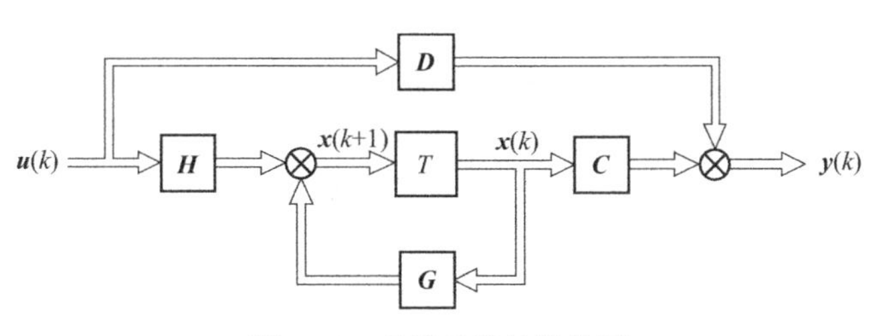

图 2-21　离散系统的结构图

2.8　线性变换

在建立系统的状态空间描述时，由于状态变量的选择是非唯一的，可以得到不同形式的状态空间描述。那么，描述同一系统的不同状态变量之间有什么关系？同一系统不同形式的状态空间描述是否可以相互转换？是否能得到系统状态空间描述的标准形？本节对这些问题进行阐述。

2.8.1　线性非奇异变换

对于一个给定的动态系统，可以有许多种选取状态变量的方法，故同一系统可以有许多状态空间描述。状态变量的不同选取，实质上是状态变量的一种线性非奇异变换，或称为坐标变换。

设给定系统为

$$\begin{aligned}\dot{\boldsymbol{x}}&=\boldsymbol{Ax}+\boldsymbol{Bu}\\ \boldsymbol{y}&=\boldsymbol{Cx}+\boldsymbol{Du}\end{aligned} \tag{2-40}$$

对于状态向量 $\boldsymbol{x}^{\mathrm{T}}=[x_1\ x_2\cdots\ x_n]$，总可以找到 $n\times n$ 非奇异矩阵 $\boldsymbol{P}$，将原状态向量作线性变换，得到另外一个新的状态向量 $\widetilde{\boldsymbol{x}}$，其变换关系为

$$\boldsymbol{x}=\boldsymbol{P}\widetilde{\boldsymbol{x}}\quad 或\quad \widetilde{\boldsymbol{x}}=\boldsymbol{P}^{-1}\boldsymbol{x} \tag{2-41}$$

将式(2-41) 代入到式(2-40) 中，有

$$\boldsymbol{P}\dot{\widetilde{\boldsymbol{x}}}=\boldsymbol{AP}\widetilde{\boldsymbol{x}}+\boldsymbol{Bu}$$

两边左乘 $\boldsymbol{P}^{-1}$，得

$$\begin{aligned}\dot{\widetilde{\boldsymbol{x}}}&=\boldsymbol{P}^{-1}\boldsymbol{AP}\widetilde{\boldsymbol{x}}+\boldsymbol{P}^{-1}\boldsymbol{Bu}\\ &=\widetilde{\boldsymbol{A}}\widetilde{\boldsymbol{x}}+\widetilde{\boldsymbol{B}}\boldsymbol{u}\end{aligned} \tag{2-42}$$

式中，$\widetilde{\boldsymbol{A}}=\boldsymbol{P}^{-1}\boldsymbol{AP}$，$\widetilde{\boldsymbol{B}}=\boldsymbol{P}^{-1}\boldsymbol{B}$。

输出方程为

$$\begin{aligned}\boldsymbol{y}&=\boldsymbol{CP}\widetilde{\boldsymbol{x}}+\boldsymbol{Du}\\ &=\widetilde{\boldsymbol{C}}\widetilde{\boldsymbol{x}}+\widetilde{\boldsymbol{D}}\boldsymbol{u}\end{aligned} \tag{2-43}$$

式中，$\widetilde{\boldsymbol{C}}=\boldsymbol{CP}$，$\widetilde{\boldsymbol{D}}=\boldsymbol{D}$。

式(2-42) 和式(2-43) 是以 $\widetilde{\boldsymbol{x}}$ 为状态变量的状态空间描述，它和式(2-40) 描述同一线性

系统，它们具有相同的输入，相同的输出，相同的状态变量维数。由于线性变换矩阵 $\boldsymbol{P}$ 是非奇异的，因此，状态空间描述中的系统矩阵 $\boldsymbol{A}$ 与 $\widetilde{\boldsymbol{A}}$ 是相似矩阵，而相似矩阵具有相同的基本特性：行列式相同、秩相同、特征多项式相同和特征值相同等。为此，常常通过线性变换把系统矩阵 $\boldsymbol{A}$ 化为一些特定的标准形，如对角线阵或约当阵等，对应的状态空间描述称为对角线标准形或约当标准形。

【例 2-8】 设系统的状态空间描述为

$$\dot{\boldsymbol{x}}=\begin{bmatrix}0 & 1 & 0\\0 & 0 & 1\\-6 & -11 & -6\end{bmatrix}\boldsymbol{x}+\begin{bmatrix}0\\0\\6\end{bmatrix}u$$

$$y=\begin{bmatrix}1 & 0 & 0\end{bmatrix}\boldsymbol{x}$$

其中 $\boldsymbol{x}^{\mathrm{T}}=\begin{bmatrix}x_1 & x_2 & x_3\end{bmatrix}$，求经过某一线性非奇异变换的新状态空间描述。

解 选取非奇异变换阵 $\boldsymbol{P}$ 为

$$\boldsymbol{P}=\begin{bmatrix}1 & 1 & 1\\-1 & -2 & -3\\1 & 4 & 9\end{bmatrix}$$

因为 $\boldsymbol{P}$ 阵是非奇异的，它的逆矩阵必然存在，且为

$$\boldsymbol{P}^{-1}=\begin{bmatrix}3 & 2.5 & 0.5\\-3 & -4 & -1\\1 & 1.5 & 0.5\end{bmatrix}$$

则新的状态向量 $\widetilde{\boldsymbol{x}}$ 为

$$\widetilde{\boldsymbol{x}}=\boldsymbol{P}^{-1}\boldsymbol{x}=\begin{bmatrix}3 & 2.5 & 0.5\\-3 & -4 & -1\\1 & 1.5 & 0.5\end{bmatrix}\boldsymbol{x}$$

即

$$\begin{bmatrix}\widetilde{x}_1\\\widetilde{x}_2\\\widetilde{x}_3\end{bmatrix}=\begin{bmatrix}3x_1+2.5x_2+0.5x_3\\-3x_1-4x_2-x_3\\x_1+1.5x_2+0.5x_3\end{bmatrix}$$

新状态变量 $\widetilde{x}_1,\widetilde{x}_2,\widetilde{x}_3$ 是原状态变量 x_1,x_2,x_3 的线性组合。则新的状态空间描述为

$$\begin{aligned}\dot{\widetilde{\boldsymbol{x}}}&=\boldsymbol{P}^{-1}\boldsymbol{A}\boldsymbol{P}\widetilde{\boldsymbol{x}}+\boldsymbol{P}^{-1}\boldsymbol{b}u\\&=\begin{bmatrix}3 & 2.5 & 0.5\\-3 & -4 & -1\\1 & 1.5 & 0.5\end{bmatrix}\begin{bmatrix}0 & 1 & 0\\0 & 0 & 1\\-6 & -11 & -6\end{bmatrix}\begin{bmatrix}1 & 1 & 1\\-1 & -2 & -3\\1 & 4 & 9\end{bmatrix}\widetilde{\boldsymbol{x}}+\begin{bmatrix}3 & 2.5 & 0.5\\-3 & -4 & -1\\1 & 1.5 & 0.5\end{bmatrix}\begin{bmatrix}0\\0\\6\end{bmatrix}u\\&=\begin{bmatrix}-1 & 0 & 0\\0 & -2 & 0\\0 & 0 & -3\end{bmatrix}\widetilde{\boldsymbol{x}}+\begin{bmatrix}3\\-6\\3\end{bmatrix}u\end{aligned}$$

$$y=\boldsymbol{c}\boldsymbol{P}\widetilde{\boldsymbol{x}}$$

$$=\begin{bmatrix}1 & 0 & 0\end{bmatrix}\begin{bmatrix}1 & 1 & 1\\ -1 & -2 & -3\\ 1 & 4 & 9\end{bmatrix}\tilde{\boldsymbol{x}}$$

$$=\begin{bmatrix}1 & 1 & 1\end{bmatrix}\tilde{\boldsymbol{x}}$$

在例 2-8 中选择适当的变换阵 $\boldsymbol{P}$ 使原状态空间描述化成对角线标准形。这里自然会提出一个问题，即 $\boldsymbol{P}$ 阵应怎样构造？这个问题正是本节所要讨论的主要内容。为此，先复习一下线性代数中关于线性变换和特征向量的基本概念。

2.8.2 系统的特征值和特征向量

(1) 系统的特征值

设 $\boldsymbol{A}$ 是一个 $n\times n$ 的矩阵，若在向量空间中存在一非零向量 $\boldsymbol{p}$，有

$$\boldsymbol{A}\boldsymbol{p}=\lambda\boldsymbol{p} \tag{2-44}$$

成立，则称 λ 为 $\boldsymbol{A}$ 的特征值，任何满足式(2-44) 的非零向量 $\boldsymbol{p}$ 称为 $\boldsymbol{A}$ 的对应于特征值 λ 的特征向量。

根据上述定义可以求出 $\boldsymbol{A}$ 的特征值。将式(2-44) 改写为

$$(\lambda\boldsymbol{I}-\boldsymbol{A})\boldsymbol{p}=0 \tag{2-45}$$

式中，$\boldsymbol{I}$ 为 $n\times n$ 单位阵。式(2-45) 是一个齐次线性方程，其有非零解的充要条件是

$$\det(\lambda\boldsymbol{I}-\boldsymbol{A})=|\lambda\boldsymbol{I}-\boldsymbol{A}|=0 \tag{2-46}$$

故系统的特征值 λ 就是方程 $\det(\lambda\boldsymbol{I}-\boldsymbol{A})=0$ 的根。方程(2-46) 称为矩阵 $\boldsymbol{A}$ 的特征方程。而行列式的展开式

$$\det(\lambda\boldsymbol{I}-\boldsymbol{A})=\lambda^n+a_1\lambda^{n-1}+\cdots+a_{n-1}\lambda+a_n \tag{2-47}$$

称为矩阵 $\boldsymbol{A}$ 的特征多项式。

显然，$n\times n$ 方阵 $\boldsymbol{A}$ 有 n 个特征值。对于实数阵 $\boldsymbol{A}$，其 n 个特征值或为实数，或为共轭复数。对于友矩阵

$$\boldsymbol{A}=\begin{bmatrix}0 & 1 & 0 & \cdots & 0\\ 0 & 0 & 1 & \ddots & \vdots\\ \vdots & \vdots & \ddots & \ddots & 0\\ 0 & 0 & \cdots & 0 & 1\\ -a_n & -a_{n-1} & \cdots & -a_2 & -a_1\end{bmatrix} \tag{2-48}$$

其特征多项式为式(2-47)。可以看出，其特征多项式的系数 $a_1,a_2,\cdots,a_n$ 与式(2-48) 的矩阵 $\boldsymbol{A}$ 的最后一行元素相对应。

【例 2-9】 求矩阵

$$\boldsymbol{A}=\begin{bmatrix}0 & 1 & -1\\ -6 & -11 & 6\\ -6 & -11 & 5\end{bmatrix}$$

的特征值。

解 先写出特征方程式

$$\det(\lambda\boldsymbol{I}-\boldsymbol{A})=0$$

$$\det\begin{bmatrix}\lambda & -1 & 1\\ 6 & \lambda+11 & -6\\ 6 & 11 & \lambda-5\end{bmatrix}=\lambda^3+6\lambda^2+11\lambda+6=0$$

即

$$(\lambda+1)(\lambda+2)(\lambda+3)=0$$

得 $\lambda_1=-1$，$\lambda_2=-2$，$\lambda_3=-3$。

(2) 系统的不变量与特征值的不变性

可以证明，系统经线性变换后，其特征多项式是不变的，即

$$\det(\lambda \boldsymbol{I}-\widetilde{\boldsymbol{A}})=\det(\lambda \boldsymbol{I}-\boldsymbol{A})$$

为了书写方便，在下面的证明中把 $\det(\lambda \boldsymbol{I}-\boldsymbol{A})$ 用 $|\lambda \boldsymbol{I}-\boldsymbol{A}|$ 表示。

$$\begin{aligned}|\lambda \boldsymbol{I}-\widetilde{\boldsymbol{A}}|&=|\lambda \boldsymbol{I}-\boldsymbol{P}^{-1}\boldsymbol{AP}|=|\boldsymbol{P}^{-1}\lambda\boldsymbol{P}-\boldsymbol{P}^{-1}\boldsymbol{AP}|=|\boldsymbol{P}^{-1}(\lambda \boldsymbol{I}-\boldsymbol{A})\boldsymbol{P}|\\&=|\boldsymbol{P}^{-1}||\lambda \boldsymbol{I}-\boldsymbol{A}||\boldsymbol{P}|=|\boldsymbol{P}^{-1}\boldsymbol{P}||\lambda \boldsymbol{I}-\boldsymbol{A}|\\&=|\lambda \boldsymbol{I}-\boldsymbol{A}|\\&=\lambda^n+a_1\lambda^{n-1}+a_2\lambda^{n-2}+\cdots+a_{n-1}\lambda+a_n\end{aligned}$$

以上推导表明，特征多项式的系数 $a_1,a_2,\cdots,a_n$ 为系统的不变量。

(3) 特征向量的计算

在讨论特征向量的计算方法时，有必要对式(2-44) 的定义再作一些说明。式(2-44) 表明如果一个向量 $\boldsymbol{p}$，经过以 $\boldsymbol{A}$ 作为变换阵的变换，得到一个新的向量 $\boldsymbol{Ap}$。如果此变换后的新向量 $\boldsymbol{Ap}$ 和原来的向量 $\boldsymbol{p}$ 比较，其方向不变，仅长度是向量 $\boldsymbol{p}$ 的 λ 倍，则原来的向量 $\boldsymbol{p}$ 是 $\boldsymbol{A}$ 的属于 λ 的特征向量。显然，特征向量 $\boldsymbol{p}$ 是与特征值 λ 紧紧联系在一起的。欲计算特征向量必须首先计算出特征值 λ_i，从下面例子中可以看出其计算步骤。

【例 2-10】 试求矩阵

$$\boldsymbol{A}=\begin{bmatrix}0 & 1 & -1\\ -6 & -11 & 6\\ -6 & -11 & 5\end{bmatrix}$$

的特征向量。

解 ① 根据 $|\lambda \boldsymbol{I}-\boldsymbol{A}|=0$ 计算 $\boldsymbol{A}$ 的特征值。已在上例中算出：$\lambda_1=-1$，$\lambda_2=-2$，$\lambda_3=-3$。

② 计算对应于 $\lambda_1=-1$ 的特征向量 $\boldsymbol{p}_1$。

按定义

$$\boldsymbol{Ap}_1=\lambda_1\boldsymbol{p}_1$$

设

$$\boldsymbol{p}_1=\begin{bmatrix}p_{11}\\ p_{12}\\ p_{13}\end{bmatrix}$$

把 $\boldsymbol{A},\lambda_1,\boldsymbol{p}_1$ 代入上式有

$$\begin{bmatrix}0 & 1 & -1\\ -6 & -11 & 6\\ -6 & -11 & 5\end{bmatrix}\begin{bmatrix}p_{11}\\ p_{12}\\ p_{13}\end{bmatrix}=-1\times\begin{bmatrix}p_{11}\\ p_{12}\\ p_{13}\end{bmatrix}$$

即

$$p_{11}+p_{12}-p_{13}=0$$
$$-6p_{11}-10p_{12}+6p_{13}=0$$
$$-6p_{11}-11p_{12}+6p_{13}=0$$

解之得

$$p_{12}=0，p_{11}=p_{13}$$

令 $p_{11}=1$，则 $p_{13}=1$。

于是

$$\boldsymbol{p}_1=\begin{bmatrix}p_{11}\\p_{12}\\p_{13}\end{bmatrix}=\begin{bmatrix}1\\0\\1\end{bmatrix}$$

③ 同理，可算出 $\lambda_2=-2$，$\lambda_3=-3$ 的特征向量

$$\boldsymbol{p}_2=\begin{bmatrix}1\\2\\4\end{bmatrix},\quad \boldsymbol{p}_3=\begin{bmatrix}1\\6\\9\end{bmatrix}$$

从特征向量的求解过程可以看出，对应特征值 λ_i 的特征向量不是唯一的，且特征向量也可采用不同的方法来求解。

2.8.3 将状态空间描述变换为约当标准形

这里的问题是将

$$\dot{\boldsymbol{x}}=\boldsymbol{Ax}+\boldsymbol{Bu}$$
$$\boldsymbol{y}=\boldsymbol{Cx}$$

变换为

$$\dot{\tilde{\boldsymbol{x}}}=\boldsymbol{P}^{-1}\boldsymbol{AP}\tilde{\boldsymbol{x}}+\boldsymbol{P}^{-1}\boldsymbol{Bu}=\boldsymbol{J}\tilde{\boldsymbol{x}}+\tilde{\boldsymbol{B}}\boldsymbol{u}$$
$$\boldsymbol{y}=\boldsymbol{CP}\tilde{\boldsymbol{x}}=\tilde{\boldsymbol{C}}\tilde{\boldsymbol{x}}$$

式中，$\boldsymbol{J}$ 为约当标准形。根据系统矩阵 $\boldsymbol{A}$，求出其特征值，即可由特征值直接写出系统的约当标准形矩阵 $\boldsymbol{J}$。

特征值互异时，

$$\boldsymbol{J}=\boldsymbol{\Lambda}=\begin{bmatrix}\lambda_1 & & & 0\\ & \lambda_2 & & \\ & & \ddots & \\ 0 & & & \lambda_n\end{bmatrix} \tag{2-49}$$

系统的约当标准形矩阵 $\boldsymbol{J}$ 成为对角线标准形矩阵 $\boldsymbol{\Lambda}$。

特征值有重根时，这里假定特征值 λ_1(k_1 重)，λ_2(k_2 重)，…，λ_l(k_l 重)，且有

$$k_1+k_2+\cdots+k_l=n$$

$$J=\begin{bmatrix} J_1 & & & 0 \\ & J_2 & & \\ & & \ddots & \\ 0 & & & J_l \end{bmatrix} \tag{2-50}$$

式中

$$J_i=\begin{bmatrix} \lambda_i & 1 & & 0 \\ & \lambda_2 & \ddots & \\ & & \ddots & 1 \\ 0 & & & \lambda_n \end{bmatrix}(k_i \times k_i \text{ 维}),\ i=1,2,\cdots,l$$

当 $k_i=1$ 时，$J_i=[\lambda_i]$，即为单根情况。

而欲得到矩阵 $P^{-1}B$ 和 CP，则必须求出变换矩阵 P。下面分别根据特征值互异和有重根时及 A 阵的不同形式介绍求 P 阵的方法。

(1) A 阵为任意形式

① 特征值互异时　设 $\lambda_i (i=1,2,\cdots,n)$ 为 A 的 n 个互异特征值，求出 λ_i 的特征向量 p_i

$$p_i=\begin{bmatrix} p_{i1} \\ p_{i2} \\ \vdots \\ p_{in} \end{bmatrix},\quad i=1,2,\cdots,n$$

由各特征向量构成的矩阵即为要求的变换矩阵 P，即

$$P=[p_1 \quad p_2 \quad \cdots \quad p_n]=\begin{bmatrix} p_{11} & p_{21} & \cdots & p_{n1} \\ p_{12} & p_{22} & \cdots & p_{n2} \\ \vdots & \vdots & \ddots & \vdots \\ p_{1n} & p_{2n} & \cdots & p_{nn} \end{bmatrix}$$

由于 λ_i 是互异的，所以 p_i 是相互独立的，从而 P 阵必是非奇异的。又因为

$$AP=A[p_1 \quad p_2 \quad \cdots \quad p_n]=[Ap_1 \quad Ap_2 \quad \cdots \quad Ap_n]$$

由特征向量的定义

$$Ap_i=\lambda_i p_i,\quad i=1,2,\cdots,n$$

故有

$$\begin{aligned} AP &= [\lambda_1 p_1 \quad \lambda_2 p_2 \quad \cdots \quad \lambda_n p_n] \\ &= [p_1 \quad p_2 \quad \cdots \quad p_n]\begin{bmatrix} \lambda_1 & & & 0 \\ & \lambda_2 & & \\ & & \ddots & \\ 0 & & & \lambda_n \end{bmatrix} \\ &= P\begin{bmatrix} \lambda_1 & & & 0 \\ & \lambda_2 & & \\ & & \ddots & \\ 0 & & & \lambda_n \end{bmatrix} \end{aligned}$$

两边左乘 $\boldsymbol{P}^{-1}$，得

$$\boldsymbol{\Lambda}=\boldsymbol{P}^{-1}\boldsymbol{A}\boldsymbol{P}=\begin{bmatrix}\lambda_1 & & & 0\\ & \lambda_2 & & \\ & & \ddots & \\ 0 & & & \lambda_n\end{bmatrix}$$

所以 $\boldsymbol{P}$ 阵即为所求的变换矩阵。关于特征向量的求法除上述方法外，也可根据 $\boldsymbol{A}$ 矩阵特征方程的第 k 行的代数余子式来求。下面用具体例子说明。

【例 2-11】 采用上例矩阵 $\boldsymbol{A}$

$$\boldsymbol{A}=\begin{bmatrix}0 & 1 & -1\\ -6 & -11 & 6\\ -6 & -11 & 5\end{bmatrix}$$

试将其变换为对角线标准形。

解 $\boldsymbol{A}$ 的特征方程为

$$\begin{vmatrix}\lambda & -1 & 1\\ 6 & \lambda+11 & -6\\ 6 & 11 & \lambda-5\end{vmatrix}=0$$

特征值为 $\lambda_1=-1$，$\lambda_2=-2$，$\lambda_3=-3$。

采用代数余子式法求特征向量。设 $k=1$，对上述行列式按第一行展开，其代数余子式为

$$p_{i1}=\begin{vmatrix}\lambda_i+11 & -6\\ 11 & \lambda_i-5\end{vmatrix},\ p_{i2}=-1\times\begin{vmatrix}6 & -6\\ 6 & \lambda_i-5\end{vmatrix},\ p_{i3}=\begin{vmatrix}6 & \lambda_i+11\\ 6 & 11\end{vmatrix}$$

代入 $\lambda_1=-1$，求得

$$p_{11}=\begin{vmatrix}10 & -6\\ 11 & -6\end{vmatrix}=6,\ p_{12}=-\begin{vmatrix}6 & -6\\ 6 & -6\end{vmatrix}=0,\ p_{33}=\begin{vmatrix}6 & 10\\ 6 & 11\end{vmatrix}=6,\text{即 }\boldsymbol{p}_1=\begin{bmatrix}6\\ 0\\ 6\end{bmatrix}$$

代入 $\lambda_2=-2$，求得

$$p_{21}=\begin{vmatrix}9 & -6\\ 11 & -7\end{vmatrix}=3,\ p_{22}=-\begin{vmatrix}6 & -6\\ 6 & -7\end{vmatrix}=6,\ p_{23}=\begin{vmatrix}6 & 9\\ 6 & 11\end{vmatrix}=12,\text{即 }\boldsymbol{p}_2=\begin{bmatrix}3\\ 6\\ 12\end{bmatrix}$$

代入 $\lambda_3=-3$，求得

$$p_{31}=\begin{vmatrix}8 & -6\\ 11 & -8\end{vmatrix}=2,\ p_{32}=-\begin{vmatrix}6 & -6\\ 6 & -8\end{vmatrix}=12,\ p_{33}=\begin{vmatrix}6 & 8\\ 6 & 11\end{vmatrix}=18,\text{即 }\boldsymbol{p}_3=\begin{bmatrix}2\\ 12\\ 18\end{bmatrix}$$

故得

$$\boldsymbol{P}=\begin{bmatrix}\boldsymbol{p}_1 & \boldsymbol{p}_2 & \boldsymbol{p}_3\end{bmatrix}=\begin{bmatrix}6 & 3 & 2\\ 0 & 6 & 12\\ 6 & 12 & 18\end{bmatrix}$$

为运算方便可将所有元素用 6 除，得

$$\bar{\boldsymbol{P}}=\begin{bmatrix}1 & 0.5 & 1/3\\0 & 1 & 2\\1 & 2 & 3\end{bmatrix},\quad \bar{\boldsymbol{P}}^{-1}=\begin{bmatrix}3 & 2.5 & -2\\-6 & -8 & 6\\3 & 4.5 & -3\end{bmatrix}$$

于是

$$\tilde{\boldsymbol{A}}=\boldsymbol{\Lambda}=\bar{\boldsymbol{P}}^{-1}\boldsymbol{A}\bar{\boldsymbol{P}}=\begin{bmatrix}-1 & 0 & 0\\0 & -2 & 0\\0 & 0 & -3\end{bmatrix}$$

$$\tilde{\boldsymbol{B}}=\bar{\boldsymbol{P}}^{-1}\boldsymbol{B}=\begin{bmatrix}3 & 2.5 & -2\\-6 & -8 & 6\\3 & 4.5 & -3\end{bmatrix}\begin{bmatrix}0\\0\\1\end{bmatrix}=\begin{bmatrix}-2\\6\\-3\end{bmatrix}$$

$$\tilde{\boldsymbol{C}}=\boldsymbol{C}\bar{\boldsymbol{P}}=\begin{bmatrix}1 & 0 & 0\end{bmatrix}\begin{bmatrix}1 & 0.5 & 1/3\\0 & 1 & 2\\1 & 2 & 3\end{bmatrix}=\begin{bmatrix}1 & 0.5 & 1/3\end{bmatrix}$$

② 特征值有重根时　不失一般性，设 $\boldsymbol{A}$ 有 n 个特征值，其中 λ_1 为重根，且重数为 k，其余为互异的特征值。在此种情况下，通过线性变换可以将 $\boldsymbol{A}$ 变换成如下的约当标准形

$$\boldsymbol{J}=\boldsymbol{P}^{-1}\boldsymbol{A}\boldsymbol{P}=\left[\begin{array}{ccccc:ccc}\lambda_1 & 1 & 0 & \cdots & 0 & 0 & \cdots & 0\\0 & \lambda_1 & 1 & \cdots & \vdots & & & \\0 & 0 & \lambda_1 & \ddots & 0 & \vdots & & \vdots\\\vdots & \vdots & \ddots & \ddots & 1 & & & \\0 & \cdots & 0 & 0 & \lambda_1 & 0 & \cdots & 0\\\hdashline 0 & & \cdots & & 0 & \lambda_{k+1} & & 0\\\vdots & & & & \vdots & & \ddots & \vdots\\0 & & \cdots & & 0 & 0 & \cdots & \lambda_n\end{array}\right]$$

上式两边左乘 $\boldsymbol{P}$，得

$$\boldsymbol{P}\boldsymbol{J}=\left[\begin{array}{cccc:ccc}\boldsymbol{p}_1 & \boldsymbol{p}_2 & \cdots & \boldsymbol{p}_k & \boldsymbol{p}_{k+1} & \cdots & \boldsymbol{p}_n\end{array}\right]\left[\begin{array}{ccccc:ccc}\lambda_1 & 1 & 0 & \cdots & 0 & 0 & \cdots & 0\\0 & \lambda_1 & 1 & \cdots & \vdots & & & \\0 & 0 & \lambda_1 & \ddots & 0 & \vdots & & \vdots\\\vdots & \vdots & \ddots & \ddots & 1 & & & \\0 & \cdots & 0 & 0 & \lambda_1 & 0 & \cdots & 0\\\hdashline 0 & & \cdots & & 0 & \lambda_{k+1} & & 0\\\vdots & & & & \vdots & & \ddots & \vdots\\0 & & \cdots & & 0 & 0 & \cdots & \lambda_n\end{array}\right]$$

$$=\boldsymbol{A}\left[\begin{array}{cccc:ccc}\boldsymbol{p}_1 & \boldsymbol{p}_2 & \cdots & \boldsymbol{p}_k & \boldsymbol{p}_{k+1} & \cdots & \boldsymbol{p}_n\end{array}\right]$$

即

$$\left.\begin{array}{l}\boldsymbol{A}\boldsymbol{p}_1=\lambda_1\boldsymbol{p}_1\\\boldsymbol{A}\boldsymbol{p}_2=\lambda_1\boldsymbol{p}_2+\boldsymbol{p}_1\\\quad\vdots\\\boldsymbol{A}\boldsymbol{p}_k=\lambda_1\boldsymbol{p}_k+\boldsymbol{p}_{k-1}\end{array}\right\}\quad k\text{ 个重根}\tag{2-51}$$

$$\left.\begin{array}{c} \boldsymbol{A}\boldsymbol{p}_{k+1}=\lambda_{k+1}\boldsymbol{p}_{k+1} \\ \vdots \\ \boldsymbol{A}\boldsymbol{p}_{n}=\lambda_{n}\boldsymbol{p}_{n} \end{array}\right\} \quad n-k\text{ 个单根} \tag{2-52}$$

从式(2-52) 可以看出，对应于 $n-k$ 个单根的特征向量的求法同前。对应于 k 个重根的特征向量需要按式(2-51) 递推计算，显然，$\boldsymbol{p}_1$ 仍为 λ_1 对应的特征向量，而其余的 $\boldsymbol{p}_2,\boldsymbol{p}_3,\cdots,\boldsymbol{p}_k$ 则称之为广义特征向量。

同样，也可根据 **A** 矩阵特征方程的第 k 行的代数余子式来求，现不加证明地给出变换矩阵 **P** 的计算公式如下，并通过具体例子说明。

$$\boldsymbol{P}=\begin{bmatrix} p_{11} & p_{11}^{(1)} & \frac{1}{2!}p_{11}^{(2)} & \cdots & \frac{1}{(k-1)!}p_{11}^{(k-1)} & p_{(k+1)1} & \cdots & p_{n1} \\ p_{12} & p_{12}^{(1)} & \frac{1}{2!}p_{12}^{(2)} & \cdots & \frac{1}{(k-1)!}p_{12}^{(k-1)} & p_{(k+1)2} & \cdots & p_{n2} \\ \vdots & \vdots & \vdots & \vdots & \vdots & \vdots & \vdots & \vdots \\ p_{1n} & p_{1n}^{(1)} & \frac{1}{2!}p_{1n}^{(2)} & \cdots & \frac{1}{(k-1)!}p_{1n}^{(k-1)} & p_{(k+1)n} & \cdots & p_{nn} \end{bmatrix} \tag{2-53}$$

式中，$p_{ij}^{(1)},p_{ij}^{(2)},\cdots,p_{ij}^{(k-1)}$ 表示 p_{ij} 关于 λ_1 的一阶、二阶、$(k-1)$ 阶导数。

【例 2-12】 已知矩阵

$$\boldsymbol{A}=\begin{bmatrix} 5 & 4 & 0 \\ 0 & 1 & 0 \\ -4 & 4 & 1 \end{bmatrix}$$

试求将其变换为约当标准形的变换阵 **P**。

解 **A** 阵的特征方程为

$$|\lambda\boldsymbol{I}-\boldsymbol{A}|=\begin{vmatrix} \lambda-5 & -4 & 0 \\ 0 & \lambda-1 & 0 \\ 4 & -4 & \lambda-1 \end{vmatrix}=0$$

其特征值为 $\lambda_1=\lambda_2=1$，$\lambda_3=5$。

下面分别用两种方法求变换阵 **P**。

方法一：根据式(2-51) 和式(2-52) 的方法求解。

对于重根 $\lambda_1=\lambda_2=1$，先计算特征向量 $\boldsymbol{p}_1$

$$\boldsymbol{A}\boldsymbol{p}_1=\lambda_1\boldsymbol{p}_1$$

$$\begin{bmatrix} 5 & 4 & 0 \\ 0 & 1 & 0 \\ -4 & 4 & 1 \end{bmatrix}\begin{bmatrix} p_{11} \\ p_{12} \\ p_{13} \end{bmatrix}=1\times\begin{bmatrix} p_{11} \\ p_{12} \\ p_{13} \end{bmatrix}$$

即

$$\begin{aligned} &5p_{11}+4p_{12}=p_{11} \\ &p_{12}=p_{12} \\ &-4p_{11}+4p_{12}+p_{13}=p_{13} \end{aligned}$$

解之得

$$\boldsymbol{p}_1=\begin{bmatrix} p_{11} \\ p_{12} \\ p_{13} \end{bmatrix}=\begin{bmatrix} 0 \\ 0 \\ 8 \end{bmatrix}$$

式中，$p_{13}=8$ 为任选。

再由下式计算 $\boldsymbol{p}_2$

$$\boldsymbol{A}\boldsymbol{p}_2=\lambda_1\boldsymbol{p}_2+\boldsymbol{p}_1$$

$$\begin{bmatrix}5 & 4 & 0\\0 & 1 & 0\\-4 & 4 & 1\end{bmatrix}\begin{bmatrix}p_{21}\\p_{22}\\p_{23}\end{bmatrix}=1\times\begin{bmatrix}p_{21}\\p_{22}\\p_{23}\end{bmatrix}+\begin{bmatrix}0\\0\\8\end{bmatrix}$$

解之得

$$\boldsymbol{p}_2=\begin{bmatrix}p_{21}\\p_{22}\\p_{23}\end{bmatrix}=\begin{bmatrix}-1\\1\\1\end{bmatrix}$$

式中，$p_{23}=1$ 为任选。

最后计算对应于 $\lambda_3=5$ 的特征向量 $\boldsymbol{p}_3$

$$\boldsymbol{A}\boldsymbol{p}_3=\lambda_3\boldsymbol{p}_3$$

$$\begin{bmatrix}5 & 4 & 0\\0 & 1 & 0\\-4 & 4 & 1\end{bmatrix}\begin{bmatrix}p_{31}\\p_{32}\\p_{33}\end{bmatrix}=5\times\begin{bmatrix}p_{31}\\p_{32}\\p_{33}\end{bmatrix}$$

解之得

$$\boldsymbol{p}_3=\begin{bmatrix}p_{31}\\p_{32}\\p_{33}\end{bmatrix}=\begin{bmatrix}1\\0\\-1\end{bmatrix}$$

因此

$$\boldsymbol{P}=\begin{bmatrix}0 & -1 & 1\\0 & 1 & 0\\8 & 1 & -1\end{bmatrix}\tag{2-54}$$

方法二：根据 **A** 矩阵特征方程的代数余子式求解。

将特征方程中的行列式

$$\begin{vmatrix}\lambda-5 & -4 & 0\\0 & \lambda-1 & 0\\4 & -4 & \lambda-1\end{vmatrix}$$

按第一行展开，得代数余子式

$$p_{i1}=\begin{vmatrix}\lambda_i-1 & 0\\-4 & \lambda_i-1\end{vmatrix},\ p_{i2}=-1\times\begin{vmatrix}0 & 0\\-4 & \lambda_i-1\end{vmatrix},\ p_{i3}=\begin{vmatrix}0 & \lambda_i-1\\4 & -4\end{vmatrix}$$

将 $\lambda_1=1$ 代入，得 $p_{11}=p_{12}=p_{13}=0$，这样 $\boldsymbol{p}_1=\boldsymbol{0}$，不符合要求。故改为按第二行展开

$$p_{i1}=-1\times\begin{vmatrix}-4 & 0\\-4 & \lambda_i-1\end{vmatrix},\ p_{i2}=\begin{vmatrix}\lambda_i-5 & 0\\4 & \lambda_i-1\end{vmatrix},\ p_{i3}=-1\times\begin{vmatrix}\lambda_i-5 & -4\\4 & -4\end{vmatrix}$$

将 $\lambda_1=1$ 代入，得 $p_{11}=0$，$p_{12}=0$，$p_{13}=-32$。

对于重根 $\lambda_2=1$，按式(2-53) 有

$$p_{21}=p_{11}^{(1)}=\frac{\mathrm{d}}{\mathrm{d}\lambda_i}(4\lambda_i-4)\Big|_{\lambda_i=1}=4$$

$$p_{22}=p_{12}^{(1)}=\frac{\mathrm{d}}{\mathrm{d}\lambda_i}[(\lambda_i-5)(\lambda_i-1)]\Big|_{\lambda_i=1}=-4$$

$$p_{23}=p_{13}^{(1)}=\frac{\mathrm{d}}{\mathrm{d}\lambda_i}(4\lambda_i-36)\Big|_{\lambda_i=1}=4$$

将 $\lambda_3=5$ 代入代数余子式，得

$$p_{31}=-1\times\begin{vmatrix}-4 & 0\\ -4 & 4\end{vmatrix}=16,\ p_{32}=\begin{vmatrix}0 & 0\\ 4 & 4\end{vmatrix}=0,\ p_{33}=-1\times\begin{vmatrix}0 & -4\\ 4 & -4\end{vmatrix}=-16$$

因此

$$\boldsymbol{P}=\begin{bmatrix}0 & 4 & 16\\ 0 & -4 & 0\\ -32 & 4 & -16\end{bmatrix} \tag{2-55}$$

将 $\boldsymbol{A}$ 阵变换成约当标准形：

不论采用式(2-54) 还是式(2-55)，均可以将 $\boldsymbol{A}$ 阵变换成如下约当标准形。通过该例题可以看出，非奇异变换阵 $\boldsymbol{P}$ 的选取不是唯一的。

$$\boldsymbol{J}=\boldsymbol{P}^{-1}\boldsymbol{AP}=\begin{bmatrix}1 & 1 & 0\\ 0 & 1 & 0\\ 0 & 0 & 5\end{bmatrix}$$

(2) A 阵为友矩阵

即

$$\boldsymbol{A}=\begin{bmatrix}0 & 1 & 0 & \cdots & 0\\ 0 & 0 & 1 & \ddots & \vdots\\ \vdots & \vdots & \ddots & \ddots & 0\\ 0 & 0 & \cdots & 0 & 1\\ -a_n & -a_{n-1} & \cdots & -a_2 & -a_1\end{bmatrix}$$

① 特征值互异时　其变换阵 $\boldsymbol{P}$ 为

$$\boldsymbol{P}=\begin{bmatrix}1 & 1 & \cdots & 1\\ \lambda_1 & \lambda_2 & \cdots & \lambda_n\\ \lambda_1^2 & \lambda_2^2 & \cdots & \lambda_n^2\\ \vdots & \vdots & \vdots & \vdots\\ \lambda_1^{n-1} & \lambda_2^{n-1} & \cdots & \lambda_n^{n-1}\end{bmatrix} \tag{2-56}$$

② 特征值有重根时　以 λ_1 是三重根为例

$$\boldsymbol{P}=\begin{bmatrix}1 & 0 & 0 & 1 & \cdots & 1\\ \lambda_1 & 1 & 0 & \lambda_4 & \cdots & \lambda_n\\ \lambda_1^2 & 2\lambda_1 & 1 & \lambda_4^2 & \cdots & \lambda_n^2\\ \vdots & \vdots & \vdots & \vdots & & \vdots\\ \lambda_1^{n-1} & \frac{\mathrm{d}}{\mathrm{d}\lambda_1}(\lambda_1^{n-1}) & \frac{1}{2!}\frac{\mathrm{d}^2}{\mathrm{d}\lambda_1{}^2}(\lambda_1^{n-1}) & \lambda_4^{n-1} & \cdots & \lambda_n^{n-1}\end{bmatrix} \tag{2-57}$$

③ 特征值有共轭复根时　以四阶系统为例，其中有一对共轭复根，其余两个为互异的单根，即 $\lambda_{1,2}=\sigma\pm j\omega$ ，$\lambda_3\neq\lambda_4$。

$$\boldsymbol{P}=\begin{bmatrix}1 & 0 & 1 & 1\\ \sigma & \omega & \lambda_3 & \lambda_4\\ \sigma^2-\omega^2 & 2\sigma\omega & \lambda_3^2 & \lambda_4^2\\ \sigma^2-3\sigma\omega^2 & 3\sigma\omega^2-\omega^3 & \lambda_3^3 & \lambda_4^3\end{bmatrix} \tag{2-58}$$

经 $\boldsymbol{P}$ 阵变换，$\boldsymbol{A}$ 阵成为如下形式

$$\widetilde{\boldsymbol{A}}=\boldsymbol{P}^{-1}\boldsymbol{A}\boldsymbol{P}=\left[\begin{array}{cc|cc}\sigma & \omega & 0 & 0\\ -\omega & \sigma & 0 & 0\\ \hline 0 & 0 & \lambda_3 & 0\\ 0 & 0 & 0 & \lambda_4\end{array}\right] \tag{2-59}$$

上述结论的证明可参阅有关文献。

2.9　由状态空间描述求传递函数阵

在前面的章节中介绍了从传递函数求状态空间描述的问题，即系统的实现问题。由于实现的非唯一性，因此规定了几种标准形，方便于后面章节的系统分析与综合。本节介绍由状态空间描述求传递函数阵的问题。

2.9.1　单输入-单输出系统

首先讨论单输入-单输出线性定常系统。设系统的状态空间描述为

$$\begin{aligned}\dot{\boldsymbol{x}}&=\boldsymbol{A}\boldsymbol{x}+\boldsymbol{b}u\\ y&=\boldsymbol{c}\boldsymbol{x}+du\end{aligned} \tag{2-60}$$

式中，u 为输入，y 为输出，它们都是标量。

假定初始条件为零，对式(2-60) 进行拉氏变换，则有

$$\begin{aligned}s\boldsymbol{X}(s)&=\boldsymbol{A}\boldsymbol{X}(s)+\boldsymbol{b}U(s)\\ Y(s)&=\boldsymbol{c}\boldsymbol{X}(s)+dU(s)\end{aligned}$$

故 u-y 间的传递函数为

$$G(s)=\frac{Y(s)}{U(s)}=\boldsymbol{c}(s\boldsymbol{I}-\boldsymbol{A})^{-1}\boldsymbol{b}+d \tag{2-61}$$

它是一个标量函数。

【例 2-13】 已知三阶系统的状态空间描述

$$\dot{\boldsymbol{x}}=\begin{bmatrix}0 & 1 & 0\\ 0 & 0 & 1\\ -5 & -3 & -2\end{bmatrix}\boldsymbol{x}+\begin{bmatrix}0\\0\\1\end{bmatrix}u$$

$$y=[1.5\quad 1\quad 0.5]\boldsymbol{x}$$

求它的传递函数。

解　根据传递函数的计算公式(2-61)，先计算

$$(s\boldsymbol{I}-\boldsymbol{A})^{-1}=\frac{\operatorname{adj}(s\boldsymbol{I}-\boldsymbol{A})}{\det(s\boldsymbol{I}-\boldsymbol{A})}$$

式中，adj(·) 为 adjoint，伴随矩阵，adj($\boldsymbol{A}$) 的各元素是 $\boldsymbol{A}$ 相应元素的代数余子式；det(·) 为 determinant，行列式，det ($s\boldsymbol{I}-\boldsymbol{A}$) 即为 $\boldsymbol{A}$ 的特征多项式。

于是

$$(s\boldsymbol{I}-\boldsymbol{A})^{-1}=\frac{1}{s^3+2s^2+3s+5}\begin{bmatrix} s^2+2s+3 & s+2 & 1 \\ -5 & s(s+2) & s \\ -5s & -3s-5 & s^2 \end{bmatrix}$$

则传递函数为

$$G(s)=\boldsymbol{c}(s\boldsymbol{I}-\boldsymbol{A})^{-1}\boldsymbol{b}=\frac{0.5s^2+s+1.5}{s^3+2s^2+3s+5}$$

2.9.2 多输入-多输出系统

对于多输入-多输出线性定常系统，可以扩充传递函数的概念，运用传递函数矩阵研究。设系统的状态空间描述

$$\begin{aligned}\dot{\boldsymbol{x}}&=\boldsymbol{A}\boldsymbol{x}+\boldsymbol{B}\boldsymbol{u}\\ \boldsymbol{y}&=\boldsymbol{C}\boldsymbol{x}+\boldsymbol{D}\boldsymbol{u}\end{aligned} \tag{2-62}$$

式中，$\boldsymbol{x}$ 为 n 维状态向量；$\boldsymbol{u}$ 为 r 维输入向量；$\boldsymbol{y}$ 为 m 维输出向量。

对式(2-62) 进行拉氏变换，并假定初始条件为零，得

$$\boldsymbol{X}(s)=(s\boldsymbol{I}-\boldsymbol{A})^{-1}\boldsymbol{B}\boldsymbol{U}(s)$$

$$\boldsymbol{Y}(s)=[\boldsymbol{c}(s\boldsymbol{I}-\boldsymbol{A})^{-1}\boldsymbol{B}+\boldsymbol{D}]\boldsymbol{U}(s)$$

故 $\boldsymbol{u}$-$\boldsymbol{x}$ 间的传递函数阵为

$$\boldsymbol{G}_{ux}(s)=(s\boldsymbol{I}-\boldsymbol{A})^{-1}\boldsymbol{B} \tag{2-63}$$

它是一个 $n\times r$ 矩阵函数。

而 $\boldsymbol{u}$-$\boldsymbol{y}$ 间的传递函数阵为

$$\boldsymbol{G}(s)=\boldsymbol{C}(s\boldsymbol{I}-\boldsymbol{A})^{-1}\boldsymbol{B}+\boldsymbol{D} \tag{2-64}$$

即

$$\boldsymbol{G}(s)=\begin{bmatrix} G_{11}(s) & G_{12}(s) & \cdots & G_{1r}(s) \\ G_{21}(s) & G_{22}(s) & \cdots & G_{2r}(s) \\ \vdots & \vdots & \vdots & \vdots \\ G_{m1}(s) & G_{m2}(s) & \cdots & G_{mr}(s) \end{bmatrix} \tag{2-65}$$

其中各元素 $G_{ij}(s)$ 都是标量函数，它表示第 j 个输入对第 i 个输出的传递关系。当 $i\neq j$ 时，意味着不同标号的输入与输出之间相互关联，称为耦合关系，这正是多变量系统的特点。

式(2-64) 还可以表示为

$$\boldsymbol{G}(s)=\frac{1}{\det(s\boldsymbol{I}-\boldsymbol{A})}[\boldsymbol{C}\operatorname{adj}(s\boldsymbol{I}-\boldsymbol{A})\boldsymbol{B}+\boldsymbol{D}\det(s\boldsymbol{I}-\boldsymbol{A})] \tag{2-66}$$

可以看出，$\boldsymbol{G}(s)$ 的分母就是系统矩阵 $\boldsymbol{A}$ 的特征多项式，$\boldsymbol{G}(s)$ 的分子是一个多项式矩阵。

【例 2-14】 已知系统的状态空间描述

$$\dot{\boldsymbol{x}}=\begin{bmatrix}0 & 1 & 0\\0 & 0 & 1\\-6 & -11 & -6\end{bmatrix}\boldsymbol{x}+\begin{bmatrix}1 & 0\\2 & -1\\0 & 2\end{bmatrix}\boldsymbol{u}$$

$$\boldsymbol{y}=\begin{bmatrix}1 & -1 & 0\\2 & 1 & -1\end{bmatrix}\boldsymbol{x}$$

试求其传递函数阵。

解 从状态空间描述和式(2-64) 可得

$$\begin{aligned}\boldsymbol{G}(s)&=\boldsymbol{C}(s\boldsymbol{I}-\boldsymbol{A})^{-1}\boldsymbol{B}\\&=\begin{bmatrix}1 & -1 & 0\\2 & 1 & -1\end{bmatrix}\begin{bmatrix}s & -1 & 0\\0 & s & -1\\6 & 11 & s+6\end{bmatrix}^{-1}\begin{bmatrix}1 & 0\\2 & -1\\0 & 2\end{bmatrix}\end{aligned}$$

根据矩阵求逆公式

$$(s\boldsymbol{I}-\boldsymbol{A})^{-1}=\frac{\mathrm{adj}(s\boldsymbol{I}-\boldsymbol{A})}{\det(s\boldsymbol{I}-\boldsymbol{A})}$$

得

$$(s\boldsymbol{I}-\boldsymbol{A})^{-1}=\frac{1}{s^3+6s^2+11s+6}\begin{bmatrix}s^2+6s+11 & s+6 & 1\\-6 & s(s+6) & s\\-6s & -11s-6 & s^2\end{bmatrix}$$

将上式代入到前面式子中，得

$$\boldsymbol{G}(s)=\frac{1}{s^3+6s^2+11s+6}\begin{bmatrix}-s^2-4s+29 & s^2+3s-4\\4s^2+56s+52 & -3s^2-17s-14\end{bmatrix}$$

从上式可以看出，该系统的传递函数阵包含四个多项式元素，其中每一个元素的物理意义是很显然的，例如

$$G_{12}(s)=\frac{s^2+3s-4}{s^3+6s^2+11s+6}$$

就是 $u_1=0$ 时，系统以 u_2 为输入，以 y_1 为输出的传递函数。

另外，该传递函数阵也可写成如下形式

$$\boldsymbol{G}(s)=\frac{\begin{bmatrix}-1 & 1\\4 & -3\end{bmatrix}s^2+\begin{bmatrix}-4 & 3\\56 & -17\end{bmatrix}s+\begin{bmatrix}29 & -4\\52 & -14\end{bmatrix}}{s^3+6s^2+11s+6}$$

显然，这种表示形式和单输入-单输出的传递函数的形式相类似，其差别仅在于分子多项式的系数不再是标量，而是矩阵。

2.9.3 传递函数阵的不变性

还应指出，同一系统，尽管其状态空间描述可以经过各种线性非奇异变换而不一样，但它的传递函数阵是不变的。对于如式(2-62) 的系统进行线性变换，即令 $\boldsymbol{x}=\boldsymbol{P}\tilde{\boldsymbol{x}}$，则该系统的状态空间描述变为

$$\begin{aligned}\dot{\tilde{x}}&=P^{-1}AP\tilde{x}+P^{-1}Bu=\tilde{A}\tilde{x}+\tilde{B}u\\ y&=CP\tilde{x}+Du=\tilde{C}\tilde{x}+Du\end{aligned}\tag{2-67}$$

此时对应式(2-67) 的传递函数阵 $\tilde{G}(s)$ 为

$$\begin{aligned}\tilde{G}(s)&=\tilde{C}(sI-\tilde{A})^{-1}\tilde{B}+D\\&=CP(sI-P^{-1}AP)^{-1}P^{-1}B+D\\&=C[P(sI-P^{-1}AP)^{-1}P^{-1}]B+D\\&=C[P(sI)P^{-1}-PP^{-1}APP^{-1}]^{-1}B+D\\&=C(sI-A)^{-1}B+D=G(s)\end{aligned}$$

故同一系统，其传递函数阵是唯一的。

另外，实际的控制系统往往由多个子系统组合而成，或并联，或串联，或形成反馈连接。当讨论组合系统的状态空间描述时，不难推导出其等效的传递函数阵，在此不加赘述。

2.10 状态空间描述的 MATLAB 实现

在工程实践中，实际系统往往是非常复杂的，借助计算机强大的运算能力是我们处理复杂工程问题的不二之选。本节将介绍利用 MATLAB 仿真软件分析系统状态空间模型的基本方法。

2.10.1 传递函数的输入

单输入-单输出的线性定常控制系统的传递函数模型可以按下式来表示：

$$G(s)=\frac{Y(s)}{U(s)}=\frac{b_0s^m+b_1s^{m-1}+\cdots+b_{m-1}s+b_m}{s^n+a_1s^{n-1}+\cdots+a_{n-1}s+a_n}=\frac{\text{num}}{\text{den}}$$

在 MATLAB 中，num 和 den 是被控系统的分子和分母的多项式系数向量。只要得到 num 和 den，就可以通过调用 tf( ) 函数轻易得到被控系统传递函数模型。

【例 2-15】 已知系统的传递函数为 $G(s)=\frac{s+5}{s^4+2s^3+3s^2+4s+5}$，利用 MATLAB 将该系统模型表示出来。

解 MATLAB 程序代码如下：

MATLAB 程序 2.1

```
num=[1,5];               %传递函数中分子的参数
den=[1,2,3,4,5];         %传递函数中分母的参数
sys=tf(num,den)
```

运行结果为

$$\text{sys}=\frac{s+5}{s^4+2s^3+3s^2+4s+5}$$

Continuous-time transfer function

当然，对于离散系统，也可以用类似的方法得到其脉冲传递函数，只是调用 tf( ) 函数时，要增加一个参数以表征该离散系统的采样时间。

【例 2-16】 系统的传递函数为 $G(z)=\dfrac{z+5}{z^4+2z^3+3z^2+4z+5}$，利用 MATLAB 将该系统模型表示出来。

解 MATLAB 程序代码如下：

MATLAB 程序 2.2

```
num=[1,5];
den=[1,2,3,4,5];
sys=tf(num,den,1)
```

运行结果如下

```
            z+5
sys=------------------------
     z^4 +2z^3 +3z^2 +4z+5

Sample time: 1 second
Discrete-time transfer function.
```

不论是在经典控制理论中利用根轨迹分析系统，还是在现代控制理论中直观地得出系统状态矩阵的特征值，被控系统传递函数的零极点标准形都具有十分重要的作用。通过调用 zpk( ) 函数便可以在 MATLAB 中得到这种形式的传递函数模型。

【例 2-17】 已知系统的传递函数为 $G(s)=\dfrac{10(s-1)(s-2)(s-3)}{(s-4)(s-5)(s-6)(s-7)}$，利用 MATLAB 将该系统模型表示出来。

解 MATLAB 程序代码如下：

MATLAB 程序 2.3

```
z=[1,2,3];
p=[4,5,6,7];
k=10;
sys=zpk(z,p,k)
```

运行结果如下

```
         10(s-1)(s-2)(s-3)
sys = -----------------------
       (s-4)(s-5)(s-6)(s-7)

Continuous-time zero/pole/gain model.
```

2.10.2 状态空间模型的输入

对于高阶次、多变量的状态空间描述，手工计算会给我们带来不必要的麻烦，使问题变得更加繁琐复杂。从前几节的介绍中我们已经知道系统的状态空间描述是在矩阵这一数学工具的基础上建立的，而 MATLAB 运算的基本数据结构就是矩阵，为解决这一类问题提供了便利。

线性定常系统的状态空间描述可用下式来表示：

$$\dot{\boldsymbol{x}}=\boldsymbol{A}\boldsymbol{x}+\boldsymbol{B}\boldsymbol{u}$$
$$\boldsymbol{y}=\boldsymbol{C}\boldsymbol{x}+\boldsymbol{D}\boldsymbol{u}$$

假定该系统有 n 个状态变量，r 个输入变量，m 个输出变量，则 $\boldsymbol{A}$ 是 $n\times n$ 维的状态矩阵，$\boldsymbol{B}$ 是 $n\times r$ 维的控制矩阵，$\boldsymbol{C}$ 是 $m\times n$ 维的输出矩阵，$\boldsymbol{D}$ 是 $m\times r$ 维的传递矩阵。类似于传递函数的输入，我们只要键入各系数矩阵，然后调用 ss( ) 函数即可在 MATLAB 中得到系统的状态空间模型。

【例 2-18】 考虑如下双输入双输出系统

$$\dot{\boldsymbol{x}}=\begin{bmatrix}2.25 & -5 & -1.25 & -0.5\\ 2.25 & -4.25 & -1.25 & -0.25\\ 0.25 & -0.5 & -1.25 & -1\\ 1.25 & -1.75 & -0.25 & -0.75\end{bmatrix}\boldsymbol{x}+\begin{bmatrix}4 & 6\\ 2 & 4\\ 2 & 2\\ 0 & 2\end{bmatrix}\begin{bmatrix}u_1\\ u_2\end{bmatrix}$$

$$y=\begin{bmatrix}0 & 0 & 0 & 1\\ 0 & 2 & 0 & 2\end{bmatrix}\boldsymbol{x}$$

利用 MATLAB 将该模型表示出来。

解 MATLAB 程序代码如下：

MATLAB 程序 2.4

```
A=[2.25,-5,-1.25,-0.5;2.25,-4.25,-1.25,-0.25;
0.25,-0.5,-1.25,-1;1.25,-1.75,-0.25,-0.75];
B=[4,6;2,4;2,2;0,2];C=[0,0,0,1;0,2,0,2];D=zeros(2,2);
sys=ss(A,B,C,D);
```

运行结果为

```
A=
        x1      x2      x3      x4
x1    2.25     -5    -1.25   -0.5
x2    2.25  -4.25    -1.25  -0.25
x3    0.25   -0.5    -1.25     -1
x4    1.25  -1.75    -0.25  -0.75

B=
      u1  u2
x1     4   6
x2     2   4
x3     2   2
x4     0   2

C=
      x1  x2  x3  x4
y1     0   0   0   1
y2     0   2   0   2
```

```
D=
      u1  u2
y1    0   0
y2    0   0
Continuous-time state-space model
```

若是离散的状态空间模型，可利用 MATLAB 中的 ss(**A**,**B**,**C**,**D**,T) 函数，其中 **A**,**B**,**C**,**D** 分别表示系统的状态矩阵，T 为采样时间。

2.10.3 两种模型的互相转换

在 MATLAB 中还可以将系统的两种模型相互转换。需要注意的是，对于任何系统，状态空间描述都不是唯一确定的，随着状态变量选取的不同，所得到的状态空间描述也不尽相同。以下 MATLAB 程序只是给出其中的一种。

【例 2-19】 考虑如下双输入单输出系统

$$\dot{\boldsymbol{x}}=\begin{bmatrix}2.25 & -5 & -1.25 & -0.5\\2.25 & -4.25 & -1.25 & -0.25\\0.25 & -0.5 & -1.25 & -1\\1.25 & -1.75 & -0.25 & -0.75\end{bmatrix}\boldsymbol{x}+\begin{bmatrix}4 & 6\\2 & 4\\2 & 2\\0 & 2\end{bmatrix}\begin{bmatrix}u_1\\u_2\end{bmatrix}$$

$$y=\begin{bmatrix}0 & 2 & 0 & 2\end{bmatrix}\boldsymbol{x}$$

利用 MATLAB 求取系统的传递函数阵，并且求取该传递函数的零极点形式。

解 MATLAB 程序代码如下：

MATLAB 程序 2.5

```
A =[2.25,-5,-1.25,-0.5;2.25,-4.25,-1.25,-0.25;
0.25,-0.5,-1.25,-1;1.25,-1.75,-0.25,-0.75];
B= [4,6;2,4;2,2;0,2];C= [0,2,0,2];D= [0,0];
sys=ss(A,B,C,D);
model= tf(sys)
[z1, p1, k1] = ss2zp(A,B,C,D,1);
model1 = zpk(z1, p1, k1)
[z2, p2, k2] = ss2zp(A,B,C,D,2);
model2 = zpk(z2, p2, k2)
%其中 1 表示使用的输入量为 u1,2 表示 u2
```

运行结果如下：

```
model=
From input1 to output:
          4s^3+14s^2+22s+15
  ---------------------------------
  s^4+4s^3+6.25s^2+5.25s+2.25
From input2 to output:
          12s^3+32s^2+37s+17
  ---------------------------------
  s^4+4s^3+6.25s^2+5.25s+2.25
Continuous-time transfer function.
```

```
model1=

4(s+1.5)(s^2+2s+2.5)
--------------------
 (s+1.5)^2(s^2+s+1)

Continuous-time zero/pole/gain model.
model2=

12(s+1)(s^2+1.667s+1.417)
-------------------------
   (s+1.5)^2(s^2+s+1)

Continuous-timezero/pole/gain model.
```

【例 2-20】 已知系统传递函数为 $G(s)=\dfrac{18s+36}{s^3+40.4s^2+391s+150}$，应用 MATLAB 求取系统的状态空间模型。

解 MATLAB 程序代码如下：

MATLAB 程序 2.6

```
num=[18,36];
den=[1,40.4,391,150];
G=tf(num,den);
G1=ss(G)
```

运行结果如下

```
G1=
a=
        x1       x2       x3
x1   -40.4   -24.44   -2.344
x2      16        0        0
x3       0        4        0
b=
        u1
x1       1
x2       0
x3       0
c=
        x1       x2       x3
y1       0    1.125   0.5625
d=
        u1
y1       0
Continuous-time state-space model.
```

【例 2-21】 如前所述，现代控制理论的诞生和发展离不开 20 世纪蓬勃兴旺的航空航天工业的推动。本题以一个简化的卫星的轨道运动为例，在 MATLAB 中实现其状态空间描述，并在给定卫星轨道高度，确定其角速度的前提下将其状态空间描述转换为传递函数。

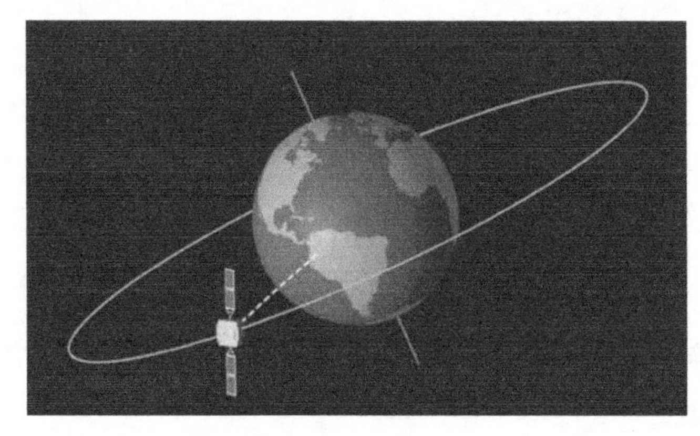

图 2-22 卫星运行图

图 2-22 是卫星绕地运动的示意图。由于其他天体的影响，卫星绕地运动时会产生摄动，为此要设计一个控制器来抑制这种摄动，进而确保卫星的实际运动轨道与设计轨道之间的偏移量满足要求。现给出它的归一化运动状态方程如下：

$$\dot{\boldsymbol{x}}(t)=\begin{bmatrix}0 & 1 & 0 & 0\\ 3\omega^2 & 0 & 0 & 2\omega\\ 0 & 0 & 0 & 1\\ 0 & -2\omega & 0 & 0\end{bmatrix}\boldsymbol{x}(t)+\begin{bmatrix}0\\1\\0\\0\end{bmatrix}u_{\mathrm{r}}(t)+\begin{bmatrix}0\\0\\0\\1\end{bmatrix}u_{\mathrm{t}}(t)$$

$$\boldsymbol{y}(t)=\begin{bmatrix}0 & 1 & 0 & 1\end{bmatrix}\boldsymbol{x}(t)$$

式中，u_{r} 和 u_{t} 分别表示法向发动机和切向发动机的控制作用，为简化分析过程，我们仅讨论输出分别相对于二者的传递函数。又因为它在距离地球 463km 的轨道上运行，因此其角速度 $\omega=0.0011\mathrm{rad/s}$。

解 MATLAB 程序代码如下：

MATLAB 程序 2.7

```
syms w
w=0.0011;
A=[0,1,0,0;3*w^2,0,0,2*w;0,0,0,1;0,-2*w,0,0];
b1=[0;1;0;0];b2=[0;0;0;1];
B=[b1,b2];C=[0,1,0,1];D=0;
sys=ss(A,B,C,D);
transfer=tf(sys)
```

运行结果为：

```
A=
0        1.0000    0   0
0.0000   0         0   0.0220
0        0         0   1.0000
0        -0.0220   0   0
```

```
transfer1=
From input1 to output:
  s^2-0.022s
 ----------------
 s^3+0.0004477s
From input2 to output:
 s^2+0.022s-3.63e-05
 -------------------
   s^3+0.0004477s
Continuous-time transfer function.
```

小结

本章首先将现代控制与经典控制进行对比，分析了二者在研究领域、研究工具、数学模型等方面的区别，引入了状态变量、状态向量、状态空间等基本术语，并进一步对控制系统的状态空间描述做了简要介绍。这里我们再进行适当回顾：对于一个可以用高阶微分方程描述其动态性能的受控系统，通过选取一组能完全描述该系统性能的状态变量，就可以得到两个一阶微分方程组，把这两组一阶微分方程用矩阵表示就得到了系统的状态空间描述。其次介绍了以系统的机理、结构图以及传递函数为出发点建立状态空间描述的普适性方法，同时借助差分方程、Z变换等数学工具建立了离散系统与连续系统在状态空间实现上的联系。随后揭示了对于特定的系统而言，选取不同的状态变量实质上是状态空间描述的一种线性矩阵变换。尽管可以任意选择状态变量，但线性变换前后矩阵的维度总是不变的，所以状态变量的个数也是固定的。紧接着介绍了单输入-单输出系统和多输入-多输出系统的状态空间描述求传递函数和传递函数阵的方法以及传递函数阵的不变性。最后，介绍了控制系统数学模型在MATLAB中的输入方法。

本章的基本要求如下：

(1) 理解状态变量、状态向量、状态方程、输出方程等基本概念和术语；

(2) 掌握根据系统的物理或化学机理建立状态空间描述的方法；

(3) 掌握由系统方框图、系统状态变量图建立状态空间描述的方法；

(4) 掌握由系统的微分方程或传递函数得到其状态空间描述的能控标准形、能观标准形以及约当标准形的方法；

(5) 利用线性变换可将系统状态空间描述转换为对角线标准形或约当标准形；

(6) 掌握由系统的状态空间描述求传递函数或传递函数阵的方法；

(7) 利用MATLAB实现状态空间描述与传递函数阵的相互转换。

习题

2-1 给定机械位移系统如图2-23 (a)、(b) 所示，试列写其状态空间描述。

2-2 给定电气系统如图2-24 (a)、(b) 所示，试列写其状态空间描述。

2-3 试化如下系统的输入-输出时域描述为状态空间描述。

(1) $\dddot{y}+13\ddot{y}+7\dot{y}+5y=2u$

(2) $\dddot{y}+2\ddot{y}+3y=\dot{u}+2u$

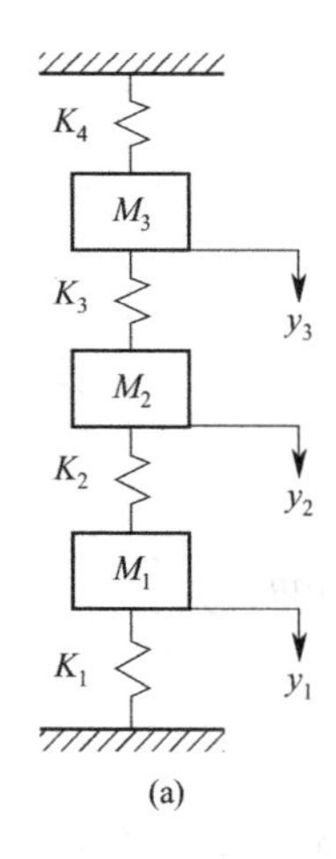

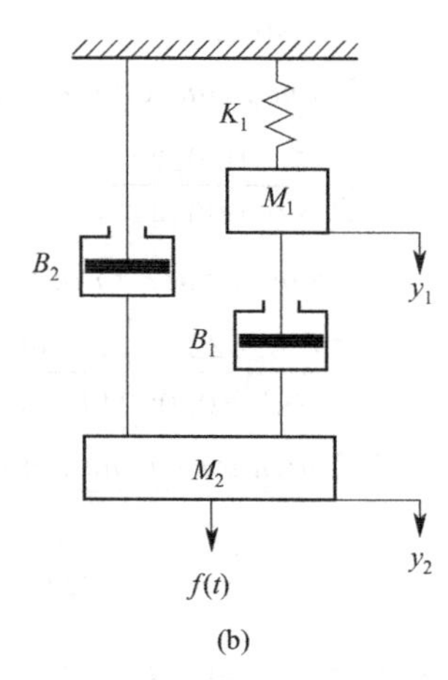

图 2-23　习题 2-1 图

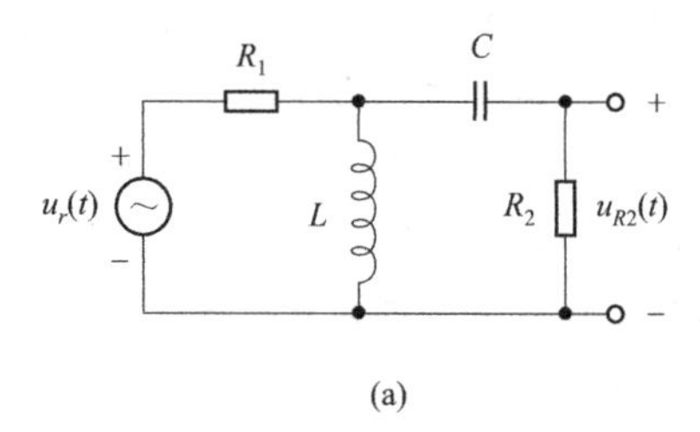

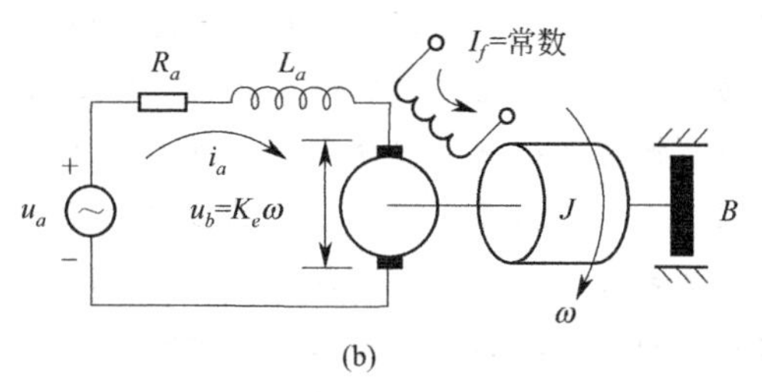

图 2-24　习题 2-2 图

(3) $\dddot{y}+5\ddot{y}+4\dot{y}+7y=\dddot{u}+\ddot{u}+3\dot{u}+2u$

(4) $\begin{cases}\ddot{y}+a_1\dot{y}+a_2y=b_1\dot{u}+b_2u\\ c_0\ddot{z}+c_1\dot{z}+c_2z=y\end{cases}$

(5) $G(z)=\dfrac{1}{z^3+4z^2+5z+2}$

(6) $G(z)=\dfrac{2z^2+z+2}{z^3+6z^2+11z+6}$

2-4　已知系统的结构图如图 2-25 (a)、(b) 所示，试列写其状态空间描述。

2-5　试用状态变量图方法，写出如下系统状态空间描述的能控、能观测标准形。

(1) $\dddot{y}+2\ddot{y}+4\dot{y}+6y=\ddot{u}+3\dot{u}+2u$

(2) $y^{(4)}+3\ddot{y}+2y=-3\dot{u}+u$

2-6　试用状态变量图方法，写出如下系统状态空间描述的约当标准形。

(1) $G(s)=\dfrac{2(s+4)(s+5)}{(s+1)(s+2)(s+3)}$

(2) $G(s)=\dfrac{3(s+5)}{(s+3)^2(s+1)}$

2-7　试将下列状态方程化为对角线标准形。

(1) $\begin{bmatrix}\dot{x}_1\\ \dot{x}_2\end{bmatrix}=\begin{bmatrix}-2 & 1\\ 1 & -2\end{bmatrix}\begin{bmatrix}x_1\\ x_2\end{bmatrix}+\begin{bmatrix}0\\ 1\end{bmatrix}u$

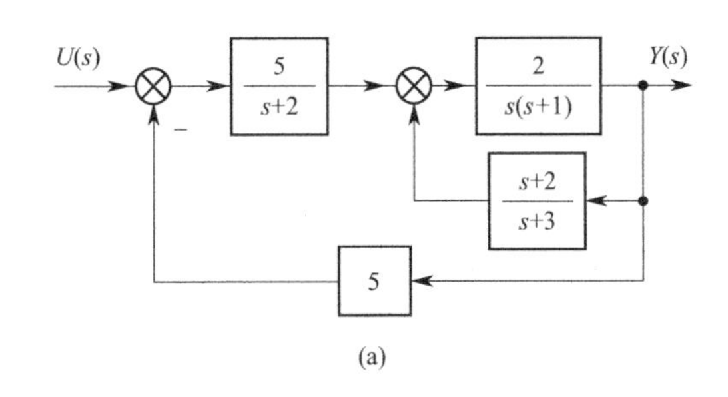

(a)

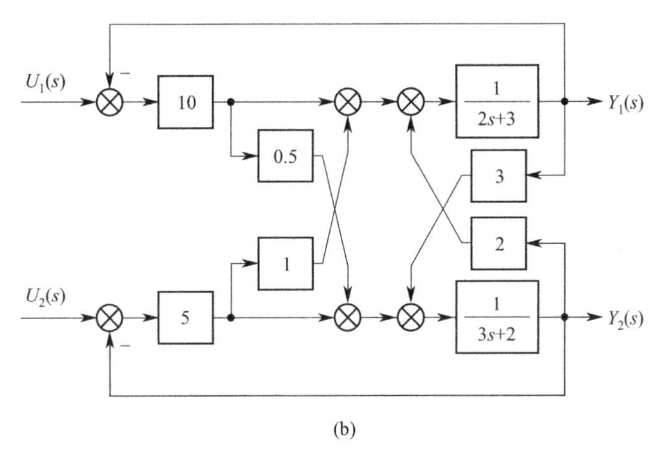

(b)

图 2-25　习题 2-4 图

(2) $$\begin{bmatrix}\dot{x}_1\\ \dot{x}_2\\ \dot{x}_3\end{bmatrix}=\begin{bmatrix}0 & 1 & 0\\ 3 & 0 & 2\\ -12 & -7 & -6\end{bmatrix}\begin{bmatrix}x_1\\ x_2\\ x_3\end{bmatrix}+\begin{bmatrix}2 & 3\\ 1 & 5\\ 7 & 1\end{bmatrix}\begin{bmatrix}u_1\\ u_2\end{bmatrix}$$

(3) $$\begin{bmatrix}\dot{x}_1\\ \dot{x}_2\\ \dot{x}_3\end{bmatrix}=\begin{bmatrix}0 & 6 & -3\\ 1 & 0 & 2\\ 3 & 0 & 4\end{bmatrix}\begin{bmatrix}x_1\\ x_2\\ x_3\end{bmatrix}+\begin{bmatrix}0\\ 0\\ 1\end{bmatrix}u$$

2-8　试将下列状态方程化为约当标准形。

(1) $$\begin{bmatrix}\dot{x}_1\\ \dot{x}_2\\ \dot{x}_3\end{bmatrix}=\begin{bmatrix}0 & 1 & 0\\ 0 & 0 & 1\\ 2 & -5 & 4\end{bmatrix}\begin{bmatrix}x_1\\ x_2\\ x_3\end{bmatrix}+\begin{bmatrix}0\\ 0\\ 1\end{bmatrix}u$$

(2) $$\begin{bmatrix}\dot{x}_1\\ \dot{x}_2\\ \dot{x}_3\end{bmatrix}=\begin{bmatrix}4 & 1 & -2\\ 1 & 0 & 2\\ 1 & -1 & 3\end{bmatrix}\begin{bmatrix}x_1\\ x_2\\ x_3\end{bmatrix}+\begin{bmatrix}3 & 1\\ 2 & 7\\ 5 & 3\end{bmatrix}\begin{bmatrix}u_1\\ u_2\end{bmatrix}$$

2-9　已知系统状态空间表达式

$$\begin{bmatrix}\dot{x}_1\\ \dot{x}_2\\ \dot{x}_3\end{bmatrix}=\begin{bmatrix}3 & 0 & 0\\ 1 & 5 & 2\\ 0 & 2 & 1\end{bmatrix}\begin{bmatrix}x_1\\ x_2\\ x_3\end{bmatrix}+\begin{bmatrix}1 & 0\\ 2 & 0\\ 0 & 5\end{bmatrix}\begin{bmatrix}u_1\\ u_2\end{bmatrix}$$

$$\begin{bmatrix} y_1 \\ y_2 \end{bmatrix} = \begin{bmatrix} 2 & 0 & 1 \\ 6 & 2 & 0 \end{bmatrix} \begin{bmatrix} x_1 \\ x_2 \end{bmatrix}$$

用$\tilde{\boldsymbol{x}}=\boldsymbol{P}\boldsymbol{x}$进行线性变换，其变换矩阵

$$\boldsymbol{P}=\begin{bmatrix} 1 & 0 & 0 \\ 0 & 2 & 0 \\ 0 & 0 & 3 \end{bmatrix}$$

(1) 试写出状态变换后的状态方程和输出方程。

(2) 试证明变换前后系统的特征值的不变性和传递函数的不变性。

2-10　证明下述单输入-单输出系统的传递函数是相同的。

$$\boldsymbol{A}=\left[\begin{array}{c:ccc} 0 & & & \\ \vdots & & \boldsymbol{I}_{n-1} & \\ 0 & & & \\ \hdashline -a_1 & -a_2 & \cdots & -a_n \end{array}\right],\ \boldsymbol{b}=\begin{bmatrix} 0 \\ \vdots \\ 0 \\ 1 \end{bmatrix},\ \boldsymbol{c}=\begin{bmatrix} b_1 & b_2 & & b_n \end{bmatrix}$$

$$\bar{\boldsymbol{A}}=\left[\begin{array}{ccc:c} 0 & \cdots & 0 & -a_1 \\ \hdashline & & & -a_2 \\ & \boldsymbol{I}_{n-1} & & \vdots \\ & & & -a_n \end{array}\right],\ \bar{\boldsymbol{b}}=\begin{bmatrix} b_1 \\ b_2 \\ \vdots \\ b_n \end{bmatrix},\ \bar{\boldsymbol{c}}=\begin{bmatrix} 0 & \cdots & 0 & 1 \end{bmatrix}$$

2-11　已知系统的状态空间描述

$$\dot{\boldsymbol{x}}=\boldsymbol{A}\boldsymbol{x}+\boldsymbol{B}\boldsymbol{u}$$
$$\boldsymbol{y}=\boldsymbol{C}\boldsymbol{x}$$

式中，$\boldsymbol{A}=\begin{bmatrix} 0 & 1 & 0 \\ 0 & 0 & 1 \\ -1 & -2 & -3 \end{bmatrix}$，$\boldsymbol{B}=\begin{bmatrix} 1 & 0 \\ 0 & 0 \\ 0 & 1 \end{bmatrix}$，$\boldsymbol{C}=\begin{bmatrix} 1 & 1 & 0 \\ 0 & 0 & 1 \end{bmatrix}$。试求其传递函数阵。

2-12　试求如下离散系统的脉冲传递函数阵。

$$\begin{bmatrix} x_1(k+1) \\ x_2(k+1) \end{bmatrix} = \begin{bmatrix} 0 & 1 \\ 1 & 3 \end{bmatrix} \begin{bmatrix} x_1(k) \\ x_2(k) \end{bmatrix} + \begin{bmatrix} 0 \\ 1 \end{bmatrix} u(k)$$

$$y(k)=\begin{bmatrix} 1 & 1 \end{bmatrix} \begin{bmatrix} x_1(k) \\ x_2(k) \end{bmatrix}$$

2-13　利用 MATLAB 将如下系统转换为状态空间描述形式。

$$\boldsymbol{G}(s)=\frac{\begin{bmatrix} s+3 \\ s^2+3s+2 \end{bmatrix}}{s^2+0.7s+1}$$

2-14　设系统的状态空间描述为

$$\dot{\boldsymbol{x}}=\begin{bmatrix} 0 & 0 & 1.5 \\ -1.5 & 0 & -1 \\ -2 & 1 & -3 \end{bmatrix}\boldsymbol{x}+\begin{bmatrix} 1 & 1 \\ -1 & -1 \\ -1 & -2 \end{bmatrix}\boldsymbol{u}$$

$$\boldsymbol{y}=\begin{bmatrix} 1 & 0 & 0 \\ 0 & 1 & 0 \end{bmatrix}$$

用 MATLAB 代码表示该系统，并求取其传递函数。

3 线性系统的状态空间运动分析

系统状态空间表达式建立之后，本章将对系统状态空间的运动进行分析，这是系统控制理论所要研究的一个基本课题。对系统进行分析的目的，主要是揭示系统状态的基本特性和运动规律。通常对系统的分析有定性分析和定量分析两种。定性分析主要包括决定系统行为和特性的几个具有重要意义的关键性质，如能控性、能观性和稳定性的研究将在第 4 章和第 5 章中讨论。定量分析是要对系统的运动规律进行精确的研究，即定量地确定系统由外部激励作用下所引起的响应。本章以线性系统为对象，讨论系统的定量分析问题，即系统运动方程求解问题。此外随着计算机的广泛应用，连续系统状态方程离散化问题显得越来越重要。本章最后 2 节将讨论连续系统状态方程离散化及其求解问题。

3.1 线性定常系统齐次状态方程的解

线性系统是一类最简单和最重要的系统，工程上大量实际系统可以近似看成是线性系统。本节首先讨论线性定常系统在没有控制作用时的运动规律。

考虑线性定常系统的齐次状态方程

$$\dot{\boldsymbol{x}}(t)=\boldsymbol{A}\boldsymbol{x}(t),\ \boldsymbol{x}(t_0)=\boldsymbol{x}_0,\ t\geqslant t_0 \tag{3-1}$$

式中，$\boldsymbol{x}(t)$为 n 维列向量；$\boldsymbol{x}(t_0)$为初始状态；$\boldsymbol{A}$ 为 $n\times n$ 定常矩阵。

结论 方程式(3-1) 满足初始条件 $\boldsymbol{x}(t_0)=\boldsymbol{x}_0$ 的解为

$$\boldsymbol{x}(t)=\mathrm{e}^{\boldsymbol{A}(t-t_0)}\boldsymbol{x}_0 \tag{3-2}$$

当 $t_0=0$ 时，有

$$\boldsymbol{x}(t)=\mathrm{e}^{\boldsymbol{A}t}\boldsymbol{x}(0) \tag{3-3}$$

该解是系统输入 $u=0$ 时的解，故又称为**零输入解或零输入响应**。其中，$\mathrm{e}^{\boldsymbol{A}t}$ 或 $\mathrm{e}^{\boldsymbol{A}(t-t_0)}$ 称为矩阵指数函数，它是一个 $n\times n$ 维矩阵。

证明

① 直接法证明。与求解通常的标量微分方程相类似，将解的形式设为如下的向量幂级数

$$\boldsymbol{x}(t)=\boldsymbol{b}_0+\boldsymbol{b}_1t+\boldsymbol{b}_2t^2+\cdots=\sum_{k=0}^{\infty}\boldsymbol{b}_kt^k \tag{3-4}$$

式中，$\boldsymbol{b}_0,\boldsymbol{b}_1,\cdots$为待定常向量。将式(3-4) 代入式(3-1) 中，得

$$\boldsymbol{b}_1+2\boldsymbol{b}_2t+3\boldsymbol{b}_3t^2+\cdots=\boldsymbol{A}(\boldsymbol{b}_0+\boldsymbol{b}_1t+\boldsymbol{b}_2t^2+\cdots)$$

上式对任意 $t \geqslant 0$ 均成立。比较等式两边 $t^k(k=0,1,\cdots)$ 的系数，可得如下一组关系式

$$\begin{cases} \boldsymbol{b}_1=\boldsymbol{A}\boldsymbol{b}_0 \\ \boldsymbol{b}_2=\dfrac{1}{2}\boldsymbol{A}\boldsymbol{b}_1=\dfrac{1}{2!}\boldsymbol{A}^2\boldsymbol{b}_0 \\ \boldsymbol{b}_3=\dfrac{1}{3}\boldsymbol{A}\boldsymbol{b}_2=\dfrac{1}{3!}\boldsymbol{A}^3\boldsymbol{b}_0 \\ \vdots \\ \boldsymbol{b}_k=\dfrac{1}{k}\boldsymbol{A}\boldsymbol{b}_{k-1}=\dfrac{1}{k!}\boldsymbol{A}^k\boldsymbol{b}_0 \end{cases}$$

在式(3-4) 中，令 $t=0$，可得

$$\boldsymbol{x}(0)=\boldsymbol{b}_0=\boldsymbol{x}_0$$

利用以上结果可得

$$\begin{aligned} \boldsymbol{x}(t)&=\left(\boldsymbol{I}+\boldsymbol{A}t+\frac{1}{2!}\boldsymbol{A}^2t^2+\cdots+\frac{1}{k!}\boldsymbol{A}^kt^k+\cdots\right)\boldsymbol{b}_0 \\ &=\left(\boldsymbol{I}+\boldsymbol{A}t+\frac{1}{2!}\boldsymbol{A}^2t^2+\cdots+\frac{1}{k!}\boldsymbol{A}^kt^k+\cdots\right)\boldsymbol{x}_0 \end{aligned} \tag{3-5}$$

回顾标量指数函数定义式

$$\mathrm{e}^{at}=1+at+\frac{1}{2!}a^2t^2+\cdots=\sum_{k=0}^{\infty}\frac{1}{k!}a^kt^k$$

仿此，这里定义

$$\mathrm{e}^{\boldsymbol{A}t}=\boldsymbol{I}+\boldsymbol{A}t+\frac{1}{2!}\boldsymbol{A}^2t^2+\cdots=\sum_{k=0}^{\infty}\frac{1}{k!}\boldsymbol{A}^kt^k \tag{3-6}$$

并称 $\mathrm{e}^{\boldsymbol{A}t}$ 为矩阵指数函数。将式(3-6) 代入式(3-5) 中，有

$$\boldsymbol{x}(t)=\mathrm{e}^{\boldsymbol{A}t}\boldsymbol{x}_0$$

证毕。

② 拉普拉斯变换法证明。上述结论也可采用拉普拉斯变换法证明。对式(3-1) 两边取拉普拉斯变换，可得

$$s\boldsymbol{X}(s)-\boldsymbol{x}_0=\boldsymbol{A}\boldsymbol{X}(s)$$

式中

$$\boldsymbol{X}(s)=L[\boldsymbol{x}(t)]$$

则

$$(s\boldsymbol{I}-\boldsymbol{A})\boldsymbol{X}(s)=\boldsymbol{x}_0$$

亦即

$$\boldsymbol{X}(s)=(s\boldsymbol{I}-\boldsymbol{A})^{-1}\boldsymbol{x}_0 \tag{3-7}$$

式(3-7) 为齐次解的拉普拉斯变换表达式。对其进行拉普拉斯反变换，得

$$\boldsymbol{x}(t)=L^{-1}[(s\boldsymbol{I}-\boldsymbol{A})^{-1}]\boldsymbol{x}_0 \tag{3-8}$$

回顾标量关系式

$$(x-a)^{-1}=\frac{1}{x}+\frac{a}{x^2}+\frac{a^2}{x^3}+\cdots$$

定义

$$(s\boldsymbol{I}-\boldsymbol{A})^{-1}=\frac{\boldsymbol{I}}{s}+\frac{\boldsymbol{A}}{s^2}+\frac{\boldsymbol{A}^2}{s^3}+\cdots$$

从而有

$$L^{-1}[(s\boldsymbol{I}-\boldsymbol{A})^{-1}]=\boldsymbol{I}+\boldsymbol{A}t+\frac{1}{2!}\boldsymbol{A}^2t^2+\cdots=\mathrm{e}^{\boldsymbol{A}t}$$

式(3-5) 和式(3-8) 都是状态方程 (3-1) 的齐次解，且有

$$\mathrm{e}^{\boldsymbol{A}t}=L^{-1}[(s\boldsymbol{I}-\boldsymbol{A})^{-1}] \tag{3-9}$$

将式(3-9) 代入式(3-8) 命题得证。式(3-9) 也是计算矩阵指数函数的一种方法。

从式(3-9) 中可以看出，式(3-2) 所表述的线性定常系统的齐次解，实质上就是系统初始状态的一个变换。其中，变换矩阵就是矩阵指数函数 $\mathrm{e}^{\boldsymbol{A}t}$。后面将会看到，$\mathrm{e}^{\boldsymbol{A}t}$ 必是非奇异的。而 $\boldsymbol{x}(t)$表征为状态空间中起始于初始状态 $\boldsymbol{x}_0$ 的一条轨迹。显然，自由运动轨迹的形态，将是由矩阵指数函数 $\mathrm{e}^{\boldsymbol{A}t}$，也即由系统矩阵 $\boldsymbol{A}$ 所唯一地确定。鉴于矩阵指数函数在线性系统状态空间分析中的重要性，有必要详细讨论一下它的性质及计算方法。

3.2 矩阵指数函数

3.2.1 矩阵指数函数的定义

设 $\boldsymbol{A}$ 为 $n\times n$ 维矩阵，则矩阵指数函数 $\mathrm{e}^{\boldsymbol{A}t}$ 定义为如下的无穷幂级数

$$\mathrm{e}^{\boldsymbol{A}t}=\boldsymbol{I}+\boldsymbol{A}t+\frac{1}{2!}\boldsymbol{A}^2t^2+\cdots=\sum_{k=0}^{\infty}\frac{1}{k!}\boldsymbol{A}^kt^k \tag{3-10}$$

矩阵指数函数 $\mathrm{e}^{\boldsymbol{A}t}$ 也是$n\times n$ 维的方阵，并且对有限的 t 值是绝对收敛的。对式(3-10) 进行拉普拉斯变换，可以导出矩阵指数函数的拉普拉斯变换表达式

$$L[\mathrm{e}^{\boldsymbol{A}t}]=L\left[\boldsymbol{I}+\boldsymbol{A}t+\frac{\boldsymbol{A}^2t^2}{2!}+\cdots\right]=(s\boldsymbol{I}-\boldsymbol{A})^{-1} \tag{3-11}$$

式(3-11) 表明，系统的矩阵指数函数 $\mathrm{e}^{\boldsymbol{A}t}$ 和特征矩阵的逆之间是拉普拉斯变换意义下原函数和象函数的关系，这给矩阵指数函数 $\mathrm{e}^{\boldsymbol{A}t}$ 提供了一个清晰的物理解释。

3.2.2 矩阵指数函数的性质

下面讨论矩阵指数函数 $\mathrm{e}^{\boldsymbol{A}t}$ 所具有的一些基本性质。

性质 1 矩阵指数函数满足如下关系式

$$\mathrm{e}^{\boldsymbol{A}\cdot 0}=\boldsymbol{I} \tag{3-12}$$

证明 由矩阵指数函数的定义式

$$\mathrm{e}^{\boldsymbol{A}t}=\boldsymbol{I}+\boldsymbol{A}t+\frac{1}{2!}\boldsymbol{A}^2t^2+\cdots=\sum_{k=0}^{\infty}\frac{1}{k!}\boldsymbol{A}^kt^k$$

当 $t=0$ 时，即可得证。

性质 2 设矩阵 $\boldsymbol{A}$ 为 $n\times n$ 维矩阵，t 和 s 为两个独立的自变量，则必成立

$$\mathrm{e}^{\boldsymbol{A}(t+s)}=\mathrm{e}^{\boldsymbol{A}t}\cdot\mathrm{e}^{\boldsymbol{A}s} \tag{3-13}$$

证明 根据式(3-10) 定义

$$
\begin{aligned}
e^{At}\cdot e^{As} &= \left(I+At+\frac{1}{2!}A^2t^2+\cdots\right)\cdot\left(I+As+\frac{1}{2!}A^2s^2+\cdots\right)\\
&= I+A(t+s)+A^2\left(\frac{1}{2!}t^2+ts+\frac{1}{2!}s^2\right)+A^3\left(\frac{1}{3!}t^3+\frac{1}{2!}t^2s+\frac{1}{2!}ts^2+\frac{1}{3!}s^3\right)+\cdots\\
&= I+A(t+s)+\frac{1}{2!}A^2(t+s)^2+\frac{1}{3!}A^3(t+s)^3+\cdots\\
&= e^{A(t+s)}
\end{aligned}
$$

证毕。

性质 3 由于 e^{At} 总是非奇异的，必有逆，且其逆为 e^{-At}，即

$$
(e^{At})^{-1}=e^{-At} \tag{3-14}
$$

证明 由性质 2，有

$$
e^{A(t+s)}=e^{At}\cdot e^{As}
$$

令 $s=-t$ 和性质 1，得

$$
e^{A(t+s)}=e^{A(t-t)}=e^{A\cdot 0}=I
$$

由上式可以看出，e^{At} 与 e^{-At} 互为逆阵，故结论得证。

性质 4 对于 $n\times n$ 维方阵 A 和 B，如果 A 和 B 是可交换的，即

$$
AB=BA
$$

则必成立

$$
e^{(A+B)t}=e^{At}\cdot e^{Bt} \tag{3-15}
$$

证明 根据定义式

$$
\begin{aligned}
e^{(A+B)t} &= I+(A+B)t+\frac{1}{2!}(A+B)^2t^2+\frac{1}{3!}(A+B)^3t^3+\cdots\\
&= I+(A+B)t+\frac{1}{2!}(A+B)(A+B)t^2+\frac{1}{3!}(A+B)(A+B)(A+B)t^3+\cdots\\
&= I+(A+B)t+\frac{1}{2!}(A^2+AB+BA+B^2)t^2\\
&\quad +\frac{1}{3!}(A^3+A^2B+ABA+AB^2+BA^2+BAB+B^2A+B^3)t^3+\cdots
\end{aligned}
$$

而

$$
\begin{aligned}
e^{At}\cdot e^{Bt} &= \left(I+At+\frac{1}{2!}A^2t^2+\frac{1}{3!}A^3t^3+\cdots\right)\cdot\left(I+Bt+\frac{1}{2!}B^2t^2+\frac{1}{3!}B^3t^3+\cdots\right)\\
&= I+(A+B)t+\frac{1}{2!}(A^2+2AB+B^2)t^2\\
&\quad +\frac{1}{3!}(A^3+3A^2B+3AB^2+B^3)t^3+\cdots
\end{aligned}
$$

将上述两式相减，得

$$
\begin{aligned}
& e^{(A+B)t}-e^{At}\cdot e^{Bt}\\
&= \frac{1}{2!}(BA-AB)t^2+\frac{1}{3!}(BA^2+ABA+B^2A+BAB-2A^2B-2AB^2)t^3+\cdots
\end{aligned}
$$

显然，只有 $AB=BA$，才有

$$
e^{(A+B)t}-e^{At}\cdot e^{Bt}=0
$$

即

$$
e^{(A+B)t}=e^{At}\cdot e^{Bt}
$$

性质 5 对于矩阵指数函数 $e^{\boldsymbol{A}t}$，有

$$\frac{d}{dt}e^{\boldsymbol{A}t}=\boldsymbol{A}e^{\boldsymbol{A}t}=e^{\boldsymbol{A}t}\boldsymbol{A} \tag{3-16}$$

证明 根据定义式

$$e^{\boldsymbol{A}t}=\boldsymbol{I}+\boldsymbol{A}t+\frac{1}{2!}\boldsymbol{A}^2t^2+\frac{1}{3!}\boldsymbol{A}^3t^3+\cdots$$

由于此无穷级数对有限 t 值是绝对收敛的，所以可将上式逐项对 t 求导，有

$$\begin{aligned}\frac{d}{dt}e^{\boldsymbol{A}t}&=\boldsymbol{A}+\boldsymbol{A}^2t+\frac{1}{2!}\boldsymbol{A}^3t^2+\cdots\\&=\boldsymbol{A}(\boldsymbol{I}+\boldsymbol{A}t+\frac{1}{2!}\boldsymbol{A}^2t^2+\cdots)\\&=\boldsymbol{A}e^{\boldsymbol{A}t}\end{aligned}$$

同理，

$$\frac{d}{dt}e^{\boldsymbol{A}t}=e^{\boldsymbol{A}t}\boldsymbol{A}$$

性质 6 设 $n\times n$ 维矩阵 $\boldsymbol{A}$ 为对角线矩阵，即

$$\boldsymbol{A}=\mathrm{diag}(a_{11},a_{22},\cdots,a_{nn})$$

则 $e^{\boldsymbol{A}t}$ 也必为对角线矩阵，且为

$$e^{\boldsymbol{A}t}=\mathrm{diag}(e^{a_{11}t},e^{a_{22}t},\cdots,e^{a_{nn}t}) \tag{3-17}$$

证明 根据定义式

$$e^{\boldsymbol{A}t}=\sum_{k=0}^{\infty}\frac{1}{k!}\boldsymbol{A}^kt^k$$

$$=\begin{bmatrix}1&0&\cdots&0\\0&1&\ddots&\vdots\\\vdots&\ddots&\ddots&0\\0&\cdots&0&1\end{bmatrix}+\begin{bmatrix}a_{11}t&0&\cdots&0\\0&a_{22}t&\ddots&\vdots\\\vdots&\ddots&\ddots&0\\0&\cdots&0&a_{nn}t\end{bmatrix}+\begin{bmatrix}\frac{1}{2!}a_{11}^2t^2&0&\cdots&0\\0&\frac{1}{2!}a_{22}^2t^2&\ddots&\vdots\\\vdots&\ddots&\ddots&0\\0&\cdots&0&\frac{1}{2!}a_{nn}^2t^2\end{bmatrix}+\cdots$$

$$=\begin{bmatrix}\sum_{k=0}^{\infty}\frac{1}{k!}a_{11}^kt^k&0&\cdots&0\\0&\sum_{k=0}^{\infty}\frac{1}{k!}a_{22}^kt^k&\ddots&\vdots\\\vdots&\ddots&\ddots&0\\0&\cdots&0&\sum_{k=0}^{\infty}\frac{1}{k!}a_{nn}^kt^k\end{bmatrix}=\begin{bmatrix}e^{a_{11}t}&0&\cdots&0\\0&e^{a_{22}t}&\ddots&\vdots\\\vdots&\ddots&\ddots&0\\0&\cdots&0&e^{a_{nn}t}\end{bmatrix}$$

证毕。

性质 7 设 $n\times n$ 维矩阵 $\boldsymbol{A}$ 具有互不相同的特征值 $\lambda_1,\lambda_2,\cdots,\lambda_n$，则 $e^{\boldsymbol{A}t}$ 必可经线性非奇异变换化为对角线形，即

$$P^{-1}e^{At}P=\begin{bmatrix} e^{\lambda_1 t} & 0 & \cdots & 0 \\ 0 & e^{\lambda_2 t} & \ddots & \vdots \\ \vdots & \ddots & \ddots & 0 \\ 0 & \cdots & 0 & e^{\lambda_n t} \end{bmatrix} \tag{3-18}$$

其中，$\boldsymbol{P}$ 为使 $\boldsymbol{A}$ 对角线标准化的变换阵。

证明 因为 $\boldsymbol{A}$ 具有互不相同的特征值，故必可经线性非奇异变换化为

$$P^{-1}AP=\begin{bmatrix} \lambda_1 & 0 & \cdots & 0 \\ 0 & \lambda_2 & \ddots & \vdots \\ \vdots & \ddots & \ddots & 0 \\ 0 & \cdots & 0 & \lambda_n \end{bmatrix}$$

同理，对于一般项，有

$$P^{-1}A^kP=\underbrace{P^{-1}AP\cdot P^{-1}AP\cdots P^{-1}AP}_{k个}=\begin{bmatrix} \lambda_1^k & 0 & \cdots & 0 \\ 0 & \lambda_2^k & \ddots & \vdots \\ \vdots & \ddots & \ddots & 0 \\ 0 & \cdots & 0 & \lambda_n^k \end{bmatrix}$$

根据定义式

$$e^{At}=I+At+\frac{1}{2!}A^2t^2+\cdots=\sum_{k=0}^{\infty}\frac{1}{k!}A^kt^k$$

得

$$\begin{aligned} P^{-1}e^{At}P &= \sum_{k=0}^{\infty}\frac{1}{k!}P^{-1}A^kPt^k \\ &= \begin{bmatrix} \sum_{k=0}^{\infty}\frac{1}{k!}\lambda_1^k t^k & 0 & \cdots & 0 \\ 0 & \sum_{k=0}^{\infty}\frac{1}{k!}\lambda_2^k t^k & \ddots & \vdots \\ \vdots & \ddots & \ddots & 0 \\ 0 & \cdots & 0 & \sum_{k=0}^{\infty}\frac{1}{k!}\lambda_n^k t^k \end{bmatrix} = \begin{bmatrix} e^{\lambda_1 t} & 0 & \cdots & 0 \\ 0 & e^{\lambda_2 t} & \ddots & \vdots \\ \vdots & \ddots & \ddots & 0 \\ 0 & \cdots & 0 & e^{\lambda_n t} \end{bmatrix} \end{aligned}$$

证毕。

3.2.3 矩阵指数函数的计算

矩阵指数函数 e^{At} 有多种计算方法，下面分别予以介绍。

(1) 级数求和法

根据式(3-10) 的矩阵指数函数定义直接计算。即

$$e^{At}=I+At+\frac{1}{2!}A^2t^2+\cdots=\sum_{k=0}^{\infty}\frac{1}{k!}A^kt^k$$

这种方法计算步骤简单，便于编程，适用于计算机计算，但由于是无穷级数，计算中需要考虑收敛性的要求。其缺点是一般难于得到结果的解析表达式。

【例 3-1】 已知 $\boldsymbol{A}=\begin{bmatrix}0 & 1\\0 & 1\end{bmatrix}$，试计算其矩阵指数函数 $\mathrm{e}^{\boldsymbol{A}t}$ 。

解 根据式(3-10)，有

$$\begin{aligned}\mathrm{e}^{\boldsymbol{A}t}&=\boldsymbol{I}+\boldsymbol{A}t+\frac{1}{2!}\boldsymbol{A}^2t^2+\cdots\\&=\begin{bmatrix}1 & 0\\0 & 1\end{bmatrix}+\begin{bmatrix}0 & 1\\0 & 1\end{bmatrix}t+\frac{1}{2!}\begin{bmatrix}0 & 1\\0 & 1\end{bmatrix}^2t^2+\cdots\\&=\begin{bmatrix}1 & 0\\0 & 1\end{bmatrix}+\begin{bmatrix}0 & 1\\0 & 1\end{bmatrix}t+\frac{1}{2!}\begin{bmatrix}0 & 1\\0 & 1\end{bmatrix}t^2+\cdots\\&=\begin{bmatrix}1 & t+\frac{1}{2!}t^2+\cdots\\0 & 1+t+\frac{1}{2!}t^2+\cdots\end{bmatrix}=\begin{bmatrix}1 & \mathrm{e}^t-1\\0 & \mathrm{e}^t\end{bmatrix}\end{aligned}$$

由此例不难看出，这种方法只适用于系统矩阵 $\boldsymbol{A}$ 比较简单的情况。

(2) 拉普拉斯变换法

由式(3-11) 知，系统的矩阵指数函数 $\mathrm{e}^{\boldsymbol{A}t}$ 等于矩阵 $(s\boldsymbol{I}-\boldsymbol{A})^{-1}$ 的拉普拉斯逆变换。因此

$$\mathrm{e}^{\boldsymbol{A}t}=L^{-1}[(s\boldsymbol{I}-\boldsymbol{A})^{-1}] \tag{3-19}$$

这种方法需要矩阵求逆运算。

【例 3-2】 已知 $\boldsymbol{A}=\begin{bmatrix}0 & 1\\-2 & -3\end{bmatrix}$，试用拉普拉斯变换法计算矩阵指数函数 $\mathrm{e}^{\boldsymbol{A}t}$。

解 因为

$$s\boldsymbol{I}-\boldsymbol{A}=\begin{bmatrix}s & -1\\2 & s+3\end{bmatrix}$$

$$\begin{aligned}(s\boldsymbol{I}-\boldsymbol{A})^{-1}&=\frac{1}{s(s+3)+2}\begin{bmatrix}s+3 & 1\\-2 & s\end{bmatrix}\\&=\begin{bmatrix}\frac{2}{s+1}-\frac{1}{s+2} & \frac{1}{s+1}-\frac{1}{s+2}\\-\frac{2}{s+1}+\frac{2}{s+2} & -\frac{1}{s+1}+\frac{2}{s+2}\end{bmatrix}\end{aligned}$$

根据式(3-19)，得

$$\begin{aligned}\mathrm{e}^{\boldsymbol{A}t}&=L^{-1}\begin{bmatrix}\frac{2}{s+1}-\frac{1}{s+2} & \frac{1}{s+1}-\frac{1}{s+2}\\-\frac{2}{s+1}+\frac{2}{s+2} & -\frac{1}{s+1}+\frac{2}{s+2}\end{bmatrix}\\&=\begin{bmatrix}2\mathrm{e}^{-t}-\mathrm{e}^{-2t} & \mathrm{e}^{-t}-\mathrm{e}^{-2t}\\-2\mathrm{e}^{-t}+2\mathrm{e}^{-2t} & -\mathrm{e}^{-t}+2\mathrm{e}^{-2t}\end{bmatrix}\end{aligned}$$

(3) 将矩阵 A 化为对角标准形或约当标准形法

根据定义式(3-10) 及矩阵指数函数性质 7，得

$$\begin{aligned}
e^{P^{-1}APt} &= I+(P^{-1}AP)t+\frac{1}{2!}(P^{-1}AP)^2t^2+\cdots+\frac{1}{k!}(P^{-1}AP)^kt^k+\cdots \\
&= P^{-1}\left(I+At+\frac{1}{2!}A^2t^2+\cdots+\frac{1}{k!}A^kt^k+\cdots\right)P \\
&= P^{-1}e^{At}P
\end{aligned}$$

若矩阵 $P^{-1}AP$ 已化为对角或约当标准形，则由下式

$$e^{At}=Pe^{P^{-1}APt}P^{-1}$$

可以直接将 e^{At} 计算出来。

① 当 A 的特征值互异时

$$e^{At}=P\begin{bmatrix} e^{\lambda_1 t} & 0 & \cdots & 0 \\ 0 & e^{\lambda_2 t} & \ddots & \vdots \\ \vdots & \ddots & \ddots & 0 \\ 0 & \cdots & 0 & e^{\lambda_n t} \end{bmatrix}P^{-1} \tag{3-20}$$

其中 P 为使 A 对角线化的非奇异变换阵。

② 当 A 的特征值为重根时

$$e^{At}=P\begin{bmatrix} e^{\lambda_1 t} & te^{\lambda_1 t} & \cdots & \frac{1}{(n-1)!}t^{n-1}e^{\lambda_1 t} \\ 0 & e^{\lambda_1 t} & \ddots & \vdots \\ \vdots & \ddots & \ddots & te^{\lambda_1 t} \\ 0 & \cdots & 0 & e^{\lambda_1 t} \end{bmatrix}P^{-1} \tag{3-21}$$

此处的 P 为使 A 约当标准化的非奇异变换阵。

【例 3-3】 已知 $A=\begin{bmatrix} 0 & 1 \\ -2 & -3 \end{bmatrix}$，试用化为对角标准形法求矩阵指数函数 e^{At}。

解 首先求 A 的特征值

$$|\lambda I-A|=\begin{vmatrix} \lambda & -1 \\ 2 & \lambda+3 \end{vmatrix}=\lambda^2+3\lambda+2=(\lambda+1)(\lambda+2)$$

所以 A 的特征值为 $\lambda_1=-1$，$\lambda_2=-2$。

因为 A 是友矩阵，且特征值互异，所以非奇异变换阵及其逆矩阵为

$$P=\begin{bmatrix} 1 & 1 \\ \lambda_1 & \lambda_2 \end{bmatrix}=\begin{bmatrix} 1 & 1 \\ -1 & -2 \end{bmatrix},\ P^{-1}=\begin{bmatrix} 2 & 1 \\ -1 & -1 \end{bmatrix}$$

将矩阵 A 化为对角线矩阵

$$\Lambda=\begin{bmatrix} -1 & 0 \\ 0 & -2 \end{bmatrix}$$

因此

$$\begin{aligned}
e^{At} &= P\begin{bmatrix} e^{\lambda_1 t} & 0 \\ 0 & e^{\lambda_2 t} \end{bmatrix}P^{-1}=\begin{bmatrix} 1 & 1 \\ -1 & -2 \end{bmatrix}\begin{bmatrix} e^{-t} & 0 \\ 0 & e^{-2t} \end{bmatrix}\begin{bmatrix} 2 & 1 \\ -1 & -1 \end{bmatrix} \\
&= \begin{bmatrix} 2e^{-t}-e^{-2t} & e^{-t}-e^{-2t} \\ -2e^{-t}+2e^{-2t} & -e^{-t}+2e^{-2t} \end{bmatrix}
\end{aligned}$$

【例 3-4】 已知系统矩阵

$$\boldsymbol{A}=\begin{bmatrix}0 & 1 & 0\\0 & 0 & 1\\2 & -5 & 4\end{bmatrix}$$

试用化为对角标准形法求矩阵指数函数 $e^{\boldsymbol{A}t}$。

解 首先求 $\boldsymbol{A}$ 的特征值

$$|\lambda\boldsymbol{I}-\boldsymbol{A}|=\begin{vmatrix}\lambda & -1 & 0\\0 & \lambda & -1\\-2 & 5 & \lambda-4\end{vmatrix}=\lambda^3-4\lambda^2+5\lambda-2=(\lambda-1)^2(\lambda-2)$$

所以 $\boldsymbol{A}$ 的特征值为 $\lambda_1=\lambda_2=1$，$\lambda_3=2$。因为 $\boldsymbol{A}$ 为能控标准形，参考式（2-57）写出变换阵及其逆矩阵

$$\boldsymbol{P}=\begin{bmatrix}1 & 0 & 1\\\lambda_1 & 1 & \lambda_3\\\lambda_1^2 & 2\lambda_1 & \lambda_3^2\end{bmatrix}=\begin{bmatrix}1 & 0 & 1\\1 & 1 & 2\\1 & 2 & 4\end{bmatrix}, \quad \boldsymbol{P}^{-1}=\begin{bmatrix}0 & 2 & -1\\-2 & 3 & -1\\1 & -2 & 1\end{bmatrix}$$

所以

$$\boldsymbol{J}=\boldsymbol{P}^{-1}\boldsymbol{A}\boldsymbol{P}=\begin{bmatrix}1 & 1 & 0\\0 & 1 & 0\\0 & 0 & 2\end{bmatrix}, \quad e^{\boldsymbol{J}t}=\begin{bmatrix}e^t & te^t & 0\\0 & e^t & 0\\0 & 0 & e^{2t}\end{bmatrix}$$

因此

$$e^{\boldsymbol{A}t}=\boldsymbol{P}e^{\boldsymbol{J}t}\boldsymbol{P}^{-1}=\begin{bmatrix}-2te^t+e^{2t} & (3t+2)e^t-2e^{2t} & -(t+1)e^t+e^{2t}\\-2(t+1)e^t+2e^{2t} & (3t+5)e^t-4e^{2t} & -(t+2)e^t+2e^{2t}\\-2(t+2)e^t+4e^{2t} & (3t+8)e^t-8e^{2t} & -(t+3)e^t+4e^{2t}\end{bmatrix}$$

(4) 待定系数法

待定系数法是利用凯莱-哈密顿（Cayley-Hamilton）定理，首先将 $e^{\boldsymbol{A}t}$ 化为 $\boldsymbol{A}$ 的有限项，然后确定待定的系数，因此也称为化 $e^{\boldsymbol{A}t}$ 为 $\boldsymbol{A}$ 的有限项法。这里首先重温一下凯莱-哈密顿定理，然后介绍矩阵指数函数的多项式表达式及矩阵指数函数的计算步骤。

① 凯莱-哈密顿定理 设 $\boldsymbol{A}$ 为 $n\times n$ 维矩阵，其特征多项式为

$$f(\lambda)=|\lambda\boldsymbol{I}-\boldsymbol{A}|=\lambda^n+a_1\lambda^{n-1}+\cdots+a_{n-1}\lambda+a_n \tag{3-22}$$

则矩阵 $\boldsymbol{A}$ 必满足其自身的特征方程，即

$$f(\boldsymbol{A})=\boldsymbol{A}^n+a_1\boldsymbol{A}^{n-1}+\cdots+a_{n-1}\boldsymbol{A}+a_n\boldsymbol{I}=\boldsymbol{0} \tag{3-23}$$

证明 因为

$$(\lambda\boldsymbol{I}-\boldsymbol{A})^{-1}(\lambda\boldsymbol{I}-\boldsymbol{A})=\frac{\mathrm{adj}(\lambda\boldsymbol{I}-\boldsymbol{A})}{|\lambda\boldsymbol{I}-\boldsymbol{A}|}(\lambda\boldsymbol{I}-\boldsymbol{A})=\boldsymbol{I}$$

其中，$\mathrm{adj}(\lambda\boldsymbol{I}-\boldsymbol{A})$ 的元素为 λ 的 $(n-1)$ 次多项式，一般可表示为

$$\mathrm{adj}(\lambda\boldsymbol{I}-\boldsymbol{A})=\boldsymbol{\beta}_1\lambda^{n-1}+\boldsymbol{\beta}_2\lambda^{n-2}+\cdots+\boldsymbol{\beta}_{n-1}\lambda+\boldsymbol{\beta}_n$$

于是

$$(\boldsymbol{\beta}_1\lambda^{n-1}+\boldsymbol{\beta}_2\lambda^{n-2}+\cdots+\boldsymbol{\beta}_{n-1}\lambda+\boldsymbol{\beta}_n)(\lambda\boldsymbol{I}-\boldsymbol{A})=|\lambda\boldsymbol{I}-\boldsymbol{A}|\boldsymbol{I}$$

将上式展开，得

$$\boldsymbol{\beta}_1\lambda^n+(\boldsymbol{\beta}_2-\boldsymbol{\beta}_1\boldsymbol{A})\lambda^{n-1}+\cdots+(\boldsymbol{\beta}_n-\boldsymbol{\beta}_{n-1}\boldsymbol{A})\lambda-\boldsymbol{\beta}_n\boldsymbol{A}$$
$$=\boldsymbol{I}\lambda^n+a_1\boldsymbol{I}\lambda^{n-1}+\cdots+a_{n-1}\boldsymbol{I}\lambda+a_n\boldsymbol{I} \tag{3-24}$$

令式(3-24) 两边 λ 幂次项的系数相等，得

$$\begin{cases}\boldsymbol{\beta}_1=\boldsymbol{I}\\(\boldsymbol{\beta}_2-\boldsymbol{\beta}_1\boldsymbol{A})=a_1\boldsymbol{I}\\\vdots\\(\boldsymbol{\beta}_n-\boldsymbol{\beta}_{n-1}\boldsymbol{A})=a_{n-1}\boldsymbol{I}\\-\boldsymbol{\beta}_n\boldsymbol{A}=a_n\boldsymbol{I}\end{cases}$$

对上述关系式，从上到下依次右乘 $\boldsymbol{A}^n,\boldsymbol{A}^{n-1},\cdots,\boldsymbol{A},\boldsymbol{I}$，然后将等式两边各项分别相加，得

$$\boldsymbol{A}^n+a_1\boldsymbol{A}^{n-1}+\cdots+a_{n-1}\boldsymbol{A}+a_n\boldsymbol{I}$$
$$=\boldsymbol{\beta}_1\boldsymbol{A}^n+(\boldsymbol{\beta}_2\boldsymbol{A}^{n-1}-\boldsymbol{\beta}_1\boldsymbol{A}^n)+\cdots+(\boldsymbol{\beta}_n\boldsymbol{A}-\boldsymbol{\beta}_{n-1}\boldsymbol{A}^2)-\boldsymbol{\beta}_n\boldsymbol{A}=\boldsymbol{0}$$

这就证明了 $f(\boldsymbol{A})=\boldsymbol{0}$。

② 矩阵指数函数的多项式表达式　利用凯莱-哈密顿定理，容易证明可以将 $e^{\boldsymbol{A}t}$ 的无穷幂级数化为 $\boldsymbol{A}$ 的有限项表达式。

设 $\boldsymbol{A}$ 为 $n\times n$ 维矩阵，则 $e^{\boldsymbol{A}t}$ 可表示为 $\boldsymbol{A}$ 的一个有限项多项式，其中 $\boldsymbol{A}$ 的最高次幂不高于 $(n-1)$。即

$$e^{\boldsymbol{A}t}=\alpha_0(t)\boldsymbol{I}+\alpha_1(t)\boldsymbol{A}+\cdots+\alpha_{n-1}(t)\boldsymbol{A}^{n-1} \tag{3-25}$$

式中，$\alpha_0(t),\alpha_1(t),\cdots,\alpha_{n-1}(t)$ 为 t 的标量函数。

证明　根据凯莱-哈密顿定理，由式(3-23) 可导出

$$\boldsymbol{A}^n=-a_1\boldsymbol{A}^{n-1}-\cdots-a_{n-1}\boldsymbol{A}-a_n\boldsymbol{I} \tag{3-26}$$

这说明 $\boldsymbol{A}^n$ 可表为 $\boldsymbol{A}^{n-1},\boldsymbol{A}^{n-2},\cdots,\boldsymbol{A},I$ 的线性组合，即 $\boldsymbol{A}$ 的 n 次幂可用 $\boldsymbol{A}$ 的 $(n-1)$ 次多项式表示。根据式(3-26)，又有

$$\begin{aligned}\boldsymbol{A}^{n+1}=\boldsymbol{A}\boldsymbol{A}^n&=-a_1\boldsymbol{A}^n-(a_2\boldsymbol{A}^{n-1}+\cdots+a_{n-1}\boldsymbol{A}^2+a_n\boldsymbol{A})\\&=-a_1(-a_1\boldsymbol{A}^{n-1}-\cdots-a_{n-1}\boldsymbol{A}-a_nI)-(a_2\boldsymbol{A}^{n-1}+\cdots+a_{n-1}\boldsymbol{A}^2+a_n\boldsymbol{A})\\&=(a_1^2-a_2)\boldsymbol{A}^{n-1}+(a_1a_2-a_3)\boldsymbol{A}^{n-2}+\cdots+(a_1a_{n-1}-a_n)\boldsymbol{A}+a_1a_n\boldsymbol{I}\end{aligned}$$

这表明 $\boldsymbol{A}$ 的 $(n+1)$ 次幂也可用 $\boldsymbol{A}$ 的 $(n-1)$ 次多项式表示。同理，$\boldsymbol{A}$ 的 $(n+2)$ 次以及更高次幂都可以用 $\boldsymbol{A}^{n-1},\boldsymbol{A}^{n-2},\cdots,\boldsymbol{A},\boldsymbol{I}$ 的线性组合，也就是 $\boldsymbol{A}$ 的 $(n-1)$ 次多项式表示出来。写成一般形式

$$\boldsymbol{A}^m=\sum_{i=0}^{n-1}\alpha_{mi}\boldsymbol{A}^i,\ m\geqslant n \tag{3-27}$$

这样，对于矩阵指数

$$e^{\boldsymbol{A}t}=\sum_{k=0}^{\infty}\frac{1}{k!}\boldsymbol{A}^kt^k$$

的无穷多项表达式可表示为 $\boldsymbol{A}^{n-1},\cdots,\boldsymbol{A},\boldsymbol{I}$ 的有限项表达式。将式(3-27) 代入上式

$$\begin{aligned}e^{\boldsymbol{A}t}&=\sum_{k=0}^{\infty}\frac{1}{k!}\boldsymbol{A}^kt^k=\sum_{k=0}^{\infty}\frac{1}{k!}\left[\sum_{i=0}^{n-1}\alpha_{ki}\boldsymbol{A}^i\right]t^k\\&=\sum_{i=0}^{n-1}\boldsymbol{A}^i\left[\sum_{k=0}^{\infty}\frac{1}{k!}\alpha_{ki}t^k\right]\end{aligned} \tag{3-28}$$

由于上式括号中的级数对于任何有限的 t 都是绝对收敛的，所以可以用一个 t 的标量函数 $\alpha_i(t)$来表示，即

$$\alpha_i(t)=\sum_{k=0}^{\infty}\frac{1}{k!}\alpha_{ki}t^k \quad (i=0,1,\cdots,n-1) \tag{3-29}$$

将式(3-29) 代入到式(3-28) 中，结论得证。

③ 矩阵指数函数的计算　下面根据给定矩阵 $\boldsymbol{A}$ 的特征值互异和相重两种情况，分别讨论在 $e^{\boldsymbol{A}t}$ 的有限项表达式中，系数 $\alpha_0(t),\alpha_1(t),\cdots,\alpha_{n-1}(t)$的计算方法。

Ⅰ. 设矩阵 $\boldsymbol{A}$ 的特征值$\lambda_1,\lambda_2,\cdots,\lambda_n$ 互不相同，则计算 $\alpha_i(t)$的关系式为

$$\begin{bmatrix}\alpha_0(t)\\ \alpha_1(t)\\ \vdots\\ \alpha_{n-1}(t)\end{bmatrix}=\begin{bmatrix}1 & \lambda_1 & \lambda_1^2 & \cdots & \lambda_1^{n-1}\\ 1 & \lambda_2 & \lambda_2^2 & \cdots & \lambda_2^{n-1}\\ \vdots & \vdots & \vdots & \cdots & \vdots\\ 1 & \lambda_n & \lambda_n^2 & \cdots & \lambda_n^{n-1}\end{bmatrix}^{-1}\begin{bmatrix}e^{\lambda_1 t}\\ e^{\lambda_2 t}\\ \vdots\\ e^{\lambda_n t}\end{bmatrix} \tag{3-30}$$

证明　由于$\lambda_i(i=1,2,\cdots,n)$和 $\boldsymbol{A}$ 均满足特征方程$|\lambda\boldsymbol{I}-\boldsymbol{A}|=0$，根据凯莱-哈密顿定理，$\lambda_i$ 也必满足关系式(3-25)，因此有

$$\begin{cases}\alpha_0(t)+\alpha_1(t)\lambda_1+\cdots+\alpha_{n-1}(t)\lambda_1^{n-1}=e^{\lambda_1 t}\\ \alpha_0(t)+\alpha_1(t)\lambda_2+\cdots+\alpha_{n-1}(t)\lambda_2^{n-1}=e^{\lambda_2 t}\\ \vdots\\ \alpha_0(t)+\alpha_1(t)\lambda_n+\cdots+\alpha_{n-1}(t)\lambda_n^{n-1}=e^{\lambda_n t}\end{cases}$$

解此方程组，即得式(3-30)。

Ⅱ. 设矩阵 $\boldsymbol{A}$ 有 n 重特征值λ_1，则其计算 $\alpha_i(t)$ $(i=0,1,\cdots,n-1)$ 的关系式为

$$\begin{bmatrix}\alpha_0(t)\\ \alpha_1(t)\\ \vdots\\ \alpha_{n-3}(t)\\ \alpha_{n-2}(t)\\ \alpha_{n-1}(t)\end{bmatrix}=\begin{bmatrix}0 & 0 & 0 & \cdots & 0 & 1\\ 0 & 0 & 0 & \cdots & 1 & (n-1)\lambda_1\\ \vdots & \vdots & \vdots & \therefore & & \vdots\\ 0 & 0 & 1 & \cdots & & \frac{(n-1)(n-2)}{2!}\lambda_1^{n-3}\\ 0 & 1 & 2\lambda_1 & \cdots & & (n-1)\lambda_1^{n-2}\\ 1 & \lambda_1 & \lambda_1^2 & \cdots & \lambda_1^{n-2} & \lambda_1^{n-1}\end{bmatrix}^{-1}\begin{bmatrix}\frac{1}{(n-1)!}t^{n-1}e^{\lambda_1 t}\\ \frac{1}{(n-2)!}t^{n-2}e^{\lambda_1 t}\\ \vdots\\ \frac{1}{2!}t^2e^{\lambda_1 t}\\ te^{\lambda_1 t}\\ e^{\lambda_1 t}\end{bmatrix} \tag{3-31}$$

证明　已知

$$\alpha_0(t)+\alpha_1(t)\lambda_1+\cdots+\alpha_{n-1}(t)\lambda_1^{n-1}=e^{\lambda_1 t}$$

将此式对 λ_1 求导一次，有

$$\alpha_1(t)+2\alpha_2(t)\lambda_1+\cdots+(n-1)\alpha_{n-1}(t)\lambda_1^{n-2}=te^{\lambda_1 t}$$

将上式再对 λ_1 求导一次，有

$$2\alpha_2(t)+6\alpha_3(t)\lambda_1+\cdots+(n-1)(n-2)\alpha_{n-1}(t)\lambda_1^{n-3}=t^2e^{\lambda_1 t}$$

重复以上的步骤，经求导 $(n-1)$ 次后，有

$$(n-1)!\ \alpha_{n-1}(t)=t^{n-1}e^{\lambda_1 t}$$

由此导出 $\alpha_i(t)$ 的 n 个方程，即

$$\begin{cases}0\alpha_0(t)+0\alpha_1(t)+\cdots+\alpha_{n-1}(t)=\dfrac{1}{(n-1)!}t^{n-1}e^{\lambda_1 t}\\ 0\alpha_0(t)+\cdots+\alpha_{n-1}(t)+(n-1)\lambda_1\alpha_{n-1}(t)=\dfrac{1}{(n-2)!}t^{n-2}e^{\lambda_1 t}\\ \quad\vdots\\ 0\alpha_0(t)+0\alpha_1(t)+\alpha_2(t)+\cdots+\dfrac{(n-1)(n-2)}{2!}\lambda_1^{n-3}\alpha_{n-1}(t)=\dfrac{t^2}{2!}e^{\lambda_1 t}\\ 0\alpha_0(t)+\alpha_1(t)+\cdots+(n-1)\lambda_1^{n-2}\alpha_{n-1}(t)=te^{\lambda_1 t}\\ \alpha_0(t)+\lambda_1\alpha_1(t)+\cdots+\lambda_1^{n-1}\alpha_{n-1}(t)=e^{\lambda_1 t}\end{cases}$$

解此方程组，即得式（3-31）。

待定系数法的优点是只需计算 n 项的和。就一般情况来讲，这种方法的计算量相对小些，易于采用。

【例 3-5】 已知 $\boldsymbol{A}=\begin{bmatrix}0 & 1\\ -2 & -3\end{bmatrix}$，试用待定系数法计算矩阵指数函数 $e^{\boldsymbol{A}t}$。

解 由特征多项式

$$|\lambda\boldsymbol{I}-\boldsymbol{A}|=(\lambda+1)(\lambda+2)$$

解出特征根 $\lambda_1=-1$，$\lambda_2=-2$。根据式（3-30），有

$$\begin{bmatrix}\alpha_0(t)\\ \alpha_1(t)\end{bmatrix}=\begin{bmatrix}1 & \lambda_1\\ 1 & \lambda_2\end{bmatrix}^{-1}\begin{bmatrix}e^{\lambda_1 t}\\ e^{\lambda_2 t}\end{bmatrix}=\begin{bmatrix}2 & -1\\ 1 & -1\end{bmatrix}\begin{bmatrix}e^{-t}\\ e^{-2t}\end{bmatrix}=\begin{bmatrix}2e^{-t}-e^{-2t}\\ e^{-t}-e^{-2t}\end{bmatrix}$$

由式(3-25)，得

$$\begin{aligned}e^{\boldsymbol{A}t}&=\alpha_0(t)\boldsymbol{I}+\alpha_1(t)\boldsymbol{A}\\ &=(2e^{-t}-e^{-2t})\begin{bmatrix}1 & 0\\ 0 & 1\end{bmatrix}+(e^{-t}-e^{-2t})\begin{bmatrix}0 & 1\\ -2 & -3\end{bmatrix}\\ &=\begin{bmatrix}2e^{-t}-e^{-2t} & e^{-t}-e^{-2t}\\ -2e^{-t}+2e^{-2t} & -e^{-t}+2e^{-2t}\end{bmatrix}\end{aligned}$$

【例 3-6】 已知系统矩阵

$$\boldsymbol{A}=\begin{bmatrix}0 & 1 & 0\\ 0 & 0 & 1\\ 2 & -5 & 4\end{bmatrix}$$

试用待定系数法计算矩阵指数函数 $e^{\boldsymbol{A}t}$。

解 根据凯莱-哈密顿定理

$$e^{\boldsymbol{A}t}=\sum_{i=0}^{n-1}\alpha_i(t)\boldsymbol{A}^i=\alpha_0(t)\boldsymbol{I}+\alpha_1(t)\boldsymbol{A}+\alpha_2(t)\boldsymbol{A}^2$$

因为 $\boldsymbol{A}$ 的特征值为 $\lambda_1=\lambda_2=1$，$\lambda_3=2$，由式（3-31）有

$$\begin{bmatrix}\alpha_0(t)\\ \alpha_1(t)\\ \alpha_2(t)\end{bmatrix}=\begin{bmatrix}0 & 1 & 2\lambda_1\\ 1 & \lambda_1 & \lambda_1^2\\ 1 & \lambda_3 & \lambda_3^2\end{bmatrix}^{-1}\begin{bmatrix}te^{\lambda_1 t}\\ e^{\lambda_1 t}\\ e^{\lambda_3 t}\end{bmatrix}=\begin{bmatrix}0 & 1 & 2\\ 1 & 1 & 1\\ 1 & 2 & 4\end{bmatrix}^{-1}\begin{bmatrix}te^{t}\\ e^{t}\\ e^{2t}\end{bmatrix}=\begin{bmatrix}-2te^{t}+e^{2t}\\ (3t+2)e^{t}-2e^{2t}\\ -(t+1)e^{t}+e^{2t}\end{bmatrix}$$

因此

$$\begin{aligned}e^{\boldsymbol{A}t}=&(-2te^{t}+e^{2t})\begin{bmatrix}1 & 0 & 0\\ 0 & 1 & 0\\ 0 & 0 & 1\end{bmatrix}+[(3t+2)e^{t}-2e^{2t}]\begin{bmatrix}0 & 1 & 0\\ 0 & 0 & 1\\ 2 & -5 & 4\end{bmatrix}\\ &+[-(t+1)e^{t}+e^{2t}]\begin{bmatrix}0 & 0 & 1\\ 2 & -5 & 4\\ 8 & -18 & 11\end{bmatrix}\\ =&\begin{bmatrix}-2te^{t}+e^{2t} & (3t+2)e^{t}-2e^{2t} & -(t+1)e^{t}+e^{2t}\\ -2(t+1)e^{t}+2e^{2t} & (3t+5)e^{t}-4e^{2t} & -(t+2)e^{t}+2e^{2t}\\ -2(t+2)e^{t}+4e^{2t} & (3t+8)e^{t}-8e^{2t} & -(t+3)e^{t}+4e^{2t}\end{bmatrix}\end{aligned}$$

结果与例 3-4 的结果相同。

3.3 线性定常系统非齐次状态方程的解

本节将讨论线性定常系统在控制作用下的运动规律，即考虑系统在初始状态和外输入共同作用下状态的运动情况。在数学上，可归结为线性定常系统非齐次状态方程的求解问题。

对于如下的非齐次状态方程

$$\dot{\boldsymbol{x}}=\boldsymbol{A}\boldsymbol{x}+\boldsymbol{B}\boldsymbol{u},\quad \boldsymbol{x}(t_0)=\boldsymbol{x}_0,\quad t\geqslant t_0 \tag{3-32}$$

其解必唯一，且具有如下形式

$$\boldsymbol{x}(t)=e^{\boldsymbol{A}t}\boldsymbol{x}_0+\int_0^t e^{\boldsymbol{A}(t-\tau)}\boldsymbol{B}\boldsymbol{u}(\tau)d\tau \tag{3-33}$$

如果初始时刻不为零，而是 t_0 时［此时 $\boldsymbol{x}(t_0)=\boldsymbol{x}_0$］，则非齐次状态方程的解为

$$\boldsymbol{x}(t)=e^{\boldsymbol{A}(t-t_0)}\boldsymbol{x}_0+\int_{t_0}^t e^{\boldsymbol{A}(t-\tau)}\boldsymbol{B}\boldsymbol{u}(\tau)d\tau \tag{3-34}$$

上述关系式表明，线性系统的非齐次解由两部分构成：第一项为初始状态的转移项，称为齐次解；第二项为控制作用引起的响应项，称为强迫运动项。正是由于后一项的存在，提供了这样的可能性，即通过选择 $\boldsymbol{u}$，使 $\boldsymbol{x}(t)$ 的轨线满足所提出的要求。下面证明上述结论的正确性。

先将非齐次方程写为

$$\dot{\boldsymbol{x}}-\boldsymbol{A}\boldsymbol{x}=\boldsymbol{B}\boldsymbol{u}$$

并对上式两边左乘 $e^{-\boldsymbol{A}t}$，得

$$e^{-\boldsymbol{A}t}(\dot{\boldsymbol{x}}-\boldsymbol{A}\boldsymbol{x})=\frac{d}{dt}(e^{-\boldsymbol{A}t}\boldsymbol{x})=e^{-\boldsymbol{A}t}\boldsymbol{B}\boldsymbol{u}$$

将上式由 $0\rightarrow t$ 进行积分，有

$$[e^{-\boldsymbol{A}t}\boldsymbol{x}(t)]\big|_0^t=\int_0^t e^{-\boldsymbol{A}t}\boldsymbol{B}\boldsymbol{u}(\tau)d\tau$$

化简，得

$$e^{-At}x(t)=x(0)+\int_0^t e^{-A\tau}Bu(\tau)d\tau$$

再对上式两边左乘 e^{At}，且因 $e^{-At}\cdot e^{At}=I$，从而证明了

$$x(t)=e^{At}x(0)+\int_0^t e^{A(t-\tau)}Bu(\tau)d\tau$$

【例 3-7】 已知系统状态方程和初始状态如下：

$$\dot{x}=\begin{bmatrix}0 & 1\\ -2 & -3\end{bmatrix}x+\begin{bmatrix}0\\1\end{bmatrix}u,\quad x(0)=x_0$$

其中 $u(t)=1(t)$ 为单位阶跃函数，求该系统的非齐次解。

解 该系统的矩阵指数函数在例 3-2 中已求得，为

$$e^{At}=\begin{bmatrix}2e^{-t}-e^{-2t} & e^{-t}-e^{-2t}\\ -2e^{-t}+2e^{-2t} & -e^{-t}+2e^{-2t}\end{bmatrix}$$

由

$$x(t)=e^{At}x(0)+\int_0^t e^{A(t-\tau)}Bu(\tau)d\tau$$

得

$$x(t)=\begin{bmatrix}2e^{-t}-e^{-2t} & e^{-t}-e^{-2t}\\ -2e^{-t}+2e^{-2t} & -e^{-t}+2e^{-2t}\end{bmatrix}x(0)$$
$$+\int_0^t\begin{bmatrix}2e^{-(t-\tau)}-e^{-2(t-\tau)} & e^{-(t-\tau)}-e^{-2(t-\tau)}\\ -2e^{-(t-\tau)}+2e^{-2(t-\tau)} & -e^{-(t-\tau)}+2e^{-2(t-\tau)}\end{bmatrix}\begin{bmatrix}0\\1\end{bmatrix}d\tau$$

因此

$$x(t)=\begin{bmatrix}(2e^{-t}-e^{-2t})x_{10}+(e^{-t}-e^{-2t})x_{20}\\ (-2e^{-t}+2e^{-2t})x_{10}+(-e^{-t}+2e^{-2t})x_{20}\end{bmatrix}+\int_0^t\begin{bmatrix}e^{-(t-\tau)}-e^{-2(t-\tau)}\\ -e^{-(t-\tau)}+2e^{-2(t-\tau)}\end{bmatrix}d\tau$$
$$=\begin{bmatrix}(2e^{-t}-e^{-2t})x_{10}+(e^{-t}-e^{-2t})x_{20}\\ (-2e^{-t}+2e^{-2t})x_{10}+(-e^{-t}+2e^{-2t})x_{20}\end{bmatrix}+\begin{bmatrix}\frac{1}{2}-e^{-t}+\frac{1}{2}e^{-2t}\\ e^{-t}-e^{-2t}\end{bmatrix}$$
$$=\begin{bmatrix}\frac{1}{2}+(2x_{10}+x_{20}-1)e^{-t}-(x_{10}+x_{20}-\frac{1}{2})e^{-2t}\\ -(2x_{10}+x_{20}-1)e^{-t}+(2x_{10}+2x_{20}-1)e^{-2t}\end{bmatrix}$$

当初始状态为零时，其解为

$$x(t)=\begin{bmatrix}\frac{1}{2}-e^{-t}+\frac{1}{2}e^{-2t}\\ e^{-t}-e^{-2t}\end{bmatrix}$$

3.4 线性定常系统的状态转移矩阵

在状态空间分析中，状态转移矩阵是一个十分重要的概念。本质上看，不管是由初始状态引起的运动，还是由输入引起的运动，都是一种状态转移，其形态可用状态转移矩阵来表

征。此外，只有采用状态转移矩阵才能使时变系统状态方程的解得以写成解析形式，从而建立一种对定常系统和时变系统都适用的统一的表达形式，能够对线性系统的运动规律给出一个清晰的描述。

3.4.1 状态转移矩阵

先来回顾一下线性定常系统状态方程的解。由式（3-34）知，对于定常系统，有

$$\boldsymbol{x}(t)=\mathrm{e}^{\boldsymbol{A}(t-t_0)}\boldsymbol{x}_0+\int_{t_0}^{t}\mathrm{e}^{\boldsymbol{A}(t-\tau)}\boldsymbol{Bu}(\tau)\mathrm{d}\tau,\ t\geqslant 0$$

这个表达式反映了两个方面的问题：一是 $\boldsymbol{x}(t)$ 是线性定常系统状态方程的解，是由状态初始值所引起的**零输入响应**和控制输入所产生的**零状态响应**的叠加；二是它反映了从初始状态 $\boldsymbol{x}(t_0)$到任意 $t>t_0$ 时刻，状态向量 $\boldsymbol{x}(t)$的一种向量变换关系。变换矩阵是 $\boldsymbol{x}(t_0)$左边的时间函数矩阵，起着一种状态转移的作用，所以把它称为状态转移矩阵，用符号 $\boldsymbol{\Phi}(t,t_0)$表示［对于线性定常系统用符号 $\boldsymbol{\Phi}(t-t_0)$表示］。

下面给出状态转移矩阵的定义。

定义 3-1 对于线性定常系统，满足如下矩阵方程和初始条件

$$\begin{cases}\dot{\boldsymbol{\Phi}}(t-t_0)=\boldsymbol{A\Phi}(t-t_0)\\ \boldsymbol{\Phi}(0)=\boldsymbol{I}\end{cases}\quad t\in[t_0,\infty) \tag{3-35}$$

的解 $\boldsymbol{\Phi}(t-t_0)$，称之为系统的**状态转移矩阵**。

下面对线性定常系统状态转移矩阵作进一步说明：

① 状态转移矩阵 $\boldsymbol{\Phi}(t-t_0)$ 是以 t 为自变量的 $n\times n$ 维矩阵。

② 利用状态转移矩阵 $\boldsymbol{\Phi}(t-t_0)$，可以将线性定常系统的自由运动规律表示为

$$\boldsymbol{x}(t)=\boldsymbol{\Phi}(t-t_0)\boldsymbol{x}_0 \tag{3-36}$$

这是很容易证明的。假设 $\boldsymbol{x}(t)=\boldsymbol{\Phi}(t-t_0)\boldsymbol{x}_0$ 为解，现证明其必满足状态方程和初始条件：

$$\dot{\boldsymbol{x}}(t)=\dot{\boldsymbol{\Phi}}(t-t_0)\boldsymbol{x}_0=\boldsymbol{A\Phi}(t-t_0)\boldsymbol{x}_0=A\boldsymbol{x}(t)$$

$$\boldsymbol{x}(t)\big|_{t=t_0}=\boldsymbol{\Phi}(t_0-t_0)\boldsymbol{x}_0=\boldsymbol{x}_0$$

③ 比较式(3-36) 和式(3-2)，对于线性定常系统显然有

$$\boldsymbol{\Phi}(t-t_0)=\mathrm{e}^{\boldsymbol{A}(t-t_0)} \tag{3-37}$$

它表示矩阵指数函数 $\mathrm{e}^{\boldsymbol{A}(t-t_0)}$就是线性定常系统的状态转移矩阵。

应该指出，矩阵指数函数 $\mathrm{e}^{\boldsymbol{A}(t-t_0)}$和状态转移矩阵 $\boldsymbol{\Phi}(t-t_0)$是从两个不同的角度提出来的概念。矩阵指数函数是一个数学函数的名称，而状态转移矩阵是一个满足式(3-35) 的矩阵微分方程和初始条件的解。它表征了从初始状态 $\boldsymbol{x}(t_0)$ 到时刻 t 的状态 $\boldsymbol{x}(t)$ 之间的转移关系。

④ $\boldsymbol{\Phi}(t-t_0)$的物理含义是，系统自由运动 $\boldsymbol{x}(t)$在 $t\geqslant t_0$ 任何时刻的状态，是初始状态 $\boldsymbol{x}_0$ 通过变换阵 $\boldsymbol{\Phi}(t-t_0)$的一种转移。而且，对于给定系统，$\boldsymbol{\Phi}(t-t_0)$是唯一的，因此这种状态的转移也将是唯一的。

⑤ 状态转移矩阵是齐次状态方程

$$\dot{\boldsymbol{x}}(t)=\boldsymbol{Ax}(t)$$

在初始状态下 n 个基向量

$$e_1=\begin{bmatrix}1\\0\\0\\\vdots\\0\end{bmatrix},\quad e_2=\begin{bmatrix}0\\1\\0\\\vdots\\0\end{bmatrix},\quad \cdots,\quad e_n=\begin{bmatrix}0\\0\\0\\\vdots\\1\end{bmatrix}$$

的一个基本解阵。

现以一个二阶系统为例对这个定义作简要说明。设线性齐次微分方程 $\dot{\boldsymbol{x}}(t)=\boldsymbol{A}\boldsymbol{x}(t)$的自由解为

$$\boldsymbol{x}(t)=\boldsymbol{\Phi}(t)\boldsymbol{x}(0)=\begin{bmatrix}\varphi_{11}(t) & \varphi_{12}(t)\\ \varphi_{21}(t) & \varphi_{22}(t)\end{bmatrix}\begin{bmatrix}x_1(0)\\ x_2(0)\end{bmatrix}=\begin{bmatrix}\varphi_{11}(t)x_1(0)+\varphi_{12}(t)x_2(0)\\ \varphi_{21}(t)x_1(0)+\varphi_{22}(t)x_2(0)\end{bmatrix}$$

若取初始状态 $\boldsymbol{x}(0)=[1\quad 0]^{\mathrm{T}}$，则 $\boldsymbol{x}(t)=[\varphi_{11}(t)\quad \varphi_{21}(t)]^{\mathrm{T}}$；若取初始状态 $\boldsymbol{x}(0)=[0\quad 1]^{\mathrm{T}}$，则 $\boldsymbol{x}(t)=[\varphi_{12}(t)\quad \varphi_{22}(t)]^{\mathrm{T}}$。由此可见，上述二阶线性定常系统的状态转移矩阵 $\boldsymbol{\Phi}(t)$是由 $[\varphi_{11}(t)\quad \varphi_{21}(t)]^{\mathrm{T}}$ 和$[\varphi_{12}(t)\quad \varphi_{22}(t)]^{\mathrm{T}}$ 两个向量按序排列构成的。而这两个向量分别是齐次状态方程在初始状态为 $[1\quad 0]^{\mathrm{T}}$和 $[0\quad 1]^{\mathrm{T}}$ 时的解。将二阶情况推广到 n 阶就得到上述结论。

⑥ 根据式(3-33) 和式(3-34)，基于状态转移矩阵的系统响应表达式可写为

$$\boldsymbol{x}(t)=\boldsymbol{\Phi}(t)\boldsymbol{x}_0+\int_0^t\boldsymbol{\Phi}(t-\tau)\boldsymbol{B}\boldsymbol{u}(\tau)\mathrm{d}\tau \tag{3-38}$$

或

$$\boldsymbol{x}(t)=\boldsymbol{\Phi}(t-t_0)\boldsymbol{x}_0+\int_{t_0}^t\boldsymbol{\Phi}(t-\tau)\boldsymbol{B}\boldsymbol{u}(\tau)\mathrm{d}\tau \tag{3-39}$$

【例 3-8】 已知二阶系统 $\dot{\boldsymbol{x}}=\boldsymbol{A}\boldsymbol{x}$ 对应于两个不同初始状态的响应为：

当 $\boldsymbol{x}(0)=\begin{bmatrix}2\\1\end{bmatrix}$时，$\boldsymbol{x}(t)=\begin{bmatrix}2\mathrm{e}^{-t}\\ \mathrm{e}^{-t}\end{bmatrix}$；当 $\boldsymbol{x}(0)=\begin{bmatrix}1\\1\end{bmatrix}$时，$\boldsymbol{x}(t)=\begin{bmatrix}\mathrm{e}^{-t}+2t\mathrm{e}^{-t}\\ \mathrm{e}^{-t}+t\mathrm{e}^{-t}\end{bmatrix}$

求该系统的状态转移矩阵。

解 由

$$\boldsymbol{x}(t)=\boldsymbol{\Phi}(t)\boldsymbol{x}(0)$$

可以写出下列方程

$$\begin{bmatrix}2\mathrm{e}^{-t} & \mathrm{e}^{-t}+2t\mathrm{e}^{-t}\\ \mathrm{e}^{-t} & \mathrm{e}^{-t}+t\mathrm{e}^{-t}\end{bmatrix}=\begin{bmatrix}\varphi_{11}(t) & \varphi_{12}(t)\\ \varphi_{21}(t) & \varphi_{22}(t)\end{bmatrix}\begin{bmatrix}2 & 1\\ 1 & 1\end{bmatrix}$$

所以

$$\boldsymbol{\Phi}(t)=\begin{bmatrix}\varphi_{11}(t) & \varphi_{12}(t)\\ \varphi_{21}(t) & \varphi_{22}(t)\end{bmatrix}=\begin{bmatrix}2\mathrm{e}^{-t} & \mathrm{e}^{-t}+2t\mathrm{e}^{-t}\\ \mathrm{e}^{-t} & \mathrm{e}^{-t}+t\mathrm{e}^{-t}\end{bmatrix}\begin{bmatrix}2 & 1\\ 1 & 1\end{bmatrix}^{-1}$$

$$=\begin{bmatrix}\mathrm{e}^{-t}-2t\mathrm{e}^{-t} & 4t\mathrm{e}^{-t}\\ -t\mathrm{e}^{-t} & \mathrm{e}^{-t}+2t\mathrm{e}^{-t}\end{bmatrix}$$

3.4.2 状态转移矩阵的性质

性质 1：自身性

$$\boldsymbol{\Phi}(t)\big|_{t=0}=\boldsymbol{\Phi}(0)=\boldsymbol{I} \tag{3-40}$$

亦即

$$\boldsymbol{\Phi}(t-t)=\boldsymbol{I}$$

证明 因为

$$\boldsymbol{\Phi}(t)=L^{-1}[(s\boldsymbol{I}-\boldsymbol{A})^{-1}]=\mathrm{e}^{\boldsymbol{A}t}$$

所以

$$\boldsymbol{\Phi}(0)=\mathrm{e}^{\boldsymbol{A}t}\big|_{t=0}=\mathrm{e}^{\boldsymbol{A}0}=\boldsymbol{I}$$

性质 1 得证。这表示状态从 t 时刻又转移到 t 时刻，状态并没有发生变化，等于其自身。

性质 2：传递性

$$\boldsymbol{\Phi}(t_2-t_1)\boldsymbol{\Phi}(t_1-t_0)=\boldsymbol{\Phi}(t_2-t_0) \tag{3-41}$$

证明 由状态转移矩阵定义有

$$\boldsymbol{x}(t_1)=\boldsymbol{\Phi}(t_1-t_0)\boldsymbol{x}(t_0)$$

$$\boldsymbol{x}(t_2)=\boldsymbol{\Phi}(t_2-t_1)\boldsymbol{x}(t_1)$$

$$=\boldsymbol{\Phi}(t_2-t_1)\boldsymbol{\Phi}(t_1-t_0)\boldsymbol{x}(t_0)$$

又有

$$\boldsymbol{x}(t_2)=\boldsymbol{\Phi}(t_2-t_0)\boldsymbol{x}(t_0)$$

由解的唯一性，有

$$\boldsymbol{\Phi}(t_2-t_0)=\boldsymbol{\Phi}(t_2-t_1)\boldsymbol{\Phi}(t_1-t_0)$$

性质 2 得证。这说明转移过程可由若干个小的分段转移组成。

性质 3：可逆性

$$\boldsymbol{\Phi}^{-1}(t-t_0)=\boldsymbol{\Phi}(t_0-t)$$

或

$$\boldsymbol{\Phi}^{-1}(t)=\boldsymbol{\Phi}(-t) \tag{3-42}$$

证明 $\boldsymbol{\Phi}(t-t_0)$ 左乘 $\boldsymbol{\Phi}(t_0-t)$，并应用性质 1 和性质 2，有

$$\boldsymbol{\Phi}(t-t_0)\boldsymbol{\Phi}(t_0-t)=\boldsymbol{\Phi}(t-t)=\boldsymbol{\Phi}(0)=\boldsymbol{I}$$

同理，$\boldsymbol{\Phi}(t-t_0)$ 右乘 $\boldsymbol{\Phi}(t_0-t)$，有

$$\boldsymbol{\Phi}(t_0-t)\boldsymbol{\Phi}(t-t_0)=\boldsymbol{\Phi}(t_0-t_0)=\boldsymbol{\Phi}(0)=\boldsymbol{I}$$

性质 3 得证。根据这个性质，由

$$\boldsymbol{x}(t)=\boldsymbol{\Phi}(t-t_0)\boldsymbol{x}(t_0)$$

左乘 $\boldsymbol{\Phi}^{-1}(t-t_0)$，可以导出

$$\boldsymbol{x}(t_0)=\boldsymbol{\Phi}^{-1}(t-t_0)\boldsymbol{x}(t)$$

即

$$\boldsymbol{x}(t_0)=\boldsymbol{\Phi}(t_0-t)\boldsymbol{x}(t)$$

这意味着状态转移过程在时间上是可以逆转的。

性质 4：分解性

$$\boldsymbol{\Phi}(t_1+t_2)=\boldsymbol{\Phi}(t_1)\boldsymbol{\Phi}(t_2)=\boldsymbol{\Phi}(t_2)\boldsymbol{\Phi}(t_1) \tag{3-43}$$

证明

$$\boldsymbol{\Phi}(t_1+t_2)=\mathrm{e}^{\boldsymbol{A}(t_1+t_2)}=\mathrm{e}^{\boldsymbol{A}t_1}\mathrm{e}^{\boldsymbol{A}t_2}=\boldsymbol{\Phi}(t_1)\boldsymbol{\Phi}(t_2)$$

$$\boldsymbol{\Phi}(t_1+t_2)=\mathrm{e}^{\boldsymbol{A}(t_2+t_1)}=\mathrm{e}^{\boldsymbol{A}t_2}\mathrm{e}^{\boldsymbol{A}t_1}=\boldsymbol{\Phi}(t_2)\boldsymbol{\Phi}(t_1)$$

性质 4 得证。

性质 5：倍时性

$$[\boldsymbol{\Phi}(t)]^n=\boldsymbol{\Phi}(nt) \tag{3-44}$$

证明 因为

$$[\boldsymbol{\Phi}(t)]^n=(e^{\boldsymbol{A}t})^n=\underbrace{e^{\boldsymbol{A}t}\cdot e^{\boldsymbol{A}t}\cdot\cdots\cdot e^{\boldsymbol{A}t}}_{n个相乘}=e^{n\boldsymbol{A}t}=e^{\boldsymbol{A}(nt)}$$

性质 5 得证。

3.4.3 由状态转移矩阵求系统矩阵

在已知某系统状态转移矩阵 $\boldsymbol{\Phi}(t)$的情况下，可以方便地确定该系统矩阵 $\boldsymbol{A}$。下面介绍两种常用的方法：

(1) $\boldsymbol{A}=\dot{\boldsymbol{\Phi}}(0)$

证明 由状态转移矩阵的定义

$$\begin{cases}\dot{\boldsymbol{\Phi}}(t)=\boldsymbol{A}\boldsymbol{\Phi}(t)\\ \boldsymbol{\Phi}(0)=\boldsymbol{I}\end{cases}$$

当 $t=0$ 时，有

$$A=\dot{\boldsymbol{\Phi}}(t)\big|_{t=0}=\dot{\boldsymbol{\Phi}}(0) \tag{3-45}$$

(2) $\boldsymbol{A}=\dot{\boldsymbol{\Phi}}(t)\boldsymbol{\Phi}(-t)$

证明 因为 $\dot{\boldsymbol{\Phi}}(t)=\boldsymbol{A}\boldsymbol{\Phi}(t)$，对上式两边右乘 $\boldsymbol{\Phi}^{-1}(t)$，得

$$\dot{\boldsymbol{\Phi}}(t)\boldsymbol{\Phi}^{-1}(t)=\boldsymbol{A}\boldsymbol{\Phi}(t)\boldsymbol{\Phi}^{-1}(t)=\boldsymbol{A}$$

而

$$\boldsymbol{\Phi}^{-1}(t)=\boldsymbol{\Phi}(-t)$$

因此

$$\boldsymbol{A}=\dot{\boldsymbol{\Phi}}(t)\boldsymbol{\Phi}(-t) \tag{3-46}$$

【例 3-9】 已知系统的状态转移矩阵

$$\boldsymbol{\Phi}(t)=\begin{bmatrix}2e^{-t}-e^{-2t} & 2(e^{-2t}-e^{-t})\\ e^{-t}-e^{-2t} & 2e^{-2t}-e^{-t}\end{bmatrix}$$

试求系统矩阵 $\boldsymbol{A}$。

解 由式(3-45)，得

$$\boldsymbol{A}=\dot{\boldsymbol{\Phi}}(t)\big|_{t=0}=\frac{d}{dt}\begin{bmatrix}2e^{-t}-e^{-2t} & 2(e^{-2t}-e^{-t})\\ e^{-t}-e^{-2t} & 2e^{-2t}-e^{-t}\end{bmatrix}\Bigg|_{t=0}$$

$$=\begin{bmatrix}-2e^{-t}+2e^{-2t} & 2(-2e^{-2t}+e^{-t})\\ -e^{-t}+2e^{-2t} & -4e^{-2t}+e^{-t}\end{bmatrix}\Bigg|_{t=0}=\begin{bmatrix}0 & -2\\ 1 & -3\end{bmatrix}$$

【例 3-10】 已知某系统的状态转移矩阵如下，试求其系统矩阵 $\boldsymbol{A}$。

$$\boldsymbol{\Phi}(t)=\begin{bmatrix}e^{-t} & 0 & 0\\ 0 & (1-2t)e^{-2t} & 4te^{-2t}\\ 0 & -te^{-2t} & (1+2t)e^{-2t}\end{bmatrix}$$

解 由式(3-46)，得

$$\boldsymbol{A}=\dot{\boldsymbol{\Phi}}(t)\boldsymbol{\Phi}(-t)$$

$$=\begin{bmatrix}-e^{-t} & 0 & 0\\ 0 & (-4+4t)e^{-2t} & (4-8t)e^{-2t}\\ 0 & (-1+2t)e^{-2t} & -4te^{-2t}\end{bmatrix}\begin{bmatrix}e^{t} & 0 & 0\\ 0 & (1+2t)e^{2t} & -4te^{2t}\\ 0 & te^{2t} & (1-2t)e^{2t}\end{bmatrix}$$

$$=\begin{bmatrix}-1 & 0 & 0\\ 0 & -4 & 4\\ 0 & -1 & 0\end{bmatrix}$$

3.5 线性时变系统状态方程的解

严格地说，一般的系统都是时变系统，因为系统中的某些参数是随时间变化的。如电机的升温会导致导线电阻 R 的变化，火箭燃料的消耗会使其质量 m 不断减小等。这些都说明系统参数的可变性，只不过有时变化甚小，在工程上可以忽略不计，才将参数看成是常数。所以线性时变系统比线性定常系统更具有普遍意义。本节在线性定常系统运动规律的基础上，将进一步讨论线性时变系统的运动规律。下面将看到，线性时变系统运动规律在形式上是十分类似于线性定常系统的，它带来了理解上和理论分析上的简便性，而这正是状态空间法的一个优点。但是，从计算的角度而言，线性时变系统的运动分析比线性定常系统要复杂得多，通常只能采用计算机来进行计算。

3.5.1 线性时变系统的状态转移矩阵

线性时变系统齐次状态方程可以表示为

$$\dot{\boldsymbol{x}}=\boldsymbol{A}(t)\boldsymbol{x},\boldsymbol{x}(t_0)=\boldsymbol{x}_0 \tag{3-47}$$

其中，$\boldsymbol{x}$ 为 n 维状态向量，$\boldsymbol{A}(t)$为 $n\times n$ 维时变矩阵，且 $\boldsymbol{A}(t)$各元素是 t 的分段连续函数。

(1) 定义

对于连续时间线性时变系统（3-47），满足如下矩阵方程

$$\begin{cases}\dot{\boldsymbol{\Phi}}(t,t_0)=\boldsymbol{A}(t)\boldsymbol{\Phi}(t,t_0)\\ \boldsymbol{\Phi}(t_0,t_0)=\boldsymbol{I}\end{cases} \tag{3-48}$$

的解 $\boldsymbol{\Phi}(t,t_0)$，称为系统（3-47）的状态转移矩阵。这里，$\boldsymbol{\Phi}(t,t_0)$为 $n\times n$ 维矩阵。借助于状态转移矩阵，线性时变系统的齐次解，即系统在没有外输入作用下的自由运动可表为

$$\boldsymbol{x}(t)=\boldsymbol{\Phi}(t,t_0)\boldsymbol{x}_0 \tag{3-49}$$

证明 只需证明式(3-49) 的 $\boldsymbol{x}(t)$满足式(3-47) 的方程和初始条件。对式（3-49）求导，再依定义，得

$$\dot{\boldsymbol{x}}(t)=\dot{\boldsymbol{\Phi}}(t,t_0)\boldsymbol{x}_0=\boldsymbol{A}(t)\boldsymbol{\Phi}(t,t_0)\boldsymbol{x}_0=\boldsymbol{A}(t)\boldsymbol{x}(t)$$

$$\boldsymbol{x}(t_0)=\boldsymbol{\Phi}(t_0,t_0)\boldsymbol{x}_0=\boldsymbol{x}_0$$

式(3-49) 表明，时变系统的自由运动是状态空间的一条运动轨迹，它的每一点都随初始状态 $\boldsymbol{x}_0$ 而转移。状态转移矩阵 $\boldsymbol{\Phi}(t,t_0)$包含了时变系统自由运动的全部信息。

下面对线性时变系统状态转移矩阵作进一步说明：

① $\boldsymbol{\Phi}(t,t_0)$是自变量为 t 的 $n\times n$ 维函数阵，其中 t_0 为初始时刻，t 为所观测的时间，所以它是二元时变函数矩阵，即它不仅是 t 的函数，也是初始时刻 t_0 的函数。

② 设 $\boldsymbol{A}(t)$为 $n\times n$ 维时变矩阵，则 $\boldsymbol{\Phi}(t,t_0)$的表达式为

$$\boldsymbol{\Phi}(t,t_0)=\boldsymbol{I}+\int_{t_0}^{t}\boldsymbol{A}(\tau)\mathrm{d}\tau+\int_{t_0}^{t}\boldsymbol{A}(\tau_1)\left[\int_{t_0}^{\tau_1}\boldsymbol{A}(\tau_2)\mathrm{d}\tau_2\right]\mathrm{d}\tau_1+\cdots \tag{3-50}$$

证明 只需证明式(3-50) 满足式（3-48）的方程和初始条件，即

$$\dot{\boldsymbol{\Phi}}(t,t_0)=\frac{\mathrm{d}}{\mathrm{d}t}\left\{\boldsymbol{I}+\int_{t_0}^{t}\boldsymbol{A}(\tau)\mathrm{d}\tau+\int_{t_0}^{t}\boldsymbol{A}(\tau_1)\left[\int_{t_0}^{\tau_1}\boldsymbol{A}(\tau_2)\mathrm{d}\tau_2\right]\mathrm{d}\tau_1+\cdots\right\}$$
$$=0+\boldsymbol{A}(t)+\boldsymbol{A}(t)\int_{t_0}^{t}\boldsymbol{A}(\tau)\mathrm{d}\tau+\cdots$$
$$=\boldsymbol{A}(t)\left\{\boldsymbol{I}+\int_{t_0}^{t}\boldsymbol{A}(\tau)\mathrm{d}\tau+\int_{t_0}^{t}\boldsymbol{A}(\tau_1)\left[\int_{t_0}^{\tau_1}\boldsymbol{A}(\tau_2)\mathrm{d}\tau_2\right]\mathrm{d}\tau_1+\cdots\right\}$$
$$=\boldsymbol{A}(t)\boldsymbol{\Phi}(t,t_0)$$
$$\boldsymbol{\Phi}(t_0,t_0)=\boldsymbol{I}+\int_{t_0}^{t_0}\boldsymbol{A}(\tau)\mathrm{d}\tau+\int_{t_0}^{t_0}\boldsymbol{A}(\tau_1)\left[\int_{t_0}^{\tau_1}\boldsymbol{A}(\tau_2)\mathrm{d}\tau_2\right]\mathrm{d}\tau_1+\cdots$$
$$=\boldsymbol{I}+\boldsymbol{0}+\boldsymbol{0}+\cdots=\boldsymbol{I}$$

③ 线性时变系统和线性定常系统在状态转移矩阵上的区别　比较 $\boldsymbol{\Phi}(t,t_0)$ 与 $\boldsymbol{\Phi}(t-t_0)$ 的符号和形式，可以看出两者的基本区别在于：线性时变系统的状态转移矩阵 $\boldsymbol{\Phi}(t,t_0)$ 依赖于绝对时间，随初始时刻 t_0 选择不同具有不同结果，并且除了极为特殊类型和简单情形外，$\boldsymbol{\Phi}(t,t_0)$ 一般难以求得封闭形式的表达式；而线性定常系统的状态转移矩阵 $\boldsymbol{\Phi}(t-t_0)$ 依赖于相对时间 $t-t_0$，和初始时刻 t_0 没有直接关系，且 $\boldsymbol{\Phi}(t-t_0)$ 可以写出封闭形式的表达式。

【例 3-11】 已知如下线性时变系统，试求该系统的状态转移矩阵 $\boldsymbol{\Phi}(t,0)$。

$$\begin{bmatrix}\dot{x}_1\\ \dot{x}_2\end{bmatrix}=\begin{bmatrix}0 & 1\\ 0 & t\end{bmatrix}\begin{bmatrix}x_1\\ x_2\end{bmatrix}$$

解　因为

$$\boldsymbol{A}(t)=\begin{bmatrix}0 & 1\\ 0 & t\end{bmatrix}$$

又

$$\int_0^t\boldsymbol{A}(\tau)\mathrm{d}\tau=\int_0^t\begin{bmatrix}0 & 1\\ 0 & \tau\end{bmatrix}\mathrm{d}\tau=\begin{bmatrix}0 & t\\ 0 & \frac{1}{2}t^2\end{bmatrix}$$

所以

$$\int_0^t\boldsymbol{A}(\tau_1)\left[\int_0^{\tau_1}\boldsymbol{A}(\tau_2)\mathrm{d}\tau_2\right]\mathrm{d}\tau_1$$
$$=\int_0^t\begin{bmatrix}0 & 1\\ 0 & \tau_1\end{bmatrix}\begin{bmatrix}0 & \tau_1\\ 0 & \frac{1}{2}\tau_1^2\end{bmatrix}\mathrm{d}\tau_1=\int_0^t\begin{bmatrix}0 & \frac{1}{2}\tau_1^2\\ 0 & \frac{1}{2}\tau_1^3\end{bmatrix}\mathrm{d}\tau_1=\begin{bmatrix}0 & \frac{1}{6}t^3\\ 0 & \frac{1}{8}t^4\end{bmatrix}$$

于是

$$\boldsymbol{\Phi}(t,0)=\begin{bmatrix}1 & 0\\ 0 & 1\end{bmatrix}+\begin{bmatrix}0 & t\\ 0 & \frac{1}{2}t^2\end{bmatrix}+\begin{bmatrix}0 & \frac{1}{6}t^3\\ 0 & \frac{1}{8}t^4\end{bmatrix}+\cdots$$
$$=\begin{bmatrix}1 & 0+t+\frac{1}{6}t^3+\cdots\\ 0 & 1+\frac{1}{2}t^2+\frac{1}{8}t^4+\cdots\end{bmatrix}$$

(2) $\boldsymbol{\Phi}(t,t_0)$ 的性质

性质 1 $\boldsymbol{\Phi}(t,t)=\boldsymbol{I}$

证明 令 $\boldsymbol{\Phi}(t,t_0)$的表达式(3-50)中积分下限为 t，得

$$\begin{aligned}\boldsymbol{\Phi}(t,t)&=\boldsymbol{I}+\int_t^t\boldsymbol{A}(\tau)\mathrm{d}\tau+\int_t^t\boldsymbol{A}(\tau_1)\left[\int_t^{\tau_1}\boldsymbol{A}(\tau_2)\mathrm{d}\tau_2\right]+\cdots\\&=\boldsymbol{I}+\boldsymbol{0}+\boldsymbol{0}+\cdots=\boldsymbol{I}\end{aligned}\tag{3-51}$$

性质 2 $\boldsymbol{\Phi}(t_2,t_1)\boldsymbol{\Phi}(t_1,t_0)=\boldsymbol{\Phi}(t_2,t_0)$

证明 根据式（3-49）可导出

$$\boldsymbol{x}(t_2)=\boldsymbol{\Phi}(t_2,t_1)\boldsymbol{x}(t_1)=\boldsymbol{\Phi}(t_2,t_1)\boldsymbol{\Phi}(t_1,t_0)\boldsymbol{x}(t_0)$$

同理又有

$$\boldsymbol{x}(t_2)=\boldsymbol{\Phi}(t_2,t_0)\boldsymbol{x}(t_0)$$

令上述两式相等，即得

$$\boldsymbol{\Phi}(t_2,t_1)\boldsymbol{\Phi}(t_1,t_0)=\boldsymbol{\Phi}(t_2,t_0)\tag{3-52}$$

性质 3 $\boldsymbol{\Phi}^{-1}(t,t_0)=\boldsymbol{\Phi}(t_0,t)$

证明 根据性质 2，有

$$\boldsymbol{\Phi}(t,t_1)\boldsymbol{\Phi}(t_1,t_0)=\boldsymbol{\Phi}(t,t_0)$$

对上式两端左乘 $\boldsymbol{\Phi}^{-1}(t,t_1)$，得

$$\boldsymbol{\Phi}(t_1,t_0)=\boldsymbol{\Phi}^{-1}(t,t_1)\boldsymbol{\Phi}(t,t_0)$$

令 $t=t_0$，并利用性质 1，得

$$\begin{aligned}\boldsymbol{\Phi}(t_1,t_0)&=\boldsymbol{\Phi}^{-1}(t_0,t_1)\boldsymbol{\Phi}(t_0,t_0)\\&=\boldsymbol{\Phi}^{-1}(t_0,t_1)\end{aligned}\tag{3-53}$$

将上式中的 t_1 改为 t，再求逆，即可得证。

3.5.2 线性时变系统状态方程的求解

对于连续时间线性时变系统

$$\begin{cases}\dot{\boldsymbol{x}}=\boldsymbol{A}(t)\boldsymbol{x}+\boldsymbol{B}(t)\boldsymbol{u}\\\boldsymbol{x}(t_0)=\boldsymbol{x}_0\end{cases}\tag{3-54}$$

式中，$\boldsymbol{x}$ 为 n 维状态向量；$\boldsymbol{u}$ 为 r 维输入向量；$\boldsymbol{A}(t)$和 $\boldsymbol{B}(t)$分别为 $n\times n$ 和 $n\times r$ 时变实数矩阵，如果 $t\in[t_0,t]$，$\boldsymbol{A}(t)$的元是绝对可积的，$\boldsymbol{B}(t)$和 $\boldsymbol{u}$ 的元是平方可积的，则存在唯一解，且为

$$\boldsymbol{x}(t)=\boldsymbol{\Phi}(t,t_0)\boldsymbol{x}_0+\int_{t_0}^t\boldsymbol{\Phi}(t,\tau)\boldsymbol{B}(\tau)\boldsymbol{u}(\tau)\mathrm{d}\tau\tag{3-55}$$

证明 设状态方程(3-54)的解为

$$\boldsymbol{x}(t)=\boldsymbol{\Phi}(t,t_0)\boldsymbol{\xi}(t)\tag{3-56}$$

其中，$\boldsymbol{\xi}(t)$ 为待定向量函数。对式（3-56）求导，得

$$\begin{aligned}\dot{\boldsymbol{x}}(t)&=\dot{\boldsymbol{\Phi}}(t,t_0)\boldsymbol{\xi}(t)+\boldsymbol{\Phi}(t,t_0)\dot{\boldsymbol{\xi}}(t)\\&=\boldsymbol{A}(t)\boldsymbol{\Phi}(t,t_0)\boldsymbol{\xi}(t)+\boldsymbol{\Phi}(t,t_0)\dot{\boldsymbol{\xi}}(t)\\&=\boldsymbol{A}(t)\boldsymbol{x}(t)+\boldsymbol{\Phi}(t,t_0)\dot{\boldsymbol{\xi}}(t)\end{aligned}$$

将上式与式（3-54）相比较，有

$$\boldsymbol{\Phi}(t,t_0)\dot{\boldsymbol{\xi}}(t)=\boldsymbol{B}(t)\boldsymbol{u}(t)$$

或

$$\dot{\boldsymbol{\xi}}(t)=\boldsymbol{\Phi}^{-1}(t,t_0)\boldsymbol{B}(t)\boldsymbol{u}(t)$$

两端积分得

$$\boldsymbol{\xi}(t)=\boldsymbol{\xi}(t_0)+\int_{t_0}^{t}\boldsymbol{\Phi}^{-1}(\tau,t_0)\boldsymbol{B}(\tau)\boldsymbol{u}(\tau)\mathrm{d}\tau \tag{3-57}$$

令式(3-56) 中 $t=t_0$，有

$$\boldsymbol{x}(t_0)=\boldsymbol{\xi}(t_0) \tag{3-58}$$

于是

$$\begin{aligned}\boldsymbol{x}(t)&=\boldsymbol{\Phi}(t,t_0)\left[\boldsymbol{x}(t_0)+\int_{t_0}^{t}\boldsymbol{\Phi}^{-1}(\tau,t_0)\boldsymbol{B}(\tau)\boldsymbol{u}(\tau)\mathrm{d}\tau\right]\\&=\boldsymbol{\Phi}(t,t_0)\boldsymbol{x}(t_0)+\boldsymbol{\Phi}(t,t_0)\int_{t_0}^{t}\boldsymbol{\Phi}(t_0,\tau)\boldsymbol{B}(\tau)\boldsymbol{u}(\tau)\mathrm{d}\tau\\&=\boldsymbol{\Phi}(t,t_0)\boldsymbol{x}(t_0)+\int_{t_0}^{t}\boldsymbol{\Phi}(t,\tau)\boldsymbol{B}(\tau)\boldsymbol{u}(\tau)\mathrm{d}\tau\end{aligned}$$

命题得证。

将式（3-39）与式（3-55）相比较，线性定常系统和线性时变系统的运动规律在形式上是完全类似的，差别只在于状态转移矩阵的不同。显然，定常系统是时变系统的特殊情况，若把式（3-55）的求解公式用于定常系统，只需把 $\boldsymbol{\Phi}(t,t_0)$和 $\boldsymbol{\Phi}(t,\tau)$分别换成 $\boldsymbol{\Phi}(t-t_0)$和 $\boldsymbol{\Phi}(t-\tau)$，从而进一步说明了引入状态转移矩阵的重要性。只有引入了状态转移矩阵才有可能使时变系统和定常系统的求解公式建立统一的形式。另外，由于时变系统的 $\boldsymbol{\Phi}(t,t_0)$不容易计算，所以通常先将系统进行离散化，使得在时间增量期间，系统的参数没有明显的变化。这样求解连续时变系统状态方程问题变成了离散化状态方程的求解。

3.6 线性连续系统的时间离散化

随着计算机技术的发展，对离散系统的研究越来越引起人们的关注。本节将在系统状态运动关系式的基础上讨论线性连续系统状态方程的离散化问题。

(1) 问题的提出

对于含有采样开关或数字计算机的系统，存在着两种信号：连续时间信号和离散时间信号。为了分析和设计这类系统，有必要将连续时间系统的状态空间表达式化成等价的离散时间系统的状态空间表达式，这便是线性连续系统的时间离散化问题。

将连续时间系统化为离散时间系统的一种典型结构如图 3-1 所示。它有如下特点：被控对象为连续时间系统，其状态 $\boldsymbol{x}(t)$、输入 $\boldsymbol{u}(t)$ 和输出 $\boldsymbol{y}(t)$ 均为连续时间 t 的向量函数；控制装置由数字量/模拟量转换装置（D/A）、数字计算机和模拟量/数字量转换装置（A/D）构成，其输入为被控对象输出 $\boldsymbol{y}(t)$ 的时间离散化向量 $\boldsymbol{y}(kT)$，输出为被控对象输入 $\boldsymbol{u}(t)$ 的时间离散化向量 $\boldsymbol{u}(kT)$，离散时间序列 $k=0,1,2,\cdots$；T 为采样周期。离散时间控制装置与连续时间被控对象通过保持器和采样器连接起来。保持器的作用是将离散时间变量 $\boldsymbol{u}(kT)$ 转换为连续时间变量 $\boldsymbol{u}(t)$，采样器的作用是将连续时间变量 $\boldsymbol{y}(t)$ 转换为离散时间变量 $\boldsymbol{y}(kT)$。图 3-1 中的虚线框部分即为由“保持器-连续系统-采样器”组成的连续系统的离散化模型，其离散状态向量用 $\boldsymbol{x}(kT)$ 表示，且控制输入和输出分别为离散时间变量

$\boldsymbol{u}(kT)$ 和 $\boldsymbol{y}(kT)$。

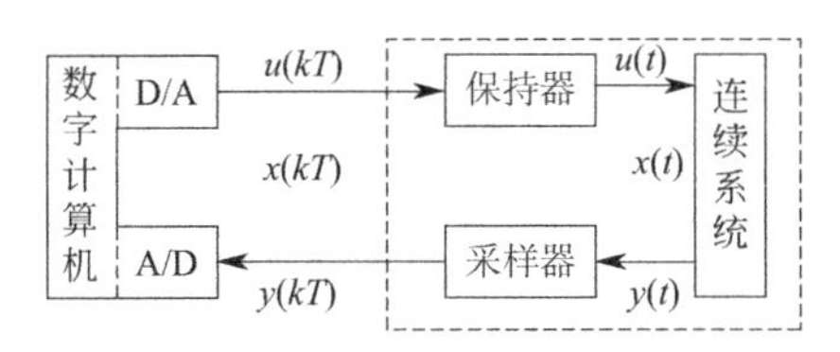

图 3-1 连续系统的时间离散化

综合上述讨论，线性连续系统的时间离散化问题，就是基于一定的采样方式和保持方式，由系统的连续时间状态空间描述导出其对应的离散时间状态空间描述，并建立两者的系数矩阵对应关系式。

(2) 三个基本约定

随采样方式和保持方式的不同，线性连续系统离散化的状态方程描述也将有所不同。为了使离散化后的状态描述具有简单的形式，并使离散化变量在原理上是可复原的，需要引入如下的三个基本约定。

① 采样方式为等周期采样，设采样周期为 T，且采样瞬时 $t_k=kT$，$k=0,1,2,\cdots$。采样时间宽度 τ 比采样周期 T 要小很多，即 $\tau \ll T$，因而可视为 $\tau \approx 0$。于是有

$$y(kT)=\begin{cases} y(t), & t=kT \\ 0, & t \neq kT \end{cases}, \quad (k=0,1,2,\cdots) \tag{3-59}$$

图 3-2 给出了这种采样方式的示意图。

② 采样周期 T 的选择要满足香农（Shannon）采样定理。即离散信号 $y(kT)$ 能完满地恢复为原来连续信号 $y(t)$ 的条件是采样频率 ω_s 满足如下式

$$\omega_s \geqslant 2\omega_{max} \tag{3-60}$$

式中，ω_{max} 为原连续信号 $y(t)$ 幅频谱 $|Y(j\omega)|$ 的上限频率。

由于采样频率 $\omega_s=2\pi/T$，则上述条件也可以表示为采样周期必须满足如下的关系式

$$T \leqslant \frac{\pi}{\omega_{max}} \tag{3-61}$$

③ 选择零阶保持器，以使离散化描述关系式及其推导过程较为简单。零阶保持器的特点是：保持器输出 $u(t)$ 的值只在采样时刻发生变化，在一个采样周期内其值不变，即在每个采样周期内

$$u(t)=u(kT), \quad kT \leqslant t \leqslant (k+1)T$$

这样就将离散信号 $u(kT)$ 转变为连续的阶梯信号 $u(t)$，如图 3-3 所示。

(3) 线性定常连续系统状态方程的离散化

在上述三个基本约定的前提下，根据状态方程的求解公式，即可导出连续系统的离散化状态方程。

给定线性定常连续系统

$$\begin{aligned} \dot{\boldsymbol{x}} &= \boldsymbol{A}\boldsymbol{x}+\boldsymbol{B}\boldsymbol{u}, \quad \boldsymbol{x}(t_0)=\boldsymbol{x}_0 \\ \boldsymbol{y} &= \boldsymbol{C}\boldsymbol{x}+\boldsymbol{D}\boldsymbol{u} \end{aligned} \tag{3-62}$$

根据状态方程求解公式（3-39），得

$$\boldsymbol{x}(t)=\boldsymbol{\Phi}(t-t_0)\boldsymbol{x}(t_0)+\int_{t_0}^{t}\boldsymbol{\Phi}(t-\tau)\boldsymbol{B}\boldsymbol{u}(\tau)\mathrm{d}\tau$$

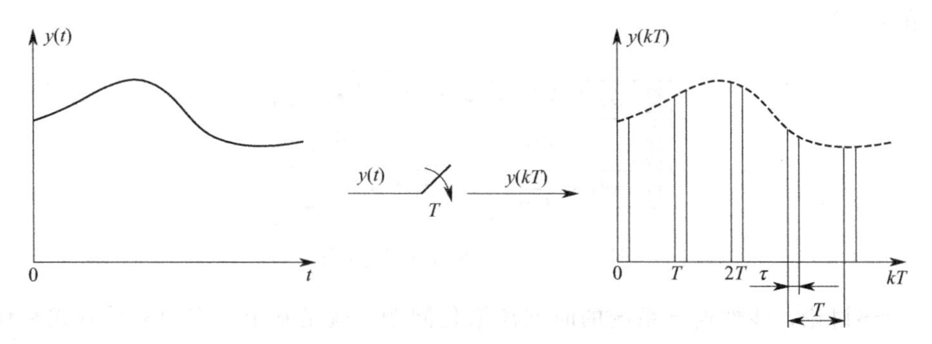

图 3-2 等周期采样示意图

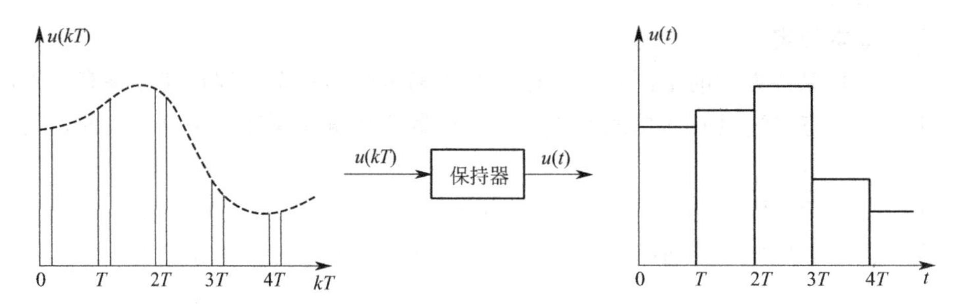

图 3-3 零阶保持器的输入输出信号

对上式取 $t_0=kT$，$t=(k+1)T$，于是

$$\boldsymbol{x}[(k+1)T]=\boldsymbol{\Phi}(\mathrm{T})\boldsymbol{x}(kT)+\int_{kT}^{(k+1)T}\boldsymbol{\Phi}[(k+1)T-\tau]\boldsymbol{B}\boldsymbol{u}(\tau)\mathrm{d}\tau \tag{3-63}$$

考虑到 $\boldsymbol{u}(t)$ 是零阶保持器的输出，即在采样周期 $kT\leqslant t\leqslant(k+1)T$ 内，$\boldsymbol{u}(t)=\boldsymbol{u}(kT)$，从而式(3-63) 变为

$$\boldsymbol{x}[(k+1)T]=\boldsymbol{\Phi}(T)\boldsymbol{x}(kT)+\int_{kT}^{(k+1)T}\boldsymbol{\Phi}[(k+1)T-\tau]\mathrm{d}\tau\boldsymbol{B}\boldsymbol{u}(kT) \tag{3-64}$$

对上式做变量代换 $t=(k+1)T-\tau$，相应地有

$$\mathrm{d}t=-\mathrm{d}\tau$$

式(3-64) 简化为

$$\boldsymbol{x}[(k+1)T]=\boldsymbol{\Phi}(T)\boldsymbol{x}(kT)+\int_{0}^{T}\boldsymbol{\Phi}(t)\mathrm{d}t\boldsymbol{B}\boldsymbol{u}(kT)$$

令

$$\boldsymbol{G}=\boldsymbol{\Phi}(T)=\mathrm{e}^{\boldsymbol{A}T} \tag{3-65}$$

$$\boldsymbol{H}=\int_{0}^{T}\boldsymbol{\Phi}(t)\mathrm{d}t\boldsymbol{B}=\int_{0}^{T}\mathrm{e}^{\boldsymbol{A}t}\,\mathrm{d}t\boldsymbol{B} \tag{3-66}$$

则线性定常连续系统的离散化状态方程为

$$\begin{aligned}&\boldsymbol{x}[(k+1)T]=\boldsymbol{G}\boldsymbol{x}(kT)+\boldsymbol{H}\boldsymbol{u}(kT)\\&\boldsymbol{y}(kT)=\boldsymbol{C}\boldsymbol{x}(kT)+\boldsymbol{D}\boldsymbol{u}(kT)\end{aligned},(k=0,1,2,\cdots) \tag{3-67}$$

由于输出方程是状态向量和控制输入的某种线性组合，离散化后，这种线性组合关系并不发生改变，故矩阵 $\boldsymbol{C}$ 与 $\boldsymbol{D}$ 均和原连续系统一样。

【例 3-12】 给定线性定常连续系统

$$\begin{bmatrix}\dot{x}_1\\ \dot{x}_2\end{bmatrix}=\begin{bmatrix}0 & 1\\ 0 & -2\end{bmatrix}\begin{bmatrix}x_1\\ x_2\end{bmatrix}+\begin{bmatrix}0\\ 1\end{bmatrix}u$$

当采样周期 $T=0.5\text{s}$ 时，试写出离散化状态方程。

解 首先求出给定连续系统的状态转移矩阵。采用拉氏变换法先来给出

$$[s\boldsymbol{I}-\boldsymbol{A}]^{-1}=\begin{bmatrix}s & -1\\ 0 & s+2\end{bmatrix}^{-1}=\begin{bmatrix}\dfrac{1}{s} & \dfrac{1}{s(s+2)}\\ 0 & \dfrac{1}{s+2}\end{bmatrix}$$

将上式取拉氏反变换，即可得到

$$\boldsymbol{\Phi}(t)=\mathrm{e}^{\boldsymbol{A}t}=L^{-1}[s\boldsymbol{I}-A]^{-1}=\begin{bmatrix}1 & 0.5(1-\mathrm{e}^{-2t})\\ 0 & \mathrm{e}^{-2t}\end{bmatrix}$$

根据式(3-65) 和式(3-66) 求出

$$\boldsymbol{G}=\boldsymbol{\Phi}(T)=\begin{bmatrix}1 & 0.5(1-\mathrm{e}^{-2T})\\ 0 & \mathrm{e}^{-2T}\end{bmatrix}$$

$$\boldsymbol{H}=(\int_0^T\boldsymbol{\Phi}(t)\mathrm{d}t)\boldsymbol{B}=\int_0^T\begin{bmatrix}1 & 0.5(1-\mathrm{e}^{-2t})\\ 0 & \mathrm{e}^{-2t}\end{bmatrix}\mathrm{d}t\begin{bmatrix}0\\ 1\end{bmatrix}$$

$$=\int_0^T\begin{bmatrix}0.5(1-\mathrm{e}^{-2t})\\ \mathrm{e}^{-2t}\end{bmatrix}\mathrm{d}t=\begin{bmatrix}0.25(2T+\mathrm{e}^{-2T}-1)\\ 0.5(1-\mathrm{e}^{-2T})\end{bmatrix}$$

因此，该连续时间系统的离散化状态方程为

$$\boldsymbol{x}[(k+1)T]=\begin{bmatrix}1 & 0.316\\ 0 & 0.368\end{bmatrix}\boldsymbol{x}(kT)+\begin{bmatrix}0.09\\ 0.316\end{bmatrix}u(kT)$$

(4) 近似离散化方法

如果采样周期较短，且对其精度要求不高的情况下，可以直接用差商代替状态方程中的微商来进行离散化，从而求得近似离散化状态方程。即用

$$\frac{\boldsymbol{x}[(k+1)T]-\boldsymbol{x}[kT]}{(k+1)T-kT}=\frac{\boldsymbol{x}[(k+1)T]-\boldsymbol{x}[kT]}{T}\tag{3-68}$$

代替状态方程中的 $\dot{x}$，于是有

$$\frac{\boldsymbol{x}[(k+1)T]-\boldsymbol{x}[kT]}{T}=\boldsymbol{Ax}(kT)+\boldsymbol{Bu}(kT)$$

亦即

$$\boldsymbol{x}[(k+1)T]=(\boldsymbol{I}+\boldsymbol{A}T)\boldsymbol{x}(kT)+\boldsymbol{B}T\boldsymbol{u}(kT)\tag{3-69}$$

或者

$$\boldsymbol{x}[(k+1)T]=\boldsymbol{Gx}(kT)+\boldsymbol{Hu}(kT)\tag{3-70}$$

式中

$$\boldsymbol{G}=\boldsymbol{I}+\boldsymbol{A}T\tag{3-71}$$

$$\boldsymbol{H}=\boldsymbol{B}T\tag{3-72}$$

这种近似方法的实质是对 $\mathrm{e}^{\boldsymbol{A}T}$ 和 $\int_0^T\mathrm{e}^{\boldsymbol{A}t}\mathrm{d}t\boldsymbol{B}$ 只取一次幂，即

$$e^{\boldsymbol{A}T}=\boldsymbol{I}+\boldsymbol{A}T+\frac{1}{2}\boldsymbol{A}^2T^2\cdots\approx\boldsymbol{I}+\boldsymbol{A}T$$

$$\int_0^T e^{\boldsymbol{A}t}\,\mathrm{d}t\boldsymbol{B}=\int_0^T(\boldsymbol{I}+\boldsymbol{A}t+\frac{1}{2}\boldsymbol{A}^2t^2\cdots)\mathrm{d}t\boldsymbol{B}\approx T\boldsymbol{B}$$

显然，这种近似法仅当采样周期 T 比较小时才能得到较好的结果。通常当采样周期为系统最小时间常数的十分之一左右，其近似精度已相当满意，所以这种离散化的方法在实际工作中是经常采用的。特别对于时变系统，由于状态转移矩阵 $\boldsymbol{\Phi}(t,t_0)$ 难于求得，因此人们更乐于采用这种近似方法来获得时变系统的离散化状态方程。

需要说明的是，为书写方便，有时可将 $(k+1)T$ 简写为 $k+1$，将 kT 简写为 k。

(5) 线性时变连续系统状态方程的离散化

设线性时变系统的状态空间表达式为

$$\begin{aligned}\dot{\boldsymbol{x}}&=\boldsymbol{A}(t)\boldsymbol{x}+\boldsymbol{B}(t)\boldsymbol{u}\\ \boldsymbol{y}&=\boldsymbol{C}(t)\boldsymbol{x}+\boldsymbol{D}(t)\boldsymbol{u}\end{aligned}\tag{3-73}$$

其在基本约定下的离散化状态空间描述为

$$\begin{aligned}\boldsymbol{x}[(k+1)T]&=\boldsymbol{G}(kT)\boldsymbol{x}(kT)+\boldsymbol{H}x(kT)\boldsymbol{u}(kT)\\ \boldsymbol{y}(kT)&=\boldsymbol{C}(kT)\boldsymbol{x}(kT)+\boldsymbol{D}(kT)\boldsymbol{u}(kT)\end{aligned}\tag{3-74}$$

可以证明，线性时变连续系统精确离散化状态方程的系数矩阵

$$\begin{aligned}\boldsymbol{G}(kT)&=\boldsymbol{\Phi}[(k+1)T,kT]\\ \boldsymbol{H}(kT)&=\int_{kT}^{(k+1)T}[\boldsymbol{\Phi}(k+1)T,\tau]\boldsymbol{B}(\tau)\mathrm{d}\tau\\ \boldsymbol{C}(kT)&=\boldsymbol{C}(t)|_{t=kT}\\ \boldsymbol{D}(kT)&=\boldsymbol{D}(t)|_{t=kT}\end{aligned}\tag{3-75}$$

按照近似公式有

$$\begin{aligned}\boldsymbol{G}(kT)&=\boldsymbol{I}+\boldsymbol{AT}(kT)\\ \boldsymbol{H}(kT)&=\boldsymbol{B}T(kT)\end{aligned}\tag{3-76}$$

【例 3-13】 设线性时变系统的状态方程为

$$\dot{\boldsymbol{x}}(t)=\boldsymbol{A}(t)\boldsymbol{x}(t)+\boldsymbol{B}(t)\boldsymbol{u}(t)$$

其中

$$\boldsymbol{A}(t)=\begin{bmatrix}0 & 0.5(1-e^{-5t})\\ 0 & 0.5(e^{-5t}-1)\end{bmatrix},\ \boldsymbol{B}(t)=\begin{bmatrix}5 & 5e^{-5t}\\ 0 & 5(1-e^{-5t})\end{bmatrix}$$

当采样周期 $T=0.2\mathrm{s}$ 时，试建立其离散化状态方程。

解 根据式(3-76)，得

$$\boldsymbol{G}(kT)=\boldsymbol{I}+T\boldsymbol{A}(kT)=\begin{bmatrix}1 & 0\\ 0 & 1\end{bmatrix}+0.2\begin{bmatrix}0 & 5(1-e^{-k})\\ 0 & 5(e^{-k}-1)\end{bmatrix}=\begin{bmatrix}1 & 1-e^{-k}\\ 0 & e^{-k}\end{bmatrix}$$

$$\boldsymbol{H}(kT)=T\boldsymbol{B}(kT)=0.2\begin{bmatrix}5 & 5e^{-k}\\ 0 & 5(1-e^{-k})\end{bmatrix}=\begin{bmatrix}1 & e^{-k}\\ 0 & (1-e^{-k})\end{bmatrix}$$

因此，所求离散化状态方程为

$$\begin{bmatrix}x_1[(k+1)T]\\ x_2[(k+1)T]\end{bmatrix}=\begin{bmatrix}1 & 1-e^{-k}\\ 0 & e^{-k}\end{bmatrix}\begin{bmatrix}x_1(kT)\\ x_2(kT)\end{bmatrix}+\begin{bmatrix}1 & e^{-k}\\ 0 & (1-e^{-k})\end{bmatrix}\begin{bmatrix}u_1(kT)\\ u_2(kT)\end{bmatrix}$$

3.7 线性离散系统状态方程的解

对线性离散系统的运动分析，在数学上可归结为求解线性定常系统或时变系统的差分方程。与求解连续系统的状态方程相比，离散系统的差分方程的求解更适于采用数字计算机进行计算。离散系统状态方程的求解有两种方法：递推法和 Z 变换法。递推法也称迭代法，适用于定常系统和时变系统；Z 变换法只适用于求解定常系统。

(1) 递推法

应用递推法求解线性时变离散系统状态方程时，只需在状态方程

$$\boldsymbol{x}[(k+1)T]=\boldsymbol{G}(kT)\boldsymbol{x}(kT)+\boldsymbol{H}(kT)\boldsymbol{u}(kT)$$

中依次令 $k=0,1,2,\cdots$，从而有

$$\begin{aligned}
&k=0 \quad \boldsymbol{x}(1)=\boldsymbol{G}(0)\boldsymbol{x}(0)+\boldsymbol{H}(0)\boldsymbol{u}(0)\\
&k=1 \quad \boldsymbol{x}(2)=\boldsymbol{G}(1)\boldsymbol{x}(1)+\boldsymbol{H}(1)\boldsymbol{u}(1)\\
&k=2 \quad \boldsymbol{x}(3)=\boldsymbol{G}(2)\boldsymbol{x}(2)+\boldsymbol{H}(2)\boldsymbol{u}(2)\\
&\qquad\vdots
\end{aligned}$$

当给出初始状态 $\boldsymbol{x}(0)$，即可算出 $\boldsymbol{x}(1)$，$\boldsymbol{x}(2)$，…。

对于定常系统，由于 $\boldsymbol{G}$ 和 $\boldsymbol{H}$ 都是常数矩阵，故可进一步归纳出递推求解公式

$$\begin{aligned}
&k=0 \qquad \boldsymbol{x}(1)=\boldsymbol{G}\boldsymbol{x}(0)+\boldsymbol{H}\boldsymbol{u}(0)\\
&k=1 \qquad \boldsymbol{x}(2)=\boldsymbol{G}\boldsymbol{x}(1)+\boldsymbol{H}\boldsymbol{u}(1)=\boldsymbol{G}^2\boldsymbol{x}(0)+\boldsymbol{G}\boldsymbol{H}\boldsymbol{u}(0)+\boldsymbol{H}\boldsymbol{u}(1)\\
&k=2 \qquad \boldsymbol{x}(3)=\boldsymbol{G}\boldsymbol{x}(2)+\boldsymbol{H}\boldsymbol{u}(2)=\boldsymbol{G}^3\boldsymbol{x}(0)+\boldsymbol{G}^2\boldsymbol{H}\boldsymbol{u}(0)+\boldsymbol{G}\boldsymbol{H}\boldsymbol{u}(1)+\boldsymbol{H}\boldsymbol{u}(2)\\
&\qquad\vdots\\
&k=k-1 \quad \boldsymbol{x}(k)=\boldsymbol{G}\boldsymbol{x}(k-1)+\boldsymbol{H}\boldsymbol{u}(k-1)\\
&\qquad\qquad\quad =\boldsymbol{G}^k\boldsymbol{x}(0)+\boldsymbol{G}^{k-1}\boldsymbol{H}\boldsymbol{u}(0)+\boldsymbol{G}^{k-2}\boldsymbol{H}\boldsymbol{u}(1)+\cdots+\boldsymbol{H}\boldsymbol{u}(k-1)
\end{aligned}$$

重复以上步骤，可以得到递推求解公式

$$\boldsymbol{x}(k)=\boldsymbol{G}^k\boldsymbol{x}(0)+\sum_{j=0}^{k-1}\boldsymbol{G}^{k-j-1}\boldsymbol{H}\boldsymbol{u}(j) \tag{3-77a}$$

或

$$\boldsymbol{x}(k)=\boldsymbol{G}^k\boldsymbol{x}(0)+\sum_{j=0}^{k-1}\boldsymbol{G}^{j}\boldsymbol{H}\boldsymbol{u}(k-j-1) \tag{3-77b}$$

几点说明：

① 离散系统状态方程的求解公式和连续系统状态方程求解公式在形式上是类似的。它也由初始状态所引起的零输入响应和控制输入作用所引起的零状态响应两部分构成。所不同的是离散状态方程的解是状态空间的一条离散轨迹。

② 在由输入信号所引起的响应中，第 k 个采样时刻的状态只取决于该时刻以前的 $k-1$ 个输入采样值，而与该时刻及以后的采样值无关。

③ $\boldsymbol{G}^k$ 称为线性定常离散系统的状态转移矩阵，记之为 $\boldsymbol{\Phi}(k)$。即

$$\boldsymbol{\Phi}(k)=\boldsymbol{G}^k \tag{3-78}$$

它满足如下矩阵差分方程和初始条件

$$\begin{cases}\boldsymbol{\Phi}(k+1)=\boldsymbol{G\Phi}(k)\\ \boldsymbol{\Phi}(0)=\boldsymbol{I}\end{cases} \tag{3-79}$$

利用状态转移矩阵 $\boldsymbol{\Phi}(k)$ 可将式(3-77a) 或式(3-77b) 改写为

$$\boldsymbol{x}(k)=\boldsymbol{\Phi}(k)\boldsymbol{x}(0)+\sum_{j=0}^{k-1}\boldsymbol{\Phi}(k-j-1)\boldsymbol{Hu}(j) \tag{3-80a}$$

或

$$\boldsymbol{x}(k)=\boldsymbol{\Phi}(k)\boldsymbol{x}(0)+\sum_{j=0}^{k-1}\boldsymbol{\Phi}(j)\boldsymbol{Hu}(k-j-1) \tag{3-80b}$$

将上式表示为矩阵形式，可得到各采样瞬时解的矩阵表式

$$\begin{bmatrix}\boldsymbol{x}(1)\\ \boldsymbol{x}(2)\\ \vdots\\ \boldsymbol{x}(k)\end{bmatrix}=\begin{bmatrix}\boldsymbol{\Phi}(1)\\ \boldsymbol{\Phi}(2)\\ \vdots\\ \boldsymbol{\Phi}(k)\end{bmatrix}\boldsymbol{x}(0)+\begin{bmatrix}\boldsymbol{\Phi}(0)\boldsymbol{H} & 0 & \cdots & 0\\ \boldsymbol{\Phi}(1)\boldsymbol{H} & \boldsymbol{\Phi}(0)\boldsymbol{H} & \ddots & \vdots\\ \vdots & \vdots & \ddots & 0\\ \boldsymbol{\Phi}(k-1)\boldsymbol{H} & \boldsymbol{\Phi}(k-2)\boldsymbol{H} & \cdots & \boldsymbol{\Phi}(0)\boldsymbol{H}\end{bmatrix}\begin{bmatrix}\boldsymbol{u}(0)\\ \boldsymbol{u}(1)\\ \vdots\\ \boldsymbol{u}(k-1)\end{bmatrix} \tag{3-81}$$

【例 3-14】 已知离散系统的状态方程

$$\boldsymbol{x}(k+1)=\boldsymbol{Gx}(k)+\boldsymbol{H}u(k)$$

其中系数矩阵 $\boldsymbol{G}$、$\boldsymbol{H}$ 和初始状态 $\boldsymbol{x}(0)$ 分别为

$$\boldsymbol{G}=\begin{bmatrix}0 & 1\\ -0.16 & -1\end{bmatrix},\ \boldsymbol{H}=\begin{bmatrix}1\\ 1\end{bmatrix},\ \boldsymbol{x}(0)=\begin{bmatrix}1\\ -1\end{bmatrix}$$

当 $k=0,1,2,\cdots$ 时 $u(k)=1$。试用递推法求解 $\boldsymbol{x}(k)$。

解 利用式(3-81)，有

$$\begin{aligned}\boldsymbol{x}(1)&=\boldsymbol{Gx}(0)+\boldsymbol{Hu}(0)\\ &=\begin{bmatrix}0 & 1\\ -0.16 & -1\end{bmatrix}\begin{bmatrix}1\\ -1\end{bmatrix}+\begin{bmatrix}1\\ 1\end{bmatrix}=\begin{bmatrix}0\\ 1.84\end{bmatrix}\\ \boldsymbol{x}(2)&=\boldsymbol{Gx}(1)+\boldsymbol{Hu}(1)\\ &=\begin{bmatrix}0 & 1\\ -0.16 & -1\end{bmatrix}\begin{bmatrix}0\\ 1.84\end{bmatrix}+\begin{bmatrix}1\\ 1\end{bmatrix}=\begin{bmatrix}2.84\\ -0.84\end{bmatrix}\\ \boldsymbol{x}(3)&=\boldsymbol{Gx}(2)+\boldsymbol{Hu}(2)\\ &=\begin{bmatrix}0 & 1\\ -0.16 & -1\end{bmatrix}\begin{bmatrix}2.84\\ -0.84\end{bmatrix}+\begin{bmatrix}1\\ 1\end{bmatrix}=\begin{bmatrix}0.16\\ 1.386\end{bmatrix}\\ &\vdots\end{aligned}$$

可以继续递推下去，直到所要求计算的时刻为止。显然，用递推法所求的解不是一个封闭的解析形式，而是一个解析序列。递推法计算步骤虽然繁琐，但在计算机上计算是很方便的。

(2) Z 变换法

对于线性定常离散系统的状态方程也可以用 Z 变换法来求解。

设线性定常离散系统的状态方程

$$\boldsymbol{x}(k+1)=\boldsymbol{Gx}(k)+\boldsymbol{Hu}(k) \tag{3-82}$$

对式(3-82) 进行 Z 变换，有

$$z\boldsymbol{X}(z)-z\boldsymbol{x}(0)=\boldsymbol{GX}(z)+\boldsymbol{HU}(z)$$

或

$$(z\boldsymbol{I}-\boldsymbol{G})\boldsymbol{X}(z)=z\boldsymbol{x}(0)+\boldsymbol{H}\boldsymbol{U}(z)$$

所以

$$\boldsymbol{X}(z)=(z\boldsymbol{I}-\boldsymbol{G})^{-1}z\boldsymbol{x}(0)+(z\boldsymbol{I}-\boldsymbol{G})^{-1}\boldsymbol{H}\boldsymbol{U}(z) \tag{3-83}$$

对式(3-83) 两端取 Z 反变换，得

$$\boldsymbol{x}(k)=Z^{-1}[(z\boldsymbol{I}-\boldsymbol{G})^{-1}z\boldsymbol{x}(0)]+Z^{-1}[(z\boldsymbol{I}-\boldsymbol{G})^{-1}\boldsymbol{H}\boldsymbol{U}(z)] \tag{3-84}$$

将式(3-84) 与式(3-77a) 比较，有

$$\boldsymbol{G}^k\boldsymbol{x}(0)=Z^{-1}[(z\boldsymbol{I}-\boldsymbol{G})^{-1}z\boldsymbol{x}(0)] \tag{3-85}$$

$$\sum_{j=0}^{k-1}\boldsymbol{G}^{k-j-1}\boldsymbol{H}\boldsymbol{u}(j)=Z^{-1}[(z\boldsymbol{I}-G)^{-1}\boldsymbol{H}\boldsymbol{U}(z)] \tag{3-86}$$

由式(3-85) 可知

$$\boldsymbol{G}^k=\boldsymbol{\Phi}(k)=Z^{-1}[(z\boldsymbol{I}-\boldsymbol{G})^{-1}z] \tag{3-87}$$

由式(3-87) 可以利用 Z 反变换计算离散系统的状态转移矩阵。

【例 3-15】 试用 Z 变换法计算例 3-14 中系统的状态转移矩阵 $\boldsymbol{\Phi}(k)$及其解 $\boldsymbol{x}(k)$。

解 先计算 $(z\boldsymbol{I}-\boldsymbol{G})^{-1}$，有

$$(z\boldsymbol{I}-\boldsymbol{G})^{-1}=\begin{bmatrix} z & -1 \\ 0.16 & z+1 \end{bmatrix}^{-1}$$

$$=\begin{bmatrix} \dfrac{z+1}{(z+0.2)(z+0.8)} & \dfrac{1}{(z+0.2)(z+0.8)} \\ \dfrac{-0.16}{(z+0.2)(z+0.8)} & \dfrac{z}{(z+0.2)(z+0.8)} \end{bmatrix}$$

$$=\begin{bmatrix} \dfrac{4}{3}\times\dfrac{1}{z+0.2}-\dfrac{1}{3}\times\dfrac{1}{z+0.8} & \dfrac{5}{3}\times\dfrac{1}{z+0.2}-\dfrac{5}{3}\times\dfrac{1}{z+0.8} \\ -\dfrac{0.8}{3}\times\dfrac{1}{z+0.2}+\dfrac{0.8}{3}\times\dfrac{1}{z+0.8} & -\dfrac{1}{3}\times\dfrac{1}{z+0.2}+\dfrac{4}{3}\times\dfrac{1}{z+0.8} \end{bmatrix}$$

按照式 (3-87)，得

$$\boldsymbol{\Phi}(k)=Z^{-1}[(z\boldsymbol{I}-\boldsymbol{G})^{-1}z]$$

$$=\begin{bmatrix} \dfrac{4}{3}(-0.2)^k+\dfrac{-1}{3}(-0.8)^k & \dfrac{5}{3}(-0.2)^k+\dfrac{-5}{3}(-0.8)^k \\ \dfrac{-0.8}{3}(-0.2)^k+\dfrac{0.8}{3}(-0.8)^k & \dfrac{-1}{3}(-0.2)^k+\dfrac{4}{3}(-0.8)^k \end{bmatrix}$$

再计算 $\boldsymbol{x}(k)$，因 $u(k)=1$，所以 $\boldsymbol{U}(z)=z/(z-1)$。

$$z\boldsymbol{x}(0)+\boldsymbol{H}\boldsymbol{U}(z)=\begin{bmatrix} z \\ -z \end{bmatrix}+\begin{bmatrix} \dfrac{z}{z-1} \\ \dfrac{z}{z-1} \end{bmatrix}=\begin{bmatrix} \dfrac{z^2}{z-1} \\ \dfrac{-z^2+2z}{z-1} \end{bmatrix}$$

将它们代入式 (3-83)，得

$$\boldsymbol{X}(z)=(z\boldsymbol{I}-\boldsymbol{G})^{-1}[z\boldsymbol{x}(0)+\boldsymbol{H}\boldsymbol{U}(z)]$$

$$=\begin{bmatrix} -\dfrac{17}{6}\left(\dfrac{z}{z+0.2}\right)+\dfrac{22}{9}\left(\dfrac{z}{z+0.8}\right)+\dfrac{25}{18}\left(\dfrac{z}{z-1}\right) \\ \dfrac{3.4}{6}\left(\dfrac{z}{z+0.2}\right)-\dfrac{16.7}{9}\left(\dfrac{z}{z+0.8}\right)+\dfrac{7}{18}\left(\dfrac{z}{z-1}\right) \end{bmatrix}$$

对 $\boldsymbol{X}(z)$取 Z 反变换，得

$$\boldsymbol{x}(k)=Z^{-1}[\boldsymbol{X}(z)]=\begin{bmatrix} -\frac{17}{6}(-0.2)^k+\frac{22}{9}(-0.8)^k+\frac{25}{18} \\ \frac{3.4}{6}(-0.2)^k-\frac{17.6}{9}(-0.8)^k+\frac{7}{18} \end{bmatrix}$$

计算表明，用 Z 变换法所得结果和递推法是一致的，其差别在于 Z 变换法所得到的解是封闭的解析形式。现将两种方法比较如下：

① 递推法既适用于线性定常离散系统又适用于线性时变离散系统；而 Z 变换法仅适用于线性定常离散系统。

② 递推法求得的解是序列形式，所以如果在计算机上进行计算，递推法十分方便；而 Z 变换法可以得到解的封闭形式，便于表示和了解运动规律。

3.8 利用 MATLAB 求解系统的状态方程

对于线性定常系统状态方程

$$\dot{\boldsymbol{x}}=\boldsymbol{A}\boldsymbol{x}+\boldsymbol{B}\boldsymbol{u}, \quad \boldsymbol{x}(0)=\boldsymbol{x}_0, \ t\geqslant 0 \tag{3-88}$$

中的变量、矩阵及其维数定义同前。由式(3-33) 知系统的状态响应为

$$\boldsymbol{x}(t)=\mathrm{e}^{\boldsymbol{A}t}\boldsymbol{x}_0+\int_0^t \mathrm{e}^{\boldsymbol{A}(t-\tau)}\boldsymbol{B}\boldsymbol{u}(\tau)\mathrm{d}\tau$$

(1) 可以用 MATLAB 中的 expm( ) 函数来计算给定时刻的状态转移矩阵

注意 expm(**A**) 函数用来计算矩阵指数函数 $\mathrm{e}^{\boldsymbol{A}}$，而 exp(**A**)函数却是对 **A** 中每个元素 a_{ij} 计算 $\mathrm{e}^{a_{ij}}$。

【例 3-16】 一 RC 网络状态方程为

$$\dot{x}=\begin{bmatrix} 0 & -2 \\ 3 & -5 \end{bmatrix}x+\begin{bmatrix} 1 \\ 0 \end{bmatrix}u, \ x(0)=\begin{bmatrix} 1 \\ 1 \end{bmatrix}, \ u=0$$

试求当 $t=0.3$ 时系统的状态响应。

解 用 MATLAB 函数来求解状态响应。

① 计算 $t=0.3$ 时的状态转移矩阵（即矩阵指数 $\mathrm{e}^{\boldsymbol{A}t}\big|_{t=0.3}$）。

MATLAB 程序代码如下：

MATLAB 程序 3.1
A=[0,-2;3,-5];   expm(A*0.3)

运行结果为：

```
ans=
0.8333   -0.2845
0.4267    0.1221
```

② 计算 $t=0.3$ 时系统的状态响应。因为 $u=0$，由式(3-88) 得

$$\begin{bmatrix} x_1 \\ x_2 \end{bmatrix}_{t=0.3}=\begin{bmatrix} 0.8333 & -0.2845 \\ 0.4267 & 0.1221 \end{bmatrix}\begin{bmatrix} x_1 \\ x_2 \end{bmatrix}_{t=0}=\begin{bmatrix} 0.5488 \\ 0.5488 \end{bmatrix}$$

(2) 可以用 step( ) 函数求取阶跃输入时系统的状态响应

在 MATLAB 控制工具箱中给出了一个 step( ) 函数可直接求取线性系统的阶跃响应，函数的调用格式为

$$[y,t,x]=\mathrm{step}(G)$$

其中，G 为给定系统的 LTI 对象模型。当该函数被调用后，将同时返回自动生成的时间变量 t、系统输出 y、系统状态响应向量 x。

【例 3-17】 系统状态方程为

$$\dot{\boldsymbol{x}}(t)=\begin{bmatrix}-14 & 12 & 15\\ 12 & -14 & 13\\ 30 & -30 & -30\end{bmatrix}\boldsymbol{x}(t)+\begin{bmatrix}0.4\\ -2\\ 6\end{bmatrix}u(t),\quad \boldsymbol{y}(t)=\begin{bmatrix}1 & 2 & 4\end{bmatrix}\boldsymbol{x}(t)$$

求该系统在单位阶跃输入作用下的状态响应。

解 MATLAB 程序代码如下：

MATLAB 程序 3.2

```
A=[-14,12,15;12,-14,13;30,-30,-30];
B=[0.4;-2;6];C=[1,2,4];D=0;
G=ss(A,B,C,D);
[y,t,x]=step(G);
plot(t,x)
```

系统状态响应曲线如图 3-4 所示。

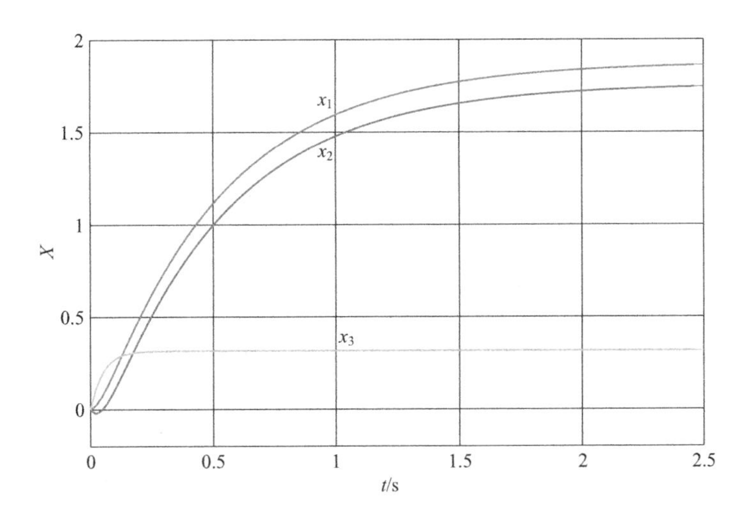

图 3-4 状态响应曲线

(3) 可以用 MATLAB 控制系统工具箱中提供的 lsim( ) 函数求取任意输入时系统的状态响应

这个函数的调用格式为

$$[y,t,x]=\mathrm{lsim}(G)$$

可见这个函数的调用格式与 step( ) 函数是很相似的，只是在这个函数的调用中多了一个向量 $\boldsymbol{u}$，它是系统输入在各个时刻的值。当系统状态初值为零时的响应（即零状态响应）

可用 lsim( ) 函数直接求得。

【例 3-18】 例 3-17 中系统当状态初值为零，求控制输入 $u=2+e^{-t}\sin 3t$ 时系统的零状态响应。

解 MATLAB 程序代码如下：

MATLAB 程序 3.3

```
A=[-14,12,15;12,-14,13;30,-30,-30];
B=[0.4;-2;6];C=[1,2,4];D=0;
t=[0:.04:4];
u=2+exp(-t).*sin(3*t);
G=ss(A,B,C,D);
[y,t,x]=lsim(G,u,t);
plot(t,x)
```

系统状态响应曲线如图 3-5 所示。

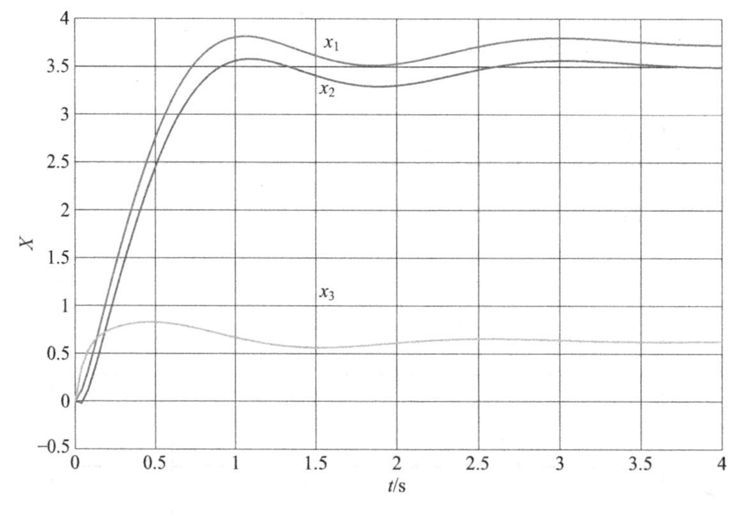

图 3-5 状态响应曲线（1）

零输入响应可用控制系统工具箱中提供的 initial( ) 函数求取。该函数的调用格式为

$$[y,t,x]=\text{initial}(G,x0)$$

其中，x0 为状态初值。

上例系统当控制输入为零，状态初值 x0=[0.3，0.2，0.1] 时，系统的零输入状态响应，可用下面的 MATLAB 语句直接求得

MATLAB 程序 3.4

```
t=[0:.01:2.5];
u=0;G=ss(A,B,C,D);
x0=[0.3,0.2,0.1];
[y,t,x]=initial(G,x0,t);
plot(t,x)
```

系统状态响应曲线如图 3-6 所示。

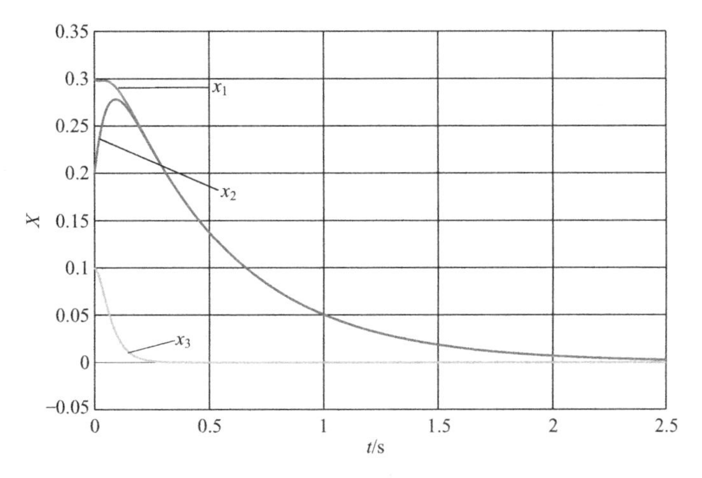

图 3-6 状态响应曲线（2）

小 结

本章讲述了状态方程的求解方法，介绍了线性定常连续系统齐次和非齐次状态方程的解以及线性连续时变系统和离散系统状态方程的解；分析了系统状态变量解的组成，系统状态运动由初始状态引起的自由分量和输入控制作用引起的强制分量两部分组成。

在对系统的定量分析中，即求解线性系统状态方程的解时，状态转移矩阵是一个十分重要的概念，其包含了系统自由运动的全部信息。本章分析了状态转移矩阵的性质及计算方法，重点介绍了定常系统的状态转移矩阵 $\boldsymbol{\Phi}(t-t_0)$，即系统矩阵 $\boldsymbol{A}$ 的矩阵指数函数 $\mathrm{e}^{\boldsymbol{A}(t-t_0)}$。本章介绍了矩阵指数函数的重要运算性质和四种求解方法，分别为级数求和法、拉普拉斯变换法、将矩阵 $\boldsymbol{A}$ 化为对角标准形或约当标准形法、待定系数法。对线性时变连续系统，状态转移矩阵 $\boldsymbol{\Phi}(t, t_0)$ 为 t 和 t_0 的函数，一般难以表达成封闭形式的解析式。

本章还结合离散系统状态方程的求解，讲解了线性连续系统的时间离散化问题，主要介绍了近似离散化方法和时域中采样保持的连续状态方程离散化方法。离散系统状态方程的求解有两种方法：递推法和 Z 变换法。递推法对于定常系统和时变系统都是适用的，而 Z 变换法则只能用于定常系统。工程上常用计算机求解状态方程，本章最后介绍了 MATLAB 在线性系统动态分析中的应用。

本章的基本要求如下：

（1）熟练掌握状态转移矩阵的求解方法、性质；

（2）熟练掌握线性定常系统齐次状态方程的解；

（3）熟练掌握线性定常系统非齐次状态方程的解；

（4）掌握离散系统状态方程求解的迭代法和 Z 变换法；

（5）掌握线性连续系统的离散化方法。

习 题

3-1 计算下列矩阵的矩阵指数函数

(1) $\boldsymbol{A}=\begin{bmatrix}-2 & 0\\ 0 & -3\end{bmatrix}$　　(2) $\boldsymbol{A}=\begin{bmatrix}-2 & 1\\ 0 & -2\end{bmatrix}$

(3) $\boldsymbol{A}=\begin{bmatrix}-2 & 0 & 0\\ 0 & -3 & 1\\ 0 & 0 & -3\end{bmatrix}$　　(4) $\boldsymbol{A}=\begin{bmatrix}0 & 1 & 0\\ 0 & 0 & 1\\ 0 & 0 & 0\end{bmatrix}$

3-2　已经系统状态方程和初始条件为

$$\dot{\boldsymbol{x}}=\begin{bmatrix}1 & 0 & 0\\ 0 & 1 & 0\\ 0 & 1 & 2\end{bmatrix}\boldsymbol{x},\quad \boldsymbol{x}(0)=\begin{bmatrix}1\\ 0\\ 1\end{bmatrix}$$

(1) 试用拉普拉斯变换法求其状态转移矩阵。

(2) 试用化为约当标准形法求其状态转移矩阵。

(3) 试用待定系数法求其状态转移矩阵。

(4) 根据所给初始条件，求齐次状态方程的解。

3-3　已知矩阵 $\boldsymbol{A}$ 如下。试将其化为约当标准形，求矩阵指数函数。用拉普拉斯变换法和待定系数法验证所得的结果。

$$\boldsymbol{A}=\begin{bmatrix}0 & 1\\ -1 & -2\end{bmatrix}$$

3-4　下列矩阵是否满足状态转移矩阵的条件，如果满足，试求其与之对应的 $\boldsymbol{A}$ 阵。

(1) $\boldsymbol{\Phi}(t)=\begin{bmatrix}1 & 0 & 0\\ 0 & \sin t & \cos t\\ 0 & -\cos t & \sin t\end{bmatrix}$　　(2) $\boldsymbol{\Phi}(t)=\begin{bmatrix}\frac{1}{2}(\mathrm{e}^{-t}+\mathrm{e}^{3t}) & \frac{1}{4}(-\mathrm{e}^{-t}+\mathrm{e}^{3t})\\ -\mathrm{e}^{-t}+\mathrm{e}^{3t} & \frac{1}{2}(\mathrm{e}^{-t}+\mathrm{e}^{3t})\end{bmatrix}$

3-5　设某二阶系统的齐次方程为 $\dot{\boldsymbol{x}}=\boldsymbol{A}\boldsymbol{x}$。又知对应于两个不同初始状态时的响应如下：

当 $\boldsymbol{x}(0)=\begin{bmatrix}1\\ -1\end{bmatrix}$ 时，$\boldsymbol{x}(t)=\begin{bmatrix}\mathrm{e}^{-2t}\\ -\mathrm{e}^{-2t}\end{bmatrix}$；当 $\boldsymbol{x}(0)=\begin{bmatrix}2\\ -1\end{bmatrix}$ 时，$\boldsymbol{x}(t)=\begin{bmatrix}2\mathrm{e}^{-t}\\ -\mathrm{e}^{-t}\end{bmatrix}$

试求该系统的状态转移矩阵 $\boldsymbol{\Phi}(t)$ 和系统矩阵 $\boldsymbol{A}$。

3-6　已知齐次状态方程 $\dot{\boldsymbol{x}}=\boldsymbol{A}\boldsymbol{x}$ 的状态转移矩阵为

$$\boldsymbol{\Phi}(t)=\begin{bmatrix}2\mathrm{e}^{-t}-\mathrm{e}^{-2t} & \mathrm{e}^{-t}-\mathrm{e}^{-2t}\\ -2\mathrm{e}^{-t}+2\mathrm{e}^{-2t} & -\mathrm{e}^{-t}+2\mathrm{e}^{-2t}\end{bmatrix}$$

试求其逆矩阵 $\boldsymbol{\Phi}^{-1}(t)$。

3-7　试求下列状态方程的解 $\boldsymbol{x}(t)$。

(1) $\dot{\boldsymbol{x}}=\begin{bmatrix}0 & 1\\ 0 & 0\end{bmatrix}\boldsymbol{x}+\begin{bmatrix}0\\ 1\end{bmatrix}u$，$y=\begin{bmatrix}1 & 0\end{bmatrix}\boldsymbol{x}$，$\boldsymbol{x}(0)=\begin{bmatrix}1\\ 1\end{bmatrix}$，$u(t)=1(t)$

(2) $\dot{\boldsymbol{x}}=\begin{bmatrix}0 & 1\\ -2 & -3\end{bmatrix}\boldsymbol{x}+\begin{bmatrix}0\\ 1\end{bmatrix}u$，$y=\begin{bmatrix}1 & 0\end{bmatrix}\boldsymbol{x}$，$\boldsymbol{x}(0)=\begin{bmatrix}2\\ 1\end{bmatrix}$，$u(t)=1(t)$

3-8　已知系统状态方程如下。当输入 $u(t)=\delta(t)$ 时，试求状态变量解 $\boldsymbol{x}(t)$。

$$\begin{bmatrix}\dot{x}_1\\ \dot{x}_2\end{bmatrix}=\begin{bmatrix}0 & -1\\ 4 & 0\end{bmatrix}\begin{bmatrix}x_1\\ x_2\end{bmatrix}+\begin{bmatrix}0\\ 1\end{bmatrix}u,\quad \begin{bmatrix}x_1(0)\\ x_2(0)\end{bmatrix}=\begin{bmatrix}1\\ 0\end{bmatrix}$$

3-9　已知系统的齐次状态方程为

$$\begin{bmatrix}\dot{x}_1\\ \dot{x}_2\end{bmatrix}=\begin{bmatrix}0 & 1\\ -3 & 4\end{bmatrix}\begin{bmatrix}x_1\\ x_2\end{bmatrix}$$

并知系统在某一时刻的状态为

$$\begin{bmatrix}x_1(t)\\ x_2(t)\end{bmatrix}=\begin{bmatrix}2\\ 5\end{bmatrix},\ t>0$$

试求对应于该响应的系统初始状态 $\boldsymbol{x}(0)$。

3-10　RC电路如图3-7(b)所示，其参数为 $R=1\text{M}\Omega$，$C=1\mu\text{F}$。如在输入端加一如图3-7(a)所示的幅值为10V，持续时间为1s的矩形脉冲电压信号，若在第3s时刻测得该电路输出电压为0V，求电容 C 的初始电压 $U_C(0)$，并作出输出端的输出电压响应曲线 $U_C(t)$。

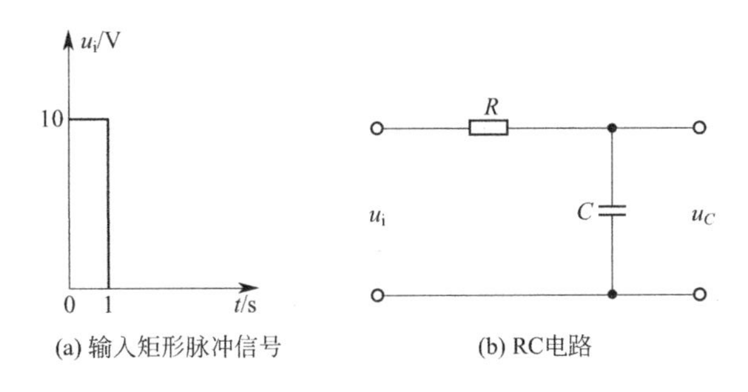

图3-7　习题3-10图

3-11　已知线性离散系统的差分方程为

$$y[(k+2)T]+0.5y[(k+1)T]+0.1y(kT)=1$$

试写出该系统的离散状态空间表达式。若初始状态 $y(0)=1$，$y(T)=0$，试用递推法求出 $y(kT)$，$k=2,3,\cdots,10$。

3-12　设连续系统的状态方程为

$$\dot{\boldsymbol{x}}=\begin{bmatrix}0 & 1\\ -2 & -3\end{bmatrix}\boldsymbol{x}+\begin{bmatrix}0\\ 1\end{bmatrix}u$$

假定采样周期 $T=0.2\text{s}$。试将该状态方程离散化，并求该离散化系统的状态转移矩阵。

3-13　试将如下连续系统状态空间描述化为离散状态空间描述。设采样周期 $T=1\text{s}$。

(1) $\dot{\boldsymbol{x}}=\begin{bmatrix}0 & 1\\ 0 & 0\end{bmatrix}\boldsymbol{x}+\begin{bmatrix}0\\ 1\end{bmatrix}u$，　$y=\begin{bmatrix}1 & 0\end{bmatrix}\boldsymbol{x}$

(2) $\dot{\boldsymbol{x}}=\begin{bmatrix}0 & 1\\ 0 & 2\end{bmatrix}\boldsymbol{x}+\begin{bmatrix}0\\ 1\end{bmatrix}u$，　$\boldsymbol{y}=\begin{bmatrix}0 & 1\\ 1 & 0\end{bmatrix}\boldsymbol{x}$

3-14　某离散系统结构图如图3-8所示。

(1) 试写出该系统的离散化状态方程；

(2) 当采样周期 $T=0.1\text{s}$ 时，求状态转移矩阵；

(3) 当输入为单位阶跃函数，初始条件为零时，求其离散输出 $y(kT)$；

3-15　系统的状态方程为

$$\dot{\boldsymbol{x}}=\begin{bmatrix}0 & -2\\ 1 & -3\end{bmatrix}\boldsymbol{x}+\begin{bmatrix}2\\ 0\end{bmatrix}u,\ \boldsymbol{x}(0)=\begin{bmatrix}1\\ 1\end{bmatrix},\ u=0$$

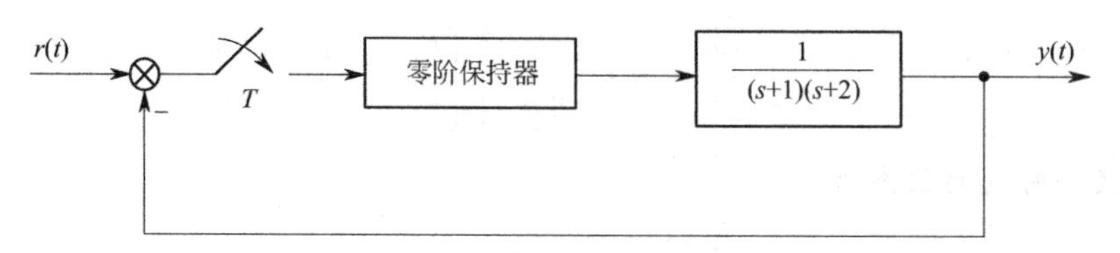

图 3-8　习题 3-14 图

试用 MATLAB 求出 $t=0.2$ 时系统的状态响应。

3-16　系统的状态空间描述为

$$\dot{\boldsymbol{x}}(t)=\begin{bmatrix}-21 & 19 & -20\\ 19 & -21 & 20\\ 40 & -40 & -40\end{bmatrix}\boldsymbol{x}(t)+\begin{bmatrix}1\\0\\2\end{bmatrix}u(t),\quad \boldsymbol{y}(t)=\begin{bmatrix}1 & 0 & 2\end{bmatrix}\boldsymbol{x}(t)$$

试用 MATLAB 求出系统在单位阶跃输入作用下的状态响应。

4 线性系统的能控性和能观测性

本章主要研究能控性和能观测性的概念。能控性涉及输入能否控制系统的状态，能观测性涉及由输出能否观测出系统的初始状态。能控性和能观测性是现代控制理论中两个重要的基本概念，由卡尔曼（R. E. Kalman）于1960年首次提出。目前，它们已成为最优控制和最优估计的设计基础，对于系统控制和系统估计问题的研究具有重要的意义。在现代控制理论中，分析和设计一个控制系统时，必须首先研究系统是否能控和能观测。

在前面的章节中指出，采用状态空间法可以描述系统内部的动态结构，能控性和能观测性正是表征系统内部结构特征的两个最基本的概念。状态方程描述的是输入 $\boldsymbol{u}(t)$ 引起状态 $\boldsymbol{x}(t)$ 的变化过程，故能控性体现的是系统输入对系统状态变量的控制能力。输出方程描述的是由状态 $\boldsymbol{x}(t)$ 变化所引起的输出 $\boldsymbol{y}(t)$的变化，故能观测性体现的是系统输出反映系统内部状态的能力。因此，能控性和能观测性分别从状态的控制和测量两个角度解释了控制系统中的两个基本问题。

4.1 能控性和能观测性的概念

首先从物理的直观性讨论能控性和能观测性的基本含义。研究系统的最终目的是为了更好地分析和控制系统。那么，何谓“更好地控制系统”呢？系统控制的概念是非常广泛的。对于各种不同属性的系统，首先需要了解这一系统的组成、结构、属性和运动规律，进而根据不同的控制目标和设计要求，采用适当的方法完成控制系统的设计和实施。不论是何种系统，任一时刻都有其特定的状态，随着控制过程的进行，每个状态都按照一定的规律变化。那么，作为最基本的控制要求，系统能否由当前状态经过一定时间后转移到某一特定的状态就成为要考虑的问题。

在前文中已经指出，动力学系统的状态空间描述法与经典控制理论中传递函数法不同，它是把系统的输入输出关系分为如图4-1所示的两段来处理。第一段为状态方程，它描述输入 $\boldsymbol{u}(t)$ 引起状态 $\boldsymbol{x}(t)$ 的变化；第二段是输出方程，它描述状态 $\boldsymbol{x}(t)$ 的变化引起输出 $\boldsymbol{y}(t)$ 的变化。若给定输入 $\boldsymbol{u}(t)$ 和初始状态 $\boldsymbol{x}(0)$，可根据状态方程求出状态响应 $\boldsymbol{x}(t)$ 和输出响应 $\boldsymbol{y}(t)$，但是在系统分析中除上述定量分析外，还有另外一类定性分析问题。在定性分析研究中所感兴趣的是系统的内在特性。线性系统的能控性和能观测性就是描述系统内在特性的两个概念。它们分别回答了“输入能否控制状态的变化”和“状态的变化能否由输出反映出来”这样两个问题。

因此，可以将系统的能控性和能观测性问题概述为：

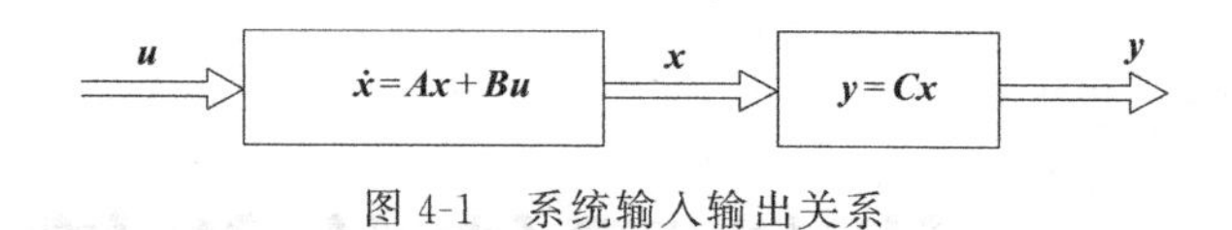

图 4-1　系统输入输出关系

能控性　已知系统的当前时刻及其状态，研究是否存在一个容许控制，使得系统在该控制的作用下在有限时间后到达希望的特定状态。

能观测性　已知系统及其在某时间段上的输出，研究可否依据这一时间段上的输出确定系统这一时间段上的状态。

下面通过一个例子来大致说明这两个概念。图 4-2 所示是一个 RC 网络。图中 RC 网络的输入端是电流源 i，输出端开路。根据第 1 章介绍的方法，取电容 C_1 和 C_2 上的电压 v_1 和 v_2 为该系统的两个状态变量。输入虽然能激励回路Ⅰ中 C_1 两端的电压 v_1，却不能对回路Ⅱ中 C_2 两端的电压施加影响，因为输出端是开路的。故称状态变量 v_1 是能控的，而状态变量 v_2 是不能控的。v_1 虽是能控的，但却不能从输出 y 中检测到它的存在，故称 v_1 是不能观测的，而电容 C_2 两端的电压 v_2 虽不能控，却可以从输出 y 中检测出来，故 v_2 为能观测的。上面的例子虽然不太严格，但可以直观地表示系统能控性和能观测性的基本思想。

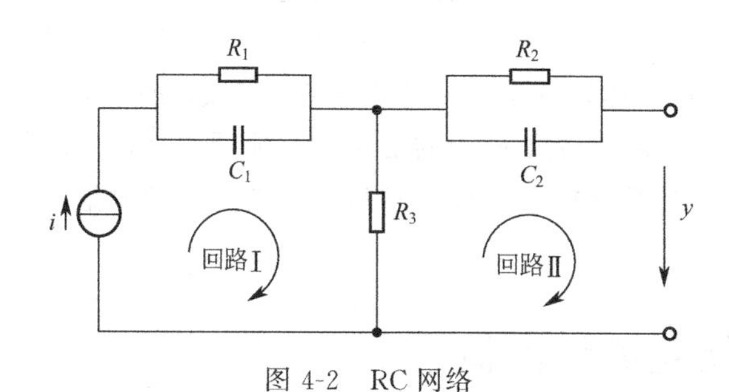

图 4-2　RC 网络

简单地说，能控性问题是研究系统的内部状态变量可否由控制输入完全影响的问题。如果系统的每一个状态变量的运动都可由输入来影响和控制，从而由任意的初始状态到达原点，那么称该系统状态是完全能控的。而能观测性问题是研究系统的外部变量，即系统的输出，能否完全反映系统内部状态的问题。如果系统所有状态变量的运动都可由输出反映出来，那么称该系统状态是完全能观测的。

能控性和能观测性的概念在现代控制理论中，无论是从理论上或是从实践上来说，都是极为重要的。例如在最优控制问题中，其任务是寻求输入 $\boldsymbol{u}(t)$ 使状态 $\boldsymbol{x}(t)$ 达到预期的轨线，如果系统的状态 $\boldsymbol{x}(t)$ 不受控于输入 $\boldsymbol{u}(t)$，当然就无从实现最优控制。另外，为了改善系统的品质，在工程上采用状态变量作为反馈信息，如图 4-3(a) 所示。但是状态 $\boldsymbol{x}(t)$ 的值通常是难以直接测量的，往往需要从测得的输出 $\boldsymbol{y}(t)$ 中估计出来，如图 4-3(b) 所示。倘若输出 $\boldsymbol{y}(t)$ 不能完全反映系统的状态 $\boldsymbol{x}(t)$，那么就无法实现对状态的估计。

应当指出，上述对能控性和能观测性所做的直观说明，只是对这两个概念直观而不严谨的描述，而且也只能用来解释和判断非常直观和简单系统的能控性和能观测性。既然能控性和能观测性是动力学系统的一种内在属性，那么判别系统能控性和能观测性主要应依据系统的状态空间描述。下面通过研究几个系统的状态空间描述，进而判断系统状态的能控性和能观测性。

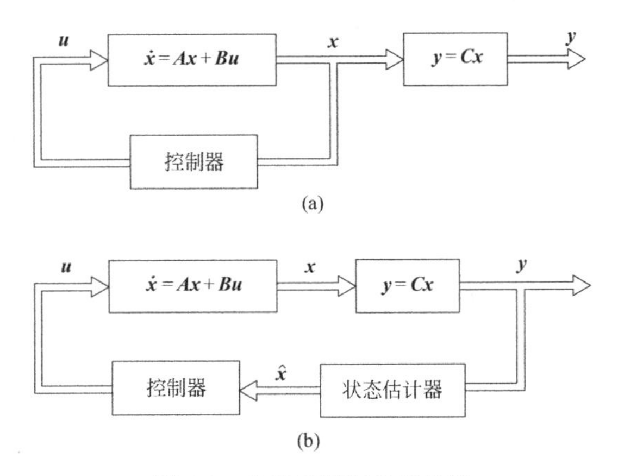

图 4-3　状态反馈与状态估计

【例 4-1】　给定连续时间线性定常系统的状态空间描述为

$$\begin{bmatrix}\dot{x}_1\\ \dot{x}_2\end{bmatrix}=\begin{bmatrix}1 & 0\\ 0 & 2\end{bmatrix}\begin{bmatrix}x_1\\ x_2\end{bmatrix}+\begin{bmatrix}0\\ 2\end{bmatrix}u$$

$$y=\begin{bmatrix}1 & 0\end{bmatrix}\begin{bmatrix}x_1\\ x_2\end{bmatrix}$$

试判断系统的能控性和能观测性。

解　将其表示为标量方程组的形式，有

$$\dot{x}_1=x_1$$

$$\dot{x}_2=2x_2+2u$$

$$y=x_1$$

对该系统判别其能控性和能观测性是十分简单的。从状态方程看，输入 u 不能控制状态变量 x_1，所以状态变量 x_1 是不能控的；从输出方程看，输出 y 不能反映状态变量 x_2，所以状态变量 x_2 是不能观测的。这表明系统是不完全能控和不完全能观测的。

【例 4-2】　给定连续时间线性定常系统的状态空间描述为

$$\begin{bmatrix}\dot{x}_1\\ \dot{x}_2\end{bmatrix}=\begin{bmatrix}1 & 0\\ 0 & 2\end{bmatrix}\begin{bmatrix}x_1\\ x_2\end{bmatrix}+\begin{bmatrix}1\\ 1\end{bmatrix}u$$

$$y=\begin{bmatrix}1 & 1\end{bmatrix}\begin{bmatrix}x_1\\ x_2\end{bmatrix}$$

试判断系统的能控性和能观测性。

解　将其表示为标量方程组的形式，有

$$\dot{x}_1=x_1+u$$

$$\dot{x}_2=2x_2+u$$

$$y=x_1+x_2$$

由于状态变量 x_1 和 x_2 都受控于输入 u，所以系统状态完全能控；输出变量 y 既能反映状态变量 x_1 又能反映状态变量 x_2，所以系统是能观测的，这表明系统是完全能控和能观测的。

从表面上看，判别系统能控性和能观测性是十分简单的，似乎只需检查状态方程中输入是否对所有状态施加响应，输出变量是否包含所有状态变量。其实问题并非如此简单，下面通过一个例子来说明这一点。

【例 4-3】 给定连续时间线性定常系统的状态空间描述为

$$\begin{bmatrix}\dot{x}_1\\ \dot{x}_2\end{bmatrix}=\begin{bmatrix}1&0\\0&1\end{bmatrix}\begin{bmatrix}x_1\\x_2\end{bmatrix}+\begin{bmatrix}1\\1\end{bmatrix}u$$

$$y=\begin{bmatrix}1&1\end{bmatrix}\begin{bmatrix}x_1\\x_2\end{bmatrix}$$

解 将其表示为标量方程组的形式，有

$$\dot{x}_1=x_1+u$$

$$\dot{x}_2=x_2+u$$

$$y=x_1+x_2$$

从状态方程看，输入 u 能对两个状态都施加影响，输出方程中又包含了全部状态变量，似乎该系统的所有状态变量都是能控和能观测的。实际上，这个系统的状态既不是完全能控的，也不是完全能观测的（详细讨论见例 4-7，例 4-16）。为了揭示能控性和能观测性的本质属性，并用于分析和判断更为一般和较为复杂的系统，需对此建立严格的定义，并在此基础上导出相应的判据。

4.2 连续时间线性定常系统的能控性

4.2.1 状态能控性定义

在给出定常系统状态能控性定义前，不妨对能控性作一个简单的描述。如果受控系统的每一个状态变量都能被某个无约束的控制向量 $\boldsymbol{u}$ 所影响，并在有限的时间区间内达到任一指定目标，那么称这个系统是状态完全能控的。反之，如果系统中某一个状态变量不受任何控制向量所影响，那么要使这个状态变量在控制作用下，在有限的时间区间内变化到某个希望的数值是不可能的，则该状态变量是不能控的，因此称系统是状态不完全能控的。下面给出其严格定义。考虑到能控性所考察的只是系统在 $\boldsymbol{u}$ 的控制下，状态 $\boldsymbol{x}$ 的转移情况，与输出 $\boldsymbol{y}$ 无关，所以，在下面的讨论中只需考虑系统的状态方程。

定义 4-1 对于连续时间线性定常系统

$$\dot{\boldsymbol{x}}=\boldsymbol{A}\boldsymbol{x}+\boldsymbol{B}\boldsymbol{u} \tag{4-1}$$

如果存在一个分段连续的输入 $\boldsymbol{u}(t)$，能在有限时间区间 $[t_0, t_f]$ 内使得系统的某一初始状态 $\boldsymbol{x}(t_0)$ 转移到指定的任一终端状态 $\boldsymbol{x}(t_f)$，则称初始状态 $\boldsymbol{x}(t_0)$ 是能控的。若系统的所有状态都是能控的，则称此系统是状态完全能控的，或简称是能控的。

这里主要问题为是否存在某个分段连续的控制作用，能使系统从任意初态 $\boldsymbol{x}(t_0)$ 转移到所要求的终态 $\boldsymbol{x}(t_f)$，对状态的运动轨线和具体的输入 $\boldsymbol{u}$ 并无要求。

定义 4-1 可以在二维状态平面中来说明，如图 4-4 所示。若状态平面中点 P 能在输入的作用下被驱动到任一指定状态 $P_1, P_2, \cdots, P_n$，那么点 P 的状态是能控的状态。假如“能控状态”充满整个状态空间，即对于任意初始状态都能找到相应的输入 $\boldsymbol{u}$，使得在有限时间

区间内，将初始状态转移到状态空间中的任一指定状态，则该系统是状态完全能控的。由此可看出，系统中某一状态能控和系统状态完全能控在含义上是不同的。

在系统能控性定义中把系统的初始状态取为状态空间中的任意非零有限点，而目标状态（或称终端状态）视为状态空间的任意点，这种定义不便于写成解析形式和进一步的分析。为便于数学表示而又不失一般性，把上述定义分为两种情况叙述。下面就能控性和能达性分别给出具体的定义。

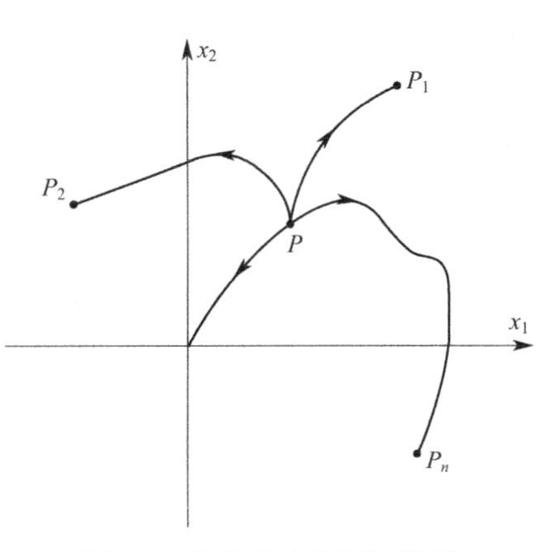

图 4-4　能控状态的图解说明

① 设系统的初始状态为状态空间中任意非零有限点，而终端（目标）状态规定为状态空间中的原点。于是能控性定义叙述为：

对于给定连续时间线性定常系统

$$\dot{\boldsymbol{x}}=\boldsymbol{A}\boldsymbol{x}+\boldsymbol{B}\boldsymbol{u}$$

若存在一个分段连续的输入 $\boldsymbol{u}(t)$，能在有限时间区间 $[t_0, t_f]$ 内，将系统从任一初始状态 $\boldsymbol{x}(t_0)$ 转移到原点，即 $\boldsymbol{x}(t_f)=0$，则称系统是状态完全能控的。

② 设系统的初始状态为状态空间的原点，即 $\boldsymbol{x}(t_0)=0$；终端（目标）状态为任意非零有限点，于是能达性定义叙述为：

对于给定连续时间线性定常系统

$$\dot{\boldsymbol{x}}=\boldsymbol{A}\boldsymbol{x}+\boldsymbol{B}\boldsymbol{u}$$

若存在一个分段连续的输入 $\boldsymbol{u}(t)$，能在有限时间区间 $[t_0, t_f]$ 内，将状态 $\boldsymbol{x}(t)$ 从原点转移到任一指定的终端（目标）状态 $\boldsymbol{x}(t_f)$，则称系统是能达的。

为了区别上述两种情况，称第一种情况为系统状态的能控性，第二种情况为系统状态的能达性。可以证明，对线性定常系统，能控性和能达性是完全等价的。即能控系统一定是能达的，反之，能达系统一定是能控的。在今后的讨论中，规定终端（目标）状态为状态空间中的原点。

4.2.2　状态能控性的判据

状态能控性表示的是在输入 $\boldsymbol{u}$ 作用下状态 $\boldsymbol{x}$ 的可转移情况，与输出 $\boldsymbol{y}$ 没有关系，因此在分析状态能控性问题时，只需从状态方程出发进行分析，或将系统简记为 $\Sigma(\boldsymbol{A}, \boldsymbol{B})$。

线性定常系统能控性判据有四种形式：格拉姆矩阵判据、秩判据、PBH 判据和约当标准形判据。下面将分别介绍。

(1) 格拉姆矩阵判据

定理 4-1　对于 n 阶连续时间线性定常系统

$$\dot{\boldsymbol{x}}=\boldsymbol{A}\boldsymbol{x}+\boldsymbol{B}\boldsymbol{u}$$

其状态完全能控的充分必要条件是，存在时刻 $t_1>0$，使得如下定义的格拉姆矩阵

$$\boldsymbol{W}_c[0,t_1]\equiv\int_0^{t_1}\mathrm{e}^{-\boldsymbol{A}\tau}\boldsymbol{B}\boldsymbol{B}^{\mathrm{T}}\mathrm{e}^{-\boldsymbol{A}^{\mathrm{T}}\tau}\mathrm{d}\tau \tag{4-2}$$

是非奇异的。

下面给出一个实例说明如何应用格拉姆判据。

【例 4-4】 考虑图 4-5 所示的平台系统，可以用于汽车悬架系统的研究，该系统包含一个平台，平台两端借助于弹簧和提供黏性摩擦的减震器支撑在地面上。设平台质量为零，因此两个弹簧系统的运动彼此独立，外力的一半作用到每个弹簧系统。如图所示，设两个弹簧的弹簧系数均为 1，设黏性摩擦系数分别为 2 和 1，若将两个弹簧系统偏离平衡位置的位移选为状态变量 x_1 和 x_2，则有$x_1+2\dot{x}_1=u$ 和$x_2+\dot{x}_2=u$ 或

$$\dot{\boldsymbol{x}}=\begin{bmatrix}-0.5 & 0\\ 0 & -1\end{bmatrix}\boldsymbol{x}+\begin{bmatrix}0.5\\ 1\end{bmatrix}u$$

此即该系统的状态方程描述，试判别该系统是否能控。

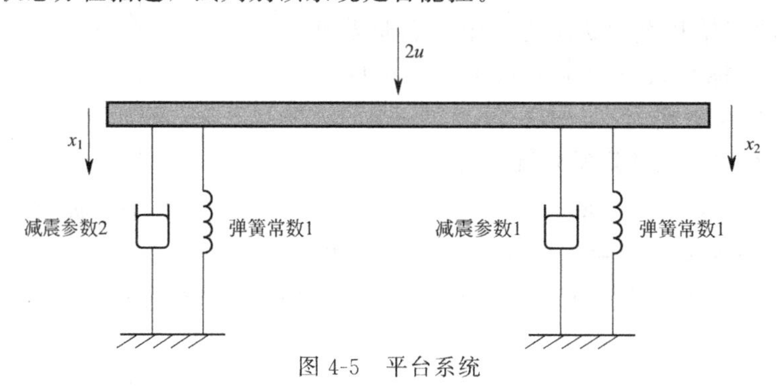

图 4-5 平台系统

解 计算格拉姆矩阵如下，

$$\boldsymbol{W}_{\mathrm{c}}[0,2]=\int_0^2\left(\begin{bmatrix}\mathrm{e}^{-0.5\tau} & 0\\ 0 & \mathrm{e}^{\tau}\end{bmatrix}\begin{bmatrix}0.5\\ 1\end{bmatrix}\begin{bmatrix}0.5 & 1\end{bmatrix}\begin{bmatrix}\mathrm{e}^{-0.5\tau} & 0\\ 0 & \mathrm{e}^{\tau}\end{bmatrix}\right)\mathrm{d}\tau=\begin{bmatrix}0.2162 & 0.3167\\ 0.3167 & 0.4908\end{bmatrix}$$

$\boldsymbol{W}_{\mathrm{c}}[0,2]$是非奇异矩阵，所以该系统是能控的。

由于在应用格拉姆矩阵判据时，需要计算矩阵指数函数 $\mathrm{e}^{\boldsymbol{A}t}$，当 $\boldsymbol{A}$ 的维数比较大时，计算 $\mathrm{e}^{\boldsymbol{A}t}$ 比较困难，所以格拉姆矩阵判据主要用于理论分析。连续时间线性定常系统常用的能控性判据是秩判据。

(2) 秩判据

定理 4-2 对于 n 阶连续时间线性定常系统

$$\dot{\boldsymbol{x}}=\boldsymbol{A}\boldsymbol{x}+\boldsymbol{B}\boldsymbol{u}$$

其状态完全能控的充分必要条件是由 $\boldsymbol{A}$，$\boldsymbol{B}$ 阵所构成的能控性判别矩阵

$$\boldsymbol{Q}_{\mathrm{c}}=\begin{bmatrix}\boldsymbol{B} & \boldsymbol{A}\boldsymbol{B} & \boldsymbol{A}^2\boldsymbol{B} & \cdots & \boldsymbol{A}^{n-1}\boldsymbol{B}\end{bmatrix} \tag{4-3}$$

满秩，即

$$\operatorname{rank}[\boldsymbol{Q}_{\mathrm{c}}]=n \tag{4-4}$$

下面给出一个实例说明如何应用秩判据。

【例 4-5】 试判别如下连续时间线性定常系统的能控性。

$$\dot{\boldsymbol{x}}=\begin{bmatrix}-2 & 1\\ 0 & -1\end{bmatrix}\boldsymbol{x}+\begin{bmatrix}1\\ 0\end{bmatrix}u$$

解 根据式(4-3) 构造能控性判别矩阵

$$\boldsymbol{Q}_{\mathrm{c}}=[\boldsymbol{B}\quad \boldsymbol{A}\boldsymbol{B}]=\begin{bmatrix}1 & -2\\ 0 & 0\end{bmatrix}$$

这是一个奇异阵，即

$$\operatorname{rank}[\boldsymbol{Q}_{\mathrm{c}}]=1<2$$

所以该系统不是状态完全能控的，即系统是不能控的。

【例 4-6】 试判别如下连续时间线性定常系统的能控性。

$$\dot{\boldsymbol{x}}=\begin{bmatrix}0 & 1\\ -1 & 0\end{bmatrix}\boldsymbol{x}+\begin{bmatrix}0\\1\end{bmatrix}u$$

解 该系统的能控性判别矩阵为

$$\boldsymbol{Q}_{\mathrm{c}}=[\boldsymbol{B}\quad \boldsymbol{AB}]=\begin{bmatrix}0 & 1\\ 1 & 0\end{bmatrix}$$

这是一个非奇异阵，即

$$\mathrm{rank}\,[\boldsymbol{Q}_{\mathrm{c}}]=2=n$$

所以该系统是状态完全能控的。

【例 4-7】 设如下连续时间线性定常系统的状态方程为

$$\dot{\boldsymbol{x}}=\begin{bmatrix}1 & 0\\ 0 & 1\end{bmatrix}\boldsymbol{x}+\begin{bmatrix}1\\1\end{bmatrix}u$$

试判别其能控性。

解 该系统的能控性判别矩阵为

$$\boldsymbol{Q}_{\mathrm{c}}=[\boldsymbol{B}\quad \boldsymbol{AB}]=\begin{bmatrix}1 & 2\\ 1 & 2\end{bmatrix}$$

这是一个奇异阵，rank $[\boldsymbol{Q}_{\mathrm{c}}]=1<2$，所以该系统不是状态完全能控的。

从表面上看，系统的状态变量 x_1 和 x_2 似乎均受控于输入 u，但秩判据表明该系统是不能控的。对于这一点，可以从能控性的定义得到解释。实际上，该系统是由两个结构上完全相同，且又不是相互独立的一阶系统组成的，如图 4-6 所示。显然，只有在其初始状态 $x_1(t_0)$ 和 $x_2(t_0)$ 相同的条件下，才存在某一 $u(t)$，将 $x_1(t_0)$ 和 $x_2(t_0)$ 在有限时间内转移到状态空间原点。否则是不可能的。即当 $x_1(t_0)\neq x_2(t_0)$ 时，无法找到一个输入 $u(t)$ 将其转移到状态空间原点。这当然是不符合能控性定义的。

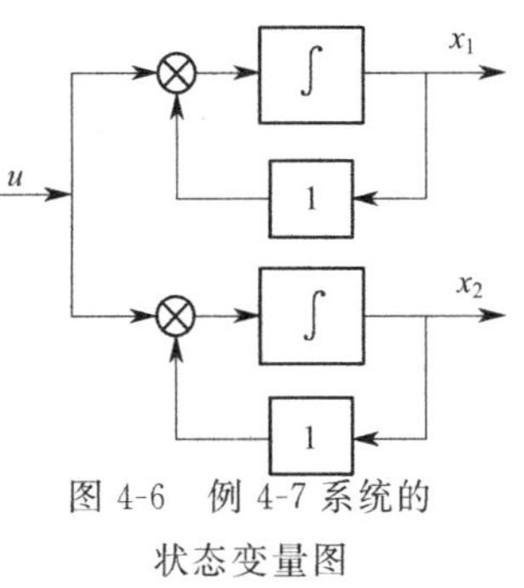

图 4-6 例 4-7 系统的状态变量图

推论 对于单输入情形，若可求解得到相应的控制作用 $\boldsymbol{u}$，使状态变量从任意 $\boldsymbol{x}_0$ 转移到原点，则矩阵 $\boldsymbol{Q}_{\mathrm{c}}=[\boldsymbol{b}\quad \boldsymbol{Ab}\quad \cdots\quad \boldsymbol{A}^{n-1}\boldsymbol{b}]$ 必须是正则矩阵，即非奇异矩阵，换句话说，矩阵 $\boldsymbol{Q}_{\mathrm{c}}$ 的逆存在，即 $|\boldsymbol{Q}_{\mathrm{c}}|\neq 0$。而 $|\boldsymbol{Q}_{\mathrm{c}}|\neq 0$，表明矩阵 $\boldsymbol{Q}_{\mathrm{c}}=[\boldsymbol{b}\quad \boldsymbol{Ab}\quad \cdots\quad \boldsymbol{A}^{n-1}\boldsymbol{b}]$ 有且仅有 n 个线性无关的列，也就是 $\boldsymbol{Q}_{\mathrm{c}}$ 的秩为 n，即 rank $[\boldsymbol{b}\quad \boldsymbol{Ab}\quad \cdots\quad \boldsymbol{A}^{n-1}\boldsymbol{b}]=n$。因此，可以把 $|\boldsymbol{Q}_{\mathrm{c}}|\neq 0$ 作为单输入情况下的能控性判据。

对于多输入情况，$\boldsymbol{Q}_{\mathrm{c}}$ 不是方阵，不能直接用此结论。但因为存在下列关系，即

$$\mathrm{rank}\,[\boldsymbol{Q}_{\mathrm{c}}]=\mathrm{rank}\,[\boldsymbol{Q}_{\mathrm{c}}\boldsymbol{Q}_{\mathrm{c}}^{\mathrm{T}}]$$

因此，可以把 $|\boldsymbol{Q}_{\mathrm{c}}\boldsymbol{Q}_{\mathrm{c}}^{\mathrm{T}}|\neq 0$ 作为多输入情况下系统的能控性判据。

【例 4-8】 已知三阶双输入系统的状态方程为

$$\dot{x}=\begin{bmatrix}1&1&0\\0&1&0\\0&1&1\end{bmatrix}x+\begin{bmatrix}0&1\\1&0\\0&1\end{bmatrix}\begin{bmatrix}u_1\\u_2\end{bmatrix}$$

试判别其能控性。

解 首先构造能控性判别矩阵

$$Q_c=[B\quad AB\quad A^2B]=\begin{bmatrix}0&1&1&1&2&1\\1&0&1&0&1&0\\0&1&1&1&2&1\end{bmatrix}$$

观察 Q_c 第一行和第三行完全相同，显见

$$\text{rank}\,[Q_c]=2<3=n$$

所以该系统是不能控的。

如果系统的阶次 n 和输入维数 r 都比较大，判别矩阵 Q_c 的秩是比较困难的，考虑到

$$\text{rank}\,[Q_c]=\text{rank}\,[Q_cQ_c^T]$$

其中，Q_c^T 是Q_c 的转置矩阵，故可以通过计算$Q_c Q_c^T$ 的秩来确定Q_c 的秩。因为$Q_c Q_c^T$ 是一个 $n\times n$ 的方阵，确定其秩是比较方便的。

$$Q_cQ_c^T=\begin{bmatrix}8&3&8\\3&3&3\\8&3&8\end{bmatrix}$$

容易看出，$\text{rank}\,[Q_c Q_c^T]=2<3$，所以系统状态是不能控的。

(3) PBH 判据

定理 4-3 连续时间线性定常系统完全能控的充分必要条件是，对矩阵 A 的所有特征值$\lambda_i\,(i=1,2,\cdots,n)$，有

$$\text{rank}[\lambda_i I-A\quad B]=n,\quad i=1,2,\cdots,n \tag{4-5}$$

均成立，或者可以等价地表示为

$$\text{rank}[sI-A\quad B]=n,\quad \forall s\in\mathscr{C} \tag{4-6}$$

其中，$\mathscr{C}$ 代表复数域。

下面给出一个实例说明如何应用 PBH 判据。

由于这一判据是由波波夫（Popov）和贝尔维奇（Belevitch）提出，由豪塔斯（Hautus）指出其广泛可应用性。因此，以他们姓氏的首字母组合命名，习惯地称为 PBH 判据。

【例 4-9】 已知连续时间线性定常系统的状态方程为

$$\dot{x}=\begin{bmatrix}0&2&0&0\\0&0&-2&0\\0&0&0&2\\0&0&3&0\end{bmatrix}x+\begin{bmatrix}0&3\\3&0\\0&3\\-2&0\end{bmatrix}u$$

试判别系统的能控性。

解 根据状态方程可以写出

$$[sI-A\quad B]=\begin{bmatrix}s&-2&0&0&0&3\\0&s&2&0&3&0\\0&0&s&-2&0&3\\0&0&-3&s&-2&0\end{bmatrix}$$

矩阵 **A** 的特征值为$\lambda_1=\lambda_2=0$，$\lambda_3=\sqrt{3}$，$\lambda_4=-\sqrt{3}$，所以只需对它们来检验上述矩阵的秩。通过计算可知，当 $s=\lambda_1=\lambda_2=0$ 时，有

$$\mathrm{rank}[s\boldsymbol{I}-\boldsymbol{A}\quad \boldsymbol{B}]=\mathrm{rank}\begin{bmatrix}0 & -2 & 0 & 0 & 0 & 3\\ 0 & 0 & 2 & 0 & 3 & 0\\ 0 & 0 & 0 & -2 & 0 & 3\\ 0 & 0 & -3 & 0 & -2 & 0\end{bmatrix}=4$$

当 $s=\lambda_3=\sqrt{3}$时，有

$$\mathrm{rank}[s\boldsymbol{I}-\boldsymbol{A}\quad \boldsymbol{B}]=\mathrm{rank}\begin{bmatrix}\sqrt{3} & -2 & 0 & 0 & 0 & 3\\ 0 & \sqrt{3} & 2 & 0 & 3 & 0\\ 0 & 0 & \sqrt{3} & -2 & 0 & 3\\ 0 & 0 & -3 & \sqrt{3} & -2 & 0\end{bmatrix}=4$$

当 $s=\lambda_4=-\sqrt{3}$时，有

$$\mathrm{rank}[s\boldsymbol{I}-\boldsymbol{A}\quad \boldsymbol{B}]=\mathrm{rank}\begin{bmatrix}-\sqrt{3} & -2 & 0 & 0 & 0 & 3\\ 0 & -\sqrt{3} & 2 & 0 & 3 & 0\\ 0 & 0 & -\sqrt{3} & -2 & 0 & 3\\ 0 & 0 & -3 & -\sqrt{3} & -2 & 0\end{bmatrix}=4$$

综上可知，该系统是状态完全能控的。

(4) 约当标准形判据

基于线性非奇异变换不改变系统的能控性（读者可自行证明）这一特点，可以通过线性变换把矩阵 **A** 化成约当标准形，再根据这一标准形来判别系统的能控性。

定理 4-4 若 n 阶连续时间线性定常系统

$$\dot{\boldsymbol{x}}=\boldsymbol{A}\boldsymbol{x}+\boldsymbol{B}\boldsymbol{u}$$

具有互不相同的特征值，则其状态完全能控的充分必要条件是系统经线性非奇异变换后的对角标准形

$$\dot{\tilde{\boldsymbol{x}}}=\begin{bmatrix}\lambda_1 & & & \boldsymbol{0}\\ & \lambda_2 & & \\ & & \ddots & \\ \boldsymbol{0} & & & \lambda_n\end{bmatrix}\tilde{\boldsymbol{x}}+\tilde{\boldsymbol{B}}\boldsymbol{u} \tag{4-7}$$

$\tilde{\boldsymbol{B}}$ 阵中不包含元素全为零的行。

这个定理也可由定理 4-2 直接证得，具体证明过程略去。为了说明上述定理的基本含义，现举例如下。

【例 4-10】 试判别以下连续时间线性定常系统的能控性。

$$(\text{Ⅰ})\dot{\boldsymbol{x}}=\begin{bmatrix}-7 & 0 & 0\\ 0 & -5 & 0\\ 0 & 0 & -1\end{bmatrix}\boldsymbol{x}+\begin{bmatrix}2\\ 5\\ 7\end{bmatrix}u \qquad (\text{Ⅱ})\dot{\boldsymbol{x}}=\begin{bmatrix}-7 & 0 & 0\\ 0 & -5 & 0\\ 0 & 0 & -1\end{bmatrix}\boldsymbol{x}+\begin{bmatrix}0\\ 5\\ 7\end{bmatrix}u$$

$$(\text{Ⅲ})\dot{\boldsymbol{x}}=\begin{bmatrix}-7 & 0 & 0\\ 0 & -5 & 0\\ 0 & 0 & -1\end{bmatrix}\boldsymbol{x}+\begin{bmatrix}0 & 1\\ 4 & 0\\ 7 & 5\end{bmatrix}\begin{bmatrix}u_1\\ u_2\end{bmatrix} \qquad (\text{Ⅳ})\dot{\boldsymbol{x}}=\begin{bmatrix}-7 & 0 & 0\\ 0 & -5 & 0\\ 0 & 0 & -1\end{bmatrix}\boldsymbol{x}+\begin{bmatrix}0 & 0\\ 4 & 0\\ 7 & 5\end{bmatrix}\begin{bmatrix}u_1\\ u_2\end{bmatrix}$$

解 上述四个系统，其状态方程的 $\boldsymbol{A}$ 阵是相同的，均是对角标准形，但其 $\boldsymbol{B}$ 阵是不同的，对于系统（Ⅰ）和（Ⅲ），由于 $\boldsymbol{B}$ 阵中不含有元素全为零的行，故系统（Ⅰ）和（Ⅲ）是能控的；对于系统（Ⅱ）和（Ⅳ）由于其 $\boldsymbol{B}$ 阵的第一行元素全为零，故它们是不能控的。

下面对该定理作几点说明：

① 该判据的思路是通过线性非奇异变换把状态方程转化成对角标准形，使变换后各状态变量之间不存在耦合关系。从而使影响每一个状态变量的唯一途径是输入控制作用，这样，便可直接从 $\boldsymbol{B}$ 阵是否含有元素全为零的行来判断系统的能控性。倘若 $\boldsymbol{B}$ 阵中某一行元素全为零，这表明输入 $\boldsymbol{u}$ 不能直接影响该行所对应的状态变量，而该状态变量又不能通过其他状态变量间接受到控制，所以该状态变量是不能控的。

② 在应用这个判据时，应当注意到特征值互不相同这个条件。某些具有重特征值的矩阵，也能化成对角标准形，对于这种系统不能应用这个判据，如系统

$$\dot{\boldsymbol{x}}=\begin{bmatrix}2&0\\0&2\end{bmatrix}\boldsymbol{x}+\begin{bmatrix}1\\1\end{bmatrix}u$$

其特征值不是互不相同的，尽管 $\boldsymbol{B}$ 阵的元素不为零，但这种情况不能应用这一判据，而必须采用能控性矩阵 $\boldsymbol{Q}_c$ 来判断，或采用以下定理来判断。

定理 4-5 若 n 阶连续时间线性定常系统

$$\dot{\boldsymbol{x}}=\boldsymbol{A}\boldsymbol{x}+\boldsymbol{B}\boldsymbol{u}$$

具有重特征值，λ_1(m_1 重)，λ_2(m_2 重)，…，λ_l(m_l 重)，$\sum_{i=1}^{l}m_i=n$，$\lambda_i\neq\lambda_j$，$\forall i\neq j$，则系统状态完全能控的充分必要条件，是经线性非奇异变换的约当标准形

$$\dot{\tilde{\boldsymbol{x}}}=\tilde{\boldsymbol{A}}\tilde{\boldsymbol{x}}+\tilde{\boldsymbol{B}}\boldsymbol{u} \tag{4-8}$$

其中

$$\tilde{\boldsymbol{A}}=\begin{bmatrix}\boldsymbol{J}_1&&&\boldsymbol{0}\\&\boldsymbol{J}_2&&\\&&\ddots&\\\boldsymbol{0}&&&\boldsymbol{J}_l\end{bmatrix}$$

对于相同特征值下的每个约当块 $\boldsymbol{J}_i(i=1,2,\cdots,l)$ 最后一行所对应 $\tilde{\boldsymbol{B}}$ 阵的行向量线性无关。

本定理也可用定理 4-2 证明，推证过程略去。为了说明上述定理的基本含义，现举例如下。

【例 4-11】 试判别以下连续时间线性定常系统的能控性。

（Ⅰ）$\dot{\boldsymbol{x}}=\begin{bmatrix}-4&1\\0&-4\end{bmatrix}\boldsymbol{x}+\begin{bmatrix}0\\2\end{bmatrix}u$ （Ⅱ）$\dot{\boldsymbol{x}}=\begin{bmatrix}-4&1\\0&-4\end{bmatrix}\boldsymbol{x}+\begin{bmatrix}2\\0\end{bmatrix}u$

（Ⅲ）$$\dot{\boldsymbol{x}}=\left[\begin{array}{cc:cc}-4&1&0&0\\0&-4&0&0\\\hdashline0&0&-4&1\\0&0&0&-4\end{array}\right]\boldsymbol{x}+\left[\begin{array}{cc}0&0\\0&1\\\hdashline0&0\\2&0\end{array}\right]\begin{bmatrix}u_1\\u_2\end{bmatrix}$$

$$(\text{Ⅳ})\dot{\boldsymbol{x}}=\left[\begin{array}{cc:cc}-4 & 1 & 0 & 0\\0 & -4 & 0 & 0\\ \hdashline 0 & 0 & -4 & 1\\0 & 0 & 0 & -4\end{array}\right]\boldsymbol{x}+\left[\begin{array}{cc}0 & 1\\0 & 4\\ \hdashline 2 & 0\\0 & 2\end{array}\right]\begin{bmatrix}u_1\\u_2\end{bmatrix}$$

解 系统（Ⅰ）和（Ⅲ）是状态完全能控的，而系统（Ⅱ）约当小块最后一行对应的 $\widetilde{\boldsymbol{B}}$ 阵相应行元素为零，系统（Ⅳ）两个约当小块最后一行对应的 $\widetilde{\boldsymbol{B}}$ 阵的相应行是线性相关的，故这两个系统是状态不完全能控的。

下面从系统的状态变量图做进一步说明，图 4-7 是上述系统（Ⅰ）和（Ⅱ）的状态变量图。从图中可以看出，这类系统的状态变量是否完全受控于输入 u，取决于输入作用 u 在系统中的施加点。

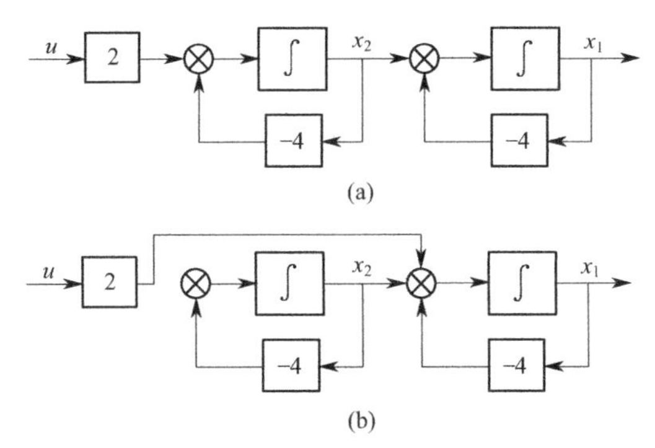

图 4-7 系统（Ⅰ）和系统（Ⅱ）的系统状态变量图

在图 4-7(a) 中，输入 u 虽然不直接影响状态变量 x_1，但却可以通过状态变量 x_2 对状态变量 x_1 施加控制。这样，该串联系统的所有状态变量都受控于输入 u。在图 4-7(b) 中，输入作用不是施加在串联系统的最前面，故输入作用虽然能控制施加点后面的状态变量 x_1，但不能控制施加点前面的状态变量 x_2，且状态变量 x_1 和 x_2 无关，故状态变量 x_2 既不能直接受控于输入 u，也不能通过其他状态变量间接受到输入 u 的影响，所以状态变量 x_2 是不能控的。根据定理 4-5 中所述条件，从信息传递角度是指输入作用的施加点应该在约当块所对应的串联系统的最前面。

由上讨论可知，判别线性定常系统是否能控，既可以从状态方程的系统参数矩阵 $\boldsymbol{A}$ 与输入矩阵 $\boldsymbol{B}$ 构造能控性矩阵 $\boldsymbol{Q}_c$ 来判别其能控性，也可以通过线性非奇异变换把状态方程化成对角标准形或约当标准形，再应用定理 4-4（或定理 4-5）来判断。这里需强调系统的能控性是系统的内在特性，线性非奇异变换并不能改变系统的这种特性。

【例 4-12】 已知连续时间线性定常系统的状态方程为

$$\dot{\boldsymbol{x}}=\begin{bmatrix}-2 & 2 & -1\\0 & -2 & 0\\1 & -4 & 0\end{bmatrix}\boldsymbol{x}+\begin{bmatrix}0\\0\\1\end{bmatrix}u$$

试利用能控性的对角标准形判据来判断系统的能控性。

解 求 $\boldsymbol{A}$ 的特征值

$$\det(\lambda\boldsymbol{I}-\boldsymbol{A})=\lambda(\lambda+2)^2+(\lambda+2)=(\lambda+1)^2(\lambda+2)$$

即 $\boldsymbol{A}$ 的特征值为 $\lambda_1=-1$（二重根），$\lambda_2=-2$（单根）。

根据特征值求变换矩阵

$$P=\begin{bmatrix}-1&0&0\\0&0&1\\1&1&2\end{bmatrix}\qquad P^{-1}=\begin{bmatrix}-1&0&0\\1&-2&1\\0&1&0\end{bmatrix}$$

对原状态方程进行线性变换 $x=P\tilde{x}$，变换后的状态方程为

$$\dot{\tilde{x}}=P^{-1}AP\tilde{x}+P^{-1}Bu$$
$$=\left[\begin{array}{cc:c}-1&1&0\\0&-1&0\\\hdashline 0&0&-2\end{array}\right]\tilde{x}+\left[\begin{array}{c}0\\1\\\hdashline 0\end{array}\right]u$$

因为与第二个约当块 $\lambda_2=-2$ 相应的 $\tilde{B}$ 阵中元素为零，所以该系统是不能控的。

4.2.3 输出能控性定义与判据

在实际问题中，系统的被控量往往不是系统的状态，而是系统的输出，因此系统的输出是否能控就成为一个重要的问题。输出的能控性是指系统的输入能否控制系统的输出。

定义 4-2 对于 n 阶连续时间线性定常系统

$$\dot{x}=Ax+Bu \tag{4-9a}$$
$$y=Cx+Du \tag{4-9b}$$

若存在一个分段连续的输入信号 $u(t)$，在有限时间区间 $[t_0, t_f]$ 内，能把任一给定的初始输出 $y(t_0)$转移到任意指定的最终输出 $y(t_f)$，则称系统是输出完全能控的。

应该指出，对于输出控制问题，状态能控性既不是必要的也不是充分的。这里引入关于输出能控性判据的结论。其证明方法同状态能控性秩判据，请读者自行查阅。

定理 4-6 对于 n 阶连续时间线性定常系统

$$\dot{x}=Ax+Bu$$
$$y=Cx+Du$$

输出完全能控的充要条件是矩阵 $[CB\quad CAB\quad \cdots\quad CA^{n-1}B\quad D]$ 满秩，即

$$\mathrm{rank}[CB\quad CAB\quad \cdots\quad CA^{n-1}B\quad D]=m \tag{4-10}$$

其中，m 是输出 y 的维数。

【例 4-13】 考察如下系统

$$\dot{x}=\begin{bmatrix}-4&5\\1&0\end{bmatrix}x+\begin{bmatrix}-5\\1\end{bmatrix}u$$
$$y=[1\quad -1]x+u$$

试分析系统的输出能控性和状态能控性。

解 先分析系统的输出能控性

$$CB=[1\quad -1]\begin{bmatrix}-5\\1\end{bmatrix}=-6$$

$$CAB=[1\quad -1]\begin{bmatrix}-4&5\\1&0\end{bmatrix}\begin{bmatrix}-5\\1\end{bmatrix}=30$$

$$D=1$$

故输出能控性判别矩阵为

$$[\boldsymbol{CB} \quad \boldsymbol{CAB} \quad D] = [-6 \quad 30 \quad 1]$$

$$\text{rank}\,[\boldsymbol{CB} \quad \boldsymbol{CAB} \quad D] = 1 = m$$

说明系统输出是完全能控的。

再来分析系统的状态能控性

$$\boldsymbol{AB} = \begin{bmatrix} 25 \\ -5 \end{bmatrix}$$

$$\boldsymbol{Q}_c = [\boldsymbol{B} \quad \boldsymbol{AB}] = \begin{bmatrix} -5 & 25 \\ 1 & -5 \end{bmatrix}$$

$$\text{rank}\,[\boldsymbol{Q}_c] = \text{rank}\,[\boldsymbol{B} \quad \boldsymbol{AB}] = 1 < 2 = n$$

说明系统状态是不完全能控的。

这个例子说明，输出能控性和状态能控性之间是不等价的，即输出能控不能确定状态能控，而状态能控也不能确定输出能控。

4.3 连续时间线性定常系统的能观测性

众所周知，为了抑制干扰、降低参数灵敏度以及构成最优系统，控制系统大多采用反馈方式。在现代控制理论中，其反馈信息一般是由系统的状态变量组合而成，但并非所有的状态变量在物理上都能测量到，于是提出能否通过对输出的测量获得全部状态变量信息的问题，这就是系统能观测性问题。能观测性讨论的是状态和输出间的关系。它研究这样的可能性，即通过对输出的有限时间的测量能否识别出系统的状态。事实上，依据状态的特性，当确定了初始时刻的状态，并给出控制作用后，系统各瞬时的状态就能唯一地确定。因此，状态观测实质上可以归结为对初始状态的识别问题。

4.3.1 能观测性的定义

定义 4-3 设连续时间线性定常系统的状态方程和输出方程是

$$\dot{\boldsymbol{x}} = \boldsymbol{Ax} \tag{4-11a}$$

$$\boldsymbol{y} = \boldsymbol{Cx} \tag{4-11b}$$

如果对任意给定的输入 $\boldsymbol{u}$，存在一有限观测时间 $t_f > t_0$，使得根据 $[t_0, t_f]$ 期间的输出 $\boldsymbol{y}$ 能唯一地确定系统在初始时刻的状态 $\boldsymbol{x}(t_0)$，则称状态 $\boldsymbol{x}(t_0)$ 是能观测的。若系统的每一个状态都是能观测的，则称系统是状态完全能观测的，或简称系统是能观测的。

下面对上述定义做如下几点说明：

① 因为能观测性所表示的是输出 $\boldsymbol{y}$ 反映状态向量 $\boldsymbol{x}$ 的能力，考虑到控制作用所引起的输出是可以计算出来的，所以在分析能观测性问题时，不妨令 $\boldsymbol{u}=0$，这样只需考虑齐次状态方程和输出方程，用符号 $\Sigma(\boldsymbol{A}, \boldsymbol{C})$ 简化表示。

② 从输出方程可以看出，如果输出量 $\boldsymbol{y}$ 的维数等于状态 $\boldsymbol{x}$ 的维数，即 $m=n$，且 $\boldsymbol{C}$ 阵是非奇异的，则只需将输出方程（4-11b）两边乘以 $\boldsymbol{C}^{-1}$，即得任意时刻 t 的状态：

$$\boldsymbol{x}(t) = \boldsymbol{C}^{-1}\boldsymbol{y}(t) \tag{4-12}$$

显然，这不需要观测时间。但在一般情况下，输出的维数总是小于状态变量的个数，即

$m<n$。为了能唯一地求出 n 个状态变量，需在不同的时刻取出几组输出，$\boldsymbol{y}(t_0),\boldsymbol{y}(t_1),\cdots,\boldsymbol{y}(t_f)$。使之能构成 n 个方程式。因此，在能观测性定义中需要定义观测时间 $t_f>t_0$。

③ 在定义中之所以把能观测性规定为对初始状态的确定，这是因为一旦确定了初始状态，便可根据给定控制输入，利用状态转移方程

$$\boldsymbol{x}(t)=\boldsymbol{\Phi}(t-t_0)\boldsymbol{x}(t_0)+\int_{t_0}^{t}\boldsymbol{\Phi}(t-\tau)\boldsymbol{B}\boldsymbol{u}(\tau)\mathrm{d}\tau \tag{4-13}$$

求出各个瞬时的状态。

4.3.2 能观测性的判据

连续时间线性定常系统的能观测性判据也有四种形式。

(1) 格拉姆矩阵判据

定理 4-7 对于 n 阶连续时间线性定常系统

$$\begin{aligned}\dot{\boldsymbol{x}}&=\boldsymbol{A}\boldsymbol{x}\\ \boldsymbol{y}&=\boldsymbol{C}\boldsymbol{x}\end{aligned} \tag{4-14}$$

其状态完全能观测的充分必要条件是，存在时刻 $t_1>0$，使得如下定义的格拉姆矩阵

$$\boldsymbol{W}_o[0,t_1]\equiv\int_0^{t_1}\mathrm{e}^{\boldsymbol{A}^{\mathrm{T}}\tau}\boldsymbol{C}^{\mathrm{T}}\boldsymbol{C}\mathrm{e}^{\boldsymbol{A}\tau}\mathrm{d}\tau \tag{4-15}$$

是非奇异的。

【例 4-14】 已知连续时间线性定常系统为

$$\dot{\boldsymbol{x}}=\begin{bmatrix}-0.5 & 0\\ 0 & 0.5\end{bmatrix}\boldsymbol{x}$$

$$y=\begin{bmatrix}0 & -1\end{bmatrix}\boldsymbol{x}$$

试判别其能观测性。

解 计算格拉姆矩阵如下，

$$\boldsymbol{W}_o[0,2]=\int_0^2\left(\begin{bmatrix}\mathrm{e}^{-0.5\tau} & 0\\ 0 & \mathrm{e}^{0.5\tau}\end{bmatrix}\begin{bmatrix}0\\ -1\end{bmatrix}\begin{bmatrix}0 & -1\end{bmatrix}\begin{bmatrix}\mathrm{e}^{-0.5\tau} & 0\\ 0 & \mathrm{e}^{0.5\tau}\end{bmatrix}\right)\mathrm{d}\tau=\begin{bmatrix}0 & 0\\ 0 & \mathrm{e}^2-1\end{bmatrix}$$

$\boldsymbol{W}_o[0,2]$ 是奇异矩阵，所以该系统是不能观测的。

与能控性格拉姆矩阵判据类似，能观测性格拉姆矩阵判据主要用于理论分析。连续时间线性定常系统能观测性的常用判据是秩判据。

(2) 秩判据

定理 4-8 对于 n 阶连续时间线性定常系统

$$\begin{aligned}\dot{\boldsymbol{x}}&=\boldsymbol{A}\boldsymbol{x}\\ \boldsymbol{y}&=\boldsymbol{C}\boldsymbol{x}\end{aligned}$$

状态完全能观测的充分必要条件是其能观测判别矩阵

$$\boldsymbol{Q}_o=\begin{bmatrix}\boldsymbol{C}\\ \boldsymbol{C}\boldsymbol{A}\\ \vdots\\ \boldsymbol{C}\boldsymbol{A}^{n-1}\end{bmatrix} \tag{4-16}$$

满秩，即

$$\mathrm{rank}\,[\boldsymbol{Q}_o]=n \tag{4-17}$$

或者

$$\mathrm{rank}[\boldsymbol{C}^{\mathrm{T}} \quad \boldsymbol{A}^{\mathrm{T}}\boldsymbol{C}^{\mathrm{T}} \quad \cdots \quad (\boldsymbol{A}^{\mathrm{T}})^{n-1}\boldsymbol{C}^{\mathrm{T}}]=n \tag{4-18}$$

【例 4-15】 已知连续时间线性定常系统为

$$\dot{\boldsymbol{x}}=\begin{bmatrix}-4 & 5\\ 1 & 0\end{bmatrix}\boldsymbol{x}$$

$$y=[0 \quad -1]\boldsymbol{x}$$

试判别其能观测性。

解 构造能观测性判别矩阵

$$\boldsymbol{C}=[0 \quad -1]$$

$$\boldsymbol{CA}=[0 \quad -1]\begin{bmatrix}-4 & 5\\ 1 & 0\end{bmatrix}=[-1 \quad 0]$$

$$\boldsymbol{Q}_o=\begin{bmatrix}\boldsymbol{C}\\ \boldsymbol{CA}\end{bmatrix}=\begin{bmatrix}0 & -1\\ -1 & 0\end{bmatrix}$$

这是一个非奇异阵，$\mathrm{rank}[\boldsymbol{Q}_o]=2=n$，所以系统是能观测的。

【例 4-16】 系统的状态方程和输出方程如下

$$\dot{\boldsymbol{x}}=\begin{bmatrix}1 & 0\\ 0 & 1\end{bmatrix}\boldsymbol{x}$$

$$y=[1 \quad 1]\boldsymbol{x}$$

试判别其能观测性。

解 由

$$\boldsymbol{A}=\begin{bmatrix}1 & 0\\ 0 & 1\end{bmatrix} \qquad \boldsymbol{C}=[1 \quad 1]$$

构成的能观测性判别矩阵

$$\boldsymbol{Q}_o=\begin{bmatrix}1 & 1\\ 1 & 1\end{bmatrix}$$

是奇异阵，所以系统是不能观测的。

从输出方程来看，该系统的输出 y 中既含有状态变量 x_1 的信息，又含有状态变量 x_2 的信息，似乎能通过对 y 的观测获得 x_1 和 x_2 的信息。但是由定理 4-8 判断系统是不能观测的，这一点可以从该系统的状态变量图 4-8 中得到说明。这是一个由两个时间常数完全相同的一阶系统并联组合起来的系统。对于这两个子系统来说，当其初始状态 $x_{10}=-x_{20}$，由它们所激励的系统输出为

$$y(t)=x_{10}\mathrm{e}^{-t}+x_{20}\mathrm{e}^{-t}=(x_{10}-x_{10})\mathrm{e}^{-t}=0$$

显然，对于这种情况，系统的初始状态 x_{10} 和 x_{20} 是不能观测的。

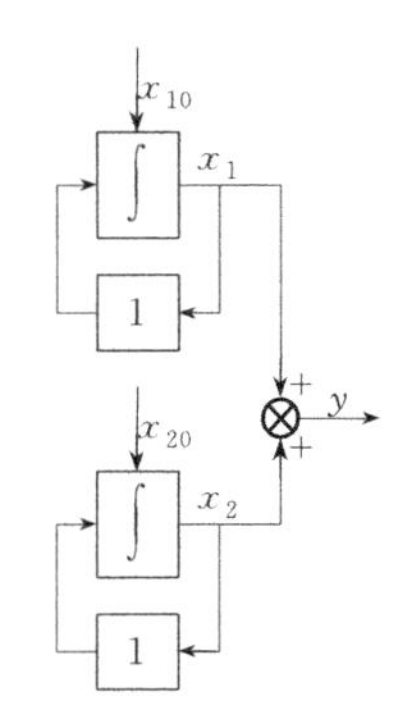

图 4-8 例 4-16 系统状态变量图

推论：对单输出系统，求解 $\boldsymbol{x}_0$ 的充分必要条件为，能观测性矩阵

$$\boldsymbol{Q}_o=\begin{bmatrix}\boldsymbol{C}\\\boldsymbol{CA}\\\vdots\\\boldsymbol{CA}^{n-1}\end{bmatrix}$$

是正则矩阵，即非奇异矩阵。换句话说，$|\boldsymbol{Q}_o|\neq 0$ 是系统能观测的充分且必要条件，而 $|\boldsymbol{Q}_o|\neq 0$ 表示了矩阵 $\boldsymbol{Q}_o$ 有且仅有 n 个列向量是线性独立的，即 $\text{rank}[\boldsymbol{Q}_o]=n$。因此对单输出系统，可以把 $|\boldsymbol{Q}_o|\neq 0$ 作为其能观测性判据。

同样地，对多输出系统，$\boldsymbol{Q}_o$ 不是方阵，但有如下关系，即

$$\text{rank}[\boldsymbol{Q}_o]=\text{rank}[\boldsymbol{Q}_o\boldsymbol{Q}_o^{\mathrm{T}}] \tag{4-19}$$

因此，可把 $|\boldsymbol{Q}_o\boldsymbol{Q}_o^{\mathrm{T}}|\neq 0$ 作为多输出系统的能观测性判据。

(3) PBH 判据

定理 4-9 连续时间线性定常系统完全能观测的充分必要条件是，对矩阵 $\boldsymbol{A}$ 所有特征值 $\lambda_i(i=1,2,\cdots,n)$，有

$$\text{rank}\begin{bmatrix}\boldsymbol{C}\\\lambda_i\boldsymbol{I}-\boldsymbol{A}\end{bmatrix}=n;\quad i=1,2,\cdots,n \tag{4-20}$$

均成立，或者可以等价地表示为

$$\text{rank}\begin{bmatrix}\boldsymbol{C}\\s\boldsymbol{I}-\boldsymbol{A}\end{bmatrix}=n;\forall s\in\mathscr{C} \tag{4-21}$$

【例 4-17】 已知连续时间线性定常系统的状态方程为

$$\dot{\boldsymbol{x}}=\begin{bmatrix}0&2&0&0\\0&0&-2&0\\0&0&0&2\\0&0&3&0\end{bmatrix}\boldsymbol{x}$$

$$\boldsymbol{y}=\begin{bmatrix}0&2&0&0\\1&0&-2&3\end{bmatrix}\boldsymbol{x}$$

试判别系统的能观测性。

解 根据状态方程可以写出

$$\begin{bmatrix}\boldsymbol{C}\\s\boldsymbol{I}-\boldsymbol{A}\end{bmatrix}=\begin{bmatrix}0&2&0&0\\1&0&-2&3\\s&-2&0&0\\0&s&2&0\\0&0&s&-2\\0&0&-3&s\end{bmatrix}$$

矩阵 $\boldsymbol{A}$ 的特征值为 $\lambda_1=\lambda_2=0$，$\lambda_3=\sqrt{3}$，$\lambda_4=-\sqrt{3}$，所以只需对它们来检验上述矩阵的秩。通过计算可知，当 $s=\lambda_1=\lambda_2=0$ 时，有

$$\mathrm{rank}\begin{bmatrix}C\\sI-A\end{bmatrix}=\mathrm{rank}\begin{bmatrix}0&2&0&0\\1&0&-2&3\\0&-2&0&0\\0&0&2&0\\0&0&0&-2\\0&0&-3&0\end{bmatrix}=4$$

当 $s=\lambda_3=\sqrt{3}$ 时，有

$$\mathrm{rank}\begin{bmatrix}C\\sI-A\end{bmatrix}=\mathrm{rank}\begin{bmatrix}\sqrt{3}&-2&0&0\\0&\sqrt{3}&2&0\\0&0&\sqrt{3}&-2\\0&0&-3&\sqrt{3}\\0&2&0&0\\1&0&-2&3\end{bmatrix}=4$$

当 $s=\lambda_4=-\sqrt{3}$ 时，有

$$\mathrm{rank}\begin{bmatrix}C\\sI-A\end{bmatrix}=\mathrm{rank}\begin{bmatrix}-\sqrt{3}&-2&0&0\\0&-\sqrt{3}&2&0\\0&0&-\sqrt{3}&-2\\0&0&-3&-\sqrt{3}\\0&2&0&0\\1&0&-2&3\end{bmatrix}=4$$

综上可知，该系统是状态完全能观测的。

(4) 约当标准形判据

定理 4-10 若 n 阶连续时间线性定常系统

$$\dot{x}=Ax \tag{4-22a}$$

$$y=Cx \tag{4-22b}$$

A 阵具有两两相异的特征值，则其状态完全能观测的充分必要条件是系统经线性非奇异变换后的对角标准形

$$\dot{\tilde{x}}=\begin{bmatrix}\lambda_1&&&0\\&\lambda_2&&\\&&\ddots&\\0&&&\lambda_n\end{bmatrix}\tilde{x} \tag{4-23a}$$

$$y=\tilde{C}\tilde{x} \tag{4-23b}$$

$\tilde{C}$ 阵中不含有元素全为零的列。

为了说明上述判据的含义，下面举例说明。

【例 4-18】 试判断下列连续时间线性定常系统的能观测性。

$$(\text{Ⅰ})\dot{\tilde{x}}=\begin{bmatrix}-7&0&0\\0&-5&0\\0&0&-1\end{bmatrix}\tilde{x} \qquad (\text{Ⅱ})\dot{\tilde{x}}=\begin{bmatrix}-7&0&0\\0&-5&0\\0&0&-1\end{bmatrix}\tilde{x}$$

$$y=\begin{bmatrix}6&4&5\end{bmatrix}\tilde{x} \qquad y=\begin{bmatrix}3&2&0\end{bmatrix}\tilde{x}$$

解 根据能观测性对角标准形判据，上述系统的 $\boldsymbol{A}$ 阵都是对角标准形，故判别其能观测性只需检验其 $\boldsymbol{C}$ 阵是否含有元素为零的列。显然，系统（Ⅰ）是能观测的，系统（Ⅱ）是不能观测的。

图 4-9 是系统（Ⅱ）的状态变量图。显然，状态变量 x_3 与输出变量 y 之间没有直接联系，又因为所有状态变量之间没有耦合关系，所以状态变量 x_3 也不可能通过其它状态变量与输出变量 y 发生关系。于是，状态变量 x_3 是不能观测的。

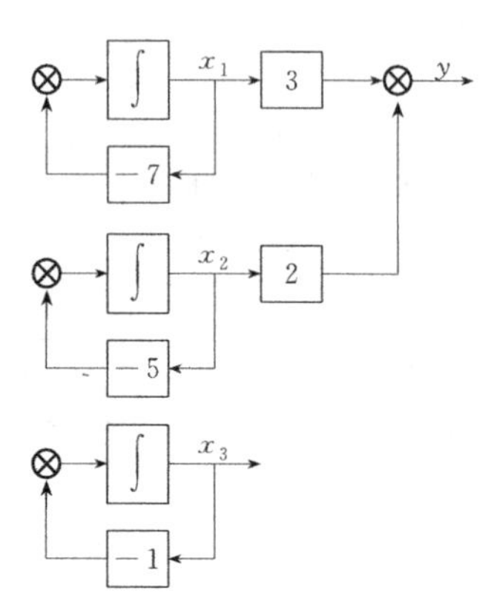

图 4-9 系统（Ⅱ）的状态变量图

此外，应用这一判据时，还应注意特征值不相同这一条件。下面讨论 $\boldsymbol{C}$ 阵中有重特征值时的判据。

定理 4-11 若 n 阶连续时间线性定常系统

$$\dot{\boldsymbol{x}}=\boldsymbol{A}\boldsymbol{x}$$
$$\boldsymbol{y}=\boldsymbol{C}\boldsymbol{x}$$

具有重特征值，$\lambda_1(m_1\text{重}),\lambda_2(m_2\text{重}),\cdots,\lambda_l(m_l\text{重}),\sum_{i=1}^{l}m_i=n,\lambda_i\neq\lambda_j,\forall i\neq j$。则系统能观测的充分必要条件是经线性非奇异变换后的约当标准形

$$\dot{\tilde{\boldsymbol{x}}}=\tilde{\boldsymbol{A}}\tilde{\boldsymbol{x}} \tag{4-24a}$$

$$\boldsymbol{y}=\tilde{\boldsymbol{C}}\tilde{\boldsymbol{x}} \tag{4-24b}$$

其中

$$\tilde{\boldsymbol{A}}=\begin{bmatrix}\boldsymbol{J}_1 & & & \boldsymbol{0}\\ & \boldsymbol{J}_2 & & \\ & & \ddots & \\ \boldsymbol{0} & & & \boldsymbol{J}_l\end{bmatrix}$$

$\tilde{\boldsymbol{C}}$ 中和每个约当小块 $\boldsymbol{J}_i(i=1,2,\cdots,l)$ 对应的首列组成的矩阵列线性无关。

【例 4-19】 对于下面两个连续时间线性定常系统，试判断其能观测性。

$$(\text{Ⅰ})\ \dot{\boldsymbol{x}}=\begin{bmatrix}-2&1\\0&-2\end{bmatrix}\boldsymbol{x} \qquad (\text{Ⅱ})\ \dot{\boldsymbol{x}}=\begin{bmatrix}-2&1\\0&-2\end{bmatrix}\boldsymbol{x}$$

$$y=\begin{bmatrix}1&0\end{bmatrix}\boldsymbol{x} \qquad y=\begin{bmatrix}0&1\end{bmatrix}\boldsymbol{x}$$

解 应用定理 4-11 易知，系统（Ⅰ）是能观测的，而系统（Ⅱ）是不能观测的。

这里可能存在这样的疑问，系统（Ⅰ）的输出方程中，y 并不显含 x_2，为什么 x_2 仍能从 y 中得到观测呢？这是因为（Ⅰ）的状态方程中有

$$\dot{x}_1=-2x_1+x_2$$

这意味着 x_2 能影响 x_1 的未来，即 x_1 中含有 x_2 的信息。x_1 是能从 y 中观测到，于是尽管

y 中不显含 x_2，但 x_2 能借助 x_1 从 y 中观测到。而在系统（Ⅱ）的输出方程中，y 显含 x_2，但不显含 x_1，且（Ⅱ）中状态方程有

$$\dot{x}_2=-2x_2$$

这意味着 x_2 中不含有 x_1 的信息，即 x_1 既不能从输出 y 中直接测取，也不能从能观测的 x_2 中获得信息，所以状态变量 x_1 不能观测。

4.4 离散时间线性定常系统的能控性和能观测性

4.4.1 能控性的定义与判据

(1) 能控性定义

定义 4-4 对于 n 阶离散时间线性定常系统

$$\boldsymbol{x}(k+1)=\boldsymbol{G}\boldsymbol{x}(k)+\boldsymbol{H}\boldsymbol{u}(k) \tag{4-25}$$

若存在控制作用序列 $\{\boldsymbol{u}(0),\boldsymbol{u}(1),\cdots,\boldsymbol{u}(l-1)\}(l\leqslant n)$ 能将某个初始状态 $\boldsymbol{x}(0)=\boldsymbol{x}_0$ 在第 l 步上到达零状态，即 $\boldsymbol{x}(l)=0$，则称初始状态 $\boldsymbol{x}(0)$ 是能控的。若系统的所有状态都是能控的，则称此系统是状态完全能控的，或简称系统是能控的。

利用上述定义和离散时间系统的求解公式，就可判别是否存在某一控制序列 $\boldsymbol{u}(0)$，$\boldsymbol{u}(1),\cdots,\boldsymbol{u}(l-1)$ $(0\leqslant l\leqslant n)$，使给定初始状态 $\boldsymbol{x}(0)=\boldsymbol{x}_0$ 在第 l 步转移到状态空间原点。下面举例说明。

【例 4-20】 设离散时间线性定常系统的状态方程为

$$\boldsymbol{x}(k+1)=\begin{bmatrix}-1&1&1\\1&0&-2\\1&0&1\end{bmatrix}\boldsymbol{x}(k)+\begin{bmatrix}0\\0\\1\end{bmatrix}u(k)$$

试分析能否找到控制作用 $u(0)$，$u(1)$，$u(2)$，将初始状态

$$\boldsymbol{x}_0=\begin{bmatrix}2\\1\\1\end{bmatrix}$$

转移到零状态。

解 利用递推方法，当 $k=0$ 时，

$$\boldsymbol{x}(1)=\boldsymbol{G}\boldsymbol{x}(0)+\boldsymbol{H}u(0)=\begin{bmatrix}-1&1&1\\1&0&-2\\1&0&1\end{bmatrix}\begin{bmatrix}2\\1\\1\end{bmatrix}+\begin{bmatrix}0\\0\\1\end{bmatrix}u(0)=\begin{bmatrix}0\\0\\3\end{bmatrix}+\begin{bmatrix}0\\0\\1\end{bmatrix}u(0)$$

为检验系统能否第一步使 $\boldsymbol{x}(0)$ 转移到零，对上式取 $\boldsymbol{x}(1)=0$，倘若能够解出 $u(0)$，则表示在第一步就可以把给定初始状态转移到零，且控制作用即为 $u(0)$。为此令 $\boldsymbol{x}(1)=0$，则有

$$u(0)+3=0$$

计算表明，对该系统若取 $u(0)=-3$，则能将 $x_0=[2\quad 1\quad 1]^{\mathrm{T}}$ 在第一步转移到零。

【例 4-21】 若上例系统初始状态为

$$x_0=\begin{bmatrix}1\\1\\1\end{bmatrix}$$

能否找到控制作用序列，将其转移到零状态。

解 利用递推方法，当 $k=0$ 时，

$$\boldsymbol{x}(1)=\boldsymbol{G}\boldsymbol{x}(0)+\boldsymbol{H}u(0)=\begin{bmatrix}-1&1&1\\1&0&-2\\1&0&1\end{bmatrix}\begin{bmatrix}1\\1\\1\end{bmatrix}+\begin{bmatrix}0\\0\\1\end{bmatrix}u(0)=\begin{bmatrix}1\\-1\\2\end{bmatrix}+\begin{bmatrix}0\\0\\1\end{bmatrix}u(0)$$

显然，对于上式若取 $\boldsymbol{x}(1)=0$，该方程解不出 $u(0)$，这说明对于本例初始状态是不能在第一步转移到零，再递推一步，当 $k=1$ 时，

$$\boldsymbol{x}(2)=\boldsymbol{G}\boldsymbol{x}(1)+\boldsymbol{H}u(1)=\boldsymbol{G}^2\boldsymbol{x}(0)+\boldsymbol{G}\boldsymbol{H}u(0)+\boldsymbol{H}u(1)=\begin{bmatrix}0\\-3\\3\end{bmatrix}+\begin{bmatrix}1\\-2\\1\end{bmatrix}u(0)+\begin{bmatrix}0\\0\\1\end{bmatrix}u(1)$$

若令 $\boldsymbol{x}(2)=0$，该线性方程对未知量 $u(0),u(1)$ 无解，说明该初始状态也不能在第二步转移到零。继续递推一步，当 $k=2$ 时，

$$\begin{aligned}\boldsymbol{x}(3)&=\boldsymbol{G}\boldsymbol{x}(2)+\boldsymbol{H}u(2)=\boldsymbol{G}^3\boldsymbol{x}(0)+\boldsymbol{G}^2\boldsymbol{H}u(0)+\boldsymbol{G}\boldsymbol{H}u(1)+\boldsymbol{H}u(2)\\&=\begin{bmatrix}0\\-6\\3\end{bmatrix}+\begin{bmatrix}-2\\-1\\2\end{bmatrix}u(0)+\begin{bmatrix}1\\-2\\1\end{bmatrix}u(1)+\begin{bmatrix}0\\0\\1\end{bmatrix}u(2)\end{aligned}$$

若令 $\boldsymbol{x}(3)=0$，上式便是一个含有三个未知量的线性非齐次方程。

$$\begin{bmatrix}-2&1&0\\-1&-2&0\\2&1&1\end{bmatrix}\begin{bmatrix}u(0)\\u(1)\\u(2)\end{bmatrix}=\begin{bmatrix}0\\6\\-3\end{bmatrix}$$

由于系数矩阵是非奇异的，所以该线性方程有唯一解，其解为

$$\begin{bmatrix}u(0)\\u(1)\\u(2)\end{bmatrix}=\begin{bmatrix}-2&1&0\\-1&-2&0\\2&1&1\end{bmatrix}^{-1}\begin{bmatrix}0\\6\\-3\end{bmatrix}=\begin{bmatrix}\frac{6}{5}\\\frac{12}{5}\\-\frac{9}{5}\end{bmatrix}$$

这就是说对本例给定的初始条件，在上述控制序列作用下，能在第三步使给定初始状态转移到原点。

(2) 能控性判据

定理 4-12 对于 n 阶离散时间线性定常系统

$$\boldsymbol{x}(k+1)=\boldsymbol{G}\boldsymbol{x}(k)+\boldsymbol{H}u(k)$$

状态完全能控的充分必要条件是能控性判别矩阵

$$\boldsymbol{Q}_c=[\boldsymbol{H}\quad\boldsymbol{G}\boldsymbol{H}\quad\boldsymbol{G}^2\boldsymbol{H}\quad\cdots\quad\boldsymbol{G}^{n-1}\boldsymbol{H}]\tag{4-26}$$

满秩。即

$$\text{rank}[\boldsymbol{Q}_c]=n$$

【例 4-22】 已知离散系统状态方程的 $\boldsymbol{G}$、$\boldsymbol{H}$ 为

$$\boldsymbol{G}=\begin{bmatrix}1 & 0 & 0\\ 0 & 2 & -2\\ -1 & 1 & 0\end{bmatrix},\quad \boldsymbol{H}=\begin{bmatrix}1\\2\\1\end{bmatrix}$$

试判别其能控性。

解 按式(4-26) 构造能控性判别矩阵

$$\boldsymbol{Q}_{\mathrm{c}}=[\boldsymbol{H}\quad \boldsymbol{GH}\quad \boldsymbol{G}^2\boldsymbol{H}]=\begin{bmatrix}1 & 1 & 1\\ 2 & 2 & 2\\ 1 & 1 & 1\end{bmatrix}$$

显然 $\mathrm{rank}[\boldsymbol{Q}_{\mathrm{c}}]=1<3$，所以系统是不能控的。

【例 4-23】 设离散系统 $\boldsymbol{G}$、$\boldsymbol{H}$ 为

$$\boldsymbol{G}=\begin{bmatrix}1 & 2 & -1\\ 0 & 1 & 0\\ 1 & 0 & 3\end{bmatrix}\qquad \boldsymbol{H}=\begin{bmatrix}1 & 0\\ 0 & 1\\ 0 & 0\end{bmatrix}$$

试判别其能控性。

解 首先计算

$$\boldsymbol{GH}=\begin{bmatrix}1 & 2\\ 0 & 1\\ 1 & 0\end{bmatrix}\qquad \boldsymbol{G}^2\boldsymbol{H}=\begin{bmatrix}0 & 4\\ 0 & 1\\ 4 & 2\end{bmatrix}$$

于是

$$\boldsymbol{Q}_{\mathrm{c}}=[\boldsymbol{H}\quad \boldsymbol{GH}\quad \boldsymbol{G}^2\boldsymbol{H}]=\begin{bmatrix}1 & 0 & 1 & 2 & 0 & 4\\ 0 & 1 & 0 & 1 & 0 & 1\\ 0 & 0 & 1 & 0 & 4 & 2\end{bmatrix}$$

从前三列可以看出

$$\mathrm{rank}[\boldsymbol{Q}_{\mathrm{c}}]=3$$

所以系统是能控的。

需要指出，多输入系统能控判别矩阵是一个 $n\times nr$ 阶矩阵，有时并不需要对整个 $\boldsymbol{Q}_{\mathrm{c}}$ 阵检验其秩，若 $\mathrm{rank}[H]=p$，则 $\boldsymbol{Q}_{\mathrm{c}}$ 阵可由下式构成

$$\boldsymbol{Q}_{\mathrm{c}}=[\boldsymbol{H}\quad \boldsymbol{GH}\quad \cdots\quad \boldsymbol{G}^{n-p}\boldsymbol{H}] \tag{4-27}$$

4.4.2 能观测性的定义与判据

(1) 能观测性定义

定义 4-5 对于 n 阶离散时间线性定常系统

$$\boldsymbol{x}(k+1)=\boldsymbol{Gx}(k) \tag{4-28a}$$

$$\boldsymbol{y}(k)=\boldsymbol{Cx}(k) \tag{4-28b}$$

若能够根据在有限个采样瞬间上测量到的 $\boldsymbol{y}(k)$，即 $\boldsymbol{y}(0),\boldsymbol{y}(1),\cdots,\boldsymbol{y}(l-1)$ $(0\leqslant l\leqslant n)$，可以唯一地确定出系统的任意初始状态 $\boldsymbol{x}(0)=\boldsymbol{x}_0$，则称系统是状态完全能观测的，或简称系统是能观测的。

(2) 能观测性判据

定理 4-13 对于 n 阶离散时间线性定常系统

$$\boldsymbol{x}(k+1)=\boldsymbol{G}\boldsymbol{x}(k)$$
$$\boldsymbol{y}(k)=\boldsymbol{C}\boldsymbol{x}(k)$$

状态完全能观测的充分必要条件是能观测性判别矩阵

$$\boldsymbol{Q}_{\mathrm{o}}=\begin{bmatrix}\boldsymbol{C}\\ \boldsymbol{CG}\\ \vdots\\ \boldsymbol{CG}^{n-1}\end{bmatrix} \tag{4-29}$$

的秩为 n，即

$$\operatorname{rank}[\boldsymbol{Q}_{\mathrm{o}}]=n \tag{4-30}$$

【例 4-24】 设离散时间线性定常系统的 $\boldsymbol{G}$、$\boldsymbol{C}$ 为

$$\boldsymbol{G}=\begin{bmatrix}2 & 0 & 3\\ -1 & -2 & 0\\ 0 & 1 & 2\end{bmatrix} \qquad \boldsymbol{C}=\begin{bmatrix}1 & 0 & 0\\ 0 & 1 & 0\end{bmatrix}$$

试判别其能观测性。

解 该系统能观测性判别矩阵为

$$\boldsymbol{Q}_{\mathrm{o}}=\begin{bmatrix}\boldsymbol{C}\\ \boldsymbol{CG}\\ \boldsymbol{CG}^2\end{bmatrix}=\begin{bmatrix}1 & 0 & 0\\ 0 & 1 & 0\\ 2 & 0 & 3\\ -1 & -2 & 0\\ 4 & 3 & 12\\ 0 & 4 & -3\end{bmatrix}$$

由 $\boldsymbol{Q}_{\mathrm{o}}$ 的前三行易知，$\operatorname{rank}[\boldsymbol{Q}_{\mathrm{o}}]=3$，故该系统是能观测的。

4.4.3 采样周期对离散时间线性系统的能控性和能观测性的影响

一个连续时间线性系统在其离散化后其能控性和能观测性是否发生改变，这是在设计控制系统时需要考虑的一个基本问题。本节通过对一个具体例子的分析，引出对离散化后的系统能控性和能观测性的一些结论。

【例 4-25】 设连续时间系统的状态方程和输出方程为

$$\dot{\boldsymbol{x}}=\begin{bmatrix}0 & 1\\ -\omega^2 & 0\end{bmatrix}\boldsymbol{x}+\begin{bmatrix}0\\ 1\end{bmatrix}u$$
$$y=\begin{bmatrix}1 & 0\end{bmatrix}\boldsymbol{x}$$

试确定使离散时间线性系统能控、能观测的采样周期。

解 其能控性判别矩阵和能观测性判别矩阵分别为

$$\boldsymbol{Q}_{\mathrm{c}}=\begin{bmatrix}0 & 1\\ 1 & 0\end{bmatrix} \qquad \boldsymbol{Q}_{\mathrm{o}}=\begin{bmatrix}1 & 0\\ 0 & 1\end{bmatrix}$$

显然，该连续时间系统是能控且能观测的。

取采样周期为 T，将上述系统离散化，因

$$\mathrm{e}^{\boldsymbol{A}t}=L^{-1}[(s\boldsymbol{I}-\boldsymbol{A})^{-1}]=L^{-1}\begin{bmatrix}\dfrac{s}{s^2+\omega^2} & \dfrac{1}{s^2+\omega^2}\\ \dfrac{-\omega^2}{s^2+\omega^2} & \dfrac{s}{s^2+\omega^2}\end{bmatrix}=\begin{bmatrix}\cos\omega t & \dfrac{\sin\omega t}{\omega}\\ -\omega\sin\omega t & \cos\omega t\end{bmatrix}$$

$$\boldsymbol{G}=\mathrm{e}^{\boldsymbol{A}T}=\begin{bmatrix}\cos\omega T & \dfrac{\sin\omega T}{\omega}\\ -\omega\sin\omega T & \cos\omega T\end{bmatrix}$$

$$\boldsymbol{H}=\int_0^T \mathrm{e}^{\boldsymbol{A}t}\boldsymbol{B}\,\mathrm{d}t=\int_0^T\begin{bmatrix}\cos\omega t & \dfrac{\sin\omega t}{\omega}\\ -\omega\sin\omega t & \cos\omega t\end{bmatrix}\begin{bmatrix}0\\1\end{bmatrix}\mathrm{d}t=\begin{bmatrix}\dfrac{1-\cos\omega T}{\omega^2}\\ \dfrac{\sin\omega T}{\omega}\end{bmatrix}$$

于是离散时间线性定常系统的能控性判别矩阵

$$\boldsymbol{Q}_{\mathrm{c}}=[\boldsymbol{H}\quad \boldsymbol{GH}]=\begin{bmatrix}\dfrac{1-\cos\omega T}{\omega^2} & \dfrac{\cos\omega T-\cos^2\omega T+\sin^2\omega T}{\omega^2}\\ \dfrac{\sin\omega T}{\omega} & \dfrac{2\sin\omega T\cos\omega T-\cos\omega T}{\omega}\end{bmatrix}$$

$$\boldsymbol{Q}_{\mathrm{o}}=\begin{bmatrix}\boldsymbol{C}\\ \boldsymbol{CG}\end{bmatrix}=\begin{bmatrix}1 & 0\\ \cos\omega T & \dfrac{\sin\omega T}{\omega}\end{bmatrix}$$

$$\det\boldsymbol{Q}_{\mathrm{c}}=\frac{2}{\omega^3}\sin\omega T(\cos\omega T-1)$$

$$\det\boldsymbol{Q}_{\mathrm{o}}=\frac{\sin\omega T}{\omega}$$

若

$$T=\frac{K\pi}{\omega},\quad k=0,1,2,\cdots$$

则有

$$\det\boldsymbol{Q}_{\mathrm{c}}=0,\quad \det\boldsymbol{Q}_{\mathrm{o}}=0$$

若欲使离散时间系统是能控及能观测的，采样周期应满足

$$T\neq\frac{K\pi}{\omega},\quad k=0,1,2,\cdots$$

在上面分析的基础上，可以得出如下结论：

① 若连续时间线性定常系统 $\Sigma(\boldsymbol{A},\boldsymbol{B},\boldsymbol{C})$ 是不能控的（不能观测的），则其离散化后的系统 $\Sigma_T(\boldsymbol{G},\boldsymbol{H},\boldsymbol{C})$ 也必是不能控的（不能观测的）。

② 如果连续时间线性定常系统 $\Sigma(\boldsymbol{A},\boldsymbol{B},\boldsymbol{C})$ 是能控的（能观测的），则其离散化后的系统 $\Sigma_T(\boldsymbol{G},\boldsymbol{H},\boldsymbol{C})$ 不一定是能控（能观测的）。它能否保持能控性（能观测性）取决于采样周期 T。

4.5 连续时间线性时变系统的能控性与能观测性

由于连续时间线性时变系统，其系统参数矩阵 $\boldsymbol{A}(t)$、输入矩阵 $\boldsymbol{B}(t)$ 和输出矩阵 $\boldsymbol{C}(t)$ 的元素是时间的函数，所以不能像定常系统那样，由（$\boldsymbol{A}$，$\boldsymbol{B}$）对与（$\boldsymbol{A}$，$\boldsymbol{C}$）对构造能控性

判别矩阵和能观测性判别矩阵然后检验其秩，而必须由有关的时变矩阵构成的能控性/能观测性判据来进行检验。

4.5.1 能控性的定义与判据

(1) 能控性定义

定义 4-6 若连续时间线性时变系统

$$\dot{\boldsymbol{x}}=\boldsymbol{A}(t)\boldsymbol{x}+\boldsymbol{B}(t)\boldsymbol{u},\ \boldsymbol{x}(t_0)=\boldsymbol{x}_0,t,t_0\in J \tag{4-31}$$

对于初始时刻 t_0 的某给定初始状态 $\boldsymbol{x}(t_0)=\boldsymbol{x}_0$，存在另一个有限时刻 t_f，$t_f>0$ 和定义在时间区间 $[t_0,t_f]$ 上容许控制 $\boldsymbol{u}$，使得系统在这个控制 $\boldsymbol{u}$ 作用下，从 $\boldsymbol{x}_0$ 出发的轨线在 t_f 时刻达到零状态即 $\boldsymbol{x}(t_f)=0$，则称 $\boldsymbol{x}_0$ 在 t_0 时刻是系统的一个能控状态。如果状态空间上的所有状态在 t_0 时刻都是能控的，则称系统在 t_0 时刻是状态完全能控的。

可以看出，时变系统的能控性定义和定常系统的能控性定义基本相同，但考虑到 $\boldsymbol{A}(t)$、$\boldsymbol{B}(t)$ 是时变矩阵，其状态向量的转移与起始时刻 t_0 的选取有关，所以时变系统的能控性与所选择的初始时刻 t_0 有关。

(2) 能控性判据

① 格拉姆矩阵判据

定理 4-14 对 n 阶连续时间线性时变系统

$$\dot{\boldsymbol{x}}=\boldsymbol{A}(t)\boldsymbol{x}+\boldsymbol{B}(t)\boldsymbol{u},\ \boldsymbol{x}(t_0)=\boldsymbol{x}_0,\ t,t_0\in J$$

$\boldsymbol{\Phi}(\cdot,\cdot)$ 为状态转移矩阵，则系统在时刻 $t_0\in J$ 完全能控的充分必要条件为，存在一个有限时刻 $t_1\in J$，$t_1>t_0$，使得如下定义的格拉姆矩阵

$$\boldsymbol{W}_c[t_0,t_1]\equiv\int_{t_0}^{t_1}\boldsymbol{\Phi}(t_0,\tau)\boldsymbol{B}(\tau)\boldsymbol{B}^{\mathrm{T}}(\tau)\boldsymbol{\Phi}^{\mathrm{T}}(t_0,\tau)\mathrm{d}\tau$$

是非奇异的。

尽管能控性格拉姆矩阵判据的形式简单，但由于时变系统状态转移矩阵求解上的困难，使在具体判别中的应用受到限制。所以能控性格拉姆矩阵判据的意义主要在于理论分析中的应用。

② 秩判据

定理 4-15 对 n 阶连续时间线性时变系统

$$\dot{\boldsymbol{x}}=\boldsymbol{A}(t)\boldsymbol{x}+\boldsymbol{B}(t)\boldsymbol{u},\ \boldsymbol{x}(t_0)=\boldsymbol{x}_0,\ t,t_0\in J$$

设 $\boldsymbol{A}(t)$ 和 $\boldsymbol{B}(t)$ 对 t 为 $(n-1)$ 阶连续可微，定义如下一组矩阵：

$$\begin{aligned}
&\boldsymbol{M}_0(t)=\boldsymbol{B}(t)\\
&\boldsymbol{M}_1(t)=-\boldsymbol{A}(t)\boldsymbol{M}_0(t)+\frac{\mathrm{d}}{\mathrm{d}t}\boldsymbol{M}_0(t)\\
&\quad\vdots\\
&\boldsymbol{M}_{n-1}(t)=-\boldsymbol{A}(t)\boldsymbol{M}_{n-2}(t)+\frac{\mathrm{d}}{\mathrm{d}t}\boldsymbol{M}_{n-2}(t)
\end{aligned} \tag{4-32}$$

则系统在时刻 $t_0\in J$ 完全能控的一个充分条件为，存在一个有限时刻 $t_1\in J$，$t_1>t_0$，使有

$$\mathrm{rank}[\boldsymbol{M}_0(t_1)\quad \boldsymbol{M}_1(t_1)\quad \cdots\quad \boldsymbol{M}_{n-1}(t_1)]=n \tag{4-33}$$

秩判据的特点是直接利用系数矩阵判别系统能控性，避免计算状态转移矩阵，运算过程简单，在具体判别中得到广泛应用。

【例 4-26】 给定一个连续时间线性时变系统，

$$\dot{\boldsymbol{x}}=\boldsymbol{A}(t)\boldsymbol{x}+\boldsymbol{b}(t)\boldsymbol{u}，\ J=[0,2]，\ t_0=0.5$$

其中

$$\boldsymbol{A}=\begin{bmatrix} t & 1 & 0 \\ 0 & 2t & 0 \\ 0 & 0 & t^2+t \end{bmatrix} \qquad \boldsymbol{b}=\begin{bmatrix} 0 \\ 1 \\ 1 \end{bmatrix}$$

试判断其能控性。

解 通过计算定出

$$\boldsymbol{M}_0(t)=\boldsymbol{b}(t)=\begin{bmatrix} 0 \\ 1 \\ 1 \end{bmatrix}$$

$$\boldsymbol{M}_1(t)=-\boldsymbol{A}(t)\boldsymbol{M}_0(t)+\frac{\mathrm{d}}{\mathrm{d}t}\boldsymbol{M}_0(t)=\begin{bmatrix} -1 \\ -2t \\ -t^2-t \end{bmatrix}$$

$$\boldsymbol{M}_2(t)=-\boldsymbol{A}(t)\boldsymbol{M}_1(t)+\frac{\mathrm{d}}{\mathrm{d}t}\boldsymbol{M}_1(t)=\begin{bmatrix} 3t \\ 4t^2-2 \\ (t^2+t)-2t-1 \end{bmatrix}$$

进而，可以找到 $t=1\in[0,2]$，使有

$$\operatorname{rank}\begin{bmatrix}\boldsymbol{M}_0(t) & \boldsymbol{M}_1(t) & \boldsymbol{M}_2(t)\end{bmatrix}_{t=1}=\operatorname{rank}\begin{bmatrix} 0 & -1 & 3 \\ 1 & -2 & 2 \\ 1 & -2 & 1 \end{bmatrix}=3$$

据秩判据知，系统在时刻 $t_0=0.5$ 完全能控。

4.5.2 能观测性的定义与判据

(1) 能观测性定义

定义 4-7 对于连续时间线性时变系统

$$\dot{\boldsymbol{x}}=\boldsymbol{A}(t)\boldsymbol{x}，\ \boldsymbol{x}(t_0)=\boldsymbol{x}_0，\ t,t_0\in J，\ J\in[0,+\infty) \tag{4-34a}$$

$$\boldsymbol{y}=\boldsymbol{C}(t)\boldsymbol{x} \tag{4-34b}$$

对于初始时刻 t_0，存在另一时刻 $t_f>t_0$，使得根据时间区间 $[t_0,t_f]$ 上输出 $\boldsymbol{y}(t)$ 的测量值，能够唯一地确定系统在 t_0 时刻的初始状态 $\boldsymbol{x}(t_0)=\boldsymbol{x}_0$，则称 $\boldsymbol{x}_0$ 为在 t_0 时刻能观测状态。若系统在 t_0 时刻的所有状态都是能观测的，则称系统是状态完全能观测的，简称系统是能观测的。

反之，如果在 t_0 时刻的初始状态 $\boldsymbol{x}(t_0)=\boldsymbol{x}_0$，所引起的系统输出 $\boldsymbol{y}(t)$ 恒等于零，即

$$\boldsymbol{y}\equiv 0，\ t>t_0$$

则称 $\boldsymbol{x}_0$ 为 t_0 时刻不能观测的状态，系统在 t_0 时刻是不能观测的。

(2) 能观测性判据

① 格拉姆矩阵判据

定理 4-16 对 n 阶连续时间线性时变系统

$$\dot{\boldsymbol{x}}=\boldsymbol{A}(t)\boldsymbol{x},\ \boldsymbol{x}(t_0)=\boldsymbol{x}_0,\ t,t_0\in J$$
$$\boldsymbol{y}=\boldsymbol{C}(t)\boldsymbol{x}$$

$\boldsymbol{\Phi}(\cdot,\cdot)$ 为状态转移矩阵，则系统在时刻 $t_0\in J$ 完全能控的充分必要条件为，存在一个有限时刻 $t_1\in J$，$t_1>t_0$，使得如下定义的格拉姆矩阵

$$\boldsymbol{W}_o[t_0,t_1]\equiv\int_{t_0}^{t_1}\boldsymbol{\Phi}^{\mathrm{T}}(\tau,t_0)\boldsymbol{C}^{\mathrm{T}}(\tau)\boldsymbol{C}(\tau)\boldsymbol{\Phi}(\tau,t_0)\mathrm{d}\tau$$

是非奇异的。

② 秩判据

定理 4-17 对于 n 阶连续时间线性时变系统

$$\dot{\boldsymbol{x}}=\boldsymbol{A}(t)\boldsymbol{x},\ \boldsymbol{x}(t_0)=\boldsymbol{x}_0,\ t,t_0\in J$$
$$\boldsymbol{y}=\boldsymbol{C}(t)\boldsymbol{x}$$

设 $\boldsymbol{A}(t)$ 和 $\boldsymbol{C}(t)$ 对 t 为 $(n-1)$ 阶连续可微，定义如下一组矩阵

$$\begin{aligned}
\boldsymbol{N}_0(t)&=\boldsymbol{C}(t)\\
\boldsymbol{N}_1(t)&=\boldsymbol{N}_0(t)\boldsymbol{A}(t)+\frac{\mathrm{d}}{\mathrm{d}t}\boldsymbol{N}_0(t)\\
&\vdots\\
\boldsymbol{N}_{n-1}(t)&=\boldsymbol{N}_{n-2}(t)\boldsymbol{A}(t)+\frac{\mathrm{d}}{\mathrm{d}t}\boldsymbol{N}_{n-2}(t)
\end{aligned}\tag{4-35}$$

则系统在时刻 $t_0\in J$ 完全能观测的一个充分条件为，存在一个有限时刻 $t_1\in J$，$t_1>t_0$，使得

$$\mathrm{rank}\begin{bmatrix}\boldsymbol{N}_0(t_1)\\ \boldsymbol{N}_1(t_1)\\ \vdots\\ \boldsymbol{N}_{n-1}(t_1)\end{bmatrix}=n\tag{4-36}$$

【例 4-27】 给定一个连续时间线性时变系统，试判断其能观测性。

$$\dot{\boldsymbol{x}}=\boldsymbol{A}(t)\boldsymbol{x},\ J=[0,2],\ t_0=0.5$$
$$\boldsymbol{y}=\boldsymbol{c}(t)\boldsymbol{x}$$

其中

$$\boldsymbol{A}=\begin{bmatrix}t & 1 & 0\\ 0 & 2t & 0\\ 0 & 0 & t^2+t\end{bmatrix},\ \boldsymbol{c}=[1\quad 1\quad 1]$$

解 通过计算可得

$$N_0(t)=c(t)=[1 \quad 1 \quad 1]$$

$$N_1(t)=N_0(t)A(t)+\frac{\mathrm{d}}{\mathrm{d}t}N_0(t)=[t \quad 2t+1 \quad t^2+t]$$

$$N_2(t)=N_1(t)A(t)+\frac{\mathrm{d}}{\mathrm{d}t}N_1(t)=[t^2+1 \quad 4t^2+3t+2 \quad (t^2+t)^2+(2t+1)]$$

进而可以找到 $t=2\in[0,2]$，使有

$$\mathrm{rank}\begin{bmatrix} N_0(t) \\ N_1(t) \\ N_2(t) \end{bmatrix}_{t=2}=\mathrm{rank}\begin{bmatrix} 1 & 1 & 1 \\ 2 & 5 & 6 \\ 5 & 24 & 41 \end{bmatrix}=3$$

根据能观测性秩判据知，系统在时刻 $t_0=0.5$ 是完全能观测的。

4.6 线性系统的能控性与能观测性的对偶关系

线性系统的能控性与能观测性不是两个相互独立的概念，它们之间存在一种内在的联系。即一个系统的能观测性等价于其对偶系统的能控性。这是由卡尔曼（R. E. Kalman）首先提出来的。利用对偶关系可以把系统的能观测性分析转化为对其能控性的分析，从而说明了最优控制问题和最优估计问题之间的内在联系。

4.6.1 对偶系统

定义 4-8 对于定常系统 Σ_1 和 Σ_2 其状态空间描述分别为

$$\Sigma_1: \dot{x}=Ax+Bu \tag{4-37a}$$

$$y=Cx \tag{4-37b}$$

$$\Sigma_2: \dot{x}^*=A^*x^*+B^*u^* \tag{4-38a}$$

$$y^*=C^*x^* \tag{4-38b}$$

式中，x 与 x^* 为 n 维状态向量；u 为 r 维向量；y 为 m 维向量；u^* 为 m 维向量；y^* 为 r 维向量。若系统 Σ_1 和 Σ_2 满足以下关系

$$\begin{aligned} A^* &= A^{\mathrm{T}} \\ B^* &= C^{\mathrm{T}} \\ C^* &= B^{\mathrm{T}} \end{aligned} \tag{4-39}$$

则称系统 Σ_1 和 Σ_2 是互为对偶的。

图 4-10 是对偶系统的示意图。从图中可以看出，互为对偶的系统意味着输入输出端互换，信号传送方向反向，信号引出点和相加点互换，对应矩阵转置。

根据对偶系统关系式可以导出对偶系统的传递函数阵是互为转置的。现推证如下。

对于系统 Σ_1，其传递函数阵为 $m\times r$ 矩阵

$$G_1(s)=C(sI-A)^{-1}B$$

对应系统 Σ_2,其传递函数阵为

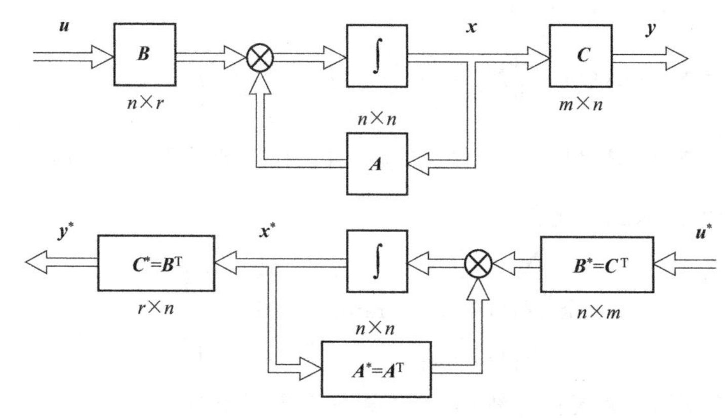

图 4-10 对偶系统的示意图

$$
\begin{aligned}
\boldsymbol{G}_2(s) &= \boldsymbol{C}^*[(s\boldsymbol{I}-\boldsymbol{A}^*)]^{-1}\boldsymbol{B}^* \\
&= \boldsymbol{B}^{\mathrm{T}}[(sI-\boldsymbol{A}^{\mathrm{T}})]^{-1}\boldsymbol{C}^{\mathrm{T}} \\
&= \boldsymbol{B}^{\mathrm{T}}[(s\boldsymbol{I}-\boldsymbol{A})^{-1}]^{\mathrm{T}}\boldsymbol{C}^{\mathrm{T}} \\
&= [\boldsymbol{C}(s\boldsymbol{I}-\boldsymbol{A})^{-1}\boldsymbol{B}]^{T} \\
&= \boldsymbol{G}_1^{\mathrm{T}}(s)
\end{aligned}
$$

同时也可得出，互为对偶的系统其特征多项式是相同的，即

$$\det(s\boldsymbol{I}-\boldsymbol{A})=\det(s\boldsymbol{I}-\boldsymbol{A}^*)$$

4.6.2 对偶定理

定理 4-18 设 $\Sigma_1(\boldsymbol{A},\boldsymbol{B},\boldsymbol{C})$ 和 $\Sigma_2(\boldsymbol{A}^*,\boldsymbol{B}^*,\boldsymbol{C}^*)$ 是互为对偶的两个系统，则 Σ_1 的能控性等价于 Σ_2 的能观测性；Σ_1 的能观测性等价于 Σ_2 的能控性。或者说，若 Σ_1 是状态完全能控的（完全能观测的），则 Σ_2 是状态完全能观测的（完全能控的）。

证明 系统 Σ_1 的能控性判别矩阵为

$$\boldsymbol{Q}_{c1}=[\boldsymbol{B}\quad \boldsymbol{AB}\quad \cdots\quad \boldsymbol{A}^{n-1}\boldsymbol{B}]$$

而系统 Σ_2 的能观测性判别矩阵为

$$
\begin{aligned}
\boldsymbol{Q}_{o2}^{\mathrm{T}} &= [(\boldsymbol{B}^{\mathrm{T}})^{\mathrm{T}}\quad (\boldsymbol{A}^{\mathrm{T}})^{\mathrm{T}}(\boldsymbol{B}^{\mathrm{T}})^{\mathrm{T}}\quad \cdots\quad (\boldsymbol{A}^{\mathrm{T}})^{(n-1)}(\boldsymbol{B}^{\mathrm{T}})^{\mathrm{T}}] \\
&= [\boldsymbol{B}\quad \boldsymbol{AB}\quad \cdots\quad \boldsymbol{A}^{n-1}\boldsymbol{B}]
\end{aligned}
$$

是完全相同的。同理 Σ_1 的能观测性判别矩阵为

$$\boldsymbol{Q}_{o1}^{\mathrm{T}}=[\boldsymbol{C}^{\mathrm{T}}\quad \boldsymbol{A}^{\mathrm{T}}\boldsymbol{C}^{\mathrm{T}}\quad \cdots\quad (\boldsymbol{A}^{\mathrm{T}})^{n-1}\boldsymbol{C}^{\mathrm{T}}]$$

而系统 Σ_2 的能控性判别矩阵为

$$\boldsymbol{Q}_{c2}=[\boldsymbol{C}^{\mathrm{T}}\quad \boldsymbol{A}^{\mathrm{T}}\boldsymbol{C}^{\mathrm{T}}\quad \cdots\quad (\boldsymbol{A}^{\mathrm{T}})^{n-1}\boldsymbol{C}^{\mathrm{T}}]$$

也是完全相同的。

对偶原理是现代控制理论中一个十分重要的结论，利用对偶原理可以把对系统的能控性分析方面所得的结论用于其对偶系统的能观测性问题，从而能更容易地找出系统能观测性方面的结论。

4.7 能控标准形和能观测标准形

在前面的小节中已经知道线性非奇异变换不改变系统的能控性和能观测性。本节将基于此介绍如何通过线性非奇异变换把能控、能观测系统的状态空间描述化成能控标准形、能观测标准形。

已知由于状态向量的非唯一性，系统状态空间描述也不是唯一的。若系统的状态空间在一组特定的基底下，其状态空间描述具有某种特定的形式，则称这种形式的状态空间描述为标准形。实际应用中，根据所研究问题不同，可将状态空间描述化为不同标准形。如约当标准形对于状态转移矩阵的计算、能控性和能观测性的判断是十分方便的。而对于系统状态反馈问题，则化为能控标准形较为方便；对于系统状态观测器设计以及系统辨识等问题，则化为能观测标准形较为方便。本节将讨论这两种标准形。

把状态空间描述化成能控标准形、能观测标准形，其依据是状态的线性非奇异变换不改变系统的能控性、能观测性。因此，只有系统是能控的，才能化成能控标准形；只有系统是能观测的，才能化成能观测标准形。

4.7.1 问题的提法

对于 n 阶连续时间线性定常系统

$$\dot{\boldsymbol{x}}=\boldsymbol{A}\boldsymbol{x}+\boldsymbol{B}\boldsymbol{u} \tag{4-40a}$$

$$\boldsymbol{y}=\boldsymbol{C}\boldsymbol{x} \tag{4-40b}$$

若 $\Sigma(\boldsymbol{A},\boldsymbol{B})$ 是完全能控的，$\boldsymbol{B}=[\boldsymbol{b}_1\quad \boldsymbol{b}_2\quad \cdots\quad \boldsymbol{b}_r]$，则必有

$$\begin{aligned}&\operatorname{rank}[\boldsymbol{B}\quad \boldsymbol{A}\boldsymbol{B}\quad \cdots\quad \boldsymbol{A}^{n-1}\boldsymbol{B}]\\&=\operatorname{rank}[\boldsymbol{b}_1\quad \boldsymbol{b}_2\quad \cdots\quad \boldsymbol{b}_r \mid \boldsymbol{A}\boldsymbol{b}_1\quad \boldsymbol{A}\boldsymbol{b}_2\quad \cdots\quad \boldsymbol{A}\boldsymbol{b}_r \mid \cdots \mid \boldsymbol{A}^{n-1}\boldsymbol{b}_1\quad \boldsymbol{A}^{n-1}\boldsymbol{b}_2\quad \cdots\quad \boldsymbol{A}^{n-1}\boldsymbol{b}_r]\\&=n\end{aligned}$$

这表明，能控性矩阵中有且仅有 n 个 n 维列向量是线性无关的。因此，如果取这些线性无关的列向量以某种线性组合，仍能导出一组 n 个线性无关的列向量 $\boldsymbol{e}_1,\boldsymbol{e}_2,\cdots,\boldsymbol{e}_n$，用这一组向量作为状态空间的基底，便可导出状态空间描述的能控标准形。同样若假定 $\Sigma(\boldsymbol{A},\boldsymbol{C})$ 是完全能观测的，$\boldsymbol{C}=[\boldsymbol{c}_1\quad \boldsymbol{c}_2\quad \cdots\quad \boldsymbol{c}_m]^{\mathrm{T}}$，那么有

$$\begin{aligned}&\operatorname{rank}[\boldsymbol{C}^{\mathrm{T}}\quad \boldsymbol{A}^{\mathrm{T}}\boldsymbol{C}^{\mathrm{T}}\quad \cdots\quad (\boldsymbol{A}^{\mathrm{T}})^{n-1}\boldsymbol{C}^{\mathrm{T}}]\\&=\operatorname{rank}[\boldsymbol{c}_1^{\mathrm{T}}\ \cdots\ \boldsymbol{c}_m^{\mathrm{T}} \mid \boldsymbol{A}^{\mathrm{T}}\boldsymbol{c}_1^{\mathrm{T}}\ \cdots\ \boldsymbol{A}^{\mathrm{T}}\boldsymbol{c}_m^{\mathrm{T}} \mid \cdots \mid (\boldsymbol{A}^{\mathrm{T}})^{n-1}\boldsymbol{c}_1^{\mathrm{T}}\ \cdots\ (\boldsymbol{A}^{\mathrm{T}})^{n-1}\boldsymbol{c}_m^{\mathrm{T}}]=n\end{aligned}$$

同样表明，系统的能观测性矩阵中有且仅有 n 个 n 维列向量是线性无关的，从而可导出一组基底 $\boldsymbol{e}_1^*,\boldsymbol{e}_2^*,\cdots,\boldsymbol{e}_m^*$。这组基底下的状态空间描述称之为能观测标准形。

对于单输入-单输出系统，其能控性判别矩阵 $[\boldsymbol{B}\quad \boldsymbol{A}\boldsymbol{B}\quad \cdots\quad \boldsymbol{A}^{n-1}\boldsymbol{B}]$ 和能观测性判别矩阵 $[\boldsymbol{C}^{\mathrm{T}}\quad \boldsymbol{A}^{\mathrm{T}}\boldsymbol{C}^{\mathrm{T}}\quad \cdots\quad (\boldsymbol{A}^{\mathrm{T}})^{n-1}\boldsymbol{C}^{\mathrm{T}}]$ 只有唯一的一组线性无关的向量。因此，当 $(\boldsymbol{A},\boldsymbol{B})$ 表示为能控标准形和 $(\boldsymbol{A},\boldsymbol{C})$ 表示为能观测标准形时，其表示方法是唯一的。而对于多输入-多输出系统，把 $(\boldsymbol{A},\boldsymbol{B})$ 和 $(\boldsymbol{A},\boldsymbol{C})$ 化为标准形，可以有不同的选择基底的方法，因而其表达方法不是唯一的。本节主要讨论单输入-单输出系统的能控、能观测的标准形。

4.7.2 能控标准形

定理 4-19 若连续时间线性定常单输入-单输出系统

$$\dot{\boldsymbol{x}}=\boldsymbol{A}\boldsymbol{x}+\boldsymbol{b}u$$
$$y=\boldsymbol{c}\boldsymbol{x}$$

是状态完全能控的，使系统能控标准化的状态空间的基底选择为

$$\boldsymbol{x}=\boldsymbol{R}_{c}\bar{\boldsymbol{x}} \tag{4-41}$$

$$\boldsymbol{R}_{c}=\begin{bmatrix}\boldsymbol{A}^{n-1}\boldsymbol{b} & \boldsymbol{A}^{n-2}\boldsymbol{b} & \cdots & \boldsymbol{b}\end{bmatrix}\begin{bmatrix}1 & & & \boldsymbol{0}\\ a_{1} & 1 & & \\ \vdots & \ddots & \ddots & \\ a_{n-1} & \cdots & a_{1} & 1\end{bmatrix} \tag{4-42}$$

其中，$a_{i}(i=1,2,\cdots,n-1)$为系统特征多项式

$$\det(s\boldsymbol{I}-\boldsymbol{A})=s^{n}+a_{1}s^{n-1}+\cdots+a_{n-1}s+a_{n}$$

的系数。通过线性非奇异变换得

$$\boldsymbol{A}_{c}=\boldsymbol{R}_{c}^{-1}\boldsymbol{A}\boldsymbol{R}_{c}=\begin{bmatrix}0 & 1 & 0 & \cdots & 0\\ 0 & 0 & 1 & \ddots & \vdots\\ \vdots & \vdots & \ddots & \ddots & 0\\ 0 & 0 & \cdots & 0 & 1\\ -a_{n} & -a_{n-1} & -a_{n-2} & \cdots & -a_{1}\end{bmatrix} \tag{4-43}$$

$$\boldsymbol{b}_{c}=\boldsymbol{R}_{c}^{-1}\boldsymbol{b}=\begin{bmatrix}0\\ \vdots\\ 0\\ 1\end{bmatrix} \tag{4-44}$$

$$\boldsymbol{c}_{c}=\boldsymbol{c}\boldsymbol{R}_{c}=\begin{bmatrix}\beta_{n} & \beta_{n-1} & \cdots & \beta_{1}\end{bmatrix} \tag{4-45}$$

且有

$$\begin{cases}\beta_{1}=\boldsymbol{c}\boldsymbol{b}\\ \beta_{2}=\boldsymbol{c}(\boldsymbol{A}\boldsymbol{b}+a_{1}\boldsymbol{b})\\ \vdots\\ \beta_{n}=\boldsymbol{c}(\boldsymbol{A}^{n-1}\boldsymbol{b}+a_{1}\boldsymbol{A}^{n-2}\boldsymbol{b}+\cdots+a_{n-1}\boldsymbol{b})\end{cases} \tag{4-46}$$

则 $\Sigma(\boldsymbol{A}_{c},\boldsymbol{b}_{c},\boldsymbol{c}_{c})$ 称为系统的能控标准形。

证明：

① 推证 $\boldsymbol{A}_{c}$。利用 $\boldsymbol{A}_{c}=\boldsymbol{R}_{c}^{-1}\boldsymbol{A}\boldsymbol{R}_{c}$ 和 $\boldsymbol{R}_{c}=\begin{bmatrix}\boldsymbol{e}_{1} & \boldsymbol{e}_{2} & \cdots & \boldsymbol{e}_{n}\end{bmatrix}$，可得

$$\boldsymbol{R}_{c}\boldsymbol{A}_{c}=\boldsymbol{A}\boldsymbol{R}_{c}=\boldsymbol{A}\begin{bmatrix}\boldsymbol{e}_{1} & \boldsymbol{e}_{2} & \cdots & \boldsymbol{e}_{n}\end{bmatrix}$$

$$=[\boldsymbol{A}^n\boldsymbol{b}\quad\cdots\quad\boldsymbol{A}^2\boldsymbol{b}\quad\boldsymbol{A}\boldsymbol{b}]\begin{bmatrix}1 & & & \boldsymbol{0}\\ a_1 & 1 & & \\ \vdots & \ddots & \ddots & \\ a_{n-1} & \cdots & a_1 & 1\end{bmatrix}$$

据凯莱-哈密顿定理有

$$\boldsymbol{A}^n=-a_1\boldsymbol{A}^{n-1}-\cdots-a_{n-1}\boldsymbol{A}-a_n\boldsymbol{I}$$

据此，可导出

$$\begin{aligned}\boldsymbol{A}\boldsymbol{e}_1&=\boldsymbol{A}(\boldsymbol{A}^{n-1}\boldsymbol{b}+a_1\boldsymbol{A}^{n-2}\boldsymbol{b}+\cdots+a_{n-1}\boldsymbol{b})\\&=(\boldsymbol{A}^n\boldsymbol{b}+a_1\boldsymbol{A}^{n-1}\boldsymbol{b}+\cdots+a_{n-1}\boldsymbol{A}\boldsymbol{b}+a_n\boldsymbol{b})-a_n\boldsymbol{b}\\&=-a_n\boldsymbol{b}=-a_n\boldsymbol{e}_n\\ \boldsymbol{A}\boldsymbol{e}_2&=\boldsymbol{A}(\boldsymbol{A}^{n-2}\boldsymbol{b}+a_1\boldsymbol{A}^{n-3}\boldsymbol{b}+\cdots+a_{n-2}\boldsymbol{b})\\&=(\boldsymbol{A}^{n-1}\boldsymbol{b}+a_1\boldsymbol{A}^{n-2}\boldsymbol{b}\cdots+a_{n-2}\boldsymbol{A}\boldsymbol{b}+a_{n-1}\boldsymbol{b})-a_{n-1}\boldsymbol{b}\\&=\boldsymbol{e}_1-a_{n-1}\boldsymbol{e}_n\\&\ \vdots\\ \boldsymbol{A}\boldsymbol{e}_{n-1}&=\boldsymbol{A}(\boldsymbol{A}\boldsymbol{b}+a_1\boldsymbol{b})=(\boldsymbol{A}^2\boldsymbol{b}+a_1\boldsymbol{A}\boldsymbol{b}+a_2\boldsymbol{b})-a_2\boldsymbol{b}\\&=\boldsymbol{e}_{n-2}-a_2\boldsymbol{e}_n\\ \boldsymbol{A}\boldsymbol{e}_n&=\boldsymbol{A}\boldsymbol{b}=(\boldsymbol{A}\boldsymbol{b}+a_1\boldsymbol{b})-a_1\boldsymbol{b}=\boldsymbol{e}_{n-1}-a_1\boldsymbol{e}_n\end{aligned}$$

于是，有

$$\begin{aligned}\boldsymbol{R}_c\boldsymbol{A}_c&=[-a_n\boldsymbol{e}_n\quad\boldsymbol{e}_1-a_{n-1}\boldsymbol{e}_n\quad\cdots\quad\boldsymbol{e}_{n-1}-a_1\boldsymbol{e}_n]\\&=[\boldsymbol{e}_1\quad\boldsymbol{e}_2\quad\cdots\quad\boldsymbol{e}_n]\left[\begin{array}{c|cccc}0 & 1 & 0 & \cdots & 0\\ 0 & 0 & 1 & \ddots & \vdots\\ \vdots & \vdots & \ddots & \ddots & 0\\ 0 & 0 & \cdots & 0 & 1\\ \hline -a_n & -a_{n-1} & -a_{n-2} & \cdots & -a_1\end{array}\right]\\&=\boldsymbol{R}_c\left[\begin{array}{c|cccc}0 & 1 & 0 & \cdots & 0\\ 0 & 0 & 1 & \ddots & \vdots\\ \vdots & \vdots & \ddots & \ddots & 0\\ 0 & 0 & \cdots & 0 & 1\\ \hline -a_n & -a_{n-1} & -a_{n-2} & \cdots & -a_1\end{array}\right]\end{aligned}$$

将上式左乘 $\boldsymbol{R}_c^{-1}$,就可证得 $\boldsymbol{A}_c$。

② 推证 $\boldsymbol{b}_c$。由 $\boldsymbol{b}_c=\boldsymbol{R}_c^{-1}\boldsymbol{b}$,有 $\boldsymbol{R}_c\boldsymbol{b}_c=\boldsymbol{b}$

即

$$\boldsymbol{R}_c\boldsymbol{b}_c=\boldsymbol{b}=\boldsymbol{e}_n=[\boldsymbol{e}_1\quad\boldsymbol{e}_2\quad\cdots\quad\boldsymbol{e}_n]\begin{bmatrix}0\\ \vdots\\ 0\\ 1\end{bmatrix}=\boldsymbol{R}_c\begin{bmatrix}0\\ \vdots\\ 0\\ 1\end{bmatrix}$$

将上式左乘 $\boldsymbol{R}_c^{-1}$，就可证得 $\boldsymbol{b}_c$。

③ 推证 $\boldsymbol{c}_c$。由 $\boldsymbol{c}_c=\boldsymbol{c}\boldsymbol{R}_c$，有

$$c_c = cR_c = c\begin{bmatrix}A^{n-1}b & A^{n-2}b & \cdots & b\end{bmatrix}\begin{bmatrix}1 & & & 0\\ a_1 & 1 & & \\ \vdots & \ddots & \ddots & \\ a_{n-1} & \cdots & a_1 & 1\end{bmatrix}$$

$$=\begin{bmatrix}\beta_n & \beta_{n-1} & \cdots & \beta_1\end{bmatrix}$$

展开即可得式(4-45)。

由上述能控标准形可以求得系统的传递函数

$$G(s) = c_c(sI - A_c)^{-1}b_c = c_c\frac{\mathrm{adj}(sI - A_c)}{\det(sI - A_c)}b_c$$

$$=\begin{bmatrix}\beta_n & \beta_{n-1} & \cdots & \beta_1\end{bmatrix}\frac{\begin{bmatrix}* & \cdots & * & 1\\ \vdots & & \vdots & s\\ \vdots & & \vdots & \vdots\\ * & & * & s^{n-1}\end{bmatrix}\begin{bmatrix}0\\ \vdots\\ 0\\ 1\end{bmatrix}}{s^n + a_1 s^{n-1} + \cdots + a_{n-1}s + a_n}$$

$$=\frac{\begin{bmatrix}\beta_n & \beta_{n-1} & \cdots & \beta_1\end{bmatrix}\begin{bmatrix}1\\ s\\ \vdots\\ s^{n-1}\end{bmatrix}}{s^n + a_1 s^{n-1} + \cdots + a_{n-1}s + a_n}$$

$$=\frac{\beta_1 s^{n-1} + \cdots + \beta_{n-1}s + \beta_n}{s^n + a_1 s^{n-1} + \cdots + a_{n-1}s + a_n} \tag{4-47}$$

【例 4-28】 试将下列连续时间线性定常系统的状态空间描述

$$\dot{x} = \begin{bmatrix}1 & 2 & 0\\ 3 & -1 & 1\\ 0 & 2 & 0\end{bmatrix}x + \begin{bmatrix}2\\ 1\\ 1\end{bmatrix}u$$

$$y = \begin{bmatrix}0 & 0 & 1\end{bmatrix}x$$

变换为能控标准形。

解 先构造其能控性判别矩阵，

$$Q_c = \begin{bmatrix}B & AB & A^2B\end{bmatrix} = \begin{bmatrix}2 & 4 & 16\\ 1 & 6 & 8\\ 1 & 2 & 12\end{bmatrix}$$

可得 $\mathrm{rank}[Q_c]=3$，所以系统是完全能控的。

再计算系统的特征多项式

$$\det(\lambda I - A) = \lambda^3 - 9\lambda + 2$$

则 $a_1=0$，$a_2=-9$，$a_3=2$。

由式(4-43)～式(4-45) 有

$$\boldsymbol{A}_{\mathrm{c}}=\begin{bmatrix}0 & 1 & 0\\ 0 & 0 & 1\\ -a_3 & -a_2 & -a_1\end{bmatrix}=\begin{bmatrix}0 & 1 & 0\\ 0 & 0 & 1\\ -2 & 9 & 0\end{bmatrix}$$

$$\boldsymbol{b}_{\mathrm{c}}=\begin{bmatrix}0\\ 0\\ 1\end{bmatrix}$$

$$\begin{aligned}\boldsymbol{c}_{\mathrm{c}}&=\boldsymbol{c}\left[\boldsymbol{A}^2\boldsymbol{b}\quad \boldsymbol{A}\boldsymbol{b}\quad \boldsymbol{b}\right]\begin{bmatrix}1 & 0 & 0\\ a_1 & 1 & 0\\ a_2 & a_1 & 1\end{bmatrix}\\ &=[0\quad 0\quad 1]\begin{bmatrix}16 & 4 & 2\\ 8 & 6 & 1\\ 12 & 2 & 1\end{bmatrix}\begin{bmatrix}1 & 0 & 0\\ 0 & 1 & 0\\ -9 & 0 & 1\end{bmatrix}\\ &=[3\quad 2\quad 1]\end{aligned}$$

再利用式(4-46) 和式(4-47)，可直接写出该系统的传递函数

$$G(s)=\frac{\beta_1 s^2+\beta_2 s+\beta_3}{s^3+a_1 s^2+a_2 s+a_3}=\frac{s^2+2s+3}{s^3-9s+2}$$

4.7.3 能观测标准形

定理 4-20 若 n 阶连续时间线性定常单输入-单输出系统

$$\begin{aligned}\dot{\boldsymbol{x}}&=\boldsymbol{A}\boldsymbol{x}+\boldsymbol{b}u\\ y&=\boldsymbol{c}\boldsymbol{x}\end{aligned}$$

是能观测的，则存在线性非奇异变换

$$\boldsymbol{x}=\boldsymbol{R}_{\mathrm{o}}\tilde{\boldsymbol{x}} \tag{4-48}$$

$$\boldsymbol{R}_{\mathrm{o}}^{-1}=\begin{bmatrix}1 & a_1 & \cdots & a_{n-2} & a_{n-1}\\ 0 & 1 & \ddots & a_{n-3} & a_{n-2}\\ \vdots & \ddots & \ddots & \ddots & \vdots\\ \vdots & & \ddots & 1 & a_1\\ 0 & \cdots & \cdots & 0 & 1\end{bmatrix}\begin{bmatrix}\boldsymbol{c}\boldsymbol{A}^{n-1}\\ \boldsymbol{c}\boldsymbol{A}^{n-2}\\ \vdots\\ \boldsymbol{c}\boldsymbol{A}\\ \boldsymbol{c}\end{bmatrix} \tag{4-49}$$

使之代数等价地变换为能观测标准形（$\boldsymbol{A}_{\mathrm{o}}$，$\boldsymbol{b}_{\mathrm{o}}$，$\boldsymbol{c}_{\mathrm{o}}$）。其中

$$\boldsymbol{A}_{\mathrm{o}}=\boldsymbol{R}_{\mathrm{o}}^{-1}\boldsymbol{A}\boldsymbol{R}_{\mathrm{o}}=\begin{bmatrix}0 & \cdots & \cdots & 0 & -a_n\\ 1 & \ddots & & \vdots & -a_{n-1}\\ 0 & \ddots & \ddots & \vdots & -a_{n-2}\\ \vdots & \ddots & \ddots & 0 & \vdots\\ 0 & \cdots & 0 & 1 & -a_1\end{bmatrix} \tag{4-50}$$

$$\boldsymbol{b}_o=\boldsymbol{R}_o^{-1}\boldsymbol{b}=\begin{bmatrix}\beta_n\\ \vdots\\ \beta_2\\ \beta_1\end{bmatrix} \tag{4-51}$$

$$\boldsymbol{c}_o=\boldsymbol{c}\boldsymbol{R}_o=[0\quad 0\quad \cdots\quad 1] \tag{4-52}$$

其中 $a_i(i=1,2,\cdots,n)$ 是矩阵 $\boldsymbol{A}$ 的特征多项式

$$\det(\lambda\boldsymbol{I}-\boldsymbol{A})=\lambda^n+a_1\lambda^{n-1}+\cdots+a_n$$

的各项系数。

$\beta_i(i=1,2,\cdots,n)$ 是 $\boldsymbol{R}_o^{-1}\boldsymbol{b}$ 相乘的结果，即

$$\begin{cases}\beta_1=\boldsymbol{c}\boldsymbol{b}\\ \beta_2=(\boldsymbol{c}\boldsymbol{A}+\alpha_1\boldsymbol{c})\boldsymbol{b}\\ \quad\vdots\\ \beta_n=(\boldsymbol{c}\boldsymbol{A}^{n-1}+\alpha_1\boldsymbol{c}\boldsymbol{A}^{n-2}+\cdots+\alpha_{n-1})\boldsymbol{b}\end{cases} \tag{4-53}$$

本定理可根据对偶定理直接由能控标准形导出，其证明过程与定理 4-19 相同，此处略去。

【例 4-29】 将例 4-28 所示的系统变换为能观测标准形。

解 首先构造能观测性判别矩阵

$$\boldsymbol{Q}_o=\begin{bmatrix}\boldsymbol{c}\\ \boldsymbol{c}\boldsymbol{A}\\ \boldsymbol{c}\boldsymbol{A}^2\end{bmatrix}=\begin{bmatrix}0&0&1\\0&2&0\\6&-2&2\end{bmatrix}$$

由于 $\mathrm{rank}[\boldsymbol{Q}_o]=3$，所以系统是能观测的。已知系统的特征式为

$$\det(\lambda\boldsymbol{I}-\boldsymbol{A})=\lambda^3-9\lambda+2$$

则特征值 $a_1=0$，$a_2=-9$，$a_3=2$。有

$$\boldsymbol{A}_o=\begin{bmatrix}0&0&-a_3\\1&0&-a_2\\0&1&-a_1\end{bmatrix}=\begin{bmatrix}0&0&-2\\1&0&9\\0&1&0\end{bmatrix}$$

$$\boldsymbol{b}_o=\boldsymbol{R}_o^{-1}\boldsymbol{b}=\begin{bmatrix}1&a_1&a_2\\0&1&a_1\\0&0&1\end{bmatrix}\begin{bmatrix}\boldsymbol{c}\boldsymbol{A}^2\\ \boldsymbol{c}\boldsymbol{A}\\ \boldsymbol{c}\end{bmatrix}\boldsymbol{b}$$

$$=\begin{bmatrix}1&0&-9\\0&1&0\\0&0&1\end{bmatrix}\begin{bmatrix}6&-2&2\\0&2&0\\0&0&1\end{bmatrix}\begin{bmatrix}2\\1\\1\end{bmatrix}=\begin{bmatrix}3\\2\\1\end{bmatrix}$$

$$\boldsymbol{c}_o=[0\quad 0\quad 1]$$

显然，本例中所得的能观测标准形($\boldsymbol{A}_o$，$\boldsymbol{b}_o$，$\boldsymbol{c}_o$)与例 4-28 中能控标准形($\boldsymbol{A}_c$，$\boldsymbol{b}_c$，$\boldsymbol{c}_c$)是对偶关系。

4.8 传递函数中零极点对消与状态能控和能观测之间的关系

在前面讨论的基础上，可能会提出能否通过系统传递函数阵来判别其状态的能控性和能观测性的问题。可以证明，对于单输入-单输出系统，要使系统能控且能观测的充分必要条件是其传递函数分子分母间没有零极点对消。但对于多输入-多输出系统来说，传递函数阵没有零极点对消，只是系统最小实现的充分条件，系统不一定是完全能控且能观测的。因此，本节只讨论单输入-单输出系统的传递函数中零极点对消与状态能控且能观测之间的关系。为了讨论方便，先来看下面的一个例子。

【例 4-30】 设连续时间线性定常系统的微分方程为

$$\ddot{y}+2\dot{y}+y=\dot{u}+u$$

试判别其状态的能控性和能观测性。

解 定义

$$x_1=\dot{y}$$

$$x_2=y-u$$

系统状态空间描述为

$$\begin{bmatrix}\dot{x}_1\\ \dot{x}_2\end{bmatrix}=\begin{bmatrix}0 & 1\\ -1 & -2\end{bmatrix}\begin{bmatrix}x_1\\ x_2\end{bmatrix}+\begin{bmatrix}1\\ -1\end{bmatrix}u$$

$$y=\begin{bmatrix}1 & 0\end{bmatrix}\begin{bmatrix}x_1\\ x_2\end{bmatrix}$$

于是系统能控性判别矩阵 $\boldsymbol{Q}_c$ 和能观测性判别矩阵 $\boldsymbol{Q}_o$ 分别为

$$\boldsymbol{Q}_c=\begin{bmatrix}\boldsymbol{B} & \boldsymbol{AB}\end{bmatrix}=\begin{bmatrix}1 & -1\\ -1 & 1\end{bmatrix}$$

$$\boldsymbol{Q}_o=\begin{bmatrix}\boldsymbol{C}\\ \boldsymbol{CA}\end{bmatrix}=\begin{bmatrix}1 & 0\\ 0 & 1\end{bmatrix}$$

显然，在这种状态变量选择下系统是不能控但是能观测的。若写出这个系统的传递函数便会发现该系统的传递函数具有零极点对消现象。

$$\boldsymbol{G}(s)=\boldsymbol{c}(s\boldsymbol{I}-\boldsymbol{A})^{-1}\boldsymbol{B}=\frac{s+1}{s^2+2s+1}=\frac{1}{s+1}$$

由此可以看出，系统的能控性和能观测性与其传递函数中是否存在零极点对消现象具有一定的联系。

定理 4-21 若线性定常单输入-单输出系统传递函数中有零极点对消，则系统将是状态不能控或状态不能观测的，其结果与状态变量选择有关，反之，若系统中没有零极点对消，则该系统是完全能控且完全能观测的。

证明 为简单起见，假定系统为具有两两相异特征值的 n 阶单输入-单输出系统，其状态空间描述为

$$\dot{\boldsymbol{x}}=\boldsymbol{Ax}+\boldsymbol{b}u \tag{4-54a}$$

$$y=\boldsymbol{cx} \tag{4-54b}$$

利用线性变换可将矩阵 $\boldsymbol{A}$ 对角化，得到代数等价系统为

$$\dot{\tilde{\boldsymbol{x}}}=\tilde{\boldsymbol{A}}\tilde{\boldsymbol{x}}+\tilde{\boldsymbol{b}}u \tag{4-55a}$$

$$y=\tilde{\boldsymbol{c}}\tilde{\boldsymbol{x}} \tag{4-55b}$$

式中，$\tilde{\boldsymbol{A}}=\boldsymbol{P}^{-1}\boldsymbol{A}\boldsymbol{P}$，$\tilde{\boldsymbol{b}}=\boldsymbol{P}^{-1}\boldsymbol{b}$，$\tilde{\boldsymbol{c}}=\boldsymbol{c}\boldsymbol{P}$。由于 $\tilde{\boldsymbol{A}}$ 是对角阵，式(4-55a) 中第 i 个状态方程是

$$\dot{\tilde{x}}_i=\lambda_i\tilde{x}_i+\tilde{b}_iu \tag{4-56}$$

式中，λ_i 是 $\tilde{\boldsymbol{A}}$ 的第 i 个特征值，$\tilde{b}_i$ 是 $\tilde{\boldsymbol{b}}$ 中第 i 个元素，这里 $\tilde{\boldsymbol{b}}$ 是一个 $n\times1$ 的列阵。对式(4-56) 两边取拉普拉斯变换且假定初始条件为零，得到 $\tilde{X}_i(s)$ 和 $U(s)$ 之间传递函数为

$$\tilde{X}_i(s)=\frac{\tilde{b}_i}{s-\lambda_i}U(s)$$

式(4-55b) 的拉普拉斯变换为

$$Y(s)=\tilde{\boldsymbol{c}}\tilde{X}(s) \tag{4-57}$$

将 $\tilde{X}_i(s)$ 代入，则

$$Y(s)=\begin{bmatrix}\tilde{c}_1 & \tilde{c}_2 & \cdots & \tilde{c}_n\end{bmatrix}\begin{bmatrix}\dfrac{\tilde{b}_1}{s-\lambda_1}\\ \dfrac{\tilde{b}_2}{s-\lambda_2}\\ \vdots \\ \dfrac{\tilde{b}_n}{s-\lambda_n}\end{bmatrix}U(s)$$

$$=\sum_{i=1}^{n}\frac{\tilde{c}_i\tilde{b}_i}{s-\lambda_i}U(s) \tag{4-58}$$

对特征值相异的 n 阶系统，假定传递函数形式是

$$\frac{Y(s)}{U(s)}=\frac{K(s-a_1)(s-a_2)\cdots(s-a_m)}{(s-\lambda_1)(s-\lambda_2)\cdots(s-\lambda_n)},n>m \tag{4-59}$$

展成部分分式

$$\frac{Y(s)}{U(s)}=\sum_{i=1}^{n}\frac{\sigma_i}{s-\lambda_i} \tag{4-60}$$

式中，σ_i 表示 $Y(s)/U(s)$ 在 $s=\lambda_i$ 处的留数。

由能控性判据可知，系统状态能控的条件是 $\tilde{\boldsymbol{b}}$ 中所有元素必须是非零的，也就是 $\tilde{b}_i\neq0$ $(i=1,2,\cdots,n)$。对应地，根据能观测性，$\tilde{\boldsymbol{c}}$ 中必须不包含元素为 0 的列，即要求 $\tilde{c}_i\neq0$ $(i=1,2,\cdots,n)$。比较式(4-58) 和式(4-60) 可知

$$\sigma_i=\tilde{c}_i\tilde{b}_i$$

因此一个既能控又能观测的系统 $\sigma_i\neq0$。若系统存在零极点对消，如式(4-59) 中，$a_1=\lambda_1$，则对应式(4-60) 中必有 $\sigma_1=0$，即必有 $\tilde{c}_1=0$，$\tilde{b}_1\neq0$ 或 $\tilde{c}_1\neq0$，$\tilde{b}_1=0$ 或 $\tilde{c}_1$、$\tilde{b}_1$ 均等于零。证毕。

为了说明当传递函数中存在零极点对消对系统能控性和能观测性的影响，下面结合系统的具体结构来讨论。

【例 4-31】 设有一个由前后两个子系统串联组成的组合系统，如图 4-11(a)所示，第一个子系统的传递函数 $G_1(s)$ 为

$$G_1(s)=\frac{s+b}{s+\lambda_1}$$

第二个子系统的传递函数 $G_2(s)$ 为

$$G_2(s)=\frac{1}{s+\lambda_2}$$

试判断串联系统的能控性和能观测性。

解 组合系统的传递函数 $G(s)$ 为

$$G(s)=G_2(s)G_1(s)=\frac{1}{s+\lambda_2}\cdot\frac{s+b}{s+\lambda_1}$$

实际系统中第一个子系统 $G_1(s)$ 相当于调节器；第二个子系统 $G_2(s)$ 相当于被控对象。

由 $G(s)$ 可以看出，当 $b=\lambda_2$ 时，系统的传递函数发生零极点对消现象。根据定理 4-19 可知，系统不是能控的但是能观测的。也就是说，该系统或者是不能控的，或者是不能观测的。为了分析这个不确定性，给出该系统的状态变量图，如图 4-11(b) 所示。

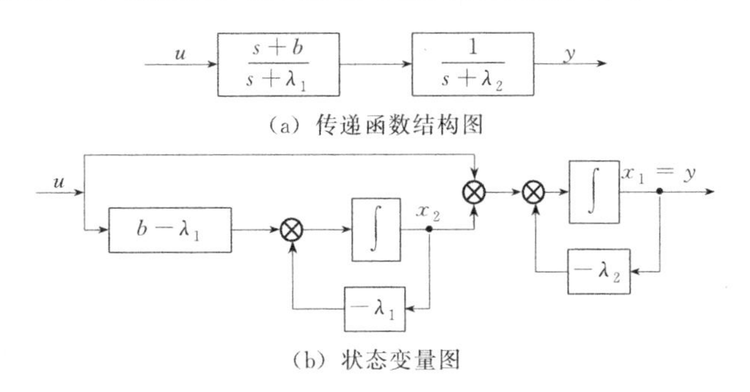

(a) 传递函数结构图

(b) 状态变量图

图 4-11 串联组合系统

系统的状态空间描述为

$$\begin{bmatrix}\dot{x}_1\\ \dot{x}_2\end{bmatrix}=\begin{bmatrix}-\lambda_2 & 1\\ 0 & -\lambda_1\end{bmatrix}\begin{bmatrix}x_1\\ x_2\end{bmatrix}+\begin{bmatrix}1\\ b-\lambda_1\end{bmatrix}u$$

$$y=\begin{bmatrix}1 & 0\end{bmatrix}\begin{bmatrix}x_1\\ x_2\end{bmatrix}$$

其能控性和能观测性判别矩阵为

$$\boldsymbol{Q}_c=\begin{bmatrix}1 & -\lambda_1-\lambda_2+b\\ b-\lambda_1 & -\lambda_1(b-\lambda_1)\end{bmatrix}$$

$$\boldsymbol{Q}_o=\begin{bmatrix}1 & 0\\ -\lambda_2 & 1\end{bmatrix}$$

当 $b=\lambda_2$ 时，即 $G(s)$ 出现零极点对消

$$\boldsymbol{Q}_c=\begin{bmatrix}1 & -\lambda_1\\ b-\lambda_1 & -\lambda_1(b-\lambda_1)\end{bmatrix}$$

$$\det\boldsymbol{Q}_c=0$$

$$\operatorname{rank}[\boldsymbol{Q}_c]=1<2$$

则该串联系统是不能控但能观测的。

【例 4-32】 如果将图 4-11(a) 系统中两个子系统的位置互换一下，所得结果如图 4-12(a) 所示，相应的状态变量图如图 4-12(b) 所示。试判断该系统的能控性和能观测性。

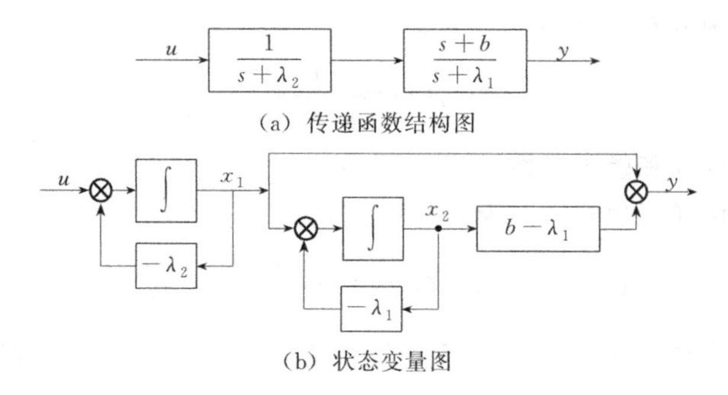

图 4-12 串联组合系统

解 系统的状态空间描述为

$$\begin{bmatrix}\dot{x}_1\\ \dot{x}_2\end{bmatrix}=\begin{bmatrix}-\lambda_2 & 0\\ 1 & -\lambda_1\end{bmatrix}\begin{bmatrix}x_1\\ x_2\end{bmatrix}+\begin{bmatrix}1\\ 0\end{bmatrix}u$$

$$y=\begin{bmatrix}1 & b-\lambda_1\end{bmatrix}\begin{bmatrix}x_1\\ x_2\end{bmatrix}$$

其能控性和能观测性判别矩阵为

$$\boldsymbol{Q}_c=\begin{bmatrix}1 & -\lambda_2\\ 0 & 1\end{bmatrix},\boldsymbol{Q}_o=\begin{bmatrix}1 & b-\lambda_1\\ -\lambda_1-\lambda_2+b & -(b-\lambda_1)\lambda_1\end{bmatrix}$$

显见，当 $b=\lambda_2$ 时，$\operatorname{rank}[\boldsymbol{Q}_o]=1<2$，系统是能控但不能观测的。

从上面讨论可知，由传递函数讨论系统的能控性和能观测性时，若有零极点对消，系统是能控不能观测，还是能观测而不能控，与系统的结构有关。若被消去的零点与输入 u 发生联系（例 4-31）则系统为不能控的；若被消去的零点与输出 y 发生联系（例 4-32）则系统是不能观测的。进一步若该零点既与输入 u 发生联系，又与输出 y 发生联系，则该系统是既不能控也不能观测的。

下面进一步讨论传递函数中零极点对消现象对系统稳定性可能产生的影响。为简单起见以一个例子进行说明。

【例 4-33】 给定一个不稳定系统，其传递函数为

$$G_p(s)=\frac{1}{s-1}$$

若在这个系统前串联一个传递函数为

$$G_r(s)=\frac{s-1}{(s+1)(s+2)}$$

的系统，如图 4-13(a) 所示，试判断该系统的能控性和能观测性。

解 串联组合系统的传递函数 $G(s)$ 为

$$G(s)=G_p(s)G_r(s)=\frac{1}{s-1}\cdot\frac{s-1}{(s+1)(s+2)}=\frac{1}{(s+1)(s+2)}$$

可以看出在 $G(s)$ 中，$s=1$ 这个不稳定的极点已被消去，可能会认为该串联组合系统是稳定的。但是，若用状态空间描述便可发现，这样的系统仍是不稳定的。图 4-13(b) 是该串联组合系统的状态变量图。

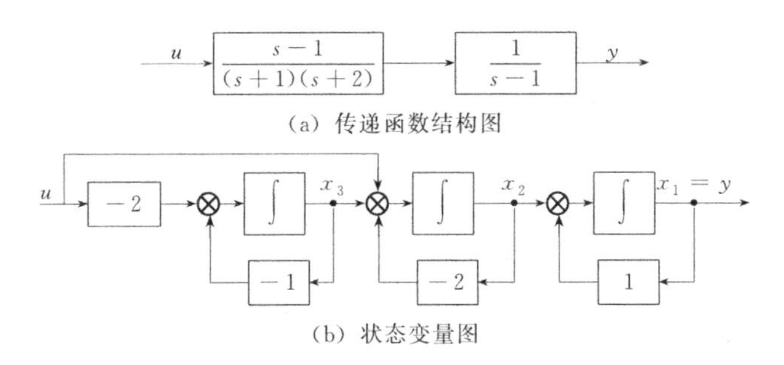

图 4-13　所示串联组合系统

其状态空间描述为

$$\dot{\boldsymbol{x}}=\begin{bmatrix}1 & 1 & 0\\ 0 & -2 & 1\\ 0 & 0 & -1\end{bmatrix}\boldsymbol{x}+\begin{bmatrix}0\\ 1\\ -2\end{bmatrix}u$$

$$y=\begin{bmatrix}1 & 0 & 0\end{bmatrix}\boldsymbol{x}$$

该系统的能控性和能观测性判别矩阵为

$$\boldsymbol{Q}_{\mathrm{c}}=\begin{bmatrix}0 & 1 & -3\\ 1 & -4 & 10\\ -2 & 2 & -2\end{bmatrix}\quad \boldsymbol{Q}_{\mathrm{o}}=\begin{bmatrix}1 & 0 & 0\\ 1 & 1 & 0\\ 1 & -1 & 1\end{bmatrix}$$

因此

$$\operatorname{rank}[\boldsymbol{Q}_{\mathrm{c}}]=2<n,\ \operatorname{rank}[\boldsymbol{Q}_{\mathrm{o}}]=3=n$$

所以系统是不能控但是能观测的。进一步考察该系统的特征多项式

$$\det(s\boldsymbol{I}-\boldsymbol{A})=\begin{vmatrix}s-1 & -1 & 0\\ 0 & s+2 & -1\\ 0 & 0 & s+1\end{vmatrix}=(s-1)(s+2)(s+1)$$

说明系统有一极点在右半平面，故该系统也是不稳定的。

通过这个例子可以看到，在经典控制理论中基于传递函数零极点对消原则的设计方法虽然简单直观，但有可能破坏系统的能控性，甚至有时会掩盖系统的不稳定性。

4.9　线性系统结构按能控性能观测性的分解

本节讨论不完全能控和不完全能观测系统。对于这两类系统，一个重要的问题是研究其结构按能控性、能观测性或同时按两者进行适当变换的方法。通过线性非奇异变换可将系统分为能控部分和不能控部分，能观测和不能观测部分，或者同时表示为能控且能观测、能控但不能观测、不能控但能观测、不能控且不能观测四个部分。但是，在一般形式下，这些子空间并没有被明显地分解出来，或者说，对全部状态变量，不能明显地指出哪些变量是能控的，哪些变量是不能控的；哪些是能观测的，哪些是不能观测的。因此如何通过适当的线性非奇异变换，将系统结构按上述各部分实现明显地分解，就是所谓的结构分解问题。研究系统结构分解，有助于更深刻地了解系统的结构特性，也有助于更深入地揭示状态空间描述和输入-输出描述间的本质区别。

4.9.1 系统按能控性分解

定理 4-22 若 n 阶连续时间线性定常系统

$$\dot{\boldsymbol{x}}=\boldsymbol{A}\boldsymbol{x}+\boldsymbol{B}\boldsymbol{u} \tag{4-61a}$$

$$\boldsymbol{y}=\boldsymbol{C}\boldsymbol{x} \tag{4-61b}$$

是状态不完全能控的，其能控性判别矩阵的秩为

$$\operatorname{rank}[\boldsymbol{Q}_{\mathrm{c}}]=\operatorname{rank}[\boldsymbol{B}\quad \boldsymbol{A}\boldsymbol{B}\quad \cdots\quad \boldsymbol{A}^{n-1}\boldsymbol{B}]=n_{\mathrm{c}}<n \tag{4-62}$$

则存在线性非奇异变换

$$\boldsymbol{x}=\boldsymbol{R}_{\mathrm{c}}\hat{\boldsymbol{x}} \tag{4-63}$$

可将状态空间描述(4-61) 变换为

$$\dot{\hat{\boldsymbol{x}}}=\hat{\boldsymbol{A}}\hat{\boldsymbol{x}}+\hat{\boldsymbol{B}}\boldsymbol{u} \tag{4-64a}$$

$$\boldsymbol{y}=\hat{\boldsymbol{C}}\hat{\boldsymbol{x}} \tag{4-64b}$$

其中

$$\hat{\boldsymbol{A}}=\boldsymbol{R}_{\mathrm{c}}^{-1}\boldsymbol{A}\boldsymbol{R}_{\mathrm{c}}=\begin{array}{c} \overbrace{\quad}^{n_{\mathrm{c}}}\ \overbrace{\quad}^{n-n_{\mathrm{c}}} \\ \left[\begin{array}{c:c} \hat{\boldsymbol{A}}_{11} & \hat{\boldsymbol{A}}_{12} \\ \hdashline \boldsymbol{0} & \hat{\boldsymbol{A}}_{22} \end{array}\right]\begin{array}{l}\}n_{\mathrm{c}} \\ \}n-n_{\mathrm{c}}\end{array} \end{array} \tag{4-65}$$

$$\hat{\boldsymbol{B}}=\boldsymbol{R}_{\mathrm{c}}^{-1}\boldsymbol{B}=\left[\begin{array}{c} \hat{\boldsymbol{B}}_{1} \\ \hdashline \boldsymbol{0} \end{array}\right]\begin{array}{l}\}n_{\mathrm{c}} \\ \}n-n_{\mathrm{c}}\end{array} \tag{4-66}$$

$$\hat{\boldsymbol{C}}=\boldsymbol{C}\boldsymbol{R}_{\mathrm{c}}=[\underbrace{\hat{\boldsymbol{C}}_{1}}_{n_{\mathrm{c}}}\ \vdots\ \underbrace{\hat{\boldsymbol{C}}_{2}}_{n-n_{\mathrm{c}}}] \tag{4-67}$$

$$\boldsymbol{x}\left[\begin{array}{c} \hat{\boldsymbol{x}}_{1} \\ \hdashline \hat{\boldsymbol{x}}_{2} \end{array}\right]\begin{array}{l}\}n_{\mathrm{c}} \\ \}n-n_{\mathrm{c}}\end{array}$$

其中（$\hat{\boldsymbol{A}}_{11}$，$\hat{\boldsymbol{B}}_{1}$）为能控对。

可以看出，系统状态空间描述变换为式（4-61）形式后，系统就分解为能控和不能控的两部分。其中 n_{c} 维子系统

$$\dot{\hat{\boldsymbol{x}}}_{1}=\hat{\boldsymbol{A}}_{1}\hat{\boldsymbol{x}}_{1}+\hat{\boldsymbol{B}}_{1}\boldsymbol{u}+\hat{\boldsymbol{A}}_{12}\hat{\boldsymbol{x}}_{2} \tag{4-68}$$

是能控的，而 $n-n_{\mathrm{c}}$ 维子系统

$$\dot{\hat{\boldsymbol{x}}}_{2}=\hat{\boldsymbol{A}}_{22}\hat{\boldsymbol{x}}_{2} \tag{4-69}$$

是不能控的，因为控制作用 u 对$\hat{\boldsymbol{x}}_{2}$ 是不起作用的，故 $\boldsymbol{x}_{2}$ 仅作无控的自由运动。按上述结构分解后的系统结构示意图如图 4-14 所示。

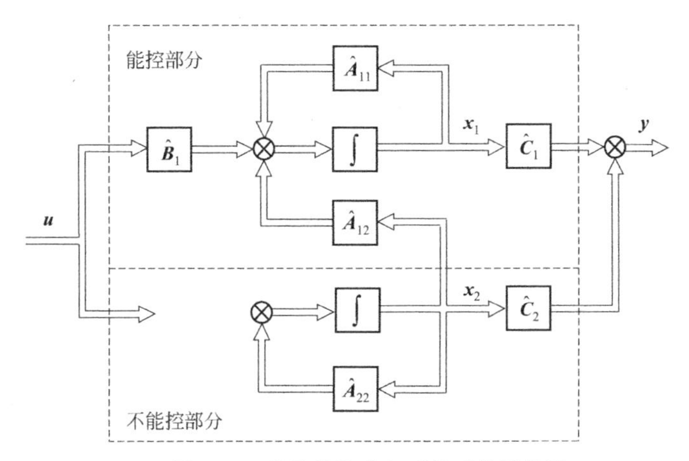

图 4-14 按能控性分解后的系统结构图

非奇异变换阵

$$\boldsymbol{R}_c=\begin{bmatrix}\boldsymbol{R}_1 & \boldsymbol{R}_2 & \cdots & \boldsymbol{R}_{n_c} & \cdots & \boldsymbol{R}_n\end{bmatrix} \tag{4-70}$$

中 n 个列向量如下方法构成，前 n_c 个列向量 $\boldsymbol{R}_1,\boldsymbol{R}_2,\cdots,\boldsymbol{R}_{n_c}$ 是能控性判别矩阵 $\boldsymbol{Q}_c$ 中 n_c 个线性无关的列，另外的 $n-n_c$ 个列$\boldsymbol{R}_{n_c+1},\cdots,\boldsymbol{R}_n$ 在确保 $\boldsymbol{R}_c$ 为非奇异的条件下是任意取值的。

【例 4-34】 设连续时间线性定常系统

$$\dot{\boldsymbol{x}}=\begin{bmatrix}0 & 0 & -1\\1 & 0 & -3\\0 & 1 & -3\end{bmatrix}\boldsymbol{x}+\begin{bmatrix}1\\1\\0\end{bmatrix}u$$

$$y=\begin{bmatrix}0 & 1 & -2\end{bmatrix}\boldsymbol{x}$$

判别其能控性，若不是完全能控的，试将该系统按能控性进行分解。

解 系统的能控性判别矩阵为

$$\boldsymbol{Q}_c=\begin{bmatrix}\boldsymbol{b} & \boldsymbol{Ab} & \boldsymbol{A}^2\boldsymbol{b}\end{bmatrix}=\begin{bmatrix}1 & 0 & -1\\1 & 1 & -3\\0 & 1 & -2\end{bmatrix}$$

$$\text{rank}\,[\boldsymbol{Q}_c]=2<n$$

所以系统是不完全能控的。

按式(4-70) 构造线性非奇异变换阵 $\boldsymbol{R}_c$

$$\boldsymbol{R}_1=\boldsymbol{b}=\begin{bmatrix}1\\1\\0\end{bmatrix},\ \boldsymbol{R}_2=\boldsymbol{Ab}=\begin{bmatrix}0\\1\\1\end{bmatrix},\ \boldsymbol{R}_3=\begin{bmatrix}0\\0\\1\end{bmatrix}$$

得

$$\boldsymbol{R}_c=\begin{bmatrix}1 & 0 & 0\\1 & 1 & 0\\0 & 1 & 1\end{bmatrix}$$

其中 $\boldsymbol{R}_3$ 是任选的，只要保证 $\boldsymbol{R}_c$ 为非奇异即可。

变换后的系统状态方程和输出方程分别是

$$\begin{aligned}\dot{\hat{x}} &= R_c^{-1}AR_c\hat{x}+R_c^{-1}bu\\ &=\begin{bmatrix}1&0&0\\1&1&0\\0&1&1\end{bmatrix}^{-1}\begin{bmatrix}0&0&-1\\1&0&-3\\0&1&-3\end{bmatrix}\begin{bmatrix}1&0&0\\1&1&0\\0&1&1\end{bmatrix}\hat{x}+\begin{bmatrix}1&0&0\\1&1&0\\0&1&1\end{bmatrix}^{-1}\begin{bmatrix}1\\1\\0\end{bmatrix}u\\ &=\left[\begin{array}{cc:c}0&-1&-1\\1&-2&-2\\ \hdashline 0&0&-1\end{array}\right]\hat{x}+\left[\begin{array}{c}1\\0\\ \hdashline 0\end{array}\right]u\end{aligned}$$

$$y=cR_c\hat{x}=\left[\begin{array}{cc:c}1&-1&-2\end{array}\right]\hat{x}$$

为了说明在构造变换阵 R_c 时是先把能控性判别矩阵 Q_c 中线性无关的列作为 R_c 的前 n_c 列，余下的各列其取法是任意的(仅需保证 R_c 为非奇异)。现假设 $R_3=[1\quad 0\quad 1]^T$，即

$$R_c=\begin{bmatrix}1&0&1\\1&1&0\\0&1&1\end{bmatrix}$$

于是得

$$\dot{\hat{x}}=\left[\begin{array}{cc:c}0&-1&0\\1&-2&-2\\ \hdashline 0&0&-1\end{array}\right]\hat{x}+\left[\begin{array}{c}1\\0\\ \hdashline 0\end{array}\right]u$$

$$y=\left[\begin{array}{cc:c}1&-1&-2\end{array}\right]\hat{x}$$

由于前两个列向量没有改变，所以能控子系统的表达式相同，所不同的仅是改变列向量后的不能控部分。

4.9.2 系统按能观测性分解

定理 4-23 若 n 阶连续时间线性定常系统

$$\dot{x}=Ax+Bu \tag{4-71a}$$

$$y=Cx \tag{4-71b}$$

是状态不完全能观测的，其能观测性判别矩阵的秩

$$\mathrm{rank}Q_o=\mathrm{rank}\begin{bmatrix}C\\CA\\ \vdots\\CA^{n-1}\end{bmatrix}=n_o<n \tag{4-72}$$

则存在线性非奇异变换

$$x=R_o\tilde{x} \tag{4-73}$$

可将状态空间描述(4-71) 变换为

$$\dot{\tilde{x}}=\tilde{A}\tilde{x}+\tilde{B}u \tag{4-74a}$$

$$y=\tilde{C}\tilde{x} \tag{4-74b}$$

其中

$$\widetilde{\boldsymbol{A}}=\boldsymbol{R}_{\mathrm{o}}^{-1}\boldsymbol{A}\boldsymbol{R}_{\mathrm{o}}=\begin{bmatrix}\widetilde{\boldsymbol{A}}_{11} & \boldsymbol{0}\\ \widetilde{\boldsymbol{A}}_{21} & \widetilde{\boldsymbol{A}}_{22}\end{bmatrix}\begin{matrix}\}n_{\mathrm{o}}\\ \}n-n_{\mathrm{o}}\end{matrix} \tag{4-75}$$

（列分块：n_{o}，$n-n_{\mathrm{o}}$）

$$\widetilde{\boldsymbol{B}}=\boldsymbol{R}_{\mathrm{o}}^{-1}\boldsymbol{B}=\begin{bmatrix}\widetilde{\boldsymbol{B}}_{1}\\ \widetilde{\boldsymbol{B}}_{2}\end{bmatrix}\begin{matrix}\}n_{\mathrm{o}}\\ \}n-n_{\mathrm{o}}\end{matrix} \tag{4-76}$$

$$\widetilde{\boldsymbol{C}}=\boldsymbol{C}\boldsymbol{R}_{\mathrm{o}}=\begin{bmatrix}\underbrace{\widetilde{\boldsymbol{C}}_{1}}_{n_{\mathrm{o}}} & \underbrace{\boldsymbol{0}}_{n-n_{\mathrm{o}}}\end{bmatrix} \tag{4-77}$$

$$\widetilde{\boldsymbol{x}}=\begin{bmatrix}\widetilde{\boldsymbol{x}}_{1}\\ \widetilde{\boldsymbol{x}}_{2}\end{bmatrix}\begin{matrix}\}n_{\mathrm{o}}\\ \}n-n_{\mathrm{o}}\end{matrix}$$

其中，$(\widetilde{\boldsymbol{A}}_{11},\widetilde{\boldsymbol{C}}_{1})$ 为能观测的。

可见，经上述变换后系统分解为能观测的 n_{o} 维子系统

$$\dot{\widetilde{\boldsymbol{x}}}_{1}=\widetilde{\boldsymbol{A}}_{11}\widetilde{\boldsymbol{x}}_{1}+\widetilde{\boldsymbol{B}}_{1}\boldsymbol{u} \tag{4-78a}$$

$$y=\widetilde{\boldsymbol{C}}_{1}\widetilde{\boldsymbol{x}}_{1} \tag{4-78b}$$

和不能观测的 $n-n_{\mathrm{o}}$ 维子系统

$$\dot{\widetilde{\boldsymbol{x}}}_{2}=\widetilde{\boldsymbol{A}}_{21}\widetilde{\boldsymbol{x}}_{1}+\widetilde{\boldsymbol{A}}_{22}\widetilde{\boldsymbol{x}}_{2}+\widetilde{\boldsymbol{B}}_{2}\boldsymbol{u} \tag{4-79}$$

图 4-15 是其结构示意图。

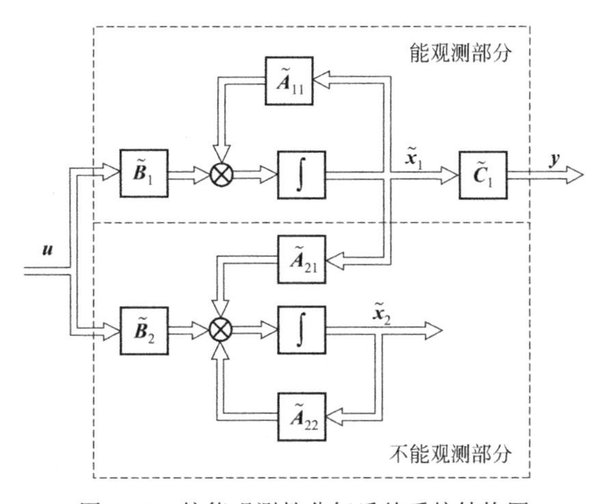

图 4-15　按能观测性分解后的系统结构图

非奇异变换阵 $\boldsymbol{R}_{\mathrm{o}}$ 是这样构造的，可以取

$$\boldsymbol{R}_{\mathrm{o}}^{-1}=\begin{bmatrix}\boldsymbol{R}_{1}^{\mathrm{T}}\\ \boldsymbol{R}_{2}^{\mathrm{T}}\\ \vdots\\ \boldsymbol{R}_{n_{\mathrm{o}}}^{\mathrm{T}}\\ \vdots\\ \boldsymbol{R}_{n}^{\mathrm{T}}\end{bmatrix} \tag{4-80}$$

中的前 n_o 个行向量 $\boldsymbol{R}_1^T, \boldsymbol{R}_2^T, \cdots, \boldsymbol{R}_{n_o}^T$ 为能观测性判别矩阵 $\boldsymbol{Q}_o$ 中 n_o 个线性无关的行，另外的 $n-n_o$ 个行向量 $\boldsymbol{R}_{n_o+1}^T, \cdots, \boldsymbol{R}_n^T$ 在确保 $\boldsymbol{R}_o^{-1}$ 是非奇异的条件下完全是任意的。

【例 4-35】 判别如下连续时间线性定常系统

$$\dot{\boldsymbol{x}}=\begin{bmatrix}0 & 0 & -1\\ 1 & 0 & -3\\ 0 & 1 & -3\end{bmatrix}\boldsymbol{x}+\begin{bmatrix}1\\ 1\\ 0\end{bmatrix}u$$

$$y=\begin{bmatrix}0 & 1 & -2\end{bmatrix}\boldsymbol{x}$$

是否能观测，若为不完全能观测，按能观测性对系统进行结构分解。

解 能观测判别矩阵 $\boldsymbol{Q}_o$ 为

$$\boldsymbol{Q}_o=\begin{bmatrix}\boldsymbol{c}\\ \boldsymbol{cA}\\ \boldsymbol{cA}^2\end{bmatrix}=\begin{bmatrix}0 & 1 & -2\\ 1 & -2 & 3\\ -2 & 3 & -4\end{bmatrix}$$

$$\text{rank}\,[\boldsymbol{Q}_o]=2<n$$

所以该系统是状态不完全能观测的。

为构造线性非奇异变换阵 $\boldsymbol{R}_o^{-1}$，取

$$\boldsymbol{R}_1^T=\boldsymbol{c}=\begin{bmatrix}0 & 1 & -2\end{bmatrix}$$

$$\boldsymbol{R}_2^T=\boldsymbol{cA}=\begin{bmatrix}1 & -2 & 3\end{bmatrix}$$

$$\boldsymbol{R}_3^T=\begin{bmatrix}0 & 0 & 1\end{bmatrix}$$

得

$$\boldsymbol{R}_o^{-1}=\begin{bmatrix}0 & 1 & -2\\ 1 & -2 & 3\\ 0 & 0 & 1\end{bmatrix},\quad \boldsymbol{R}_o=\begin{bmatrix}2 & 1 & 1\\ 1 & 0 & 2\\ 0 & 0 & 1\end{bmatrix}$$

其中 $\boldsymbol{R}_3^T$ 是在保证 $\boldsymbol{R}_o^{-1}$ 为非奇异的条件下任意选取的。于是

$$\dot{\tilde{\boldsymbol{x}}}=\boldsymbol{R}_o^{-1}\boldsymbol{A}\boldsymbol{R}_o\tilde{\boldsymbol{x}}+\boldsymbol{R}_o^{-1}\boldsymbol{b}u=\left[\begin{array}{cc:c}0 & 1 & 0\\ -1 & -2 & 0\\ \hdashline 1 & 0 & -1\end{array}\right]\tilde{\boldsymbol{x}}+\left[\begin{array}{c}1\\ -1\\ \hdashline 0\end{array}\right]u$$

$$y=\boldsymbol{c}\boldsymbol{R}_o\tilde{\boldsymbol{x}}=\left[\begin{array}{cc:c}1 & 0 & 0\end{array}\right]\tilde{\boldsymbol{x}}$$

4.9.3 系统按能控性和能观测性分解

假设线性系统 $\Sigma(\boldsymbol{A}, \boldsymbol{B}, \boldsymbol{C})$ 是不完全能控和不完全能观测的，若对该系统同时按能控性和能观测性进行分解，则可以把系统分解成四个部分：能控且能观测、能控不能观测、不能控能观测、不能控且不能观测。当然，上述结构是一种典型形式，并非所有系统都能分解为这四个部分。

定理 4-24 若 n 阶连续时间线性定常系统

$$\dot{\boldsymbol{x}}=\boldsymbol{A}\boldsymbol{x}+\boldsymbol{B}\boldsymbol{u} \tag{4-81a}$$

$$\boldsymbol{y}=\boldsymbol{C}\boldsymbol{x} \tag{4-81b}$$

不完全能控且不完全能观测。则存在线性非奇异变换 $\boldsymbol{x}=\boldsymbol{R}\overline{\boldsymbol{x}}$，把式(4-81) 的状态空间描述变换为

$$\dot{\overline{\boldsymbol{x}}}=\overline{\boldsymbol{A}}\overline{\boldsymbol{x}}+\overline{\boldsymbol{B}}\boldsymbol{u} \tag{4-82a}$$

$$\boldsymbol{y}=\overline{\boldsymbol{C}}\overline{\boldsymbol{x}} \tag{4-82b}$$

其中

$$\overline{\boldsymbol{A}}=\boldsymbol{R}^{-1}\boldsymbol{A}\boldsymbol{R}=\begin{bmatrix}\boldsymbol{A}_{11} & \boldsymbol{0} & \boldsymbol{A}_{13} & \boldsymbol{0}\\ \boldsymbol{A}_{21} & \boldsymbol{A}_{22} & \boldsymbol{A}_{23} & \boldsymbol{A}_{24}\\ \boldsymbol{0} & \boldsymbol{0} & \boldsymbol{A}_{33} & \boldsymbol{0}\\ \boldsymbol{0} & \boldsymbol{0} & \boldsymbol{A}_{43} & \boldsymbol{A}_{44}\end{bmatrix} \tag{4-83}$$

$$\overline{\boldsymbol{B}}=\boldsymbol{R}^{-1}\boldsymbol{B}=\begin{bmatrix}\boldsymbol{B}_1\\ \boldsymbol{B}_2\\ \boldsymbol{0}\\ \boldsymbol{0}\end{bmatrix} \tag{4-84}$$

$$\overline{\boldsymbol{C}}=\boldsymbol{C}\boldsymbol{R}=\begin{bmatrix}\boldsymbol{C}_1 & \boldsymbol{0} & \boldsymbol{C}_3 & \boldsymbol{0}\end{bmatrix} \tag{4-85}$$

从 $\boldsymbol{A},\boldsymbol{B},\boldsymbol{C}$ 的结构可以看出，整个状态空间分为能控能观测、能控不能观测、不能控能观测、不能控不能观测四个部分，分别用 $\boldsymbol{x}_{co},\boldsymbol{x}_{c\overline{o}},\boldsymbol{x}_{\overline{c}o},\boldsymbol{x}_{\overline{co}}$ 表示。于是式(4-81) 可以写成

$$\begin{bmatrix}\dot{\boldsymbol{x}}_{co}\\ \dot{\boldsymbol{x}}_{c\overline{o}}\\ \dot{\boldsymbol{x}}_{\overline{c}o}\\ \dot{\boldsymbol{x}}_{\overline{co}}\end{bmatrix}=\begin{bmatrix}\boldsymbol{A}_{11} & \boldsymbol{0} & \boldsymbol{A}_{13} & \boldsymbol{0}\\ \boldsymbol{A}_{21} & \boldsymbol{A}_{22} & \boldsymbol{A}_{23} & \boldsymbol{A}_{24}\\ \boldsymbol{0} & \boldsymbol{0} & \boldsymbol{A}_{33} & \boldsymbol{0}\\ \boldsymbol{0} & \boldsymbol{0} & \boldsymbol{A}_{43} & \boldsymbol{A}_{44}\end{bmatrix}\begin{bmatrix}\boldsymbol{x}_{co}\\ \boldsymbol{x}_{c\overline{o}}\\ \boldsymbol{x}_{\overline{c}o}\\ \boldsymbol{x}_{\overline{co}}\end{bmatrix}+\begin{bmatrix}\boldsymbol{B}_1\\ \boldsymbol{B}_2\\ \boldsymbol{0}\\ \boldsymbol{0}\end{bmatrix}\boldsymbol{u} \tag{4-86a}$$

$$\boldsymbol{y}=\begin{bmatrix}\boldsymbol{C}_1 & \boldsymbol{0} & \boldsymbol{C}_3 & \boldsymbol{0}\end{bmatrix}\begin{bmatrix}\boldsymbol{x}_{co}\\ \boldsymbol{x}_{c\overline{o}}\\ \boldsymbol{x}_{\overline{c}o}\\ \boldsymbol{x}_{\overline{co}}\end{bmatrix} \tag{4-86b}$$

上式结构示意图如图 4-16 所示。

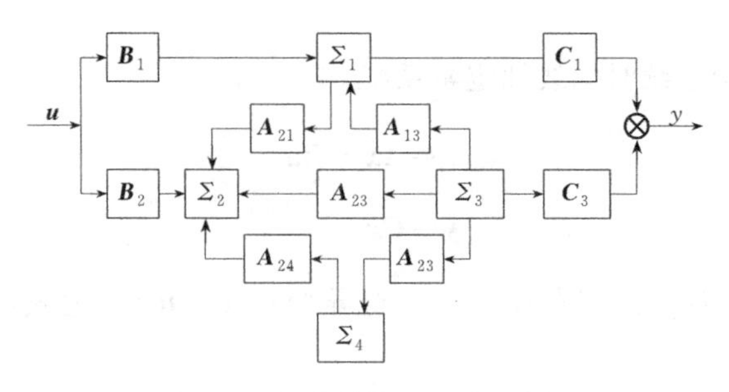

图 4-16　标准结构形式的示意图

下面从结构图分析四个子系统传递信息的情况。Σ_1 既与输入相通，又与输出相通，是能控能观测子系统；Σ_2 只与输入相通，而无输出通道，是能控但不能观测的子系统；Σ_3 只与输出相通，而无输入通道，是不能控但能观测的子系统；Σ_4 既不与输入 $\boldsymbol{u}$ 相通，又不与输出 $\boldsymbol{y}$ 相通，是不能控且不能观测的子系统。这样在系统输入 $\boldsymbol{u}$ 和输出 $\boldsymbol{y}$ 之间，只存在唯一的一条单向控制通道，即 $\boldsymbol{u}\rightarrow\boldsymbol{B}_1\rightarrow\Sigma_1\rightarrow\boldsymbol{C}_1\rightarrow\boldsymbol{y}$。

显然反映系统输入输出特性的传递函数阵 $\boldsymbol{G}(s)$ 只能反映系统中能控且能观测那个子系统的动力学行为

$$\boldsymbol{G}(s)=\boldsymbol{C}(s\boldsymbol{I}-\boldsymbol{A})^{-1}\boldsymbol{B}=\boldsymbol{C}_1(s\boldsymbol{I}-\boldsymbol{A}_{11})^{-1}\boldsymbol{B}_1$$

这说明，传递函数只是对系统的一种不完全描述。如果添加或去掉系统中不能控或不能观测子系统，并不改变传递函数阵。因而如果根据给定传递函数阵求对应的状态空间描述，其解将有无限多个。但是其中维数最小的那个状态空间描述就是最小实现。

定理 4-24 给出的变换，一旦变换阵 $\boldsymbol{R}$ 确定后，只需经过一次变换即可对系统同时按能控能观测进行结构分解。但变换阵 $\boldsymbol{R}$ 的构造涉及较多的线性空间概念。下面介绍一种逐步分解的方法，其步骤如下。

(1) 首先将系统 $\Sigma(\boldsymbol{A},\boldsymbol{B},\boldsymbol{C})$ 按能控性分解

取状态变换

$$\boldsymbol{x}=\boldsymbol{R}_c\begin{bmatrix}\boldsymbol{x}_c\\ \boldsymbol{x}_{\bar{c}}\end{bmatrix}\tag{4-87}$$

将系统分解为

$$\begin{bmatrix}\dot{\boldsymbol{x}}_c\\ \dot{\boldsymbol{x}}_{\bar{c}}\end{bmatrix}=\boldsymbol{R}_c^{-1}\boldsymbol{A}\boldsymbol{R}_c\begin{bmatrix}\boldsymbol{x}_c\\ \boldsymbol{x}_{\bar{c}}\end{bmatrix}+\boldsymbol{R}_c^{-1}\boldsymbol{B}\boldsymbol{u}$$

$$=\begin{bmatrix}\bar{\boldsymbol{A}}_1 & \bar{\boldsymbol{A}}_2\\ \boldsymbol{0} & \bar{\boldsymbol{A}}_4\end{bmatrix}\begin{bmatrix}\boldsymbol{x}_c\\ \boldsymbol{x}_{\bar{c}}\end{bmatrix}+\begin{bmatrix}\bar{\boldsymbol{B}}_1\\ \boldsymbol{0}\end{bmatrix}\boldsymbol{u}\tag{4-88a}$$

即

$$\boldsymbol{y}=\boldsymbol{C}\boldsymbol{R}_c\begin{bmatrix}\boldsymbol{x}_c\\ \boldsymbol{x}_{\bar{c}}\end{bmatrix}=\begin{bmatrix}\bar{\boldsymbol{C}}_1 & \bar{\boldsymbol{C}}_2\end{bmatrix}\begin{bmatrix}\boldsymbol{x}_c\\ \boldsymbol{x}_{\bar{c}}\end{bmatrix}\tag{4-88b}$$

式中，$\boldsymbol{x}_{c}$ 是能控状态；$\boldsymbol{x}_{\bar{c}}$ 是不能控状态；$\boldsymbol{R}_{c}$ 是按能控性分解的变换阵。

(2) 进而再将上式中不能控子系统 $\Sigma_{\bar{c}}$ 按能观测性分解。

对 $\boldsymbol{x}_{\bar{c}}$ 取状态变换

$$\boldsymbol{x}_{\bar{c}}=\boldsymbol{R}_{o2}\begin{bmatrix}\boldsymbol{x}_{\bar{c}o}\\ \boldsymbol{x}_{\bar{c}\bar{o}}\end{bmatrix} \tag{4-89}$$

将 $\Sigma_{\bar{c}}=(\bar{\boldsymbol{A}}_4 \quad \bar{\boldsymbol{C}}_2)$ 分解为

$$\begin{bmatrix}\dot{\boldsymbol{x}}_{\bar{c}o}\\ \dot{\boldsymbol{x}}_{\bar{c}\bar{o}}\end{bmatrix}=\boldsymbol{R}_{o2}^{-1}\boldsymbol{A}_4\boldsymbol{R}_{o2}\begin{bmatrix}\boldsymbol{x}_{\bar{c}o}\\ \boldsymbol{x}_{\bar{c}\bar{o}}\end{bmatrix}$$

$$=\begin{bmatrix}\boldsymbol{A}_{33} & \boldsymbol{0}\\ \boldsymbol{A}_{43} & \boldsymbol{A}_{44}\end{bmatrix}\begin{bmatrix}\boldsymbol{x}_{\bar{c}o}\\ \boldsymbol{x}_{\bar{c}\bar{o}}\end{bmatrix} \tag{4-90a}$$

$$y_2=\boldsymbol{C}_2\boldsymbol{R}_{o2}\begin{bmatrix}\boldsymbol{x}_{\bar{c}o}\\ \boldsymbol{x}_{\bar{c}\bar{o}}\end{bmatrix}=[\boldsymbol{C}_3 \quad \boldsymbol{0}]\begin{bmatrix}\boldsymbol{x}_{\bar{c}o}\\ \boldsymbol{x}_{\bar{c}\bar{o}}\end{bmatrix} \tag{4-90b}$$

式中，$\boldsymbol{x}_{\bar{c}o}$ 是不能控但能观测的状态；$\boldsymbol{x}_{\bar{c}\bar{o}}$ 是既不能控又不能观测的状态；$\boldsymbol{R}_{o2}$ 是 $\Sigma_{\bar{c}}=(\bar{\boldsymbol{A}}_4 \quad \bar{\boldsymbol{C}}_2)$ 按能观测性分解的变换阵。

(3) 最后将能控子系统 $\Sigma(\boldsymbol{A}_1, \boldsymbol{B}, \boldsymbol{C}_1)$ 按能观测性分解。

对 $\boldsymbol{x}_{c}$ 取状态变换

$$\boldsymbol{x}_{c}=\boldsymbol{R}_{o1}\begin{bmatrix}\boldsymbol{x}_{co}\\ \boldsymbol{x}_{c\bar{o}}\end{bmatrix} \tag{4-91}$$

由式(4-88a) 有

$$\dot{\boldsymbol{x}}_{c}=\bar{\boldsymbol{A}}_1\boldsymbol{x}_{c}+\bar{\boldsymbol{A}}_2\boldsymbol{x}_{\bar{c}}+\boldsymbol{Bu} \tag{4-92}$$

将式(4-89) 和式(4-90) 的状态变换关系代入上式有

$$\boldsymbol{R}_{o1}\begin{bmatrix}\dot{\boldsymbol{x}}_{co}\\ \dot{\boldsymbol{x}}_{c\bar{o}}\end{bmatrix}=\bar{\boldsymbol{A}}_1\boldsymbol{R}_{o1}\begin{bmatrix}\boldsymbol{x}_{co}\\ \boldsymbol{x}_{c\bar{o}}\end{bmatrix}+\bar{\boldsymbol{A}}_2\boldsymbol{R}_{o2}\begin{bmatrix}\boldsymbol{x}_{\bar{c}o}\\ \boldsymbol{x}_{\bar{c}\bar{o}}\end{bmatrix}+\boldsymbol{Bu}$$

两边左乘 $\boldsymbol{R}_{o1}^{-1}$ 有

$$\begin{bmatrix}\dot{\boldsymbol{x}}_{co}\\ \dot{\boldsymbol{x}}_{c\bar{o}}\end{bmatrix}=\boldsymbol{R}_{o1}^{-1}\bar{\boldsymbol{A}}_1\boldsymbol{R}_{o1}\begin{bmatrix}\boldsymbol{x}_{co}\\ \boldsymbol{x}_{c\bar{o}}\end{bmatrix}+\boldsymbol{R}_{o1}^{-1}\bar{\boldsymbol{A}}_2\boldsymbol{R}_{o2}\begin{bmatrix}\boldsymbol{x}_{\bar{c}o}\\ \boldsymbol{x}_{\bar{c}\bar{o}}\end{bmatrix}+\boldsymbol{R}_{o1}^{-1}\boldsymbol{Bu}$$

$$=\begin{bmatrix}\boldsymbol{A}_{11} & \boldsymbol{0}\\ \boldsymbol{A}_{21} & \boldsymbol{A}_{22}\end{bmatrix}\begin{bmatrix}\boldsymbol{x}_{co}\\ \boldsymbol{x}_{c\bar{o}}\end{bmatrix}+\begin{bmatrix}\boldsymbol{A}_{13} & \boldsymbol{0}\\ \boldsymbol{A}_{23} & \boldsymbol{A}_{24}\end{bmatrix}\begin{bmatrix}\boldsymbol{x}_{\bar{c}o}\\ \boldsymbol{x}_{\bar{c}\bar{o}}\end{bmatrix}+\begin{bmatrix}\boldsymbol{B}_1\\ \boldsymbol{B}_2\end{bmatrix}\boldsymbol{u} \tag{4-93a}$$

$$\boldsymbol{y}_1=\bar{\boldsymbol{C}}\boldsymbol{R}_{o1}\begin{bmatrix}\boldsymbol{x}_{co}\\ \boldsymbol{x}_{c\bar{o}}\end{bmatrix}=[\boldsymbol{C}_1 \quad \boldsymbol{0}]\begin{bmatrix}\boldsymbol{x}_{co}\\ \boldsymbol{x}_{c\bar{o}}\end{bmatrix} \tag{4-93b}$$

式中，$\boldsymbol{x}_{co}$ 是能控能观测的状态；$\boldsymbol{x}_{c\bar{o}}$ 是能控不能观测的状态；$\boldsymbol{R}_{o1}$ 是 $\Sigma(\boldsymbol{A}_1, \boldsymbol{B}, \boldsymbol{C}_1)$ 按能观测性分解的变换阵。

综合以上三步，便可导出系统同时按能控性和能观测性进行结构分解的显式表达式。

$$\begin{bmatrix}\dot{\boldsymbol{x}}_{co}\\ \dot{\boldsymbol{x}}_{c\bar{o}}\\ \dot{\boldsymbol{x}}_{\bar{c}o}\\ \dot{\boldsymbol{x}}_{\bar{c}\bar{o}}\end{bmatrix}=\begin{bmatrix}\boldsymbol{A}_{11} & \boldsymbol{0} & \boldsymbol{A}_{13} & \boldsymbol{0}\\ \boldsymbol{A}_{21} & \boldsymbol{A}_{22} & \boldsymbol{A}_{23} & \boldsymbol{A}_{24}\\ \boldsymbol{0} & \boldsymbol{0} & \boldsymbol{A}_{33} & \boldsymbol{0}\\ \boldsymbol{0} & \boldsymbol{0} & \boldsymbol{A}_{43} & \boldsymbol{A}_{44}\end{bmatrix}\begin{bmatrix}\boldsymbol{x}_{co}\\ \boldsymbol{x}_{c\bar{o}}\\ \boldsymbol{x}_{\bar{c}o}\\ \boldsymbol{x}_{\bar{c}\bar{o}}\end{bmatrix}+\begin{bmatrix}\boldsymbol{B}_1\\ \boldsymbol{B}_2\\ \boldsymbol{0}\\ \boldsymbol{0}\end{bmatrix}u \tag{4-94a}$$

$$y=\begin{bmatrix}\boldsymbol{C}_1 & \boldsymbol{0} & \boldsymbol{C}_3 & \boldsymbol{0}\end{bmatrix}\begin{bmatrix}\boldsymbol{x}_{co}\\ \boldsymbol{x}_{c\bar{o}}\\ \boldsymbol{x}_{\bar{c}o}\\ \boldsymbol{x}_{\bar{c}\bar{o}}\end{bmatrix} \tag{4-94b}$$

【例 4-36】 已知连续时间线性定常系统

$$\dot{\boldsymbol{x}}=\begin{bmatrix}0 & 0 & -1\\ 1 & 0 & -3\\ 0 & 1 & -3\end{bmatrix}\boldsymbol{x}+\begin{bmatrix}1\\ 1\\ 0\end{bmatrix}u$$

$$y=\begin{bmatrix}0 & 1 & -2\end{bmatrix}\boldsymbol{x}$$

是状态不完全能控和不完全能观测的，试将该系统按能控性和能观测性进行结构分解。

解 例 4-35 已将系统按能控性分解，取

$$\boldsymbol{R}_c=\begin{bmatrix}1 & 0 & 0\\ 1 & 1 & 0\\ 0 & 1 & 1\end{bmatrix}$$

经线性非奇异变换后，系统分解为

$$\begin{bmatrix}\dot{\boldsymbol{x}}_c\\ \dot{\boldsymbol{x}}_{\bar{c}}\end{bmatrix}=\left[\begin{array}{cc:c}0 & -1 & -1\\ 1 & -2 & -2\\ \hdashline 0 & 0 & -1\end{array}\right]\begin{bmatrix}\boldsymbol{x}_c\\ \boldsymbol{x}_{\bar{c}}\end{bmatrix}+\left[\begin{array}{c}1\\ 0\\ \hdashline 0\end{array}\right]u$$

$$y=\left[\begin{array}{cc:c}1 & -1 & -2\end{array}\right]\begin{bmatrix}\boldsymbol{x}_c\\ \boldsymbol{x}_{\bar{c}}\end{bmatrix}$$

从上式可以看出不能控子系统是一维，且是能观测的。故无需再进行分解。

下面将能控子系统 Σ_c

$$\dot{\boldsymbol{x}}_c=\begin{bmatrix}0 & -1\\ 1 & -2\end{bmatrix}\boldsymbol{x}_c+\begin{bmatrix}-1\\ -2\end{bmatrix}\boldsymbol{x}_{\bar{c}}+\begin{bmatrix}1\\ 0\end{bmatrix}u$$

$$y_1=\begin{bmatrix}1 & -1\end{bmatrix}\boldsymbol{x}_c$$

按能观测性分解，构造线性非奇异变换阵

$$\boldsymbol{R}_o^{-1}=\begin{bmatrix}1 & -1\\ 0 & 1\end{bmatrix}$$

将 Σ_c 按能观测性分解为

$$\begin{bmatrix}\dot{x}_{co}\\ \dot{x}_{c\bar{o}}\end{bmatrix}=\begin{bmatrix}1 & -1\\ 0 & 1\end{bmatrix}\begin{bmatrix}0 & -1\\ 1 & -2\end{bmatrix}\begin{bmatrix}1 & -1\\ 0 & 1\end{bmatrix}^{-1}\begin{bmatrix}x_{co}\\ x_{c\bar{o}}\end{bmatrix}+\begin{bmatrix}1 & -1\\ 0 & 1\end{bmatrix}\begin{bmatrix}-1\\ -2\end{bmatrix}\boldsymbol{x}_{\bar{c}}+\begin{bmatrix}1 & -1\\ 0 & 1\end{bmatrix}\begin{bmatrix}1\\ 0\end{bmatrix}u$$

即

$$\begin{bmatrix}\dot{x}_{co}\\ \dot{x}_{c\bar{o}}\end{bmatrix}=\begin{bmatrix}-1 & 0\\ 1 & -1\end{bmatrix}\begin{bmatrix}x_{co}\\ x_{c\bar{o}}\end{bmatrix}+\begin{bmatrix}1\\ -2\end{bmatrix}\boldsymbol{x}_{\bar{c}}+\begin{bmatrix}1\\ 0\end{bmatrix}u$$

$$y_1=\begin{bmatrix}1 & -1\end{bmatrix}\begin{bmatrix}1 & -1\\ 0 & 1\end{bmatrix}^{-1}\begin{bmatrix}x_{co}\\ x_{c\bar{o}}\end{bmatrix}=\begin{bmatrix}1 & 0\end{bmatrix}\begin{bmatrix}x_{co}\\ x_{c\bar{o}}\end{bmatrix}$$

综合以上两次变换结果，其系统按能控性和能观测性分解的表达式为

$$\begin{bmatrix}\dot{x}_{co}\\ \dot{x}_{c\bar{o}}\\ \dot{x}_{\bar{c}o}\end{bmatrix}=\begin{bmatrix}-1 & 0 & 1\\ 1 & -1 & -2\\ 0 & 0 & -1\end{bmatrix}\begin{bmatrix}x_{co}\\ x_{c\bar{o}}\\ x_{\bar{c}o}\end{bmatrix}+\begin{bmatrix}1\\ 0\\ 0\end{bmatrix}u$$

$$y=\begin{bmatrix}1 & 0 & -2\end{bmatrix}\begin{bmatrix}x_{co}\\ x_{c\bar{o}}\\ x_{\bar{c}o}\end{bmatrix}$$

4.9.4 结构分解的另一种方法

当系统的状态空间描述是约当标准形时，其结构分解方法是很简单的。首先利用能控性和能观测性对角标准形判据判断各状态变量的能控性和能观测性，然后按能控能观测、能控不能观测、不能控能观测、不能控不能观测四种类型分类排列，组成相应的子系统。

【例 4-37】 给定系统 $\Sigma(\boldsymbol{A},\boldsymbol{B},\boldsymbol{C})$ 的约当标准形为

$$\begin{bmatrix}\dot{x}_1\\ \dot{x}_2\\ \dot{x}_3\\ \dot{x}_4\\ \dot{x}_5\\ \dot{x}_6\end{bmatrix}=\begin{bmatrix}-4 & 1 & & & & \\ 0 & -4 & & & & \\ & & 3 & 1 & & \\ & & 0 & 3 & & \\ & & & & -1 & 1\\ & & & & 0 & -1\end{bmatrix}\begin{bmatrix}x_1\\ x_2\\ x_3\\ x_4\\ x_5\\ x_6\end{bmatrix}+\begin{bmatrix}1 & 3\\ 5 & 7\\ 4 & 3\\ 0 & 0\\ 1 & 6\\ 0 & 0\end{bmatrix}\begin{bmatrix}u_1\\ u_2\end{bmatrix}$$

$$\begin{bmatrix}y_1\\ y_2\end{bmatrix}=\begin{bmatrix}3 & 1 & 0 & 5 & 0 & 0\\ 1 & 4 & 0 & 2 & 0 & 0\end{bmatrix}\begin{bmatrix}x_1\\ x_2\\ x_3\\ x_4\\ x_5\\ x_6\end{bmatrix}$$

写出其约当标准形。

解 约当标准形根据约当标准形的能控性判据和能观测判据，容易判定

能控变量：x_1, x_2, x_3, x_5

不能控变量：x_4, x_6

能观测变量：x_1, x_2, x_4

不能观测变量：x_3, x_5, x_6

综上所述，可知

能控且能观测变量：x_1, x_2

能控但不能观测变量：x_3, x_5

不能控但能观测变量：x_4

不能控不能观测变量：x_6

于是，令

$$\boldsymbol{x}_{co}=\begin{bmatrix}x_1\\x_2\end{bmatrix},\ \boldsymbol{x}_{c\bar{o}}=\begin{bmatrix}x_3\\x_5\end{bmatrix}$$

$$x_{\bar{c}o}=x_4,\ x_{\overline{co}}=x_6$$

按此顺序重新排列 $\boldsymbol{A}$、$\boldsymbol{B}$、$\boldsymbol{C}$ 的行列式，就可以导出

$$\begin{bmatrix}\dot{\boldsymbol{x}}_{co}\\\dot{\boldsymbol{x}}_{c\bar{o}}\\\dot{x}_{\bar{c}o}\\\dot{x}_{\overline{co}}\end{bmatrix}=\begin{bmatrix}-4 & 1 & 0 & 0 & 0 & 0\\0 & -4 & 0 & 0 & 0 & 0\\0 & 0 & 3 & 0 & 1 & 0\\0 & 0 & 0 & -1 & 0 & 1\\0 & 0 & 0 & 0 & 3 & 0\\0 & 0 & 0 & 0 & 0 & -1\end{bmatrix}\begin{bmatrix}\boldsymbol{x}_{co}\\\boldsymbol{x}_{c\bar{o}}\\x_{\bar{c}o}\\x_{\overline{co}}\end{bmatrix}+\begin{bmatrix}1 & 3\\5 & 7\\4 & 3\\1 & 6\\0 & 0\\0 & 0\end{bmatrix}\begin{bmatrix}u_1\\u_2\end{bmatrix}$$

$$\begin{bmatrix}y_1\\y_2\end{bmatrix}=\begin{bmatrix}3 & 1 & 0 & 0 & 5 & 0\\1 & 4 & 0 & 0 & 2 & 0\end{bmatrix}\begin{bmatrix}\boldsymbol{x}_{co}\\\boldsymbol{x}_{c\bar{o}}\\x_{\bar{c}o}\\x_{\overline{co}}\end{bmatrix}$$

4.10 利用 MATLAB 判定系统的能控性和能观测性

4.10.1 MATLAB 中的系统能控性和能观测性处理函数

以下介绍了 MATLAB 提供的 5 个常用的与能控性和能观测性判别相关的函数，需要调用 MATLAB 中控制系统工具箱 Control System Toolbox。函数的详细功能说明可以通过“help 函数名”来了解。另外，由于这些功能函数都是用基本的 MATLAB 的语句及其函数编写的 M 文件，所以还可以在 MATLAB 的安装目录中找到“函数名.M”文件，通过阅读源文件来全面了解相应函数的编程细节。

(1) 求取系统能控判别矩阵的函数 ctrb( )

求系统能控判别矩阵 $\boldsymbol{Q}_c=[\boldsymbol{B}\quad \boldsymbol{AB}\quad \boldsymbol{A}^2\boldsymbol{B}\quad \cdots\quad \boldsymbol{A}^{n-1}\boldsymbol{B}]$ 的函数 ctrb($\boldsymbol{A}$,$\boldsymbol{B}$)，相应的 MATLAB 语句为

$$\boldsymbol{Q}_c=\mathrm{ctrb}(\boldsymbol{A},\boldsymbol{B})$$

结合求 $\boldsymbol{Q}_c$ 秩的函数 rank($\boldsymbol{Q}_c$)，从而判断系统的能控性。

(2) 求系统能观测判别矩阵的函数 obsv( )

求系统能观测判别矩阵 $\boldsymbol{Q}_o^{\mathrm{T}}=[\boldsymbol{C}^{\mathrm{T}}\quad \boldsymbol{A}^{\mathrm{T}}\boldsymbol{C}^{\mathrm{T}}\quad (\boldsymbol{A}^{\mathrm{T}})^2\boldsymbol{C}\quad \cdots\quad (\boldsymbol{A}^{\mathrm{T}})^{n-1}\boldsymbol{C}]$ 的函数 obsv($\boldsymbol{Q}_o$)，相应的 MATLAB 语句为

$$Q_o = \text{obsv}(\boldsymbol{A}, \boldsymbol{C})$$

结合求 Q_o 秩的函数 rank(Q_o)，从而判断系统的能观性。

(3) 系统的能控或能观测的格拉姆矩阵 gram( )

求系统能控或能观测的格拉姆矩阵，相应的 MATLAB 语句为

$$\text{sys} = \text{ss}(\boldsymbol{A}, \boldsymbol{B}, \boldsymbol{C}, \boldsymbol{D})$$

$$W_c = \text{gram}(\text{sys}, 'c')$$

$$W_o = \text{gram}(\text{sys}, 'o')$$

结合求秩的函数 rank( )，从而判断系统的能控性。

注意：使用函数 gram( )，要求矩阵 $\boldsymbol{A}$ 必须稳定（所有特征值在连续时间下均为负实部，或在离散时间下严格小于 1）。若矩阵 $\boldsymbol{A}$ 不稳定，程序会报错：Gramians cannot be computed for models with unstable dynamics.

(4) 系统进行能控性分解的函数 ctrbf( )

当系统能控性矩阵的秩小于系统的维数 n 时，可以使用函数 ctrbf( ) 对线性系统进行能控性分解，相应的 MATLAB 语句为：

$$\boldsymbol{A}_c, \boldsymbol{B}_c, \boldsymbol{C}_c = \text{ctrbf}(\boldsymbol{A}, \boldsymbol{B}, \boldsymbol{C})$$

其中，$\boldsymbol{A}$,$\boldsymbol{B}$ 和 $\boldsymbol{C}$ 是变换前的系统矩阵；$\boldsymbol{A}_c$,$\boldsymbol{B}_c$ 和 $\boldsymbol{C}_c$ 是能控性分解后的矩阵。

(5) 系统进行能观测性分解的函数 obsvf( )

当系统能观测性矩阵的秩小于系统的维数 n 时，可以使用函数 obsvf( ) 对线性系统进行能观测性分解，相应的 MATLAB 语句为：

$$\boldsymbol{A}_o, \boldsymbol{B}_o, \boldsymbol{C}_o = \text{obsvf}(\boldsymbol{A}, \boldsymbol{B}, \boldsymbol{C})$$

其中，$\boldsymbol{A}$,$\boldsymbol{B}$ 和 $\boldsymbol{C}$ 是变换前系统矩阵；$\boldsymbol{A}_o$,$\boldsymbol{B}_o$ 和 $\boldsymbol{C}_o$ 是能观测性分解后的矩阵。

需要注意的是：当系统的模型用 sys=ss($\boldsymbol{A}$,$\boldsymbol{B}$,$\boldsymbol{C}$,$\boldsymbol{D}$) 输入以后，也就是当系统模型用状态空间的形式表示时，也可以用 Q_c=ctrb(sys) 和 Q_o=obsv(sys) 的形式求出该系统的能控性矩阵和能观测性矩阵。与之类似，可以用

$$[\boldsymbol{A}_c, \boldsymbol{B}_c, \boldsymbol{C}_c] = \text{ctrbf}(\text{sys}) \text{和} [\boldsymbol{A}_o, \boldsymbol{B}_o, \boldsymbol{C}_o] = \text{obsvf}(\text{sys})$$

的形式对该系统进行能控性分解和能观测性分解。

(6) 可完成状态空间模型相似变换的函数 ss2ss( )

当系统为状态空间模型时，可使用函数 ss2ss( ) 进行相似变换，将系统化为能控或能观测标准形，相应的 MATLAB 语句为：

$$[\boldsymbol{A}1, \boldsymbol{B}1, \boldsymbol{C}1, \boldsymbol{D}1] = \text{ss2ss}(\boldsymbol{A}, \boldsymbol{B}, \boldsymbol{C}, \boldsymbol{D}, \boldsymbol{T})$$

其中，$\boldsymbol{A}$,$\boldsymbol{B}$,$\boldsymbol{C}$ 和 $\boldsymbol{D}$ 是变换前的系统矩阵；$\boldsymbol{T}$ 为相似变换矩阵；$\boldsymbol{A}1$,$\boldsymbol{B}1$,$\boldsymbol{C}1$,$\boldsymbol{D}1$ 是转换成标准形后的矩阵。

4.10.2 利用 MATLAB 判定系统的能控性和能观测性

下面通过前面的几个简单实例说明上述函数的应用。

【例 4-38】 试判别如下连续时间线性定常系统的能控性。

$$\dot{\boldsymbol{x}} = \begin{bmatrix} -2 & 1 \\ 0 & -1 \end{bmatrix} \boldsymbol{x} + \begin{bmatrix} 1 \\ 0 \end{bmatrix} u$$

解 首先计算系统的能控性矩阵 Q_c，然后用 rank( ) 函数计算该矩阵的秩，MATLAB 程序代码如下：

MATLAB 程序 4.1	
$\boldsymbol{A}$=[-2,1;0,-1];$\boldsymbol{B}$=[1;0];	%输入系统的系数矩阵
$\boldsymbol{Q}_c$=ctrb($\boldsymbol{A}$,$\boldsymbol{B}$)	%计算能控判别矩阵
RQ_c=rank($\boldsymbol{Q}_c$)	%计算能控判别矩阵的秩

运行结果如下：

```
Qc =  1   -2
      0    0

RQc = 1
```

从计算结果可以看出，系统的能控性矩阵的秩是 1，小于维数 2，因此该系统是不能控的。

特别地，对于单输入系统，若系统的能控性矩阵 $\boldsymbol{Q}_c$ 为一方阵，可用行列式是否为零作为判据判断系统是否可控。计算上述例题中，$\boldsymbol{Q}_c$ 行列式的值为 $\det(\boldsymbol{Q}_c)=0$，因此可得系统是不能控的。

【例 4-39】 已知三阶双输入系统的状态方程为

$$\dot{\boldsymbol{x}}=\begin{bmatrix}1&1&0\\0&1&0\\0&1&1\end{bmatrix}\boldsymbol{x}+\begin{bmatrix}0&1\\1&0\\0&1\end{bmatrix}\begin{bmatrix}u_1\\u_2\end{bmatrix}$$

试判别其能控性。

解 首先计算系统的能控性矩阵 $\boldsymbol{Q}_c$，然后用 rank( ) 函数计算该矩阵的秩，MATLAB 程序代码如下：

MATLAB 程序 4.2
$\boldsymbol{A}$=[1,1,0;0,1,0;0,1,1];$\boldsymbol{B}$=[0,1;1,0;0,1];
$\boldsymbol{Q}_c$=ctrb($\boldsymbol{A}$,$\boldsymbol{B}$)
RQ_c=rank($\boldsymbol{Q}_c$)

运行结果如下：

```
      0  1  1  1  2  1
Qc =  1  0  1  0  1  0
      0  1  1  1  2  1

RQc = 2
```

从计算结果可以看出，系统的能控性矩阵 $\boldsymbol{Q}_c$ 的秩是 2，小于系统维数 3。因此该系统是不能控的。

特别地，对于多输入系统，若 $|\boldsymbol{Q}_c\boldsymbol{Q}_c^{\mathrm{T}}|\neq 0$，则系统是能控的。

MATLAB 程序代码如下：

MATLAB 程序 4.3

```
A=[1,1,0;0,1,0;0,1,1];B=[0,1;1,0;0,1];
Qc=ctrb(A,B)
G=Qc';
d=det(Qc*G)
```

运行结果如下：

```
      0  1  1  1  2  1
Qc=1  0  1  0  1  0
      0  1  1  1  2  1

d=0
```

矩阵的行列式等于0，可知系统是不能控的。

【例 4-40】 设连续时间线性定常系统的状态方程为

$$\dot{\boldsymbol{x}}=\begin{bmatrix}-7 & 0 & 0\\ 0 & -5 & 0\\ 0 & 0 & 1\end{bmatrix}\boldsymbol{x},y=\begin{bmatrix}6 & 4 & 5\end{bmatrix}\boldsymbol{x}$$

试判断系统的能观测性。

解 首先用obsv( )函数计算系统的能观性矩阵，然后用rank( )函数计算该矩阵的秩，MATLAB程序代码如下：

MATLAB 程序 4.4

```
A=[-7,0,0;0,-5,0;0,0,1];C=[6,4,5];
Qo=obsv(A,C)
RQo=rank(Qo)
```

运行结果如下：

```
        6     4    5
Qo=-42   -20   -5
      294   100    5

RQo=3
```

从计算结果可以看出，系统的能观性矩阵的秩是3，等于系统维数3。因此该系统是能观测的。

特别地，对单输出系统，可以把$\boldsymbol{Q}_o$的行列式不为零作为其能观测性判据。计算上述例题$\boldsymbol{Q}_o$行列式的值为$\det(\boldsymbol{Q}_o)=0$，因此可得系统是能观测的。

【例 4-41】 设离散时间线性定常系统的$\boldsymbol{G}$,$\boldsymbol{C}$为

$$\boldsymbol{G}=\begin{bmatrix}2 & 0 & 3\\ -1 & -2 & 0\\ 0 & 1 & 2\end{bmatrix},\ \boldsymbol{C}=\begin{bmatrix}1 & 0 & 0\\ 0 & 1 & 0\end{bmatrix}$$

试判别其能观测性。

解 首先用 obsv( ) 函数计算系统的能观性矩阵，然后用 rank( ) 函数计算该矩阵的秩，MATLAB 程序代码如下：

MATLAB 程序 4.5

```
G=[2,0,3;-1,-2,0;0,1,2];C=[1,0,0;0,1,0];
Qo=obsv(G,C)
RQo=rank(Qo)
```

运行结果为：

```
        1     0     0
        0     1     0
        2     0     3
Qo=
       -1    -2     0
        4     3    12
        0     4    -3

RQo=3
```

从计算结果可以看出，系统的能观性矩阵的秩是 3，等于系统的维数 3。因此该系统是能观测的。

【例 4-42】 设连续时间线性定常系统的状态方程为

$$
\dot{\boldsymbol{x}}=\begin{bmatrix}-1 & 1 & 0 & 0\\ 0 & -1 & 1 & 0\\ 0 & 0 & -1 & 0\\ 0 & 0 & 0 & -2\end{bmatrix}\boldsymbol{x}+\begin{bmatrix}10\\ 9\\ 0\\ 1\end{bmatrix}\boldsymbol{u}
$$

$$
y=\begin{bmatrix}1 & 0 & 0 & 2\end{bmatrix}\boldsymbol{x}
$$

试判断系统的能控性和能观测性。

解 首先用函数 gram( ) 计算系统的格拉姆矩阵，然后用 rank( ) 函数计算该矩阵的秩，MATLAB 程序代码如下：

MATLAB 程序 4.6

```
A=[-1,1,0,0;0,-1,1,0;0,0,-1,0;0,0,0,-2];
B=[10,9,0,1]';
C=[1,0,0,2];
D=0;
sys=ss(A,B,C,D);
Wc=gram(sys,'c')
Wo=gram(sys,'o')
```

运行结果为：

$$W_c=\begin{matrix}115.2500 & 65.2500 & 0 & 4.3333\\ 65.2500 & 40.5000 & 0 & 3.0000\\ 0 & 0 & 0 & 0\\ 4.3333 & 3.0000 & 0 & 0.2500\end{matrix}$$

$$W_o=\begin{matrix}0.5000 & 1.2500 & 0.6250 & 0.6667\\ 1.2500 & 4.9167 & 3.3819 & 1.2222\\ 0.6250 & 3.3819 & 3.3819 & 0.4074\\ 0.6667 & 1.2222 & 0.4074 & 1.0000\end{matrix}$$

从计算结果可以看出，系统的能控性格拉姆矩阵是奇异的，因此该系统是不能控的。系统的能观测性格拉姆矩阵是非奇异的，因此该系统是能观测的。

【例 4-43】 已知三阶双输入系统的状态方程为

$$\dot{\boldsymbol{x}}=\begin{bmatrix}1 & 2 & 3\\ 4 & 5 & 6\\ 3 & 4 & 5\end{bmatrix}\boldsymbol{x}+\begin{bmatrix}1 & 0\\ 3 & 1\\ 0 & 4\end{bmatrix}\boldsymbol{u},\ \boldsymbol{y}=\begin{bmatrix}2 & 0 & 0\\ 0 & -2 & 0\end{bmatrix}\boldsymbol{x}$$

试判别其能控性和能观测性。

解 用函数 ctrb( ) 和 obsv( ) 函数分别求能控性和观测性的矩阵，然后用 rank( ) 函数分别计算这两个矩阵的秩，MATLAB 程序代码如下：

MATLAB 程序 4.7

```
A=[1,2,3;4,5,6;3,4,5];B=[1,0;3,1;0,4];C=[2,0,0;0,-2,0];
Qc=ctrb(A,B)
RQc=rank(Qc)
Qo=obsv(A,C)
RQo=rank(Qo)
```

运行结果如下，

$$\boldsymbol{Q}_c=\begin{matrix}1 & 0 & 7 & 14 & 90 & 144\\ 3 & 1 & 19 & 29 & 213 & 345\\ 0 & 4 & 15 & 24 & 172 & 278\end{matrix}$$

$RQ_o=3$

$$\boldsymbol{Q}_o=\begin{matrix}2 & 0 & 0\\ 0 & -2 & 0\\ 2 & 4 & 6\\ -8 & -10 & -12\\ 36 & 48 & 60\\ -84 & -114 & 144\end{matrix}$$

$RQ_c=3$

4.10.3 利用MATLAB计算系统的能控标准形和能观测标准形

下面举例说明如何利用MATLAB计算系统的能控标准形和能观测标准形。

【例 4-44】 试将下列连续时间线性定常系统的状态空间描述

$$\dot{\boldsymbol{x}}=\begin{bmatrix}1 & 2 & 0\\3 & -1 & 1\\0 & 2 & 0\end{bmatrix}\boldsymbol{x}+\begin{bmatrix}2\\1\\1\end{bmatrix}u$$

$$y=\begin{bmatrix}0 & 0 & 1\end{bmatrix}\boldsymbol{x}$$

变换为能控标准形。

解 首先用ctrb( )函数计算系统的能观性矩阵，然后用rank( )函数计算该矩阵的秩，然后再构造变换阵，利用变换阵写出系统的能控标准形的矩阵，MATLAB程序代码如下：

MATLAB程序4.8

```
A=[1,2,0;3,-1,1;0,2,0];B=[2;1;1];
n=rank(A);
Qc=ctrb(A,B);
  if det(Qc)~=0
    p1=inv(Qc);
  end
p1=p1(n,:);
P=[p1;p1*A;p1*A*A];
Ac=P*A*inv(P)
Bc=P*B
```

运行结果为：

```
       0   1   0
Ac =   0   0   1
      -2   9   0
       0
Bc =   0
       1
```

【例 4-45】 试将下列连续时间线性定常系统的状态空间描述

$$\dot{\boldsymbol{x}}=\begin{bmatrix}3 & -1\\2 & 1\end{bmatrix}x+\begin{bmatrix}-2\\1\end{bmatrix}u$$

$$y=\begin{bmatrix}1 & 3\end{bmatrix}\boldsymbol{x}$$

变换为能观测标准形。

解 首先用 obsv( ) 函数计算系统的能观性矩阵，然后用 rank( ) 函数计算该矩阵的秩，然后再构造变换阵，利用变换阵写出系统的能观测标准形的矩阵，MATLAB 程序代码如下：

MATLAB 程序 4.9

```
A=[3,-1;2,1];B=[-2;1];C=[1,3];
Qo=obsv(A,C);
n=rank(Qo);
T1=inv(Qo);
T=[T1,A*T1]
Ao=inv(T)*A*T
Bo=inv(T)*B
Co=C*T
```

运行结果为：

```
T=   0.1200    0.4000
    -0.0400    0.2000

Ao=  0.0000   -5.0000
     1.0000    4.0000

Bo=  -20
      1

Co=0.0000    1.0000
```

【例 4-46】 设连续时间线性定常系统的状态方程为

$$\dot{x}=\begin{bmatrix}1 & 2 & -1\\ -1 & 2 & 0\\ 3 & 0 & -1\end{bmatrix}x+\begin{bmatrix}5\\4\\0\end{bmatrix}u,\ y=[0\quad -2\quad 1]x$$

试对系统进行能控性和观测性结构分解。

解 先求能控性和观测性分解后的矩阵，MATLAB 程序代码如下：

MATLAB 程序 4.10

```
A=[1,2,-1;-1,2,0;3,0,-1];B=[5,4,0]';C=[0,-2,1];
[Ac,Bc,Cc]=ctrbf(A,B,C)
[Ao,Bo,Co]=obsvf(A,B,C)
```

运行结果如下

```
        0.4286      0.0743     0.0000
A_c =  -2.4244     -0.3067     2.5104
        1.6766     -1.4827     1.8780

        0
B_c =   0
        6.4031

C_c =  -1.0979    1.4946    -1.2494

        0.8447     2.3194    -2.1147
A_o =   0.0833    -0.2447    -1.4028
        0.0000     2.5377     1.4000

        3.9406
B_o =   3.5598
       -3.5777

C_o =  0    0    2.2361
```

需要注意的是：由 MATLAB 提供的分解矩阵与前面提到的标准形式不一样，这主要是由于状态变量的编号选取不同，若要得到前面提到的标准形式，只需加下面语句。$\boldsymbol{A}_{cc}=\mathrm{rot90}(\boldsymbol{A}_c,2)$，$\boldsymbol{B}_{cc}=\mathrm{rot90}(\boldsymbol{B}_c,2)$，$\boldsymbol{C}_{cc}=\mathrm{rot90}(\boldsymbol{C}_c,2)$

运行结果如下：

```
         1.8780    -1.4827     1.6766
A_cc =   2.5104    -0.3067    -2.4244
         0.0000     0.0743     0.4286

         6.4031
B_cc =   0
         0

C_cc =  -1.2494    1.4946    -1.0979
```

【例 4-47】 设连续时间线性定常系统的状态方程为

$$\dot{\boldsymbol{x}}=\begin{bmatrix}5 & 2 & -1\\ -2 & 4 & 0\\ 3 & 0 & 1\end{bmatrix}\boldsymbol{x}+\begin{bmatrix}2\\4\\1\end{bmatrix}u,\quad y=\begin{bmatrix}0 & 2 & -1\end{bmatrix}\boldsymbol{x}$$

试求该系统的能控标准形和能观标准形。

解 先求能控性的矩阵，再用函数 ss2ss( ) 进行相似变换，将系统化为能控标准形，

MATLAB 程序 4.11
A=[5,2,-1;-2,4,0;3,0,1];B=[2,4,1]';C=[0,2,-1];D=0; T1=ctrb(A,B) [A1,B1,C1,D1]=ss2ss(A,B,C,D,T1)

可得转换成能控标准形后的矩阵为

```
      2   17   102
T1=4   12    14
      1    7    58

      -176.0137   85.8724   290.5376
A1= -12.1595    10.8451    18.9385
      -105.9704   50.4431   175.1686

      174
B1= 70
       88

C1=0.5148   -0.0285   -0.9157

D1=0
```

同理，先求能观性的矩阵，再用函数 ss2ss( )进行相似变换，将系统化为能观标准形，

MATLAB 程序 4.12
A=[5,2,-1;-2,4,0;3,0,1];B=[2,4,1]';C=[0,2,-1];D=0; T2=obsv(A,C) [A2,B2,C2,D2]=ss2ss(A,B,C,D,T2)

可得转换成能观标准形后的矩阵为

```
        0     2    -1
T2=  -7     8    -1
       -54   18     6

        0     1     0
A2=  0     0     1
       36   -36   10

        7
B2=  17
       -30

C2=1   0   0

D2=0
```

4.11 工程中的实例分析

(1) 系统建模

磁盘可以方便有效地存储信息。磁盘驱动器采用了 ANSI 标准，广泛应用于从便携式计算机到大型计算机等各类计算机中。全球磁盘驱动器的市场需求量超过了 6.5 亿套。磁盘驱动器设计师往年关注的焦点是数据容量和读取速度。近年来的变化趋势表明，数据存储密度的增长速度达到了大约每年 40%。如今，设计师们正在考虑让磁盘驱动器承担一些以前由 CPU 承担的任务，以便优化计算环境。与此相关的 3 个正在研发的“智能”主题是：离线差错恢复、磁盘驱动器失效预警及跨磁盘数据存储。通过图 4-17 所示的磁盘驱动器结构示意图可以发现，磁盘驱动器读取装置的设计目标是准确定位磁头，以便正确读取磁盘磁道上的信息。需要实施精确控制的受控变量是磁头（安装在一个滑动簧片上）的位置。磁盘的旋转速度在 1800～7200 转/分（rpm）的范围内，磁头在磁盘上方不到 100nm 的地方“飞行”，位置精度指标初步定为 1μm。如果有可能，还要进一步要求，磁头由磁道 a 移动到磁道 b 的时间小于 10ms。至此，可以给出系统的初步配置结构，如图 4-18 所示。该闭环系统利用电机驱动（移动）磁头臂到达预期的位置。

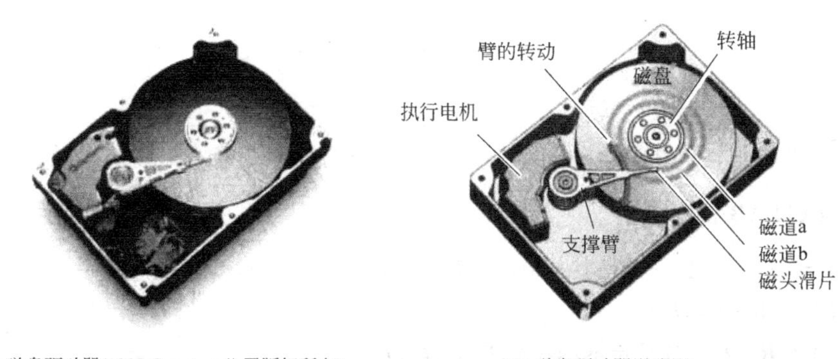

(a) 磁盘驱动器(1999 Quantum公司版权所有)　　(b) 磁盘驱动器说明图

图 4-17　磁盘驱动器

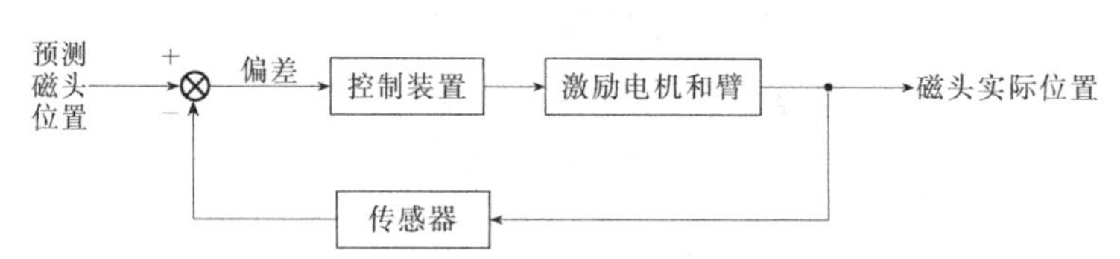

图 4-18　磁盘驱动器磁头的闭环控制系统

上述讨论已经确定了磁盘驱动器读取系统的基本设计目标：尽可能地将磁头精确定位于指定的磁道，并且磁头在两个磁道之间移动所需的时间不超过 10ms。针对这个系统，首先要确定受控对象、传感器和控制器，然后建立受控对象 $C(s)$ 和传感器的数学模型。磁盘驱动器读取系统用永磁直流电机来驱动磁头臂转动（见图 4-18）。磁盘驱动器制造业者称这种电机为音圈电机。如图 4-19 所示，

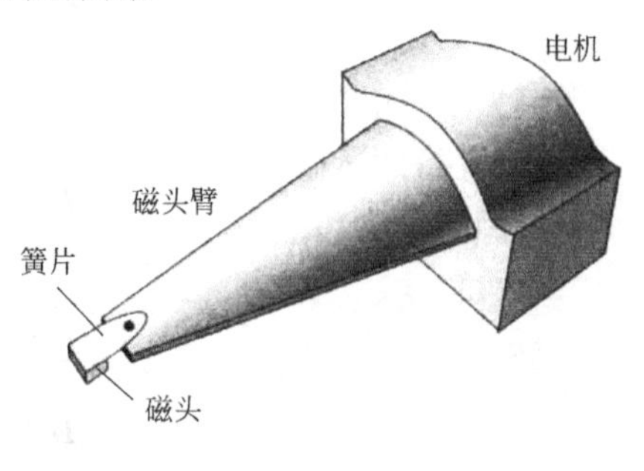

图 4-19　磁头安装结构图

磁头安装在一个与磁头臂相连的簧片上，由弹性金属制成的簧片能够保证磁头以小于100nm的间隙悬浮于磁盘之上。磁头读取磁盘上各点处的磁通量，并将信号提供给放大器。在读取磁盘上预存的索引磁道时，磁头将生成图4-20(a)中的偏差信号。再假定磁头足够精确，可以如图4-20(b)所示，将传感器环节的传递函数取为$H(s)=1$。同时，我们用图4-21所示的电枢控制式直流电机模型作为永磁直流电机的模型，并令$K_b=0$，这是一个具有了足够精度的近似模型。

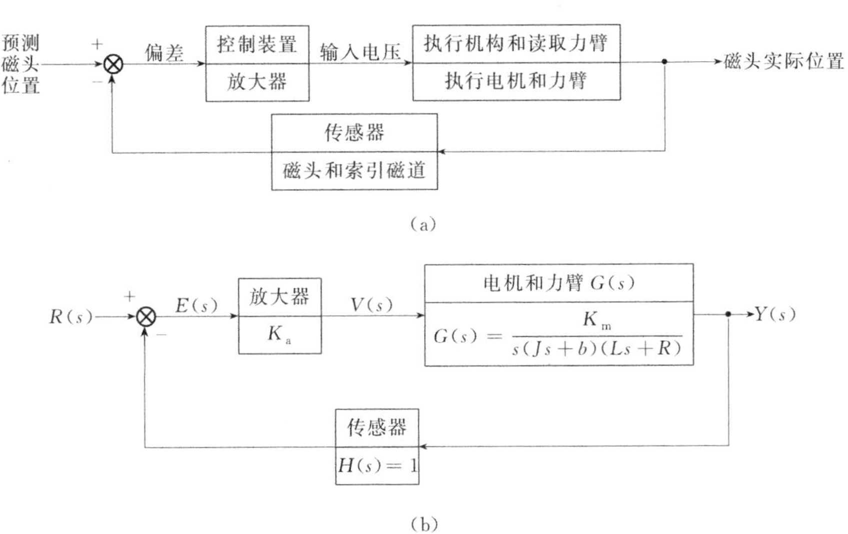

图4-20 磁盘驱动器读取系统框图模型

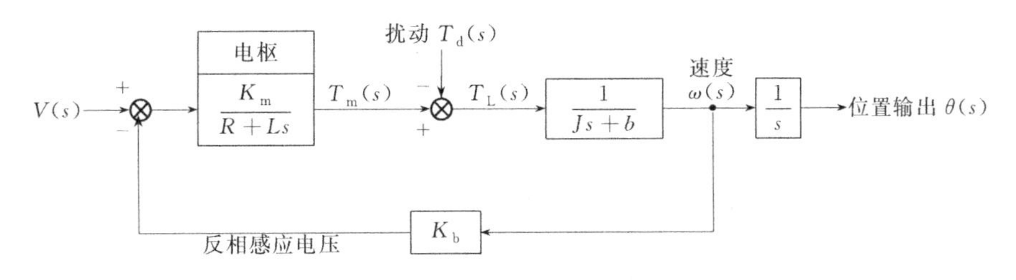

图4-21 电枢控制式直流电机

此外，我们其实还假定了簧片是完全刚性的，不会出现明显的弯曲。表4-1给出了磁盘驱动器读取系数。此τ可忽略不计，从而可以得到$G(s)$的二阶近似模型：

$$G(s)\approx\frac{K_m/(bR)}{s(\tau_L s+1)}=\frac{0.25}{s(0.05s+1)}$$

或

$$G(s)=\frac{5}{s(s+20)}$$

该闭环系统的框图模型如图4-22所示，可得

$$\frac{Y(s)}{R(s)}=\frac{K_aG(s)}{1+K_aG(s)}$$

表 4-1 双质量块-弹簧系统的典型参数

参数	符号	典型值
磁头臂与磁头的转动惯量	J	$1\ N \cdot m \cdot s^2/rad$
摩擦系数	b	$20\ N \cdot m \cdot s/rad$
放大器系数	K_a	10～1000
电枢电阻	R	1Ω
电机系数	K_m	$5\ N \cdot m/A$
磁场电感	L	1 mH

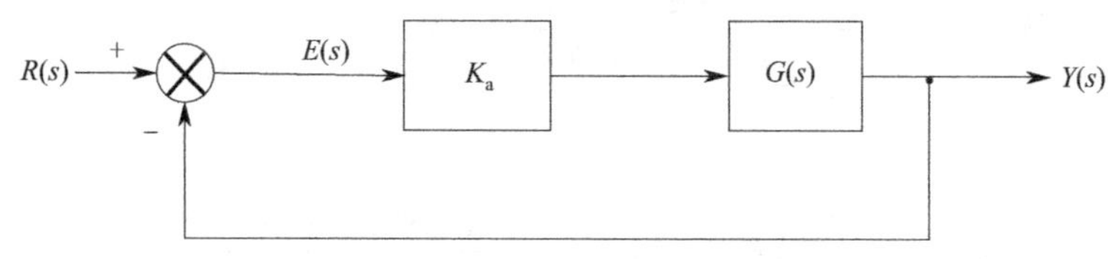

图 4-22 闭环系统的框图模型

将 $G(s)$的二阶近似模型代入式$\frac{Y(s)}{R(s)}=\frac{K_aG(s)}{1+K_aG(s)}$中，可以得到

$$\frac{Y(s)}{R(s)}=\frac{5K_a}{s^2+20s+5K_a}$$

当 $K_a=40$ 时，可以得到

$$Y(s)=\frac{200}{s^2+20s+200}R(s)$$

现代磁盘能够在 1 cm 宽度内刻蚀出多达 5000 个磁道，每个磁道的标准宽度仅为 1μm，因此，磁盘驱动器读取系统对磁头的定位精度和磁头在磁道间的移动精度都有非常高的要求。本章将在考虑弹性支架影响的前提下，分析并建立磁盘驱动器系统的状态空间模型。

磁头支架系统如图 4-19 所示。为了保证磁头的快速移动，磁头臂和簧片都非常轻，而且簧片由很薄的弹簧钢制成，因此，在分析设计该系统时，必须将弹性支架的影响考虑在内。如图 4-23(a)所示，控制目标是精确控制磁头的位移 $y(t)$，这里将支架系统简化为一个双质量块（分别为磁头 M_2 和电机 M_1）-弹簧（簧片，弹性系数为 k）系统。作用在质量块 M_1 上的力由直流电机产生，即输入信号 $\boldsymbol{u}(t)$。如果假定簧片是绝对刚性的（弹性系数为无穷大），则可以认为两个质量块之间通过刚体进行连接，这样就得到了图 4-23(b)所示的简化模型。该系统所用的参数如表 4-2 所示。

表 4-2 双质量块-弹簧系统的典型参数

参数	符号	参数值
电机质量	M_1	2×10^{-2} kg
簧片弹性系数	k	10
磁头支架质量	M_2	5×10^{-4} kg
磁头位移	$y(t)$	毫米级
M_1 的摩擦系数	b_1	410×10^{-3}N/(m/s)

续表

参数	符号	参数值
磁场电阻	R	1Ω
磁场电感	L	1mH
电机系数	K_m	1025×10^{-4} N·m/A
M_2的摩擦系数	b_2	4.1×10^{-3}N/(m/s)

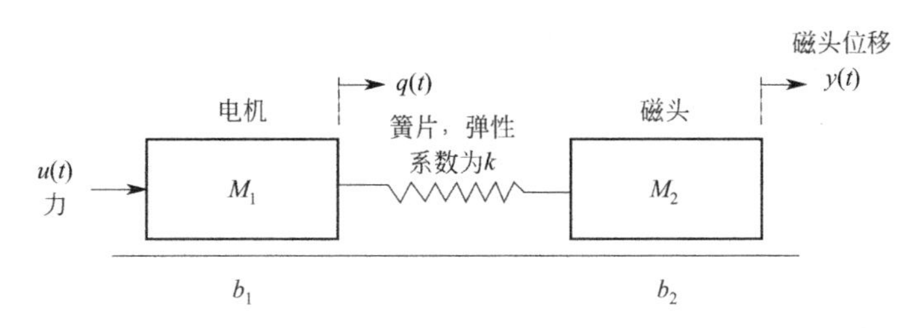

(a) 双质量块-弹簧系统

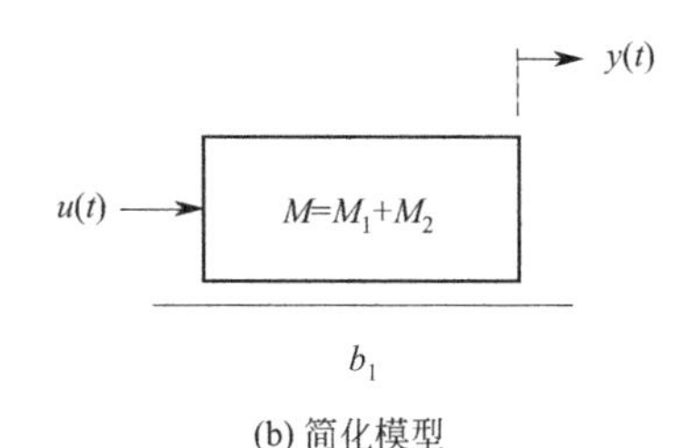

(b) 简化模型

图 4-23　双质量块的系统模型

首先，我们推导图 4-23(b)所示简化系统的传递函数。由表 4.2 中的参数值可以得到，双质量块的总质量为

$$M=M_1+M_2=20.5\text{g}=0.0205\text{kg}$$

于是有

$$M\frac{\mathrm{d}^2y}{\mathrm{d}t^2}+b_1\frac{\mathrm{d}y}{\mathrm{d}t}=u(t)$$

对上式进行拉普拉斯变换，可以得到传递函数为

$$\frac{Y(s)}{U(s)}=\frac{1}{s(Ms+b_1)}$$

将表 4-2 中的参数值代入上式，可以得到

$$\frac{Y(s)}{U(s)}=\frac{1}{s(0.0205s+0.410)}=\frac{48.78}{s(s+20)}$$

将电机线圈的传递函数和支架系统传递函数串联之后，可以得到整个磁头读取装置的传递函数模型。电机线圈传递函数的参数分别为 $R=1\Omega$，$L=1\text{mH}$，$K_m=0.1025\text{N}\cdot\text{m/A}$。

(2) 状态方程的建立

由此可以得到整个磁头读取装置的传递函数为

$$G(s)=\frac{Y(s)}{V(s)}=\frac{5000}{s(s+20)(s+1000)}$$

接下来，当簧片不是绝对刚性时，推导图 4-23 (a) 所示的双质量块系统的状态空间模

型。该系统的微分方程模型为

$$质量块\ M_1:M_1\frac{d^2q}{dt^2}+b_1\frac{dq}{dt}+k(q-y)=u(t)$$

$$质量块\ M_2:M_2\frac{d^2q}{dt^2}+b_2\frac{dy}{dt}+k(y-q)=0$$

选定如下4个状态质量，分别为

$$x_1=q,\ x_2=y,\ x_3=\frac{dq}{dt},\ x_4=\frac{dy}{dt}$$

利用上面的微分方程，可以得到系统的状态空间模型，其矩阵形式为

$$\dot{x}=Ax+Bu$$

其中

$$x=\begin{bmatrix}q\\y\\\dot{q}\\\dot{y}\end{bmatrix},\quad B=\begin{bmatrix}0\\0\\1/M_1\\0\end{bmatrix},\quad A=\begin{bmatrix}0&0&1&0\\0&0&0&1\\-k/M_1&k/M_1&-b_1/M_1&0\\k/M_2&-k/M_2&0&-b_2/M_2\end{bmatrix}$$

设簧片的弹性系数 $k=10$，将表4-2中的其他参数值代入状态空间模型，可以得到

$$B=\begin{bmatrix}0\\0\\50\\0\end{bmatrix},\quad A=\begin{bmatrix}0&0&1&0\\0&0&0&1\\-500&500&-20.5&0\\20000&-20000&0&-8.2\end{bmatrix}$$

(3) 能控性分析

MATLAB程序代码如下：

MATLAB 程序 4.13

```
A=[0,0,1,0;0,0,0,1;-500,500,-20.5,0;20000,-20000,0,-8.2];
B=[0;0;50;0];
Qc=ctrb(A,B)
RQc=rank(Qc)
```

运行结果如下：

```
Qc=1.0e+07 *
     0        0        -0.0001   -0.0004
     0        0         0         0.1000
     0       -0.0001   -0.0004    0.0594
     0        0         0.1000   -2.8700


RQc=4
```

则该系统是能控的。

小 结

本章主要介绍了线性系统的能控性和能观测性的概念，线性定常系统和线性时变系统能控性和能观测性的判别方法。线性定常系统能控性（能观测性）判据有四种形式：格拉姆矩阵判据、秩判据、PBH判据、约当标准形判据。前三种可直接根据状态方程来确定其能控性，最后一种判据需要先进行线性变换，将系统状态方程化为对角标准形或约当标准形，再确定其能控性。其次，通过对偶原理揭示了能控性和能观测性之间的内在关系。它们的本质都是系统的结构特性，能控性是表征外部控制输入对系统内部运动的可影响性，能观测性是表征系统内部运动可由外部测量的输出反映。

对于完全能控和完全能观测的系统，可以写出系统的能控标准形和能观测标准形。对于不完全能控和不完全能观测系统，由于系统的能控性和能观测性对于线性非奇异变换具有不变性，可通过线性非奇异变换将系统分为能控部分和不能控部分，能观测和不能观测部分，或者分为能控且能观测、能控但不能观测、不能控但能观测、不能控且不能观测四个部分。系统的结构分解揭示了状态空间的本质特性，与后续章节介绍的系统的状态反馈、系统镇定等问题的解决有密切的关系。

需要注意的是，还可以通过系统的传递函数阵来判别能控性和能观测性。与状态空间描述（同时反映系统结构中的各个部分）相比，传递函数阵只能反映系统中能控和能观测部分。本章同时介绍了如何利用MATLAB程序对能控性和能观测性进行分析和判断。4.11节给出了一个工程实例，说明本章节知识点在现代工程中的实际应用。

本章的基本要求如下：

(1) 正确理解能控性、能观测性的基本概念；

(2) 熟练掌握判定系统的能控性、能观测性的充要条件及有关方法；

(3) 理解能控性、能观测性与系统传递函数阵的关系；

(4) 掌握状态空间表达式向能控、能观测等标准形变换的基本方法；

(5) 理解线性系统结构分解的作用和意义，了解结构分解的一般方法；

(6) 掌握传递函数阵的实现及最小实现的基本方法；

(7) 学会使用MATLAB对系统的能控性、能观测性进行分析以及能够对系统进行结构分解。

习 题

4-1 判别下列系统的能控性和能观测性。

(1) $\boldsymbol{A}=\begin{bmatrix}1 & 3\\ 2 & 1\end{bmatrix}$，$\boldsymbol{B}=\begin{bmatrix}1\\ 0\end{bmatrix}$，$\boldsymbol{C}=\begin{bmatrix}0 & 1\end{bmatrix}$

(2) $\boldsymbol{A}=\begin{bmatrix}1 & 2 & 3\\ 1 & 4 & 6\\ 2 & 1 & 7\end{bmatrix}$，$\boldsymbol{B}=\begin{bmatrix}1 & 9\\ 0 & 0\\ 2 & 0\end{bmatrix}$，$\boldsymbol{C}=\begin{bmatrix}1 & 0 & 0\\ 2 & 1 & 0\end{bmatrix}$

(3) $\boldsymbol{A}=\begin{bmatrix}2 & 0 & 0 & 0\\ 0 & 3 & 0 & 0\\ 0 & 0 & 4 & 1\\ 0 & 0 & 0 & 4\end{bmatrix}$，$\boldsymbol{B}=\begin{bmatrix}2 & 0\\ 4 & 1\\ 0 & 0\\ 1 & 0\end{bmatrix}$，$\boldsymbol{C}=\begin{bmatrix}1 & 4 & 0 & 1\\ 3 & 7 & 0 & 0\end{bmatrix}$

(4) $\boldsymbol{A}=\begin{bmatrix}0 & 1\\0 & t\end{bmatrix}$，$\boldsymbol{B}=\begin{bmatrix}0\\1\end{bmatrix}$，$\boldsymbol{C}=\begin{bmatrix}0 & 1\end{bmatrix}$

(5) $\boldsymbol{A}=\begin{bmatrix}-1 & 0\\0 & -2\end{bmatrix}$，$\boldsymbol{B}=\begin{bmatrix}\mathrm{e}^{-t}\\\mathrm{e}^{-2t}\end{bmatrix}$，$\boldsymbol{C}=\begin{bmatrix}1 & \mathrm{e}^{-t}\end{bmatrix}$

4-2 确定下列系统的待定常数 a 和 b。

(1) 使系统状态为完全能控的待定常数。

$$\boldsymbol{A}=\begin{bmatrix}-2 & 0 & 0\\0 & -2 & 0\\0 & 0 & -2\end{bmatrix},\ \boldsymbol{B}=\begin{bmatrix}a & 1\\2 & 4\\b & 1\end{bmatrix}$$

(2) 使系统状态为完全能观测的待定常数。

$$\boldsymbol{A}=\begin{bmatrix}-2 & 0 & 0\\1 & -2 & 0\\0 & 0 & -2\end{bmatrix},\ \boldsymbol{C}=\begin{bmatrix}1 & a & b\\4 & 0 & 4\end{bmatrix}$$

4-3 确定使下列系统完全能控和完全能够观测的待定常数 a 和 b 的取值范围。

(1) $\boldsymbol{A}=\begin{bmatrix}-1 & 1 & a\\0 & -2 & 1\\0 & 0 & -3\end{bmatrix}$，$\boldsymbol{B}=\begin{bmatrix}0\\0\\1\end{bmatrix}$，$\boldsymbol{C}=\begin{bmatrix}0 & 0 & 1\end{bmatrix}$

(2) $\boldsymbol{A}=\begin{bmatrix}0 & 0 & 1\\0 & 1 & 0\\-2 & -3 & -5\end{bmatrix}$，$\boldsymbol{B}=\begin{bmatrix}0\\1\\a\end{bmatrix}$，$\boldsymbol{C}=\begin{bmatrix}0 & 1 & b\end{bmatrix}$

4-4 RLC 网络如图 4-24 所示。

(1) 试分析控制电压 $u(t)$ 对电容上电压 $u_C(t)$ 和电感电流 $i_L(t)$ 的能控性条件；

(2) 设电流 $i_L(t)$ 为可测量的输出量，试分析该网络的能观测性条件。

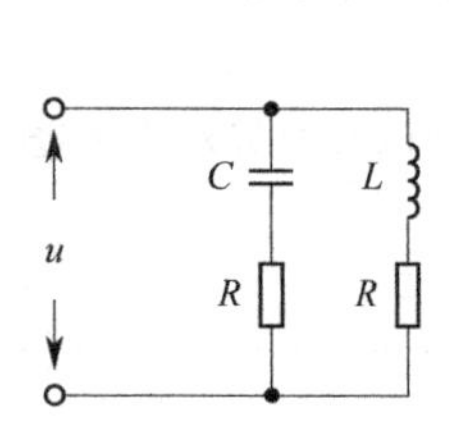

图 4-24 习题 4-4 中的 RLC 电路图

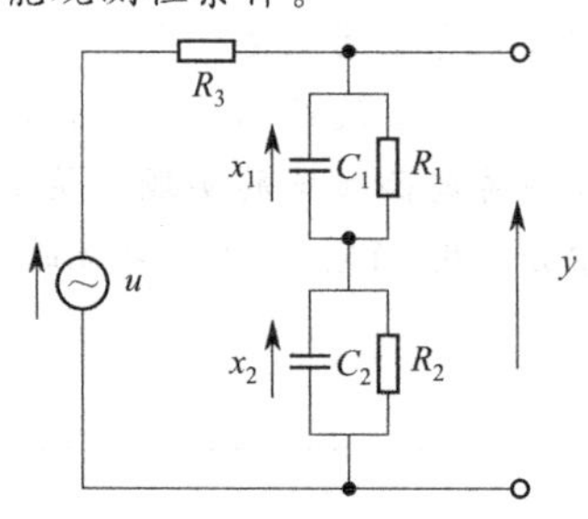

图 4-25 习题 4-5 中的电路

4-5 在图 4-25 所示电路中，输入量为电压 u，输出量为 y。状态变量 x_1 和 x_2，分别为电容 C_1 和 C_2 上的电压，并且 $C_1=C_2=100\mu\mathrm{F}$，$R_1=R_2=R_3=10\mathrm{k}\Omega$。

(1) 试分析电路的能控性；

(2) 设 y 为可测量的输出量，试分析电路的能观测性。

4-6 设离散时间线性定常系统状态方程为

$$\boldsymbol{x}(k+1)=\begin{bmatrix}1 & 2 & 1\\1 & 0 & 2\\0 & 1 & 0\end{bmatrix}\boldsymbol{x}(k)+\begin{bmatrix}1 & 0\\0 & 0\\0 & 1\end{bmatrix}\boldsymbol{u}(k)$$

试判断系统的能控性。

4-7 设离散时间线性定常系统状态方程为

$$\boldsymbol{x}(k+1)=\begin{bmatrix}1 & 0 & -1\\ 0 & -2 & 1\\ 3 & 0 & 2\end{bmatrix}\boldsymbol{x}(k)+\begin{bmatrix}2\\ -1\\ 1\end{bmatrix}u(k)$$

$$y(k)=\begin{bmatrix}0 & 0 & 1\\ 1 & 0 & 0\end{bmatrix}\boldsymbol{x}(k)$$

试判断系统的能观测性。

4-8 设有连续时间线性定常系统

$$\begin{cases}\dot{x}_1=2x_2\\ \dot{x}_2=-x_1+u\\ y=x_2\end{cases}$$

试判定对于任意采样周期 T，其离散化系统是否完全能控？是否完全能观测？并找出使系统保持能控能观测的 T 值。

4-9 试证明线性非奇异变换不改变系统的能控性和能观测性。

4-10 已知系统的微分方程为

$$\dddot{y}+6\ddot{y}+11\dot{y}+6y=6u$$

试写出其对偶系统的状态空间描述及其传递函数。

4-11 给定完全能控和完全能观测的单输入-单输出线性定常系统为

$$\dot{\boldsymbol{x}}=\begin{bmatrix}-1 & -2 & -2\\ 0 & -1 & 1\\ 1 & 0 & 1\end{bmatrix}\boldsymbol{x}+\begin{bmatrix}2\\ 0\\ 1\end{bmatrix}u,\ y=\begin{bmatrix}1 & 1 & 0\end{bmatrix}\boldsymbol{x}$$

试求：(1) 能控标准形和变换阵；(2) 能观测标准形和变换阵。

4-12 已知系统的传递函数为

$$G(s)=\frac{s^2+6s+8}{s^2+4s+3}$$

试求其能控标准形和能观测标准形。

4-13 已知下列系统的状态空间描述，试用系统传递函数判断系统的能控性和能观测性。

(1) $\begin{bmatrix}\dot{x}_1\\ \dot{x}_2\end{bmatrix}=\begin{bmatrix}0 & 1\\ 2.5 & -1.5\end{bmatrix}\begin{bmatrix}x_1\\ x_2\end{bmatrix}+\begin{bmatrix}0\\ 1\end{bmatrix}u,\ y=\begin{bmatrix}2.5 & 1\end{bmatrix}\begin{bmatrix}x_1\\ x_2\end{bmatrix}$

(2) $\begin{bmatrix}\dot{x}_1\\ \dot{x}_2\end{bmatrix}=\begin{bmatrix}0 & 2.5\\ 1 & -1.5\end{bmatrix}\begin{bmatrix}x_1\\ x_2\end{bmatrix}+\begin{bmatrix}2.5\\ 1\end{bmatrix}u,\ y=\begin{bmatrix}0 & 1\end{bmatrix}\begin{bmatrix}x_1\\ x_2\end{bmatrix}$

(3) $\begin{bmatrix}\dot{x}_1\\ \dot{x}_2\end{bmatrix}=\begin{bmatrix}1 & 0\\ 0 & -2.5\end{bmatrix}\begin{bmatrix}x_1\\ x_2\end{bmatrix}+\begin{bmatrix}1\\ 0\end{bmatrix}u,\ y=\begin{bmatrix}1 & 0\end{bmatrix}\begin{bmatrix}x_1\\ x_2\end{bmatrix}$

4-14　试将下列系统分别按能控性和能观测性进行结构分解。

(1) $\boldsymbol{A}=\begin{bmatrix}1 & 2 & -1\\0 & 1 & 0\\1 & -4 & 3\end{bmatrix}$，$\boldsymbol{B}=\begin{bmatrix}0\\0\\1\end{bmatrix}$，$\boldsymbol{C}=\begin{bmatrix}1 & -1 & 1\end{bmatrix}$

(2) $\boldsymbol{A}=\begin{bmatrix}-2 & 2 & 1\\0 & -2 & 0\\1 & -4 & 0\end{bmatrix}$，$\boldsymbol{B}=\begin{bmatrix}0\\0\\1\end{bmatrix}$，$\boldsymbol{C}=\begin{bmatrix}1 & -1 & 1\end{bmatrix}$

4-15　试将以下系统按能控性和能观测性进行结构分解。

$$\boldsymbol{A}=\begin{bmatrix}1 & 0 & 0 & 0\\2 & -3 & 0 & 0\\1 & 0 & -2 & 0\\4 & -1 & -2 & -4\end{bmatrix},\quad \boldsymbol{B}=\begin{bmatrix}0\\0\\1\\2\end{bmatrix},\quad \boldsymbol{C}=\begin{bmatrix}3 & 0 & 1 & 0\end{bmatrix}$$

4-16　设 Σ_1 和 Σ_2 为两个能控且能观测的系统

$$\Sigma_1:\boldsymbol{A}_1=\begin{bmatrix}0 & 1\\-3 & -4\end{bmatrix},\quad \boldsymbol{B}_1=\begin{bmatrix}0\\1\end{bmatrix},\quad \boldsymbol{C}_1=\begin{bmatrix}2 & 1\end{bmatrix}$$

$$\Sigma_2:A_2=-2,\quad B_2=1,\quad C_2=1$$

(1) 试分析由 Σ_1 和 Σ_2 所组成的串联系统的能控性和能观测性，并写出其传递函数。

(2) 试分析由 Σ_1 和 Σ_2 所组成的并联系统的能控性和能观测性，并写出其传递函数。

4-17　从传递函数是否出现零极点对消现象的角度，说明图 4-26 中闭环系统 Σ 的能控性与能观测性和开环系统 Σ_{o} 的能控性和能观测性是一致的。

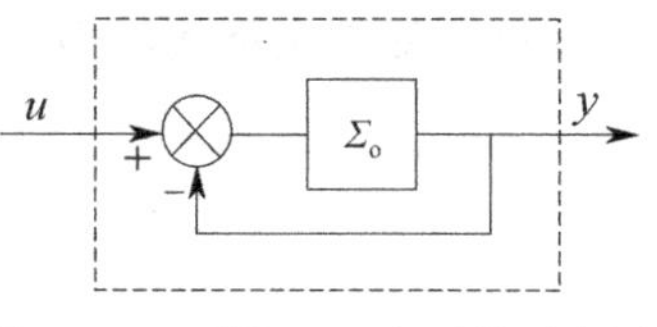

图 4-26　习题 4-17 中系统示意图

4-18　设系统的状态方程为

$$\dot{\boldsymbol{x}}(t)=\begin{bmatrix}-2 & 2 & -1\\0 & -2 & 0\\1 & -4 & 0\end{bmatrix}\boldsymbol{x}(t)+\begin{bmatrix}0\\1\\1\end{bmatrix}u(t),\ y(t)=\begin{bmatrix}1 & 0 & 1\end{bmatrix}\boldsymbol{x}(t)$$

试利用 MATLAB 判断系统的能控性，如有可能，将系统状态方程化为能控标准形。

4-19　考虑如下系统：

$$\dot{\boldsymbol{x}}=\begin{bmatrix}1 & 2 & 0\\3 & -1 & 1\\0 & 2 & 0\end{bmatrix}\boldsymbol{x}+\begin{bmatrix}2\\1\\1\end{bmatrix}u,\ y=\begin{bmatrix}0 & 0 & 1\end{bmatrix}\boldsymbol{x}$$

试利用 MATLAB 判断系统的能观测性，如有可能，将系统状态方程化为能观测标准形。

4-20　考虑如下系统：

$$\dot{\boldsymbol{x}}=\begin{bmatrix}-4 & 1 & 0\\0 & -4 & 0\\0 & 0 & -4\end{bmatrix}\boldsymbol{x}+\begin{bmatrix}0\\1\\2\end{bmatrix}u,\ y=\begin{bmatrix}1 & 0 & 1\end{bmatrix}\boldsymbol{x}$$

试利用 MATLAB 判别其能控性，若不是完全能控的，将该系统按能控性进行分解。

4-21　设线性定常系统如下：

$$\dot{x}=\begin{bmatrix}0 & 0 & -1\\1 & 0 & -3\\0 & 1 & -3\end{bmatrix}x+\begin{bmatrix}1\\1\\0\end{bmatrix}u，y=\begin{bmatrix}0 & 1 & -2\end{bmatrix}x$$

试利用 MATLAB 判别其能观性，若不是完全能观的，将该系统按能观性进行分解。

4-22　直线一级倒立摆系统如图 4-27 所示，建模后得到的倒立摆系统的状态空间描述为

$$\dot{x}=Ax+Bu$$
$$y=Cx$$

其中，

$$A=\begin{bmatrix}0 & 1 & 0 & 0\\0 & 0 & 0 & 0\\0 & 0 & 0 & 1\\0 & 0 & 29.4 & 0\end{bmatrix}，B=\begin{bmatrix}0\\1\\0\\3\end{bmatrix}，C=\begin{bmatrix}1 & 0 & 0 & 0\\0 & 0 & 1 & 0\end{bmatrix}$$

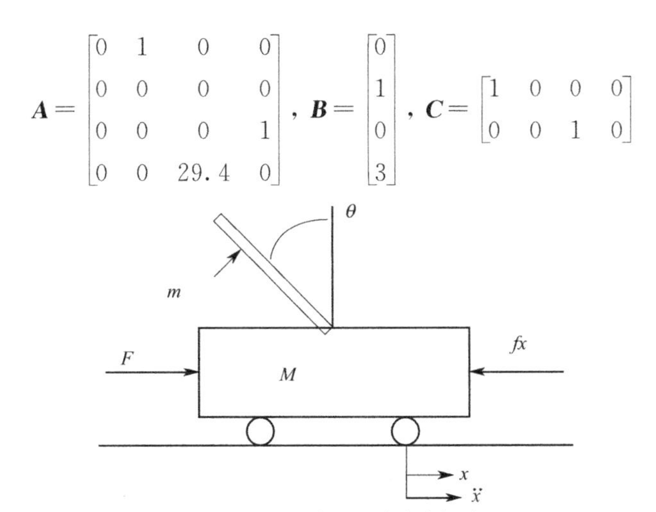

图 4-27　习题 4-22 中的倒立摆

试利用 MATLAB 判断系统的能控性和能观性。

4-23　考虑图 4-28 所示的简易单摆系统，其非线性运动方程为

$$\ddot{\theta}+\frac{g}{L}\sin\theta+\frac{k}{m}\dot{\theta}=0$$

其中，g 为重力常数，L 为单摆长度，m 为单摆末端小球质量（忽略摆杆质量），k 为单摆支点的摩擦系数。

（1）在平衡点 $\theta=0°$ 附近，对单摆的运动方程进行线性化；

（2）取系统输出为摆角 θ，试推导建立单摆的状态空间描述；

（3）通过表 4-3 中的数据，利用 MATLAB 程序分析系统是否能观测。

表 4-3　习题 4-23 中的简易单摆系统参数

参数	符号	数值
重力常数	g	$9.8\mathrm{m/s^2}$
单摆长度	L	0.2m
单摆末端小球质量	m	$5\times10^{-2}\mathrm{kg}$
小球的初始角位移	$\theta(0)$	30°
小球的初始角速度	$\dot{\theta}(0)$	0°
单摆支点的摩擦系数	k	$4\times10^{-2}\mathrm{N/(m/s)}$

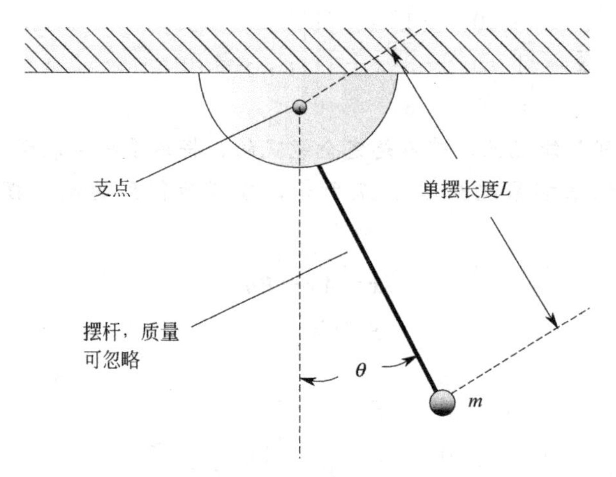

图 4-28　习题 4-23 中的简易单摆系统

5 李亚普诺夫稳定性分析

对于一个控制系统而言，要考虑的一个首要问题是系统是否稳定，因为一个不稳定的控制系统不但无法完成预期的控制任务，而且还存在一定的潜在危险性。稳定性通常是系统的一个重要特性。一个控制系统能正常工作，首先要保证它是一个稳定的系统。系统的稳定性指的是，如果一个系统在靠近其期望工作点的某处开始运动，且总是能保持在期望工作点附近运动，那么就称该系统是稳定的。通常用单摆在两个平衡点，即垂直位置的顶端和底端附近开始的运动来说明一个动态系统的不稳定性和稳定性。对于飞行器控制系统，一个典型的稳定性问题：狂风引起的轨迹扰动是否会导致飞行器后期飞行轨迹的显著偏离？任何一个控制系统，无论是线性系统还是非线性系统，稳定性通常都是一个需要仔细研究的问题。系统稳定性可分为基于状态空间描述的内部稳定性和基于输入输出描述的外部稳定性。1892 年，伟大的俄国数学力学家亚历山大·米哈依诺维奇·李亚普诺夫（A. M. Lyapunov），发表了其博士论文《运动稳定性的一般问题》给出了运动稳定性的科学概念、研究的方法和科学理论体系，从而推动了数理科学与技术科学特别是在数学、力学和控制理论中与稳定性有关领域的巨大发展。在这一历史性著作中，李亚普诺夫提出了两类解决运动稳定性问题的方法，第一方法是通过求微分方程的解来分析运动稳定性，第二方法则是一种定性方法，它无需求解微分方程，而是通过一类具有某些性质的函数 V（李亚普诺夫函数），研究它及其对于系统的全导数（可由系统方程和 V 的偏导数直接表出）的有关性质，从而得出稳定性的结论。第二方法又称直接方法，它具有科学的概念体系，判定方法和自成一套的理论，现今学术界广为应用且影响巨大的李亚普诺夫方法就是指李亚普诺夫直接方法。目前，李亚普诺夫直接方法成为非线性控制系统分析和设计的一个重要工具，同时，在现代控制理论的许多方面，如智能控制、最优控制、滤波理论、自适应理论等，李亚普诺夫稳定性理论都有着广泛的应用。

在这一章里，我们将主要介绍李亚普诺夫第二方法的一些基本定理，并在此基础上分析控制系统的稳定性。

5.1 非线性系统与平衡状态

从经典控制理论知道，线性系统是否稳定和系统的初始条件以及外界扰动的大小都没有关系，非线性系统则不然。因此，在经典控制理论中没有给出稳定性的一般定义。而李亚普诺夫第二方法是一种分析系统稳定性的普遍方法，对线性系统、非线性系统和时变系统都适用，因此李亚普诺夫给出了关于系统稳定性的一般定义。

下面，先介绍一些相关的概念和定义。

5.1.1 非线性系统

一个非线性动态系统通常可以用下面的非线性微分方程描述

$$\dot{\boldsymbol{x}}=\boldsymbol{f}(\boldsymbol{x},t) \tag{5-1}$$

式中，$\boldsymbol{x}$ 为 n 维状态向量，$\boldsymbol{f}(\boldsymbol{x},t)$是与 $\boldsymbol{x}$ 同维的非线性向量函数，其变量为 $x_i(i=1,2,\cdots,n)$和 t。状态向量的一个特定值称为一个点，因为它对应于状态空间的一个点。假设在给定的初始条件$(t_0,\boldsymbol{x}_0)$下，方程(5-1) 有唯一解。

我们用 $\boldsymbol{\Phi}(t;\boldsymbol{x}_0,t_0)$表示方程(5-1) 的解，它对应于 t 从 t_0 变化到无穷大时的一条曲线。这条曲线通常称为状态轨迹或系统轨线。当 $t=t_0$ 时，$\boldsymbol{x}=\boldsymbol{x}_0$，$t$ 是观测时间。于是

$$\boldsymbol{\Phi}(t_0;\boldsymbol{x}_0,t_0)=\boldsymbol{x}_0$$

需要强调的是，虽然方程 (5-1) 并不明显地包含控制输入，但它可以直接用于反馈控制系统。只要把控制输入作为状态 $\boldsymbol{x}$ 和时间 t 的函数，它就不在闭环动态方程中出现。因而方程 (5-1) 可以代表一个反馈控制系统的闭环动态特性。具体来说，如果系统的动态方程为

$$\dot{\boldsymbol{x}}=\boldsymbol{f}(\boldsymbol{x},\boldsymbol{u},t)$$

而且所选择的控制律为

$$\boldsymbol{u}=\boldsymbol{g}(\boldsymbol{x},t)$$

那么，闭环系统的动态方程为

$$\dot{\boldsymbol{x}}=\boldsymbol{f}[\boldsymbol{x},\boldsymbol{g}(\boldsymbol{x},t),t]$$

它可以被改写为式(5-1) 的形式。当然，式(5-1) 也可以表示一个没有控制输入的动态系统，如自由摆动的单摆。

一类特殊的非线性系统是线性系统，其动态方程用下面的微分方程描述

$$\dot{\boldsymbol{x}}=\boldsymbol{A}(t)\boldsymbol{x}$$

式中，$\boldsymbol{x}$ 为 n 维状态向量；$\boldsymbol{A}(t)$是一个 $n\times n$ 维的矩阵。

5.1.2 自治和非自治系统

根据线性系统的系统矩阵 $\boldsymbol{A}(t)$是否随时间变化，线性系统可分为定常和时变系统。在非线性系统的研究中，定常和时变这两个概念通常被称为“自治的”和“非自治的”。

如果非线性系统式(5-1) 的 $\boldsymbol{f}$ 不显含时间 t，即系统的状态方程可写为

$$\dot{\boldsymbol{x}}=\boldsymbol{f}(\boldsymbol{x}) \tag{5-2}$$

则称该系统是自治的，否则，称该系统是非自治的。

显然，线性定常系统是自治的，线性时变系统是非自治的。

严格地说，所有的物理系统都是非自治的，因为它们的动态特性不可能严格时不变。自治系统是一种理想化的概念，就像线性系统一样。但是，实际中许多系统特征的变化常常是缓慢的，在某些情况下，可以忽略它们的时变特性而不引起本质的差别。

自治系统和非自治系统之间的本质区别是：自治系统的状态与起始时间无关，而非自治系统通常不是这样。这种区别要求我们在定义非自治系统的稳定性概念时要明确地考虑起始时间，从而使得对非自治系统的分析比自治系统困难得多。

5.1.3 平衡状态

定义 5-1 如果 $\boldsymbol{x}(t)$一旦等于某个状态$\boldsymbol{x}_e$，且在未来时间内状态永远停留在$\boldsymbol{x}_e$，那么状态$\boldsymbol{x}_e$ 称为系统的一个平衡状态（或平衡点）。

对于非自治系统(5-1)，平衡状态 $\boldsymbol{x}_e$ 由

$$\boldsymbol{f}(\boldsymbol{x}_e, t)=\boldsymbol{0}, \forall t \geqslant t_0$$

定义，求解上式可以得到系统的平衡状态。

对于自治系统(5-2)，平衡状态 $\boldsymbol{x}_e$ 由

$$\boldsymbol{f}(\boldsymbol{x}_e)=\boldsymbol{0}$$

定义，求解上式可以得到系统的平衡状态。

如果系统是线性定常的，则式(5-2) 变为

$$\dot{\boldsymbol{x}}=\boldsymbol{A}\boldsymbol{x}$$

如果 $\boldsymbol{A}$ 是非奇异矩阵，则系统只存在唯一的平衡状态$\boldsymbol{x}_e=\boldsymbol{0}$，而当 $\boldsymbol{A}$ 为奇异矩阵时，则系统存在无穷多个平衡状态。

对于非线性系统，通常有一个或几个平衡状态，它们分别对应于式 (5-1) 的一个或几个常值解。

例如，对于状态方程

$$\dot{x}_1=-x_1$$
$$\dot{x}_2=x_1+x_2-x_2^3$$

其平衡状态为下列代数方程

$$x_1=0$$
$$x_1+x_2-x_2^3=0$$

的解。即

$$\boldsymbol{x}_{e1}=\begin{bmatrix}0\\0\end{bmatrix}, \boldsymbol{x}_{e2}=\begin{bmatrix}0\\1\end{bmatrix}, \boldsymbol{x}_{e3}=\begin{bmatrix}0\\-1\end{bmatrix}$$

式中，$\boldsymbol{x}_{e1}$，$\boldsymbol{x}_{e2}$，$\boldsymbol{x}_{e3}$ 在状态空间中是孤立的，这样的平衡状态称之为孤立平衡状态。

【例 5-1】 实际物理系统——单摆。

考虑图 5-1 所示的单摆，它的动态特性由下列非线性自治方程描述

$$MR^2\ddot{\theta}+b\dot{\theta}+MgR\sin\theta=0$$

式中，R 为单摆的长度；M 为单摆的质量；b 为铰链的摩擦系数；g 是重力加速度（常数）。记 $x_1=\theta$，$x_2=\dot{\theta}$，则相应的状态空间方程为

$$\dot{x}_1=x_2$$
$$\dot{x}_2=-\frac{b}{MR^2}x_2-\frac{g}{R}\sin x_1$$

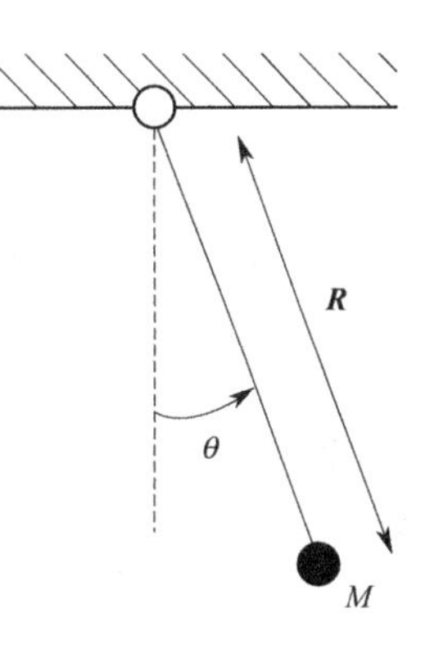

图 5-1 单摆

于是，平衡状态满足

$$x_2=0,\sin x_1=0$$

因此，平衡状态为$(2k\pi,0)$和$((2k+1)\pi,0)$，$k=1,2,3,\cdots$。从物理意义上来讲，这些点分别对应于单摆垂直位置的顶端和底端。

由于任意一个已知的平衡状态都可以通过坐标变换将其移到状态空间的原点，不失一般性，今后我们只讨论系统在状态空间原点处的稳定性就可以了。

需要注意的是，稳定性问题都是相对于某个平衡状态而言的。线性定常系统因为只有唯一的一个平衡状态，所以才笼统地讲所谓的系统稳定性问题；而非线性系统由于可能存在多个平衡状态，而不同平衡状态可能表现出不同的稳定性，因此必须逐个地分别加以讨论。

5.2 稳定性的概念

稳定性是处在平衡状态下的系统受到扰动后，自由运动的性质，与外部输入无关。系统受扰动作用后将偏离其平衡状态，随后系统可能出现下列情况：①系统的自由响应有界；②系统的自由响应不但有界，而且最终回到平衡状态；③系统的自由响应无界。李亚普诺夫把上述三种情况分别定义为稳定、渐近稳定和不稳定。下面分别给出其定义。

(1) 李亚普诺夫意义下的稳定性

用下式表示以平衡状态 $\boldsymbol{x}_e$ 为圆心、半径为 k 的球域：

$$\|\boldsymbol{x}-\boldsymbol{x}_e\|\leqslant k$$

式中，$\|\boldsymbol{x}-\boldsymbol{x}_e\|$为欧几里得（Euclid）范数，即

$$\|\boldsymbol{x}-\boldsymbol{x}_e\|=\sqrt{(x_1-x_{e1})^2+(x_2-x_{e2})^2+\cdots+(x_n-x_{en})^2}$$

定义 5-2 对于任意给定的实数 $\varepsilon>0$，都对应存在另一实数 $\delta(\varepsilon,t_0)$，使得一切满足不等式

$$\|\boldsymbol{x}_0-\boldsymbol{x}_e\|\leqslant\delta(\varepsilon,t_0) \tag{5-3}$$

的任意初始状态 $\boldsymbol{x}(t_0)$出发的系统的解 $\boldsymbol{\Phi}(t;\boldsymbol{x}_0,t_0)$都满足

$$\|\boldsymbol{\Phi}(t;\boldsymbol{x}_0,t_0)-\boldsymbol{x}_e\|\leqslant\varepsilon,\ t\geqslant t_0 \tag{5-4}$$

则称系统的平衡状态 $\boldsymbol{x}_e$ 为李亚普诺夫意义下稳定。其中 δ 与 ε 有关，一般情况下也与 t_0 有关。如果 δ 与 t_0 无关，则称平衡状态 $\boldsymbol{x}_e$ 一致稳定。

上述稳定性的几何含义就是：给定以任意正数 δ 为半径的球域 $S(\delta)$，当 t 无限增大时，从球域 $S(\delta)$内出发的轨迹总不越出球域 $S(\varepsilon)$，那么平衡状态 $\boldsymbol{x}_e$ 是李亚普诺夫意义下稳定的。以二维平面为例，上述定义几何解释如图 5-2 所示。

(2) 渐近稳定

定义 5-3 若平衡状态 $\boldsymbol{x}_e$ 是李亚普诺夫意义下稳定的，并且当 t 趋近于无穷大时，$\boldsymbol{\Phi}(t;\boldsymbol{x}_0,t_0)$趋近于 $\boldsymbol{x}_e$，即

$$\lim_{t\to\infty}\|\boldsymbol{\Phi}(t;\boldsymbol{x}_0,t_0)-\boldsymbol{x}_e\|=0 \tag{5-5}$$

则称平衡状态 $\boldsymbol{x}_e$ 为渐近稳定的。

图 5-3 是二维平面中渐近稳定平衡状态的几何解释示意图。图中从球域 $S(\delta)$ 出发的轨迹，当 t 无限增大时，不但不越出球域 $S(\varepsilon)$，而且收敛于 $\boldsymbol{x}_{\mathrm{e}}$。

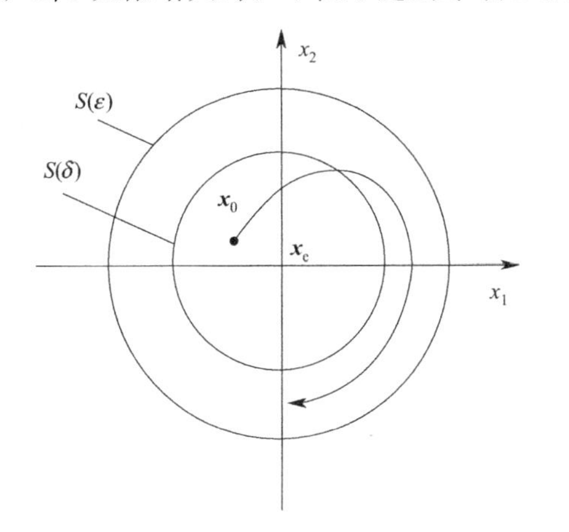

图 5-2　稳定平衡状态示意图

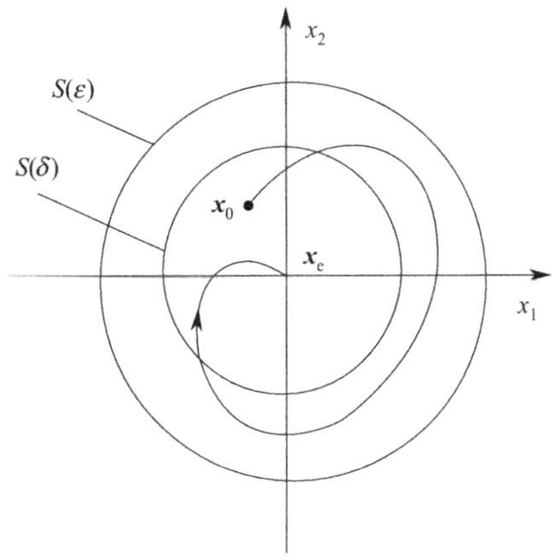

图 5-3　渐近稳定平衡状态示意图

从工程实际应用的角度看，渐近稳定比稳定更为重要，工程上常常要求渐近稳定，但是由于渐近稳定性只是一个局部的概念，通常系统的平衡状态渐近稳定并不意味着整个系统能正常工作，所以确定渐近稳定的最大范围是很有必要的。这个最大范围被称为吸引域，显然吸引域是状态空间的一部分，并且从吸引域出发的每个受扰运动都是渐近稳定的。

(3) 大范围渐近稳定

定义 5-4　如果平衡状态 $\boldsymbol{x}_{\mathrm{e}}$ 是渐近稳定的，且其渐近稳定的最大范围是整个状态空间，那么就称平衡状态 $\boldsymbol{x}_{\mathrm{e}}$ 为大范围渐近稳定的，也称为全局渐近稳定的。

很明显，大范围渐近稳定的必要条件是整个状态空间中只存在一个平衡状态。对于线性系统，如果其平衡状态是渐近稳定的，那么它一定是大范围渐近稳定的。在实际工程控制问题中，我们总是希望系统平衡状态是大范围渐近稳定的，如果不是，那么就要遇到一个确定渐近稳定最大范围的问题，这通常非常困难。但对于实际问题而言，如果能确定出一个足够大的渐近稳定范围，使得初始扰动不超过它就足够了。

(4) 不稳定

定义 5-5　如果对于某个实数 $\varepsilon>0$ 和任意一个无论多么小的实数 δ，在球域 $S(\delta)$ 内总存在一个初始状态 $\boldsymbol{x}_0$，由此出发的轨迹最终越出球域 $S(\varepsilon)$，即

$$\|\boldsymbol{\Phi}(t;\boldsymbol{x}_0,t_0)-\boldsymbol{x}_{\mathrm{e}}\|>\varepsilon$$

则称平衡状态 $\boldsymbol{x}_{\mathrm{e}}$ 是不稳定的。

二维平面中不稳定平衡状态的几何解释如图 5-4 所示。应该指出，不稳定平衡状态的轨迹虽然越出了球域 $S(\varepsilon)$，却并不意味轨迹一定趋于无穷远处。例如对于某些非线性系统，轨迹可能趋于球域 $S(\varepsilon)$ 以外的某个平衡状态。对于线性系统，如果平衡状态是不稳定的，那么从球域 $S(\delta)$ 内出发的轨迹一定趋于无穷远处。

从上面给出的定义中可以看出，球域 $S(\delta)$ 限制着初始状态。如果 δ 任意大，系统平衡状态都是渐近稳定的，就说明这个系统平衡状态是大范围渐近稳定的。换句话说，线性系统如果渐近稳定，就都是大范围渐近稳定的，而非线性系统则不一定。此外，球域 $S(\varepsilon)$ 表示

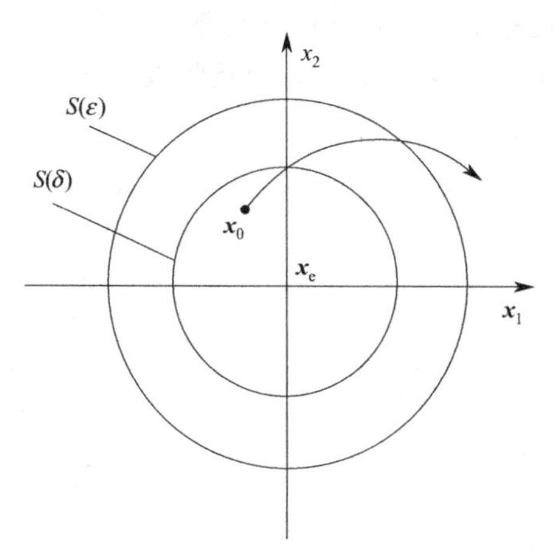

图 5-4 不稳定平衡状态示意图

了系统响应的边界。在经典控制理论中，只有渐近稳定的系统才称为稳定的，而把虽是李亚普诺夫意义下稳定的，但非渐近稳定的系统称为不稳定的。所以在经典控制理论中也只有线性系统的稳定性才有明确的定义，而李亚普诺夫稳定性则概括了线性及非线性系统的一般情况。

5.3 李亚普诺夫第一方法

李亚普诺夫第一方法又称间接法或线性化法，它是关于非线性系统局部稳定性的命题。从直观上上理解，非线性系统在小范围内运动时，应当与它的线性化近似系统具有相似的特性。因为所有物理系统本质上都是非线性的，所以李亚普诺夫第一方法在实际中成为使用线性控制技术的基本依据，即用线性控制进行稳定性设计可以保证原物理系统的局部稳定性。它的基本思路是通过系统状态方程的解判别系统的稳定性。显然，对于线性定常系统只需求出特征值就可判别其稳定性。对于非线性系统，则必须首先将系统的状态方程线性化，然后用线性化方程（即一次近似式）的特征值来判别系统的稳定性。

(1) 线性系统的稳定性分析

定理 5-1 线性连续定常系统 $\dot{\boldsymbol{x}}=\boldsymbol{A}\boldsymbol{x}$ 渐近稳定的充分必要条件是矩阵 $\boldsymbol{A}$ 的所有特征值均具有负实部。

【例 5-2】 试分析如下系统的稳定性。

$$\dot{\boldsymbol{x}}=\begin{bmatrix}0 & 6\\1 & -1\end{bmatrix}\boldsymbol{x}$$

解 矩阵 $\boldsymbol{A}$ 的特征方程为

$$\det(\lambda\boldsymbol{I}-\boldsymbol{A})=\lambda(\lambda+1)-6=(\lambda-2)(\lambda+3)=0$$

可得矩阵 $\boldsymbol{A}$ 的特征值为 $\lambda_1=2$，$\lambda_2=-3$。故系统的平衡状态不是渐近稳定的。

定理 5-2 线性离散定常系统 $\boldsymbol{x}(k+1)=\boldsymbol{G}\boldsymbol{x}(k)$ 渐近稳定的充分必要条件是矩阵 $\boldsymbol{G}$ 的所有特征值的模都小于 1。

应用李亚普诺夫第一方法判定线性定常系统的稳定性时，必须求出系统矩阵的全部特征值，这一点对于高阶系统或系统特征多项式的某些系数不是数值时较为困难，由经典控制理论可知，这种情况下采用劳斯判据比较方便。

(2) 非线性系统的稳定性分析

设非线性系统在零输入下的状态方程为

$$\dot{\boldsymbol{x}}=\boldsymbol{f}(\boldsymbol{x}) \tag{5-6}$$

$\boldsymbol{f}(\boldsymbol{x})$是与 $\boldsymbol{x}$ 同维数的向量函数，它对于状态向量 $\boldsymbol{x}$ 是连续可微的。

如欲讨论系统平衡状态 $\boldsymbol{x}_e$ 的稳定性，必须将非线性向量函数 $\boldsymbol{f}(\boldsymbol{x})$在平衡状态 $\boldsymbol{x}_e$ 附近展开成泰勒级数，即

$$\dot{\boldsymbol{x}}=\frac{\partial \boldsymbol{f}}{\partial \boldsymbol{x}^{\mathrm{T}}}\bigg|_{\boldsymbol{x}=\boldsymbol{x}_e}(\boldsymbol{x}-\boldsymbol{x}_e)+\Delta(\boldsymbol{x}-\boldsymbol{x}_e) \tag{5-7}$$

其中 $\Delta(\boldsymbol{x}-\boldsymbol{x}_e)$是级数展开中关于 $\boldsymbol{x}-\boldsymbol{x}_e$ 的高阶项，而矩阵

$$\frac{\partial \boldsymbol{f}}{\partial \boldsymbol{x}^{\mathrm{T}}}=\begin{bmatrix} \frac{\partial f_1}{\partial x_1} & \frac{\partial f_1}{\partial x_2} & \cdots & \frac{\partial f_1}{\partial x_n} \\ \frac{\partial f_2}{\partial x_1} & \frac{\partial f_2}{\partial x_2} & \cdots & \frac{\partial f_2}{\partial x_n} \\ \vdots & \vdots & \ddots & \vdots \\ \frac{\partial f_n}{\partial x_1} & \frac{\partial f_n}{\partial x_2} & \cdots & \frac{\partial f_n}{\partial x_n} \end{bmatrix} \tag{5-8}$$

称之为雅可比（Jacobian）矩阵。

引入偏差向量

$$\bar{\boldsymbol{x}}=\boldsymbol{x}-\boldsymbol{x}_e \tag{5-9}$$

即可导出系统的线性化方程，或称一次近似式为

$$\dot{\bar{\boldsymbol{x}}}=\boldsymbol{A}\bar{\boldsymbol{x}} \tag{5-10}$$

式中

$$\boldsymbol{A}=\frac{\partial \boldsymbol{f}}{\partial \boldsymbol{x}^{\mathrm{T}}}\bigg|_{\boldsymbol{x}=\boldsymbol{x}_e} \tag{5-11}$$

在一次近似的基础上，李亚普诺夫给出了如下结论：

① 假如式（5-10）中矩阵 $\boldsymbol{A}$ 的所有特征值都具有负实部，则原非线性系统的平衡状态 $\boldsymbol{x}_e$ 是渐近稳定的，且系统的稳定性与高阶项无关。

② 如果一次近似式中矩阵 $\boldsymbol{A}$ 的特征值中至少有一个实部为正的特征值，那么原非线性系统的平衡状态 $\boldsymbol{x}_e$ 是不稳定的。

③ 如果一次近似式中矩阵 $\boldsymbol{A}$ 的特征值中虽然没有实部为正的特征值，但有实部为零的特征值，那么原非线性系统的平衡状态 $\boldsymbol{x}_e$ 的稳定性要由高阶项 $\Delta(\boldsymbol{x}-\boldsymbol{x}_e)$决定。

【例 5-3】 描述振荡器电压产生的 Vanderpol 方程为

$$\ddot{v}+u(v^2-1)\dot{v}+kv=Q$$

式中 $u<0$，$k>0$，试确定使系统渐近稳定 Q 的取值范围。

解 ①令 $x_1=v$，$x_2=\dot{v}$，则上式可化为如下状态方程

$$\dot{x}_1=x_2$$

$$\dot{x}_2=-u(x_1^2-1)x_2-kx_1+Q$$

显然，这是一个非线性方程，其平衡状态 $\boldsymbol{x}_{\mathrm{e}}$ 为

$$\boldsymbol{x}_{\mathrm{e}}=\begin{bmatrix}x_{\mathrm{e1}}\\x_{\mathrm{e2}}\end{bmatrix}=\begin{bmatrix}\dfrac{Q}{k}\\0\end{bmatrix}=\begin{bmatrix}\alpha\\0\end{bmatrix}$$

式中，$\alpha=\dfrac{Q}{k}$。

② 将状态方程线性化，有

$$\boldsymbol{A}=\frac{\partial \boldsymbol{f}}{\partial \boldsymbol{x}^{\mathrm{T}}}\Big|_{\boldsymbol{x}=\boldsymbol{x}_{\mathrm{e}}}=\begin{bmatrix}0 & 1\\-k & -u(\alpha^2-1)\end{bmatrix}$$

且 $\boldsymbol{A}$ 的特征方程为

$$\det(\lambda \boldsymbol{I}-\boldsymbol{A})=\lambda^2+u(\alpha^2-1)\lambda+k=0$$

根据李亚普诺夫第一方法，若原非线性系统平衡状态 $\boldsymbol{x}_{\mathrm{e}}$ 是渐近稳定的，则要求 $u(\alpha^2-1)>0$。由于 $u<0$，则欲使 $u(\alpha^2-1)>0$，必须有 $-1<\alpha<1$，即 $-k<Q<k$。

5.4 李亚普诺夫第二方法

李亚普诺夫第二方法又称直接法。它的基本思想是借助于一个李亚普诺夫函数来直接确定系统平衡状态的稳定性，而不必求解系统的状态方程，它是建立在用能量观点分析稳定性的基础上。若系统的平衡状态是渐近稳定的，则系统受激励后其存储的能量将随着时间的推移而衰减，当趋于平衡状态时，其能量达到最小值。反之，若系统的平衡状态是不稳定的，则系统将不断地从外界吸收能量，其积蓄的能量将越来越大。如果系统的储能既不增加也不消耗，那么系统的平衡状态就是李亚普诺夫意义下稳定的。为了说明这一点，我们来讨论一个由弹簧（弹性系数为 K）、物块（质量为 M）和阻尼器（阻尼系数为 B）所组成的机械系统，如图 5-5 所示。

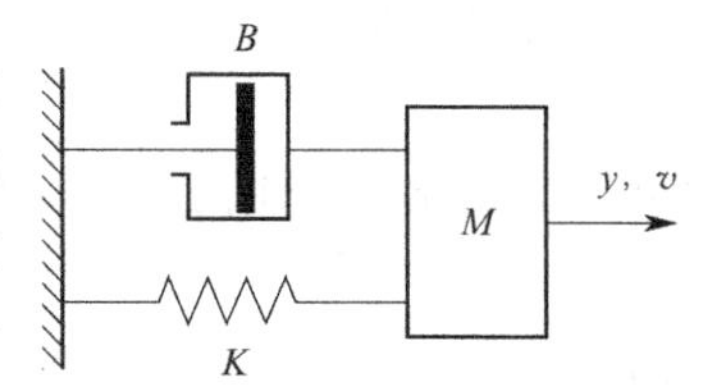

图 5-5　机械运动模型图

选择位置 y 和速度 v 为状态变量

$$x_1=y,\ x_2=\dot{y}=v$$

则系统的状态方程为

$$\dot{x}_1=x_2$$

$$\dot{x}_2=-\frac{K}{M}x_1-\frac{B}{M}x_2$$

系统中存储的能量是弹簧的势能 $\dfrac{1}{2}Kx_1^2$ 以及物块的动能 $\dfrac{1}{2}M\left(\dfrac{\mathrm{d}x_1}{\mathrm{d}t}\right)^2=\dfrac{1}{2}Mx_2^2$。如果用标量函数 $V(\boldsymbol{x})$ 表示系统的能量，则

$$V(\boldsymbol{x})=\frac{1}{2}Kx_1^2+\frac{1}{2}Mx_2^2$$

显然，它总是一个正值函数。另外，能量又以热的形式耗散在阻尼器中，其耗散速率为

$$\dot{V}(\boldsymbol{x})=-B\dot{x}_1x_2=-Bx_2^2$$

由上式可以看出，$\dot{V}(\boldsymbol{x})$总是非正的，这意味着存储在系统中的能量将随着时间的推移逐渐趋近于零。从而系统的状态轨迹也将随着时间的增大而趋于坐标原点，故坐标原点是渐近稳定的。李亚普诺夫第二方法就是用$V(\boldsymbol{x})$和$\dot{V}(\boldsymbol{x})$的正负来判别系统的稳定性。然而对于一般系统，并不一定都能定义一个能量函数。为了克服这一困难，李亚普诺夫引出了一个虚构的广义能量函数来判别系统的稳定性。对于一个给定系统，只要能找到一个正定的标量函数$V(\boldsymbol{x})$，而$\dot{V}(\boldsymbol{x})$是半负定的，那么这个系统平衡状态就是稳定的，称$V(\boldsymbol{x})$为系统的一个李亚普诺夫函数。

本节介绍李亚普诺夫关于稳定、渐近稳定和不稳定的几个定理。在介绍这些定理前先介绍一下有关标量函数$V(\boldsymbol{x})$符号性质的几个定义。

5.4.1 预备知识

(1) 标量函数 $V(\boldsymbol{x})$符号性质的几个定义

① 如果对所有在球域B_{R_0}中的非零向量$\boldsymbol{x}$，有$V(\boldsymbol{x})>0$，且只有在$\boldsymbol{x}=\boldsymbol{0}$处有$V(\boldsymbol{x})=0$，则称标量函数$V(\boldsymbol{x})$为正定的。例如，假设$\boldsymbol{x}$为二维向量，$V(\boldsymbol{x})=x_1^2+x_2^2$是正定的。

② 如果标量函数$V(\boldsymbol{x})$除了在原点以及某些状态处等于零外，在球域B_{R_0}的所有其他状态都是正的，即$V(\boldsymbol{x})\geqslant 0$，则$V(\boldsymbol{x})$称为半正定的或称为正半定的。例如，假设$\boldsymbol{x}$为二维向量，$V(\boldsymbol{x})=(x_1+x_2)^2$是半正定的。

③ 如果$-V(\boldsymbol{x})$是正定的，则$V(\boldsymbol{x})$就是负定的，记为$V(\boldsymbol{x})<0$。例如，假设$\boldsymbol{x}$为二维向量，$V(\boldsymbol{x})=-(x_1^2+x_2^2)$是负定的。

④ 如果$-V(\boldsymbol{x})$是半正定的，则$V(\boldsymbol{x})$是半负定的或负半定的，记为$V(\boldsymbol{x})\leqslant 0$。例如，假设$\boldsymbol{x}$为二维向量，$V(\boldsymbol{x})=-(x_1+x_2)^2$是半负定的。

⑤ 如果在球域B_{R_0}内，$V(\boldsymbol{x})$既可为正值，也可为负值，则标量函数$V(\boldsymbol{x})$称为不定的。例如，假设$\boldsymbol{x}$为二维向量，$V(\boldsymbol{x})=x_1x_2$是不定的。

(2) 二次型标量函数

二次型函数是一类重要的标量函数，在李亚普诺夫第二方法中常取它作为系统的李亚普诺夫函数。

$$V(\boldsymbol{x})=\boldsymbol{x}^{\mathrm{T}}\boldsymbol{P}\boldsymbol{x}=\begin{bmatrix}x_1 & x_2 & \cdots & x_n\end{bmatrix}\begin{bmatrix}p_{11} & p_{12} & \cdots & p_{1n}\\ p_{21} & p_{22} & \cdots & p_{2n}\\ \vdots & \vdots & \ddots & \vdots\\ p_{n1} & p_{n2} & \cdots & p_{nn}\end{bmatrix}\begin{bmatrix}x_1\\ x_2\\ \vdots\\ x_n\end{bmatrix} \tag{5-12}$$

称为二次型函数，其中$\boldsymbol{P}$为实对称矩阵（$p_{ij}=p_{ji}$）。

二次型函数$V(\boldsymbol{x})$的符号性质可用赛尔维斯特（Sylvester）准则来判断。该准则叙述如下：

① 二次型函数$V(\boldsymbol{x})$为正定的充分必要条件为矩阵$\boldsymbol{P}$的所有主子行列式为正，即

$$\Delta_1=p_{11}>0,\ \Delta_2=\begin{vmatrix}p_{11} & p_{12}\\ p_{21} & p_{22}\end{vmatrix}>0,\cdots,\ \Delta_n=|\boldsymbol{P}|=\begin{vmatrix}p_{11} & p_{12} & \cdots & p_{1n}\\ p_{21} & p_{22} & \cdots & p_{2n}\\ \vdots & \vdots & \ddots & \vdots\\ p_{n1} & p_{n2} & \cdots & p_{nn}\end{vmatrix}>0 \tag{5-13}$$

② 二次型 $V(\boldsymbol{x})$ 为负定的充分必要条件为 $\boldsymbol{P}$ 的各阶主子式行列式满足

$$\Delta_i\begin{cases}>0, & i\text{ 为偶数}\\<0, & i\text{ 为奇数}\end{cases}$$

③ 二次型 $V(\boldsymbol{x})$ 为半正定的充分必要条件为 $\boldsymbol{P}$ 的各阶主子式行列式满足

$$\Delta_i\begin{cases}\geqslant 0, & i=1,2,\cdots,n-1\\=0, & i=n\end{cases}$$

④ 二次型 $V(\boldsymbol{x})$ 为半负定的充分必要条件为 $\boldsymbol{P}$ 的各阶主子式行列式满足

$$\Delta_i\begin{cases}\geqslant 0, & i\text{ 为偶数}\\\leqslant 0, & i\text{ 为奇数}\\=0, & i=n\end{cases}$$

(3) 李亚普诺夫函数

定义 5-6 如果在球域 B_{R_0} 内，函数 $V(\boldsymbol{x})$ 是具有连续偏导数的正定函数，将它沿着系统（5-2）任何一条状态轨迹对时间 t 求导数，即

$$\dot{V}(\boldsymbol{x})|=\frac{\partial V}{\partial t}=\frac{\partial V}{\partial t}\dot{x}=\frac{\partial V}{\partial \boldsymbol{x}}\boldsymbol{f}(\boldsymbol{x})$$

是半负定，即 $\dot{V}(\boldsymbol{x})\leqslant 0$，则称 $V(\boldsymbol{x})$ 是系统（5-2）的一个李亚普诺夫函数。

5.4.2 李亚普诺夫稳定性定理

(1) 自治系统的李亚普诺夫稳定性定理

定理 5-3 设自治系统的状态方程为

$$\dot{\boldsymbol{x}}=\boldsymbol{f}(\boldsymbol{x}) \tag{5-14}$$

其中 $\boldsymbol{f}(\mathbf{0})=\mathbf{0}$，如果在球域 B_{R_0} 内存在一个具有连续的一阶偏导数的标量函数 $V(\boldsymbol{x})$，并且满足下列条件：

① $V(\boldsymbol{x})$ 是正定的（在球域 B_{R_0} 内）；

② $\dot{V}(\boldsymbol{x})$ 是半负定的（在球域 B_{R_0} 内），

则在原点处的平衡状态是稳定的。如果在球域 B_{R_0} 内 $\dot{V}(\boldsymbol{x})$ 负定，那么平衡状态渐近稳定。

【例 5-4】 已知非线性系统的状态方程为

$$\dot{x}_1=x_1(x_1^2+x_2^2-2)-4x_1x_2^2$$

$$\dot{x}_2=4x_1^2x_2+x_2(x_1^2+x_2^2-2)$$

$\boldsymbol{x}_{\mathrm{e}}=\mathbf{0}$ 是系统的一个平衡状态，试判别平衡状态 $\boldsymbol{x}_{\mathrm{e}}$ 的稳定性。

解 取标量函数 $V(\boldsymbol{x})$ 为

$$V(\boldsymbol{x})=x_1^2+x_2^2$$

显然 $V(\boldsymbol{x})$ 是正定的。$V(\boldsymbol{x})$ 对时间的导数为

$$\dot{V}(\boldsymbol{x})=2(x_1^2+x_2^2)(x_1^2+x_2^2-2)$$

显然，$\dot{V}(\boldsymbol{x})$ 是局部负定的，即在 $x_1^2+x_2^2<2$ 区域内负定，因此系统在原点处的平衡状态是

渐近稳定的。

上面给出的定理只能应用于系统局部稳定性分析。为了判断一个系统的大范围稳定性，很自然地希望把上述局部稳定性定理的球域扩展为整个状态空间，这是必要的，但还不够。在系统平衡状态大范围渐近稳定性分析中，函数 $V(\boldsymbol{x})$ 还必须满足另外一个条件：$V(\boldsymbol{x})$ 必须是径向无界的，即当 $\|\boldsymbol{x}\|\to\infty$ 时（也就是说当 $\boldsymbol{x}$ 沿任何方向趋于无穷远时），有 $V(\boldsymbol{x})\to\infty$。于是，我们有下面的大范围渐近稳定性定理。

定理 5-4 对于自治系统（5-14），如果存在一个具有连续的一阶偏导数的标量函数 $V(\boldsymbol{x})$，满足下列条件：

① $V(\boldsymbol{x})$ 是正定的；

② $\dot{V}(\boldsymbol{x})$ 是负定的；

③ 如果随着 $\|\boldsymbol{x}\|\to\infty$，有 $V(\boldsymbol{x})\to\infty$，

则在原点处的平衡状态是大范围渐近稳定的。

【例 5-5】 某非线性系统的状态方程为

$$\dot{x}_1=x_2-x_1(x_1^2+x_2^2)$$

$$\dot{x}_2=-x_1-x_2(x_1^2+x_2^2)$$

$\boldsymbol{x}_e=\boldsymbol{0}$ 是系统的一个平衡状态，试判别平衡状态 $\boldsymbol{x}_e$ 的稳定性。

解 取标量函数 $V(\boldsymbol{x})$ 为

$$V(\boldsymbol{x})=x_1^2+x_2^2$$

显然 $V(\boldsymbol{x})$ 是正定的。$V(\boldsymbol{x})$ 对时间的导数为

$$\dot{V}(\boldsymbol{x})=2x_1\dot{x}_1+2x_2\dot{x}_2$$

将状态方程代入上式，得

$$\dot{V}(\boldsymbol{x})=-2(x_1^2+x_2^2)^2$$

显然，$\dot{V}(\boldsymbol{x})$ 是负定的，所选的函数 $V(\boldsymbol{x})=x_1^2+x_2^2$ 满足定理 5-4 的条件①和②，又因为当 $\|\boldsymbol{x}\|\to\infty$，有 $V(\boldsymbol{x})\to\infty$，定理 5-4 的条件③也满足，所以系统的平衡状态是大范围渐近稳定的。

上述定理的正确性可以从本例 $V(\boldsymbol{x})$ 的几何图形中得到直观解释。函数

$$V(\boldsymbol{x})=x_1^2+x_2^2=C^2$$

的几何图形是平面上以原点为中心，C 为半径的一簇圆，如图 5-6 所示。如果系统存贮的能量越大，则其相应的状态向量到原点的距离越远。$\dot{V}(\boldsymbol{x})$ 为负定时，$V(\boldsymbol{x})$ 的运动曲线的方向是从圆的外侧向内侧移动，从而使 $V(\boldsymbol{x})$ 收敛于 0，即状态轨迹趋于原点。

【例 5-6】 设系统的状态方程为

$$\dot{x}_1=x_2$$

$$\dot{x}_2=-x_1-x_2$$

试确定系统平衡状态的稳定性。

解 令 $\dot{x}_1=0$，$\dot{x}_2=0$，求得原点（0，0）为给定系统的唯一平衡状态。如仍取标量函数 $V(\boldsymbol{x})$ 为

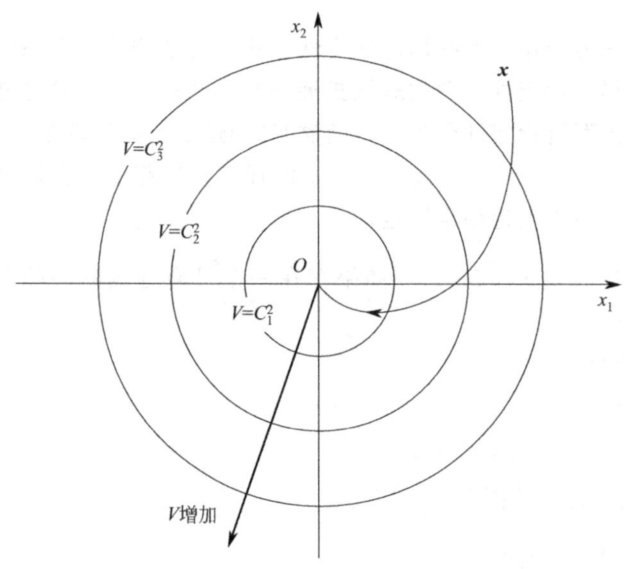

图 5-6　$V(\boldsymbol{x})=x_1^2+x_2^2=C^2$ 的几何解释

$$V(\boldsymbol{x})=x_1^2+x_2^2$$

则

$$\dot{V}(\boldsymbol{x})=2x_1\dot{x}_1+2x_2\dot{x}_2=-2x_2^2$$

当 $x_1\neq0$，$x_2=0$ 时，$\dot{V}(\boldsymbol{x})=0$，因此 $\dot{V}(\boldsymbol{x})$ 不是负定的，而是半负定的，因此所选 $V(\boldsymbol{x})$ 不满足定理 5-4 的条件。现另选取

$$V(\boldsymbol{x})=\frac{1}{2}[(x_1+x_2)^2+2x_1^2+x_2^2]$$

显然 $V(\boldsymbol{x})$ 是正定的。计算得 $\dot{V}(\boldsymbol{x})=-x_1^2-x_2^2$，故 $\dot{V}(\boldsymbol{x})$ 是负定的，系统在原点处的平衡状态是渐近稳定的。又因为 $\|\boldsymbol{x}\|\to\infty$，有 $V(\boldsymbol{x})\to\infty$，故系统的平衡状态是大范围渐近稳定的。

一般说来，对于相当一部分系统，构造一个李亚普诺夫函数 $V(\boldsymbol{x})$ 使其满足定理 5-4 中所要求的 $\dot{V}(\boldsymbol{x})$ 负定这一条件是十分困难的。若能把 $\dot{V}(\boldsymbol{x})$ 为负定的这个条件用 $\dot{V}(\boldsymbol{x})$ 为半负定来代替，就可以克服这个条件所带来的保守性。下面给出将这一条件放宽后的自治系统平衡状态大范围渐近稳定的判定定理。

定理 5-5　对于自治系统（5-14），如果存在一个标量函数 $V(\boldsymbol{x})$，它具有连续的一阶偏导数，且满足下列条件

① $V(\boldsymbol{x})$ 是正定的；

② $\dot{V}(\boldsymbol{x})$ 是半负定的；

③ 对于任意初始状态 $\boldsymbol{x}_0\neq\boldsymbol{0}$，在 $t\geqslant t_0$ 时 $\dot{V}(\boldsymbol{x})$ 不恒定于零；

④ 如果随着 $\|\boldsymbol{x}\|\to\infty$，有 $V(\boldsymbol{x})\to\infty$，

则在原点处的平衡状态是大范围渐近稳定的。

现对条件③作简要的解释。由于条件②只要求 $\dot{V}(\boldsymbol{x})$ 是半负定的，所以在 $\boldsymbol{x}\neq\boldsymbol{0}$ 时可能出现 $\dot{V}(\boldsymbol{x})=0$。对于 $\dot{V}(\boldsymbol{x})=0$，系统可能有两种运动情况：

(a) $\dot{V}(\boldsymbol{x})$恒等于零，此时系统的运动轨迹在某个特定的曲面$V(\boldsymbol{x})=C^2$上。即意味着运动轨迹不会趋向原点，如图5-7(a)所示。非线性系统中出现的极限环便属于这类情况。

(b) $\dot{V}(\boldsymbol{x})$不恒等于零，此时系统的运动轨迹只在某个时刻与某个特定的曲面$V(\boldsymbol{x})=C^2$相切。然而由于条件③的限制，系统的运动轨迹在切点处并未停留而继续向原点收敛，如图5-7（b）所示。

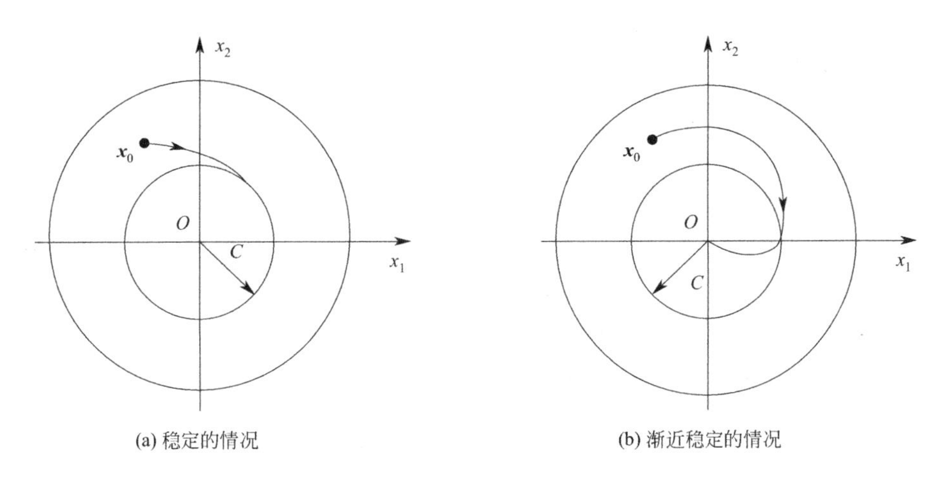

图5-7　$\dot{V}$（$\boldsymbol{x}$）负定的几何解释

现在再来讨论例5-6中的系统

$$\dot{x}_1=x_2$$

$$\dot{x}_2=-x_1-x_2$$

若选取标量函数$V(\boldsymbol{x})$为

$$V(\boldsymbol{x})=x_1^2+x_2^2$$

由例5-6得，$\dot{V}(\boldsymbol{x})=-2x_2^2$是半负定的，$\dot{V}(\boldsymbol{x})$是否满足定理5-5中条件③现考察如下：

由例5-6状态方程

$$\dot{x}_2=-x_1-x_2$$

可知，只要$x_1\neq0$，即使$x_2=0$，$\dot{x}_2$也不会等于零。也就是说，在$x_1\neq0$时，x_2也不会恒等于零，即$x_2=0$只是暂时地出现在某一时刻上。既然x_2不会恒等于零，则$\dot{V}(\boldsymbol{x})$不恒等于零。因此所选$V(\boldsymbol{x})=x_1^2+x_2^2$满足定理5-5的条件③，显然，应用定理5-5判别系统平衡状态的稳定性要比用定理5-4方便得多。

定理5-6　对于自治系统（5-14），如果存在一个标量函数$V(\boldsymbol{x})$，它具有连续的一阶偏导数且满足下列条件：

① $V(\boldsymbol{x})$在原点的某一邻域内是正定的；

② $\dot{V}(\boldsymbol{x})$在同样的邻域内也是正定的。

则在原点处的平衡状态是不稳定的。

【例 5-7】 设系统的状态方程为

$$\dot{x}_1 = x_1 + x_2$$
$$\dot{x}_2 = -x_1 + x_2$$

试确定系统平衡状态的稳定性。

解 显然 $x_1=0$，$x_2=0$，即原点为平衡状态。选取正定的标量函数 $V(\boldsymbol{x})=x_1^2+x_2^2$，则

$$\begin{aligned}\dot{V}(\boldsymbol{x}) &= 2x_1\dot{x}_1 + 2x_2\dot{x}_2 \\ &= 2x_1(x_1+x_2) + 2x_2(-x_1+x_2) \\ &= 2x_1^2 + 2x_2^2\end{aligned}$$

$V(\boldsymbol{x})$正定，$\dot{V}(\boldsymbol{x})$也正定，故定理 5-6 的条件均满足，因此系统的平衡状态是不稳定的。

(2) 非自治系统的李亚普诺夫稳定性定理

上面给出的李亚普诺夫第二方法分析和判断自治系统稳定性的定理，其基本思想可以类似地应用到非自治系统。除了数学上更为复杂外，非自治系统和自治系统的一个主要的不同是必须使用与时间有关的标量函数 $V(\boldsymbol{x},t)$。应用李亚普诺夫第二方法研究非自治系统时，我们不加证明地给出非自治系统的稳定性定理。

时变正定函数与渐减函数

当我们用李亚普诺夫第二方法研究非自治系统时，将用到显含时间的标量时变函数 $V(\boldsymbol{x},t)$，而当研究自治系统时，标量函数 $V(\boldsymbol{x})$是时不变的就足够了。

一个标量时变函数 $V(\boldsymbol{x},t)$，如果满足 $V(\boldsymbol{0},t)=0$，并且存在一个定常的正定函数 $V_0(\boldsymbol{x})$，使得

$$V(\boldsymbol{x},t) \geqslant V_0(\boldsymbol{x}), \forall t \geqslant t_0$$

则称时变函数 $V(\boldsymbol{x},t)$是局部正定的。类似地，可以定义负定、半负定函数。

一个标量时变函数 $V(\boldsymbol{x},t)$，如果满足 $V(\boldsymbol{0},t)=0$，并且存在一个定常的正定函数作为上界，即存在一个正定函数 $V_1(\boldsymbol{x})$，使得

$$V(\boldsymbol{x},t) \leqslant V_1(\boldsymbol{x}), \forall t \geqslant t_0$$

则称时变函数 $V(\boldsymbol{x},t)$是渐减的。

一个简单的时变正定函数是

$$V(\boldsymbol{x},t)=(1+\sin^2 t)(x_1^2+x_2^2)$$

因为它大于 $V_0(\boldsymbol{x})=x_1^2+x_2^2$。这个函数是渐减的，因为它被 $V_1(\boldsymbol{x})=2(x_1^2+x_2^2)$界定。

定义 5-7 设函数 $V(\boldsymbol{x},t)$是具有连续偏导数的正定函数，将它沿着非线性微分方程 (5-1) 解的状态轨迹对时间 t 求导数，即

$$\dot{V}(\boldsymbol{x},t)\,| = \frac{\partial V}{\partial t} + \frac{\partial V}{\partial \boldsymbol{x}}\boldsymbol{f}(\boldsymbol{x},t)$$

是半负定且连续，则称 $V(\boldsymbol{x},t)$是非线性系统 (5-1) 关于平衡状态 $\boldsymbol{x}_e=0$ 的李亚普诺夫函数。其中

$$\frac{\partial V}{\partial \boldsymbol{x}} = \begin{bmatrix} \dfrac{\partial V}{\partial x_1} & \dfrac{\partial V}{\partial x_2} & \cdots & \dfrac{\partial V}{\partial x_{n-1}} & \dfrac{\partial V}{\partial x_n} \end{bmatrix}$$

定理 5-7 设非自治系统的状态方程为

$$\dot{\boldsymbol{x}}=\boldsymbol{f}(\boldsymbol{x},t) \tag{5-15}$$

式中，对所有 t，$\boldsymbol{f}(\boldsymbol{0},t)=\boldsymbol{0}$。

稳定：如果在原点附近的一个球域 B_{R_0} 内，存在一个具有连续偏导数的标量函数 $V(\boldsymbol{x},t)$，且满足

① $V(\boldsymbol{x},t)$正定；

② $\dot{V}(\boldsymbol{x},t)$半负定，

则在原点处的平衡状态 $\boldsymbol{x}_e$ 是李亚普诺夫意义下稳定。

一致稳定和一致渐近稳定：如果进一步有

③ $V(\boldsymbol{x},t)$是渐减的，

则在原点处的平衡状态 $\boldsymbol{x}_e$ 是一致稳定的。如果条件②加强为 $\dot{V}(\boldsymbol{x},t)$负定，则平衡状态 $\boldsymbol{x}_e$ 是一致渐近稳定的。

大范围一致渐近稳定：如果用整个状态空间代替球域 B_{R_0}，并且满足条件①、加强的条件②和条件③，以及下面的条件

④ 如果随着 $\|\boldsymbol{x}\|\to\infty$，有 $V(\boldsymbol{x},t)\to\infty$，

则在原点处的平衡状态 $\boldsymbol{x}_e$ 是大范围一致渐近稳定的。

【例 5-8】 考虑系统

$$\dot{x}_1(t)=-x_1(t)-\mathrm{e}^{-2t}x_2(t)$$

$$\dot{x}_2(t)=x_1(t)-x_2(t)$$

判定其在原点处的平衡状态稳定性。

解 考虑下面的标量函数

$$V(\boldsymbol{x},t)=x_1^2+(1+\mathrm{e}^{-2t})x_2^2$$

这个函数是正定的，因为它大于一个定常的正定函数 $x_1^2+x_2^2$，它还是渐减的，它被时不变的正定函数 $x_1^2+2x_2^2$ 界定。进而

$$\dot{V}(\boldsymbol{x},t)=-2[x_1^2-x_1x_2+x_2^2(1+2\mathrm{e}^{-2t})]$$

这说明

$$\dot{V}(\boldsymbol{x},t)\leqslant-2(x_1^2-x_1x_2+x_2^2)=-(x_1-x_2)^2-x_1^2-x_2^2$$

因此，$\dot{V}$ 是负定的，所以平衡状态是大范围渐近稳定的。

定理 5-8 对于非自治系统（5-15），如果在包含原点的邻域 $\boldsymbol{\Omega}$ 内，存在一个具有连续偏导数的渐减标量函数 $V(\boldsymbol{x},t)$，使得

① $V(\boldsymbol{0},t)=0, \forall t\geqslant t_0$；

② $V(\boldsymbol{x},t_0)$在原点附近处取正值；

③ $\dot{V}(\boldsymbol{x},t)$是正定的（在包含原点的邻域 $\boldsymbol{\Omega}$ 内），

则系统在原点处的平衡状态在 t_0 时刻是不稳定的。

5.4.3 几点说明

应用李亚普诺夫第二方法分析系统稳定性的关键在于如何找到李亚普诺夫函数$V(\boldsymbol{x},t)$，然而李亚普诺夫稳定性理论本身并没有提供构造李亚普诺夫函数的一般方法。所以，尽管李亚普诺夫第二方法在原理上是简单的，但实际应用时并不容易。下面简略概括一下李亚普诺夫函数的属性。

① 李亚普诺夫函数是一个标量函数。

② 对于给定系统，如果存在李亚普诺夫函数，它不是唯一的。

③ 李亚普诺夫函数最简单的形式是二次型函数，即$V(\boldsymbol{x})=\boldsymbol{x}^{\mathrm{T}}\boldsymbol{P}\boldsymbol{x}$。其中$\boldsymbol{P}$为实对称正定阵。

对于一般情况而言，李亚普诺夫函数不一定都是简单的二次型函数。但对线性系统而言，其李亚普诺夫函数一定可以用二次型函数来构造。

5.5 基于李亚普诺夫第二方法的线性定常系统分析

这一节将分别介绍用李亚普诺夫第二方法来分析线性连续定常系统以及线性定常离散系统的稳定性。

5.5.1 线性连续定常系统的稳定性分析

线性连续定常系统的状态方程为

$$\dot{\boldsymbol{x}}=\boldsymbol{A}\boldsymbol{x} \tag{5-16}$$

假设所选取的李亚普诺夫函数$V(\boldsymbol{x})$为二次型函数

$$V(\boldsymbol{x})=\boldsymbol{x}^{\mathrm{T}}\boldsymbol{P}\boldsymbol{x} \tag{5-17}$$

式中，$\boldsymbol{P}$为$n\times n$维实对称正定矩阵。

$V(\boldsymbol{x})$对时间的导数为

$$\dot{V}(\boldsymbol{x})=\dot{\boldsymbol{x}}^{\mathrm{T}}\boldsymbol{P}\boldsymbol{x}+\boldsymbol{x}^{\mathrm{T}}\boldsymbol{P}\dot{\boldsymbol{x}} \tag{5-18}$$

将状态方程（5-16）代入式（5-18），有

$$\dot{V}(\boldsymbol{x})=(\boldsymbol{A}\boldsymbol{x})^{\mathrm{T}}\boldsymbol{P}\boldsymbol{x}+\boldsymbol{x}^{\mathrm{T}}\boldsymbol{P}\boldsymbol{A}\boldsymbol{x}=\boldsymbol{x}^{\mathrm{T}}(\boldsymbol{A}^{\mathrm{T}}\boldsymbol{P}+\boldsymbol{P}\boldsymbol{A})\boldsymbol{x}$$

根据定理5-3，欲使系统在原点处是渐近稳定的，则要求$\dot{V}(\boldsymbol{x})$是负定的，因此必须有

$$\dot{V}(\boldsymbol{x})=-\boldsymbol{x}^{\mathrm{T}}\boldsymbol{Q}\boldsymbol{x} \tag{5-19}$$

式中$\boldsymbol{Q}=-(\boldsymbol{A}^{\mathrm{T}}\boldsymbol{P}+\boldsymbol{P}\boldsymbol{A})$为正定对称矩阵。

按照以上推导，判别线性连续定常系统稳定性的步骤应该是先假定一个正定的实对称阵$\boldsymbol{P}$，然后验算$\boldsymbol{Q}=-(\boldsymbol{A}^{\mathrm{T}}\boldsymbol{P}+\boldsymbol{P}\boldsymbol{A})$是否为正定，如果$\boldsymbol{Q}$为正定就意味着所假设的二次型函数$\boldsymbol{x}^{\mathrm{T}}\boldsymbol{P}\boldsymbol{x}$是系统的一个李亚普诺夫函数。然而，上述看似比较自然的方法有可能导致没有结论这种情况，也就是说，即使对稳定的系统，$\boldsymbol{Q}$也可能不是正定的。为判断线性定常系统平衡状态的稳定性，在实际中应用中，通常一个有效的办法就是首先指定一个正定的矩阵$\boldsymbol{Q}$，然后检验由式

$$\boldsymbol{A}^{\mathrm{T}}\boldsymbol{P}+\boldsymbol{P}\boldsymbol{A}=-\boldsymbol{Q} \tag{5-20}$$

所确定的 $\boldsymbol{P}$ 是否也是正定的。如果 $\boldsymbol{P}$ 正定，那么 $\boldsymbol{x}^{\mathrm{T}}\boldsymbol{P}\boldsymbol{x}$ 就是系统的李亚普诺夫函数，并且系统大范围渐近稳定性就得到了保证。这样做，即给定一个正定矩阵 $\boldsymbol{Q}$ 得到 $\boldsymbol{P}$，然后判断 $\boldsymbol{P}$ 是否正定这种方法，通常对一个稳定系统，可以得到确切的结论。在应用中通常取 $\boldsymbol{Q}=\boldsymbol{I}$ 来确定 $\boldsymbol{P}$ 更为方便。由此得出线性连续定常系统渐近稳定的定理。

定理 5-9 线性连续定常系统

$$\dot{\boldsymbol{x}}=\boldsymbol{A}\boldsymbol{x} \tag{5-21}$$

在平衡状态 $\boldsymbol{x}_{\mathrm{e}}=\boldsymbol{0}$ 处大范围渐近稳定的充分必要条件是给定一个正定对称矩阵 $\boldsymbol{Q}$，存在一个正定对称矩阵 $\boldsymbol{P}$ 满足

$$\boldsymbol{A}^{T}\boldsymbol{P}+\boldsymbol{P}\boldsymbol{A}=-\boldsymbol{Q} \tag{5-22}$$

式(5-22) 又称为李亚普诺夫方程。标量函数 $V(\boldsymbol{x})=\boldsymbol{x}^{\mathrm{T}}\boldsymbol{P}\boldsymbol{x}$ 是系统的一个李亚普诺夫函数。注意，如果 $\dot{V}(\boldsymbol{x})=-\boldsymbol{x}^{\mathrm{T}}\boldsymbol{Q}\boldsymbol{x}$ 不恒等于零，则 $\boldsymbol{Q}$ 可取为半正定的对称矩阵。

【例 5-9】 设二阶线性定常系统的状态方程为

$$\begin{bmatrix}\dot{x}_1\\ \dot{x}_2\end{bmatrix}=\begin{bmatrix}0 & 1\\ -1 & -1\end{bmatrix}\begin{bmatrix}x_1\\ x_2\end{bmatrix}$$

显然，原点是系统的平衡状态。试确定该系统的稳定性。

解 设李亚普诺夫函数为

$$V(\boldsymbol{x})=\boldsymbol{x}^{\mathrm{T}}\boldsymbol{P}\boldsymbol{x}$$

矩阵 $\boldsymbol{P}$ 由下式确定

$$\boldsymbol{A}^{\mathrm{T}}\boldsymbol{P}+\boldsymbol{P}\boldsymbol{A}=-\boldsymbol{I}$$

上式可写为

$$\begin{bmatrix}0 & -1\\ 1 & -1\end{bmatrix}\begin{bmatrix}p_{11} & p_{12}\\ p_{12} & p_{22}\end{bmatrix}+\begin{bmatrix}p_{11} & p_{12}\\ p_{12} & p_{22}\end{bmatrix}\begin{bmatrix}0 & 1\\ -1 & -1\end{bmatrix}=\begin{bmatrix}-1 & 0\\ 0 & -1\end{bmatrix}$$

将矩阵方程展开，可得联立方程组

$$\begin{gathered}-2p_{12}=-1\\ p_{11}-p_{12}-p_{22}=0\\ 2p_{12}-2p_{22}=-1\end{gathered}$$

解方程组可得

$$p_{11}=\frac{3}{2},p_{12}=\frac{1}{2},p_{22}=1$$

$$\boldsymbol{P}=\begin{bmatrix}\frac{3}{2} & \frac{1}{2}\\ \frac{1}{2} & 1\end{bmatrix}$$

下面检验矩阵 $\boldsymbol{P}$ 的正定性，$\boldsymbol{P}$ 的各阶主子行列式

$$\Delta_1=\frac{3}{2}>0,\ \Delta_2=\begin{vmatrix}\frac{3}{2} & \frac{1}{2}\\ \frac{1}{2} & 1\end{vmatrix}>0$$

$\boldsymbol{P}$ 是正定的。因此，系统在原点处的平衡状态渐近稳定，而系统的一个李亚普诺夫函数为

$$V(\boldsymbol{x})=\boldsymbol{x}^{\mathrm{T}}\boldsymbol{P}\boldsymbol{x}=\frac{1}{2}(3x_1^2+2x_1x_2+2x_2^2)$$

5.5.2 线性定常离散系统的稳定性分析

设线性定常离散系统状态方程为

$$\boldsymbol{x}(k+1)=\boldsymbol{G}\boldsymbol{x}(k) \tag{5-23}$$

式中，$\boldsymbol{G}$ 为非奇异矩阵，系统的平衡状态是原点。设取如下正定二次型函数

$$V[\boldsymbol{x}(k)]=\boldsymbol{x}^{\mathrm{T}}(k)\boldsymbol{P}\boldsymbol{x}(k) \tag{5-24}$$

计算 $\Delta V[\boldsymbol{x}(k)]$有

$$\begin{aligned}\Delta V[\boldsymbol{x}(k)]&=\Delta V[\boldsymbol{x}(k+1)]-\Delta V[\boldsymbol{x}(k)]\\&=\boldsymbol{x}^{\mathrm{T}}(k+1)\boldsymbol{P}\boldsymbol{x}(k+1)-\boldsymbol{x}^{\mathrm{T}}(k)\boldsymbol{P}\boldsymbol{x}(k)\\&=[\boldsymbol{G}\mathbf{x}(k)]^{\mathrm{T}}\boldsymbol{P}[\boldsymbol{G}\boldsymbol{x}(k)]-\boldsymbol{x}^{\mathrm{T}}(k)\boldsymbol{P}\boldsymbol{x}(k)\\&=\boldsymbol{x}^{\mathrm{T}}(k)[\boldsymbol{G}^{\mathrm{T}}\boldsymbol{P}\boldsymbol{G}-\boldsymbol{P}]\boldsymbol{x}(k)\end{aligned}$$

令

$$\boldsymbol{G}^{\mathrm{T}}\boldsymbol{P}\boldsymbol{G}-\boldsymbol{P}=-\boldsymbol{Q} \tag{5-25}$$

式(5-25) 称为离散系统的李亚普诺夫方程，于是有

$$\Delta V[\boldsymbol{x}(k)]=-\boldsymbol{x}^{\mathrm{T}}(k)\boldsymbol{Q}\boldsymbol{x}(k)$$

于是得到下面的定理。

定理 5-10 线性定常离散系统 $\boldsymbol{x}(k+1)=\boldsymbol{G}\boldsymbol{x}(k)$在平衡状态 $\boldsymbol{x}_{\mathrm{e}}=\boldsymbol{0}$ 处大范围渐近稳定的充分必要条件是给定任一实正定对称矩阵 $\boldsymbol{Q}$，存在一个实正定对称矩阵 $\boldsymbol{P}$，使得式(5-25) 成立。$\boldsymbol{x}^{\mathrm{T}}(k)\boldsymbol{P}\boldsymbol{x}(k)$是系统的一个李亚普诺夫函数。在实际应用中，通常取 $\boldsymbol{Q}=\boldsymbol{I}$。

如果 $\Delta V[\boldsymbol{x}(k)]$不恒为零，矩阵 $\boldsymbol{Q}$ 也可以取为半正定。

【例 5-10】 设线性定常离散系统为

$$\boldsymbol{x}(k+1)=\begin{bmatrix}\lambda_1 & 0\\0 & \lambda_2\end{bmatrix}\boldsymbol{x}(k)$$

试用李亚普诺夫第二方法确定平衡状态渐近稳定的条件。

解 根据式 (5-25)，取 $\boldsymbol{Q}=\boldsymbol{I}$，

$$\boldsymbol{P}=\begin{bmatrix}p_{11} & p_{12}\\p_{12} & p_{22}\end{bmatrix}$$

则有

$$\begin{bmatrix}\lambda_1 & 0\\0 & \lambda_2\end{bmatrix}\begin{bmatrix}p_{11} & p_{12}\\p_{12} & p_{22}\end{bmatrix}\begin{bmatrix}\lambda_1 & 0\\0 & \lambda_2\end{bmatrix}-\begin{bmatrix}p_{11} & p_{12}\\p_{12} & p_{22}\end{bmatrix}=\begin{bmatrix}-1 & 0\\0 & -1\end{bmatrix}$$

展开并整理后得

$$p_{11}(1-\lambda_1^2)=1$$

$$p_{12}(1-\lambda_1\lambda_2)=0$$

$$p_{22}(1-\lambda_1^2)=1$$

解得

$$P=\begin{bmatrix}\dfrac{1}{1-\lambda_1^2} & 0\\ 0 & \dfrac{1}{1-\lambda_2^2}\end{bmatrix}$$

由定理 5-10 可知，系统渐近稳定的充分必要条件是 $\boldsymbol{P}$ 必须正定，即

$$|\lambda_1|<1 \text{ 和 } |\lambda_2|<1$$

可见只有当系统的极点在单位圆内时，系统的平衡状态才是大范围渐近稳定的。显然，这个结论与经典理论中采样系统稳定判据结论一致。

5.6 基于李亚普诺夫第二方法的非线性系统分析

在前面的李亚普诺夫稳定性定理中，我们首先假设李亚普诺夫函数是存在的，并且由李亚普诺夫函数的性质，得到系统稳定性性质。考虑到寻找李亚普诺夫函数的困难性，人们自然会怀疑稳定系统是否总是存在李亚普诺夫函数。李亚普诺夫函数的存在性问题，也称为李亚普诺夫定理的逆问题。对于任意的非线性系统并不存在构造合适的李亚普诺夫函数的普遍适用的规则，而且对于稳定的系统可以存在多种形式的李亚普诺夫函数。但要找到合适的李亚普诺夫函数并非易事。

本节介绍构造非线性系统李亚普诺夫函数的方法：克拉索夫斯基方法、变量梯度法以及根据物理意义诱导产生李亚普诺夫函数的方法。

5.6.1 李亚普诺夫函数的存在性

实质上，每一个李亚普诺夫稳定性定理（稳定性、渐近稳定性、一致渐近稳定性、大范围一致渐近稳定性等）均存在一个逆定理。下面给出两个主要的李亚普诺夫逆定理。

定理 5-11 如果系统（5-1）在平衡状态 $\boldsymbol{x}_e=\boldsymbol{0}$ 是稳定的，则存在一个正定函数 $V(\boldsymbol{x},t)$，它具有一个非正的导数。

这个定理指出，每一个稳定的系统均存在一个李亚普诺夫函数。

定理 5-12 如果系统（5-1）在平衡状态 $\boldsymbol{x}_e=\boldsymbol{0}$ 是一致渐近稳定的，则存在一个正定且渐减函数 $V(\boldsymbol{x},t)$，它具有负定的导数。

5.6.2 克拉索夫斯基方法

克拉索夫斯基根据李亚普诺夫第二方法的定理提出一个分析非线性系统渐近稳定性的方法。非线性系统的状态方程一般可以写成

$$\dot{\boldsymbol{x}}=\boldsymbol{f}(\boldsymbol{x}) \tag{5-26}$$

式中，$\boldsymbol{f}(\boldsymbol{x})$为 n 维向量函数，它的各元素是状态变量的非线性函数，且 $\boldsymbol{f}(\boldsymbol{x})$对 $x_i(i=1,2,\cdots,n)$的一阶导数存在。对于非线性系统可能存在不止一个平衡状态，这里假设 $\boldsymbol{x}_e=\boldsymbol{0}$。

为了判别系统（5-26）在原点处的渐近稳定性，克拉索夫斯基建议不是用状态向量 $\boldsymbol{x}$，而是用其导数 $\dot{\boldsymbol{x}}$ 来构造李亚普诺夫函数。即令

$$V(\boldsymbol{x})=\dot{\boldsymbol{x}}^{\mathrm{T}}\boldsymbol{P}\dot{\boldsymbol{x}}=\boldsymbol{f}^{\mathrm{T}}(\boldsymbol{x})\boldsymbol{P}\boldsymbol{f}(\boldsymbol{x}) \tag{5-27}$$

式中，$\boldsymbol{P}$ 为对称正定矩阵。

为验证 $\dot{V}(\boldsymbol{x})$是否为负定，将式（5-27）对时间 t 求导数，有

$$\dot{V}(\boldsymbol{x})=\dot{\boldsymbol{f}}^{\mathrm{T}}(\boldsymbol{x})\boldsymbol{P}\boldsymbol{f}(\boldsymbol{x})+\boldsymbol{f}^{\mathrm{T}}(\boldsymbol{x})\boldsymbol{P}\dot{\boldsymbol{f}}(\boldsymbol{x}) \tag{5-28}$$

考虑到

$$\dot{\boldsymbol{f}}(x)=\frac{\partial \boldsymbol{f}(\boldsymbol{x})}{\partial \boldsymbol{x}^{\mathrm{T}}}\frac{\partial \boldsymbol{x}}{\partial t}=\frac{\partial \boldsymbol{f}(\boldsymbol{x})}{\partial \boldsymbol{x}^{\mathrm{T}}}\boldsymbol{f}(\boldsymbol{x})=\boldsymbol{J}\boldsymbol{f}(\boldsymbol{x}) \tag{5-29}$$

式中

$$\boldsymbol{J}=\frac{\partial \boldsymbol{f}(\boldsymbol{x})}{\partial \boldsymbol{x}^{\mathrm{T}}}=\begin{bmatrix}\dfrac{\partial f_1}{\partial x_1} & \cdots & \dfrac{\partial f_1}{\partial x_n}\\ \vdots & \ddots & \vdots\\ \dfrac{\partial f_n}{\partial x_1} & \cdots & \dfrac{\partial f_n}{\partial x_n}\end{bmatrix} \tag{5-30}$$

称为系统的 Jacobian 矩阵。

将式（5-29）代入式（5-28），有

$$\begin{aligned}\dot{V}(\boldsymbol{x})&=[\boldsymbol{J}\boldsymbol{f}(\boldsymbol{x})]^{\mathrm{T}}\boldsymbol{P}\boldsymbol{f}(\boldsymbol{x})+\boldsymbol{f}^{\mathrm{T}}(\boldsymbol{x})\boldsymbol{P}[\boldsymbol{J}\boldsymbol{f}(\boldsymbol{x})]\\&=\boldsymbol{f}^{\mathrm{T}}(\boldsymbol{x})\boldsymbol{J}^{\mathrm{T}}\boldsymbol{P}\boldsymbol{f}(\boldsymbol{x})+\boldsymbol{f}^{\mathrm{T}}(\boldsymbol{x})\boldsymbol{P}\boldsymbol{J}\boldsymbol{f}(\boldsymbol{x})\\&=\boldsymbol{f}^{\mathrm{T}}(\boldsymbol{x})(\boldsymbol{J}^{\mathrm{T}}\boldsymbol{P}+\boldsymbol{P}\boldsymbol{J})\boldsymbol{f}(\boldsymbol{x})=\boldsymbol{f}^{\mathrm{T}}(\boldsymbol{x})\boldsymbol{Q}\boldsymbol{f}(\boldsymbol{x})\end{aligned} \tag{5-31}$$

式中

$$\boldsymbol{Q}=\boldsymbol{J}^{\mathrm{T}}\boldsymbol{P}+\boldsymbol{P}\boldsymbol{J} \tag{5-32}$$

可以证明，若 $\boldsymbol{Q}$ 是负定的，则 $\dot{V}(\boldsymbol{x})$也是负定的。所以可以得出如下结论。对于非线性系统（5-26），若选取正定对称矩阵 $\boldsymbol{P}$，且使

$$\boldsymbol{Q}=\boldsymbol{J}^{\mathrm{T}}\boldsymbol{P}+\boldsymbol{P}\boldsymbol{J}$$

为负定的，则系统在 $\boldsymbol{x}_{\mathrm{e}}=\boldsymbol{0}$ 处是渐近稳定的。如果$\|\boldsymbol{x}\|\to\infty$，有 $V(\boldsymbol{x})=\boldsymbol{f}^{\mathrm{T}}(\boldsymbol{x})\boldsymbol{P}\boldsymbol{f}(\boldsymbol{x})\to\infty$，则系统在 $\boldsymbol{x}_{\mathrm{e}}=\boldsymbol{0}$ 处是大范围渐近稳定的。

在实际应用中，为计算方便起见，常选取 $\boldsymbol{P}=\boldsymbol{I}$。这时式(5-27)、时(5-28) 将为

$$V(\boldsymbol{x})=\boldsymbol{f}^{\mathrm{T}}(\boldsymbol{x})\boldsymbol{f}(\boldsymbol{x}) \tag{5-33}$$

$$\dot{V}(\boldsymbol{x})=\boldsymbol{f}^{\mathrm{T}}(\boldsymbol{x})\boldsymbol{Q}\boldsymbol{f}(\boldsymbol{x}) \tag{5-34}$$

式中

$$\boldsymbol{Q}=\boldsymbol{J}^{\mathrm{T}}+\boldsymbol{J} \tag{5-35}$$

【例 5-11】 试用克拉索夫斯基方法判别下列系统

$$\dot{x}_1=-3x_1+x_2$$

$$\dot{x}_2=x_1-x_2-x_2^3$$

在原点处是大范围渐近稳定的。

解 按照克拉索夫斯基方法选取 $\boldsymbol{P}=\boldsymbol{I}$，故有

$$\boldsymbol{Q}=\boldsymbol{J}^{\mathrm{T}}+\boldsymbol{J}$$

由于

$$\boldsymbol{f}(\boldsymbol{x})=\begin{bmatrix}-3x_1+x_2\\x_1-x_2-x_2^3\end{bmatrix}$$

故有

$$\boldsymbol{J}=\frac{\partial \boldsymbol{f}(\boldsymbol{x})}{\partial \boldsymbol{x}^{\mathrm{T}}}=\begin{bmatrix}-3 & 1\\1 & -1-3x_2^2\end{bmatrix}$$

从而有

$$\boldsymbol{Q}=\boldsymbol{J}^{\mathrm{T}}+\boldsymbol{J}=\begin{bmatrix}-6 & 2\\2 & -2-6x_2^2\end{bmatrix}$$

且

$$\Delta_1=-6,\ \Delta_2=\begin{vmatrix}-6 & 2\\2 & -2-6x_2^2\end{vmatrix}=36x_2^2+8>0$$

由 Sylvester 判据，知 $\boldsymbol{Q}$ 是负定的。由式（5-33）可知，系统的李亚普诺夫函数为

$$V(\boldsymbol{x})=\boldsymbol{f}^{\mathrm{T}}(\boldsymbol{x})\boldsymbol{f}(\boldsymbol{x})=\begin{bmatrix}-3x_1+x_2 & x_1-x_2-x_2^3\end{bmatrix}\begin{bmatrix}-3x_1+x_2\\x_1-x_2-x_2^3\end{bmatrix}$$
$$=(-3x_1+x_2)^2+(x_1-x_2-x_2^3)^2$$

显然，当 $\|\boldsymbol{x}\|\to\infty$，$V(\boldsymbol{x})\to\infty$。所以该系统在原点处是大范围渐近稳定的。

从这个例子可以看到，当非线性特性能用解析式表达时，且系统的阶次又不太高时，用克拉索夫斯基方法分析这类非线性系统的渐近稳定性还是比较方便的。不过应当注意，克拉索夫斯基所给出的只是渐近稳定的充分条件，而非必要条件。对于许多非线性系统的稳定与否不提供任何信息，这是这一方法的局限性。

5.6.3 变量梯度法

变量梯度法是 D. G. Shultz 和 J. E Gibson 在 1962 年提出的一种较为实用的构造李亚普诺夫函数的方法。这种方法的基本出发点是，如果系统的平衡状态是大范围渐近稳定的，那么一定能找到一个李亚普诺夫函数，同时其梯度也一定存在。其主要思路是对于一个待定李亚普诺夫函数，假设它具有某种形式的梯度，然后通过对假设的梯度积分来确定这个李亚普诺夫函数。这个方法要用到场论部分的一些概念，关于这方面的内容读者可参阅有关书籍。

假设非线性系统

$$\dot{\boldsymbol{x}}=\boldsymbol{f}(\boldsymbol{x})$$

的平衡状态 $\boldsymbol{x}_{\mathrm{e}}=\boldsymbol{0}$ 是渐近稳定的，且其李亚普诺夫函数 $V(\boldsymbol{x})$存在，则函数 $V(\boldsymbol{x})$一定具有唯一的梯度 grad$V$

$$\operatorname{grad} V=\begin{bmatrix}\dfrac{\partial V}{\partial x_1}\\\dfrac{\partial V}{\partial x_2}\\\vdots\\\dfrac{\partial V}{\partial x_n}\end{bmatrix}\tag{5-36}$$

若李亚普诺夫函数 $V(\boldsymbol{x})$是 $\boldsymbol{x}$ 的显函数，而不是时间 t 的显函数，则 $V(\boldsymbol{x})$对时间的导数 $\dot{V}(\boldsymbol{x})$为

$$\dot{V}(\boldsymbol{x})=\frac{\partial V}{\partial x_1}\frac{\mathrm{d}x_1}{\mathrm{d}t}+\frac{\partial V}{\partial x_2}\frac{\mathrm{d}x_2}{\mathrm{d}t}+\cdots+\frac{\partial V}{\partial x_n}\frac{\mathrm{d}x_n}{\mathrm{d}t} \tag{5-37}$$

写成矩阵的形式为

$$\dot{V}(\boldsymbol{x})=\begin{bmatrix}\frac{\partial V}{\partial x_1} & \frac{\partial V}{\partial x_2} & \cdots & \frac{\partial V}{\partial x_n}\end{bmatrix}\begin{bmatrix}\dot{x}_1\\ \dot{x}_2\\ \vdots\\ \dot{x}_n\end{bmatrix}=[\mathrm{grad}V]^{\mathrm{T}}\dot{\boldsymbol{x}} \tag{5-38}$$

因此 D. G. Shultz 和 J. E Gibson 提出，先假设 grad$V$ 为某一形式，譬如为

$$\mathrm{grad}V=\begin{bmatrix}a_{11}x_1+a_{12}x_2+\cdots+a_{1n}x_n\\ a_{21}x_1+a_{22}x_2+\cdots+a_{2n}x_n\\ \vdots\\ a_{n1}x_1+a_{n2}x_2+\cdots+a_{nn}x_n\end{bmatrix} \tag{5-39}$$

并根据 $\dot{V}(\boldsymbol{x})$为负定的要求确定 grad$V$，进而确定式(5-39) 中的未定系数 $a_{ij}(i,j=1,2,\cdots,n)$，然后由这个 grad$V$ 按下式导出 $V(\boldsymbol{x})$

$$V(\boldsymbol{x})=\int_0^x(\mathrm{grad}V)^{\mathrm{T}}\mathrm{d}\boldsymbol{x} \tag{5-40}$$

如果求出的 $V(\boldsymbol{x})$是正定的，这就是给定系统所要构造的李亚普诺夫函数。

从式 (5-40) 可以看出，$V(\boldsymbol{x})$是梯度向量 grad$V$ 的线积分，如果这个线积分与路径无关的话，那么可以采取如下逐点积分法。

从场论的概念知，如果一个向量的曲线积分与积分路径无关，那么这个向量的旋度必为零，反之亦然。于是欲使梯度 grad$V$ 的线积分与路径无关的话，那就必须要求 grad$V$ 的旋度为零。即要求 grad$V$ 满足如下方程，

$$\frac{\partial(\mathrm{grad}V)_i}{\partial x_j}=\frac{\partial(\mathrm{grad}V)_j}{\partial x_i}(i,j=1,2,\cdots,n) \tag{5-41}$$

式中

$$(\mathrm{grad}V)_i=\frac{\partial V}{\partial x_i} \tag{5-42}$$

对于一个 n 阶系统，应有 $n(n-1)/2$ 个旋度方程。如 $n=3$，则有下列三个旋度方程。

$$\frac{\partial^2 V}{\partial x_1\partial x_2}=\frac{\partial^2 V}{\partial x_2\partial x_1}$$

$$\frac{\partial^2 V}{\partial x_2\partial x_3}=\frac{\partial^2 V}{\partial x_3\partial x_2}$$

$$\frac{\partial^2 V}{\partial x_3\partial x_1}=\frac{\partial^2 V}{\partial x_1\partial x_3}$$

综上所述，如果非线性系统的平衡状态 $\boldsymbol{x}_{\mathrm{e}}=\boldsymbol{0}$ 是渐近稳定的，则可按如下步骤求得李亚普诺夫函数 $V(\boldsymbol{x})$。

① 按式(5-39) 给出 gradV；

② 由式(5-38) 从 gradV 求出 $\dot{V}(\boldsymbol{x})$，并限定 $\dot{V}(\boldsymbol{x})$ 为负定的或至少是半负定的；

③ 用式(5-41) 的旋度方程确定 gradV 中的未定系数；

④ 再核对一下 $\dot{V}(\boldsymbol{x})$，因为上一步计算可能使它改变；

⑤ 用式(5-40) 求出 $V(\boldsymbol{x})$。

【例 5-12】 试用变量梯度法判定非线性系统

$$\dot{x}_1 = -x_1 + 2x_1^2 x_2$$
$$\dot{x}_2 = -x_2$$

在原点处是渐近稳定的。

解 设所求李亚普诺夫函数 $V(\boldsymbol{x})$的梯度为如下形式

$$\mathrm{grad}V = \begin{bmatrix} a_{11}x_1 + a_{12}x_2 \\ a_{21}x_1 + 2x_2 \end{bmatrix}$$

于是 $V(\boldsymbol{x})$的导数为

$$\begin{aligned}\dot{V}(\boldsymbol{x}) &= (\mathrm{grad}V)^{\mathrm{T}}\dot{\boldsymbol{x}} \\ &= (a_{11}x_1 + a_{12}x_2)\dot{x}_1 + (a_{12}x_1 + 2x_2)\dot{x}_2 \\ &= -a_{11}x_1^2 + 2a_{11}x_1^3x_2 - a_{12}x_1x_2 + 2a_{12}x_1^2x_2^2 - a_{21}x_1x_2 - 2x_2^2 \\ &= -a_{11}x_1^2 + 2a_{11}x_1^3x_2 - a_{12}x_1x_2 + 2a_{12}x_1^2x_2^2 - a_{21}x_1x_2 - 2x_2^2\end{aligned}$$

试探地选取 $a_{11}=1$，$a_{12}=a_{21}=0$

则
$$\dot{V}(\boldsymbol{x}) = -x_1^2(1-2x_1x_2) - 2x_2^2$$

如果
$$(1-2x_1x_2) > 0$$

则 $\dot{V}(\boldsymbol{x})$是负定的，将 a_{11}, a_{12}, a_{21} 代入梯度公式有

$$\mathrm{grad}V = \begin{bmatrix} x_1 \\ 2x_2 \end{bmatrix}$$

注意到

$$\frac{\partial(\mathrm{grad}V)_1}{\partial x_2} = \frac{\partial(\mathrm{grad}V)_2}{\partial x_1} = 0$$

满足旋度方程，所以

$$V(\boldsymbol{x}) = \int_0^{x_1(x_2=0)} x_1\mathrm{d}x_1 + \int_0^{x_2(x_1=x_1)} 2x_2\mathrm{d}x_2 = \frac{x_1^2}{2} + x_2^2$$

上面所求得李亚普诺夫函数 $V(\boldsymbol{x})$对于 $(1-2x_1x_2) > 0$ 的所有点都是正定的，所以系统在上述范围内是渐近稳定的。

为了说明由上式所确定的李亚普诺夫函数不是唯一的，我们重新选择梯度表达式中未定系数为

$$a_{11} = \frac{2}{(1-x_1x_2)^2},\ a_{12} = \frac{-x_1^2}{(1-x_1x_2)^2},\ a_{21} = \frac{x_1^2}{(1-x_1x_2)^2}$$

于是

$$\dot{V}(\boldsymbol{x}) = -2x_1^2 - 2x_2^2$$

$\dot{V}(\boldsymbol{x})$ 在整个状态平面上是负定的。

此时

$$\mathrm{grad}V=\begin{bmatrix}\dfrac{2x_1}{(1-x_1x_2)^2}-\dfrac{x_1^2x_2}{(1-x_1x_2)^2}\\ \dfrac{x_1^3}{(1-x_1x_2)^2}+2x_2\end{bmatrix}$$

由于

$$\frac{\partial(\mathrm{grad}V)_1}{\partial x_2}=\frac{3x_1^2-x_1^3x_2}{(1-x_1x_2)^3}$$

$$\frac{\partial(\mathrm{grad}V)_2}{\partial x_1}=\frac{3x_1^2-x_1^3x_2}{(1-x_1x_2)^3}$$

显然，若 $x_1x_2<1$，则满足旋度方程，所以 $V(\boldsymbol{x})$ 为

$$\begin{aligned}V(\boldsymbol{x})&=\int_0^{x_1(x_2=0)}\left[\frac{2x_1}{(1-x_1x_2)^2}-\frac{x_1^2x_2}{(1-x_1x_2)^2}\right]\mathrm{d}x_1\\&\quad+\int_0^{x_2(x_1=x_1)}\left[\frac{x_1^3}{(1-x_1x_2)^2}+2x_2\right]\mathrm{d}x_2\\&=\frac{x_1^2}{1-x_1x_2}+x_2^2\end{aligned}$$

从这个李亚普诺夫函数可以看出，系统原点处的平衡状态在 $x_1x_2<1$ 的范围内是渐近稳定的。

这也表明前面构造的李亚普诺夫函数给出的渐近稳定范围比后面的小，因此后面构造的李亚普诺夫函数优于前者。

由以上讨论可以看出李亚普诺夫第二方法对于线性和非线性系统都能应用，这是它的主要优点。但是，对于非线性系统来说，只有当非线性特性能用解析式表示时方能求出李亚普诺夫函数。然而，工程上许多非线性因素只能得到特性曲线，譬如死区、间隙、饱和特性等。这时用李亚普诺夫第二方法就困难了，这是该方法在工程应用上的一个障碍。如何克服这个障碍使得李亚普诺夫方法更加实用，是一个值得研究的问题。

5.6.4 根据物理意义诱导产生李亚普诺夫函数

上面两种构造李亚普诺夫函数的方法都是基于数学的观点，即检查给定微分方程的数学特征，并寻找能使 $\dot{V}(\boldsymbol{x})$ 为负的候选李亚普诺夫函数 $V(\boldsymbol{x})$。我们没有对动态方程源自何处以及这个物理系统具有的性质等问题给予很多注意。然而，这样一种纯粹数学的方法，虽然对简单系统有效，但对于复杂动态方程往往作用甚微。另一方面，如果能适当发掘系统的工程含义和物理性质，那么一种精巧的和强有力的李亚普诺夫分析方法可能会适用于非常复杂的系统。

【例 5-13】 一个机械手系统位置控制器的大范围渐近稳定性。

机械手系统应用中的一个基本任务就是让机械手的操作手把物体从一点移到另一点，即所谓机械手系统的位置的控制问题。在过去，工程师习惯使用 PD（比例-微分）控制器来控

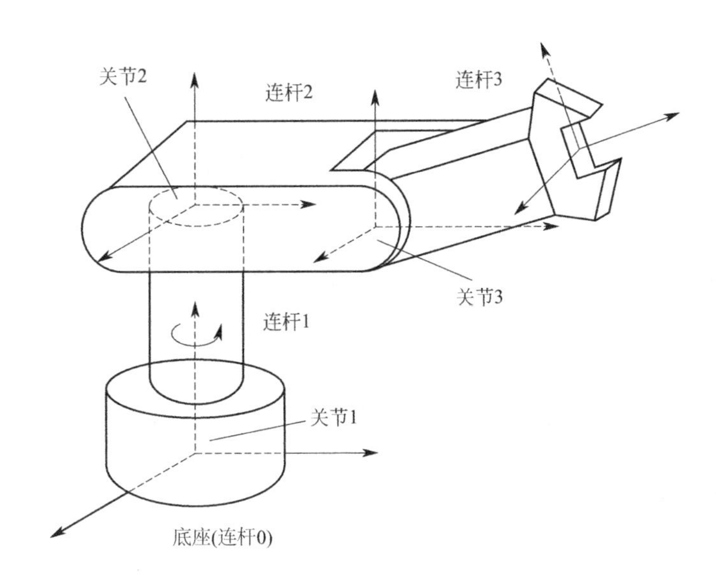

图 5-8 机械手系统

制机械手臂。然而，对于这样的控制系统，其稳定性还没有理论证明，因为机械手的动态系统特性是高度的非线性的。

一个机械手的手臂由旋转关节或平移关节连接起来的多连杆组成，最后一个连杆装备有某些末端执行装置（见图 5-8）。具有几个连杆的机械手臂的动力学问题，可由几个方程组成的方程组来表示：

$$\boldsymbol{H}(\boldsymbol{q})\ddot{\boldsymbol{q}}+\boldsymbol{b}(\boldsymbol{q},\dot{\boldsymbol{q}})\dot{\boldsymbol{q}}+\boldsymbol{g}(\boldsymbol{q})=\boldsymbol{\tau} \tag{5-43}$$

式中，$\boldsymbol{q}$ 为 n 维关节位置向量；$\boldsymbol{\tau}$ 为 n 维关节输入力矩；$\dot{\boldsymbol{q}}$ 和 $\ddot{\boldsymbol{q}}$ 分别为速度和加速度向量；$\boldsymbol{g}$ 为 n 维重力力矩向量；$\boldsymbol{b}$ 为 n 维向心力矩和哥式力矩向量；$\boldsymbol{H}$ 为对称正定的机械手惯量矩阵。若选 $\boldsymbol{\tau}$ 为

$$\boldsymbol{\tau}=-\boldsymbol{K}_{\mathrm{D}}\dot{\boldsymbol{q}}-\boldsymbol{K}_{\mathrm{P}}\dot{\boldsymbol{q}}+\boldsymbol{g}(\boldsymbol{q})$$

式中，$\boldsymbol{K}_{\mathrm{D}}$，$\boldsymbol{K}_{\mathrm{P}}$ 是 $n\times n$ 正定常数矩阵，对于由式(5-43) 定义的闭环动态系统，使用试凑法来寻找李亚普诺夫函数几乎是不可能的，因为式中包含了在工业中常见五连杆或六连杆机械手臂的数百项数据。因此，要说明 $\dot{\boldsymbol{q}}\to 0$ 和 $\boldsymbol{q}\to 0$，看起来是很困难的。

然而，借助于对物理性质的理解，对于这样复杂的机械手系统也可以成功地求得李亚普诺夫函数。首先，注意到惯性矩阵 $\boldsymbol{H}(\boldsymbol{q})$对任何 $\boldsymbol{q}$ 都是正定的。其次，PD 控制项也可以理解为模拟阻尼器和弹簧的组合，这样就得到一个候选的李亚普诺夫函数。

$$V=\frac{1}{2}[\dot{\boldsymbol{q}}^{\mathrm{T}}\boldsymbol{H}\dot{\boldsymbol{q}}+\boldsymbol{q}^{\mathrm{T}}\boldsymbol{K}_{\mathrm{P}}\boldsymbol{q}]$$

其中，第一项表示机械手的动能，第二项表示与控制律式的实际弹力有关的人工势能。

在计算这个函数的导数时，我们可以应用力学中的能量定理。它指出，机械系统的动能变化率等于外力提供的功率。因此

把控制律代入上述方程，得

$$\dot{V}=-\dot{\boldsymbol{q}}^{\mathrm{T}}\boldsymbol{K}_{\mathrm{D}}\dot{\boldsymbol{q}}$$

因为机械手臂不能被“粘”在任何点（注意到该情况下加速度不等于 0 就很容易证明这一点），因此机械手臂必须在 $\dot{\boldsymbol{q}}=\mathbf{0}$ 和 $\boldsymbol{q}=\mathbf{0}$ 时停下来，这样，该系统实际上是大范围渐近稳定的。

从这个实例中我们能够学到两点经验。第一，在分析系统性能时，应尽可能多地使用物理性质。第二，像能量这样的物理概念，在构造李亚普诺夫函数时非常有用。

5.7 李亚普诺夫第二方法在线性系统设计中的应用

在系统的分析和设计中，李亚普诺夫第二方法的应用越来越广泛。不仅可以用来判别系统的稳定性，还可以用它来确定系统的校正方案、表示系统响应的快速性等。这一节只简单地介绍这几个方面的问题。

5.7.1 线性定常系统的校正

应用李亚普诺夫第二方法可以给出线性定常系统的校正方案，以下举例说明。

【例 5-14】 设待校正系统的状态方程为

$$\dot{\boldsymbol{x}}=\begin{bmatrix}0 & 1\\ -1 & 0\end{bmatrix}\boldsymbol{x}+\begin{bmatrix}0\\ 1\end{bmatrix}\boldsymbol{u}$$

试用李亚普诺夫第二方法考虑其校正方案，使系统的平衡状态成为渐近稳定的。

解 设选取李亚普诺夫函数为

$$V(\boldsymbol{x})=x_1^2+x_2^2$$

将 $V(\boldsymbol{x})$ 对时间求导数，得

$$\dot{V}(\boldsymbol{x})=2(x_1\dot{x}_1+x_2\dot{x}_2)=[x_1x_2+x_2(-x_1+u)]=2x_2u$$

由于除当 $\boldsymbol{x}=0$ 时，$\dot{V}(\boldsymbol{x})=0$ 外，$\dot{V}(\boldsymbol{x})$ 不恒等于零，因此要使 $V(\boldsymbol{x})=x_1^2+x_2^2$ 成为该系统的一个李亚普诺夫函数只需 $\dot{V}(\boldsymbol{x})$ 为半负定，因此要求

$$u=-Kx_2$$

式中，K 为正常数。上述控制规律就是我们所熟知的速度反馈。其校正后的系统状态变量图如图 5-9 所示。

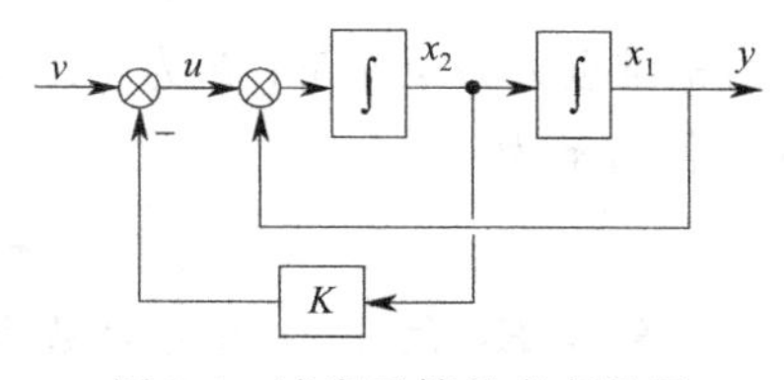

图 5-9 速度反馈状态变量图

【例 5-15】 已知单输入系统状态方程的形式为

$$\dot{\boldsymbol{x}}=\boldsymbol{A}\boldsymbol{x}+\boldsymbol{b}u$$

试用李亚普诺夫第二方法对其校正，使平衡状态是渐近稳定的。

解 选二次型函数

$$V(\boldsymbol{x})=\boldsymbol{x}^{\mathrm{T}}\boldsymbol{P}\boldsymbol{x}$$

为系统一个可能的李亚普诺夫函数，式中 $\boldsymbol{P}$ 为正定对称矩阵。

$V(\boldsymbol{x})$ 对时间的导数为

$$\dot{V}(\boldsymbol{x})=\dot{\boldsymbol{x}}^{\mathrm{T}}\boldsymbol{P}\boldsymbol{x}+\boldsymbol{x}^{\mathrm{T}}\boldsymbol{P}\dot{\boldsymbol{x}}$$

将状态方程代入上式，有

$$\dot{V}(\boldsymbol{x})=(\boldsymbol{A}\boldsymbol{x}+\boldsymbol{b}u)^{\mathrm{T}}\boldsymbol{P}\boldsymbol{x}+\boldsymbol{x}^{\mathrm{T}}\boldsymbol{P}(\boldsymbol{A}\boldsymbol{x}+\boldsymbol{b}u)$$

$$=(\boldsymbol{x}^{\mathrm{T}}\boldsymbol{A}^{\mathrm{T}}+u^{\mathrm{T}}\boldsymbol{b}^{\mathrm{T}})\boldsymbol{P}\boldsymbol{x}+\boldsymbol{x}^{\mathrm{T}}\boldsymbol{P}(\boldsymbol{A}\boldsymbol{x}+\boldsymbol{b}u)$$

考虑单输入情况，u 是标量，则 $u^{\mathrm{T}}=u$。又因 $\boldsymbol{b}^{\mathrm{T}}\boldsymbol{P}\boldsymbol{x}$ 也是标量，故有

$$(\boldsymbol{b}^{\mathrm{T}}\boldsymbol{P}\boldsymbol{x})^{\mathrm{T}}=\boldsymbol{b}^{\mathrm{T}}\boldsymbol{P}\boldsymbol{x}=\boldsymbol{x}^{\mathrm{T}}\boldsymbol{P}\boldsymbol{b}$$

于是 $\dot{V}(\boldsymbol{x})$的表达式可写为

$$\dot{V}(\boldsymbol{x})=\boldsymbol{x}^{\mathrm{T}}(\boldsymbol{P}\boldsymbol{A}+\boldsymbol{A}^{\mathrm{T}}\boldsymbol{P})\boldsymbol{x}+2\boldsymbol{x}^{\mathrm{T}}\boldsymbol{P}\boldsymbol{b}u$$

如果选择 $\boldsymbol{P}$ 使得 $\boldsymbol{P}\boldsymbol{A}+\boldsymbol{A}^{\mathrm{T}}\boldsymbol{P}$ 为负定，同时选择 u 使 $\boldsymbol{x}^{\mathrm{T}}\boldsymbol{P}\boldsymbol{b}u$ 为非正的标量，则可以保证 $\dot{V}(\boldsymbol{x})$为负定，从而保证系统稳定。欲使 $\boldsymbol{x}^{\mathrm{T}}\boldsymbol{P}\boldsymbol{b}u$ 为非正的标量，必须使 u 满足如下条件

$$u=-K(\boldsymbol{x}^{\mathrm{T}}\boldsymbol{P}\boldsymbol{b})^{\mathrm{T}}=-K\boldsymbol{b}^{\mathrm{T}}\boldsymbol{P}^{\mathrm{T}}\boldsymbol{x}$$

式中，K 为正常数，这表明控制信号 u 应是状态变量的线性组合，即上一章介绍的状态反馈。

5.7.2 用李亚普诺夫函数估计线性系统动态响应的快速性

将李亚普诺夫函数 $V(\boldsymbol{x})$看作是状态 $\boldsymbol{x}$ 到系统平衡状态的距离尺度，将 $\dot{V}(\boldsymbol{x})$表征状态 $\boldsymbol{x}$ 向平衡状态运动的速度。当系统的平衡状态是状态空间的原点时，比值

$$\eta=-\frac{\dot{V}(\boldsymbol{x})}{V(\boldsymbol{x})} \tag{5-44}$$

可以作为在原点的某一邻域内系统向平衡状态运动的快速性指标。对于一个渐近稳定的系统来说，具有负定的 $\dot{V}(\boldsymbol{x})$的李亚普诺夫函数是可以找到的。于是渐近稳定系统的 η 总是正值，此值越大，系统状态向原点收敛的速度就越快。考虑到在不同的 $\boldsymbol{x}$ 下，将有不同的 η。为此取其中最小的 η 用来估计动态响应的快速性。即取

$$\eta_{\min}=\min\left[-\frac{\dot{V}(\boldsymbol{x})}{V(\boldsymbol{x})}\right] \tag{5-45}$$

则有

$$\dot{V}(\boldsymbol{x})\leqslant-\eta_{\min}V(\boldsymbol{x}) \tag{5-46}$$

由此可得

$$V(\boldsymbol{x})\leqslant V(\boldsymbol{x}_0)\mathrm{e}^{-\eta_{\min}t} \tag{5-47}$$

式中

$$V(\boldsymbol{x})=x_1^2+x_2^2+\cdots+x_n^2 \tag{5-48}$$

则可明显地看出 $\eta_{\min}$ 和系统响应快速性之间的关系。$\eta_{\min}$ 越大，系统的动态响应越快。由式（5-48）有

$$x_1^2+x_2^2+\cdots+x_n^2\leqslant(x_{10}^2+x_{20}^2+\cdots+x_{n0}^2)\mathrm{e}^{-\eta_{\min}t}$$

为分析方便起见，将上式写成

$$x_1^2\leqslant x_{10}^2\mathrm{e}^{-\eta_{\min}t}$$
$$x_2^2\leqslant x_{20}^2\mathrm{e}^{-\eta_{\min}t}$$
$$\vdots$$
$$x_n^2\leqslant x_{n0}^2\mathrm{e}^{-\eta_{\min}t}$$

从而有

$$x_1 \leqslant x_{10} e^{-\eta_{\min} t} = x_{10} e^{-t/T}$$

$$x_2 \leqslant x_{20} e^{-\eta_{\min} t} = x_{20} e^{-t/T}$$

$$\vdots$$

$$x_n \leqslant x_{n0} e^{-\eta_{\min} t} = x_{n0} e^{-t/T}$$

从上式可以看出，系统在经典意义下的时间常数 T 应该是

$$T = \frac{1}{\eta_{\min}}$$

显然，$\eta_{\min}$ 的数值越大，系统的响应越快。

对于线性定常系统

$$\dot{\boldsymbol{x}} = \boldsymbol{A}\boldsymbol{x} \tag{5-49}$$

$\eta_{\min}$ 可按如下方法计算。

考虑到系统是渐近稳定的，则选取的李亚普诺夫函数及其导数分别为

$$V(\boldsymbol{x}) = \boldsymbol{x}^{\mathrm{T}} \boldsymbol{P} \boldsymbol{x}$$

$$\dot{V}(\boldsymbol{x}) = -\boldsymbol{x}^{\mathrm{T}} \boldsymbol{Q} \boldsymbol{x}$$

而 $\boldsymbol{P}$，$\boldsymbol{Q}$ 满足方程

$$\boldsymbol{P}\boldsymbol{A} + \boldsymbol{A}^{\mathrm{T}} \boldsymbol{P} = -\boldsymbol{Q}$$

依 $\eta_{\min}$ 的定义，有

$$\eta_{\min} = \min\left\{-\frac{\dot{V}(\boldsymbol{x})}{V(\boldsymbol{x})}\right\} = \min\left\{\frac{\boldsymbol{x}^{\mathrm{T}} \boldsymbol{Q} \boldsymbol{x}}{\boldsymbol{x}^{\mathrm{T}} \boldsymbol{P} \boldsymbol{x}}\right\} \tag{5-50}$$

为方便起见，对于上式可以在 $V(\boldsymbol{x}) = \boldsymbol{x}^{\mathrm{T}} \boldsymbol{P} \boldsymbol{x} = 1$ 的约束条件下，求得使 $\dot{V}(\boldsymbol{x}) = -\boldsymbol{x}^{\mathrm{T}} \boldsymbol{Q} \boldsymbol{x}$ 为最小的 $\boldsymbol{x}$ 代入。于是式（5-50）变为

$$\eta_{\min} = \min\{\boldsymbol{x}^{\mathrm{T}} \boldsymbol{Q} \boldsymbol{x},\ \boldsymbol{x}^{\mathrm{T}} \boldsymbol{P} \boldsymbol{x} = 1\} \tag{5-51}$$

而这个使 $\dot{V}(\boldsymbol{x}) = -\boldsymbol{x}^{\mathrm{T}} \boldsymbol{Q} \boldsymbol{x}$ 为最小的 $\boldsymbol{x}_{\min}$ 可用拉格朗日乘子法求得。设 μ 为拉格朗日乘子，即可列出

$$N = \boldsymbol{x}^{\mathrm{T}} \boldsymbol{Q} \boldsymbol{x} + \mu(1 - \boldsymbol{x}^{\mathrm{T}} \boldsymbol{P} \boldsymbol{x}) \tag{5-52}$$

将 N 对于 $\boldsymbol{x}$ 取极小值，有

$$\frac{\partial N}{\partial \boldsymbol{x}} = 2\boldsymbol{Q}\boldsymbol{x} - \mu 2\boldsymbol{P}\boldsymbol{x} \Big|_{\boldsymbol{x}_{\min}}$$

亦即

$$(\boldsymbol{Q} - \mu \boldsymbol{P}) \boldsymbol{x}_{\min} = 0 \tag{5-53}$$

解之，得

$$\boldsymbol{Q} \boldsymbol{x}_{\min} = \mu \boldsymbol{P} \boldsymbol{x}_{\min} \tag{5-54}$$

将上式代入式（5-51），有

$$\eta_{\min} = \boldsymbol{x}_{\min}^{\mathrm{T}} \boldsymbol{Q} \boldsymbol{x}_{\min} = \boldsymbol{x}_{\min}^{\mathrm{T}} \mu \boldsymbol{P} \boldsymbol{x}_{\min} = \mu \boldsymbol{x}_{\min}^{\mathrm{T}} \boldsymbol{P} \boldsymbol{x}_{\min} = \mu$$

从式（5-52）可以看出 μ 是矩阵 $\boldsymbol{Q}\boldsymbol{P}^{-1}$ 的特征值，因此 $\eta_{\min}$ 等于矩阵 $\boldsymbol{Q}\boldsymbol{P}^{-1}$ 的最小特征值。

5.8 用 MATLAB 分析系统的稳定性

5.8.1 李亚普诺夫第一方法

运用李亚普诺夫第一方法分析系统的稳定性时，首先要求解系统的状态矩阵的特征方程。当系统的阶数较高时，这一工作往往显得繁冗复杂。而在 MATLAB 中，可以通过调用 poly、roots 和 eig 函数，得到线性定常系统的特征值，进而得出系统稳定性的结论。

【例 5-16】 设线性定常系统状态方程为

$$\dot{\boldsymbol{x}}=\begin{bmatrix}-8 & -16 & -6\\ 1 & 0 & 0\\ 0 & 1 & 0\end{bmatrix}\boldsymbol{x}$$

试用 MATLAB 判断系统的稳定性。

解 MATLAB 程序代码如下：

MATLAB 程序 5.1

```
A=[-8,-16,-6;1,0,0;0,1,0];
P=poly(A);
Roots(P)
```

运行结果为

```
ans=-5.8061  -2.4280  -0.4859
```

可见，系统特征方程的全部特征根均为负实部，故系统渐近稳定。

上述例题也可调用 eig( )直接求取矩阵 **A** 的特征值来判断系统的稳定性。

MATLAB 程序 5.2

```
A=[-8,-16,-6;1,0,0;0,1,0];
eig(A)
```

运行结果为

```
ans=-5.8061  -2.4280  -0.4859
```

MATLAB 程序 5.2 的运行结果与 MATLAB 程序 5.1 的结果一致，矩阵 **A** 的所有特征值均具有负实部，故系统渐近稳定。

5.8.2 李亚普诺夫第二方法

前文中我们提到，在具体的工程问题中，要找到一个合适的李亚普诺夫函数往往是非常困难的，这也恰恰成了限制李亚普诺夫第二方法实际应用的主要因素。随着计算机技术的发展，这一问题逐渐有所缓解。MATLAB 分别提供了 lyap( ) 和 dlyap( ) 函数用于求解定常连续系统和离散系统的李亚普诺夫方程。

【例 5-17】 已知线性的状态方程如下，试利用李亚普诺夫第二方法判断其稳定性。

$$\dot{\boldsymbol{x}}=\begin{bmatrix}1 & -3.5 & 4.5\\ 2 & -4.5 & 4.5\\ -1 & 1.5 & -2.5\end{bmatrix}\boldsymbol{x}$$

解 MATLAB 程序代码如下：

MATLAB 程序 5.3

```
A=[1,-3.5,4.5;3,-8.5,8;-1,3,-4.5];
Q=eye(3,3)
P=lyap(A,Q)
flag=0;
n=length(A);
for i=1:n
   val=det(P(1:i,1:i))
   if(val<=0)
      flag=1;
   end
if   flag==1
   disp('System is unstable.');
else
   disp('System is asymptotically stable.');
end
```

运行结果为

```
P=

        1.4825 0.5825 0.0125
        0.5825 0.6825 0.3125
        0.0125 0.3125 0.3825

  System is asymptotically stable.
```

小 结

控制系统的一个基本问题就是稳定性。对于控制系统的稳定性，有很多种定义和定理形式，但其中最基本的还是李亚普诺夫关于稳定性的定义和定理。李亚普诺夫关于系统稳定性的研究均针对平衡状态而言，本章围绕李亚普诺夫稳定性理论，主要介绍了以下重要内容。

开篇首先介绍了自治系统和非自治系统，引入了关于李亚普诺夫稳定性的几个基本定义，并指出除线性定常系统可以笼统地讨论整个系统的稳定性外，其他系统只能针对某一平衡状态讨论稳定性问题。此外，还介绍了李亚普诺夫第一方法，分别给出了利用李亚普诺夫第一方法判断线性定常系统和非线性系统的稳定性的定理。对于非线性系统，只要对其做线性处理，取一次近似得到的线性化方程，便可与线性系统同样对待。

李亚普诺夫第二方法是本章的核心内容，与第一方法相比，它无须再对系统特征方程求解，而是从能量的角度引入了一个虚构的标量函数及其对时间的导数的符号特性，直接判断系统的某个平衡状态的稳定，因此又称为直接法。我们首先给出了判断自治系统平衡状态的稳定性定理和不稳定性的定理，进一步又给出了判断非自治系统平衡状态的稳定性定理和不稳定性定理。在此基础上，基于李亚普诺夫第二方法，分析了线性连续定常系统以及线性定常离散系统的稳定性。同时，也介绍了基于李亚普诺夫第二方法来分析非线性系统稳定性的问题。

李亚普诺夫函数的存在性问题，是构造李亚普诺夫函数的理论基础。本章随后介绍了构造非线性系统李亚普诺夫函数的方法：克拉索夫斯基方法、变量梯度法以及根据物理意义诱导产生李亚普诺夫函数的方法。此外，在系统的分析和设计中，李亚普诺夫第二方法的应用越来越广泛。不仅可以用来判别系统的稳定性，还可以用它来确定系统的校正方案、表示系统响应的快速性等。最后，介绍了用 MATLAB 分析系统稳定性的方法。通过几个例子演示了如何通过调用 MATLAB 中相关工具箱中的函数，通过李亚普诺夫第一和第二方法判断系统平衡状态的稳定性。

本章的基本要求如下：

(1) 理解关于系统及其平衡状态稳定性和李亚普诺夫稳定性理论的基本概念，如李亚普诺夫意义下的稳定、渐近稳定、大范围渐近稳定和不稳定性；系统的李亚普诺夫函数、李亚普诺夫稳定性定理等；

(2) 掌握利用李亚普诺夫第一方法分析系统稳定性的一般方法；

(3) 熟练掌握利用李亚普诺夫第二方法分析线性定常系统稳定性的一般思路和具体步骤；

(4) 了解李亚普诺夫第二方法在非线性系统稳定性分析中的运用以及常见的李亚普诺夫函数构造方法——克拉索夫斯基法和变量梯度法；

(5) 了解李亚普诺夫第二方法在线性系统设计中的常见运用；

(6) 掌握使用 MATLAB 结合李亚普诺夫稳定性理论分析系统稳定性的方法。

习 题

5-1 确定下列二次型函数的符号性质。

(1) $V(\boldsymbol{x})=2x_1^2+3x_2^2+x_3^2-2x_1x_2+2x_1x_3$

(2) $V(\boldsymbol{x})=8x_1^2+2x_2^2+x_3^2-8x_1x_2+2x_1x_3-2x_2x_3$

5-2 已知系统的状态方程为

$$\begin{cases}\dot{x}_1=x_2\\ \dot{x}_2=-x_2-x_1^3\end{cases}$$

试检验 $V(\boldsymbol{x})=\dfrac{1}{4}x_1^4+\dfrac{1}{2}x_2^2$ 是否可成为该系统的李亚普诺夫函数。

5-3 试用李亚普诺夫第二方法判别如下系统的稳定性。

(1) $\begin{cases}\dot{x}_1=-2x_1-x_2\\ \dot{x}_2=-4x_2\end{cases}$

(2) $\begin{cases}\dot{x}_1=-2x_1\\ \dot{x}_2=-x_2\\ \dot{x}_3=x_1-x_3\end{cases}$

并用特征值校核结果是否正确。

5-4 试利用李亚普诺夫第二方法确定使如图 5-10 中两个系统平衡状态渐近稳定的 K 值范围。

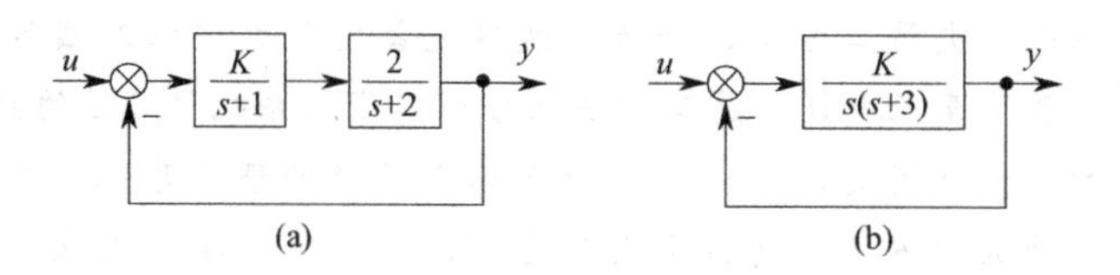

图 5-10 习题 5-4 图

5-5 利用李亚普诺夫第二方法讨论系统

$$\begin{bmatrix}\dot{x}_1\\ \dot{x}_2\end{bmatrix}=\begin{bmatrix}0 & 1\\ -\omega_n^2 & -2\xi\omega\end{bmatrix}\begin{bmatrix}x_1\\ x_2\end{bmatrix}$$

在如下几种状态下平衡状态的稳定性。

(1) $\xi>0$，$\omega_n>0$；

(2) ξ 和 ω_n 不同号。

5-6 确定如下离散系统的平衡状态是否渐近稳定。

$$\begin{cases}x_1(k+1)=x_1(k)+4x_2(k)\\ x_2(k+1)=-3x_1(k)-2x_2(k)-3x_3(k)\\ x_3(k+1)=2x_1(k)\end{cases}$$

5-7 已知非线性系统状态方程为

$$\begin{cases}\dot{x}_1=x_2\\ \dot{x}_2=-\sin x_1-x_2+\dfrac{1}{2}\end{cases}$$

试用李亚普诺夫第一方法分析其稳定性。

5-8 试用克拉索夫斯基方法证明如下系统在平衡状态 $\boldsymbol{x}_e=\boldsymbol{0}$ 处的稳定性。

$$\begin{cases}\dot{x}_1=-3x_1+2x_2\\ \dot{x}_2=2x_1-2x_2-x_2^3\end{cases}$$

5-9 试用克拉索夫斯基法确定使下列系统

$$\begin{cases}\dot{x}_1=-ax_1+x_2\\ \dot{x}_2=x_1-x_2-bx_2^5\end{cases}$$

的原点成为大范围渐近稳定的参数 a 和 b 的取值范围。

5-10 利用变量梯度法构造下列系统的李亚普诺夫函数。

$$\begin{cases}\dot{x}_1=x_2\\ \dot{x}_2=-x_2-x_1^2\end{cases}$$

5-11 研究宇宙飞船围绕惯性主轴的运动。欧拉方程为：

$$A\dot{\omega}_x-(B-C)\omega_y\omega_z=T_x$$

$$B\dot{\omega}_y-(C-A)\omega_z\omega_x=T_y$$

$$C\dot{\omega}_z-(A-B)\omega_x\omega_y=T_z$$

式中，A，B，C 表示围绕三个主轴的转动惯量，ω_x，ω_y，ω_z 表示围绕三个主轴的角速度，T_x，T_y，T_z 表示控制力矩。

假设宇宙飞船在轨道上翻滚，希望通过施加控制力矩使其停止翻滚。假设控制力矩为：

$$T_x=k_1A\omega_x$$

$$T_y=k_2B\omega_y$$

$$T_z=k_3C\omega_z$$

确定该系统为渐近稳定的充分条件。

5-12　已知线性定常系统如图 5-11 所示，利用 MATLAB 求出该系统的状态空间描述，并在选定正定的实对称矩阵为单位矩阵的情况下计算李亚普诺夫方程的解以及确定系统的稳定性。

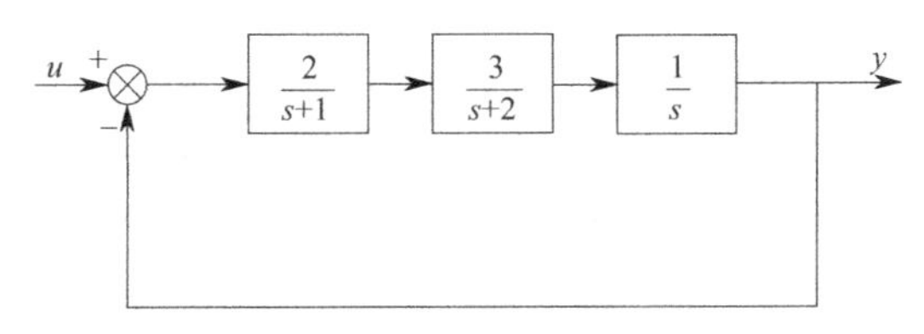

图 5-11　习题 5-12 图

5-13　已知线性系统的状态空间描述为

$$\begin{bmatrix}\dot{x}_1\\ \dot{x}_2\end{bmatrix}=\begin{bmatrix}-2 & 3\\ 1 & -5\end{bmatrix}\begin{bmatrix}x_1\\ x_2\end{bmatrix}$$

利用 MATLAB 计算该系统的李亚普诺夫方程的解，并判断系统的稳定性。

6 线性定常系统的综合

系统综合是系统分析的逆问题。通常，我们将控制系统划分为广义对象（或受控系统）和控制器两大部分。广义对象包括受控对象、执行机构、阀门以及检测装置等，是系统的基本部分，它们在设计过程中往往是已知不变的，通常称为系统的“原有部分”或“固有部分”。在前面几章中，我们讨论的是线性定常控制系统的状态空间分析方法，用状态空间方法对系统的固有部分进行描述，从而分析系统的固有性能与其参数之间的关系。仅由固有部分构成的系统，性能较差，难以满足对系统提出的技术要求。因此，从本章开始讨论系统分析的逆问题，即对于给定的受控系统，根据生产工艺对系统的性能要求，选择合适的反馈策略或系统结构，建立起能够满足要求的实用系统，这是需要考虑多方面因素的问题。就控制的观点而言，是用数学的方法设计一个能满足技术要求的控制系统，通常把这项工作称为控制系统的综合。

控制系统的综合问题，是在已知系统固有部分的参数及控制系统期望的运动形式下，确定需要施加于系统的外输入即控制作用的规律。通常，所给出的控制作用采取反馈形式，应用反馈来改善（提高）系统的性能，以达到系统预期的目标。在现代控制理论中，更多的是采用状态变量反馈的方式。

极点配置方法是控制系统综合的主要设计方法，从经典控制理论的学习中我们知道，系统的稳定性和动态品质主要是由系统闭环极点的分布情况决定的。因此作为综合系统性能指标的一种形式，往往是根据对系统动态特性的要求，设计出一组期望的系统闭环极点。极点配置问题，就是通过选择线性反馈增益矩阵，将闭环系统的极点恰好配置在复平面上所期望的位置，以获得所期望的动态性能。

本章主要介绍系统综合时通常采用的状态反馈、输出反馈的结构与方法，讨论有关的极点配置、状态观测器、镇定和多变量系统解耦等问题。

6.1 状态反馈与极点配置

在现代控制理论中，控制系统的基本结构依然是由受控对象和反馈控制器构成的闭环系统。由于采用了系统内部的状态变量来描述系统的物理特性，更多地采用状态反馈。所谓状态反馈就是将受控系统中的状态变量，通过一个反馈网络反馈至系统的参考输入端，与参考输入一起对受控系统进行控制作用。由于状态变量揭示系统的内部特性，所以状态反馈能提供更丰富的状态信息和可供选择的自由度，使系统容易获得更为优异的性能。状态反馈在形成最优控制规律，抑制或消除扰动影响，实现系统解耦控制诸方面获得了广泛的应用。在这一节，将介绍状态反馈的结构与数学描述以及极点配置方法。

6.1.1 系统的结构与数学描述

以多输入-多输出受控对象为例，其状态空间描述为

$$\begin{cases}\dot{\boldsymbol{x}}=\boldsymbol{A}\boldsymbol{x}+\boldsymbol{B}\boldsymbol{u}\\ \boldsymbol{y}=\boldsymbol{C}\boldsymbol{x}\end{cases} \tag{6-1}$$

简记受控对象为 $\Sigma_0(\boldsymbol{A},\boldsymbol{B},\boldsymbol{C})$。

将 n 个状态变量 $x_i(i=1,2,\cdots,n)$，通过 $r\times n$ 维矩阵 $\boldsymbol{K}$ 反馈至系统参考输入端，构成如图 6-1 所示的闭环反馈控制系统。

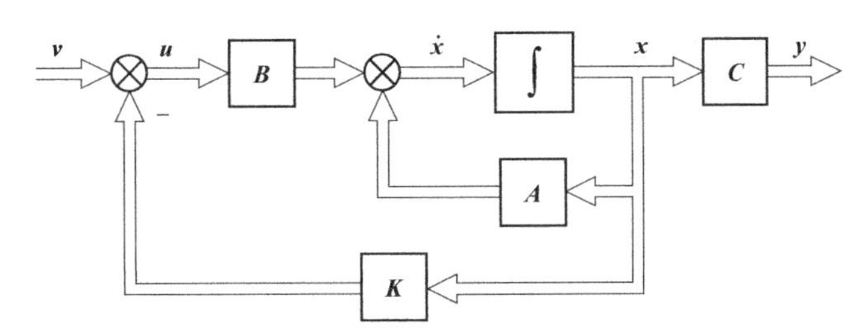

图 6-1 闭环反馈控制系统结构图

假设闭环反馈控制律 $\boldsymbol{u}$ 为

$$\boldsymbol{u}=\boldsymbol{v}-\boldsymbol{K}\boldsymbol{x},\ \boldsymbol{v}=\beta\boldsymbol{v}_{\mathrm{r}} \tag{6-2}$$

式中，$\boldsymbol{v}_{\mathrm{r}}$ 为参考输入；β 和 $\boldsymbol{K}$ 为增益系数矩阵，对于单输入-单输出 n 阶系统，β 为增益系数，$\boldsymbol{K}$ 为行向量。若 $\boldsymbol{v}=\boldsymbol{0}$，则反馈控制律表示为：

$$\boldsymbol{u}=-\boldsymbol{K}\boldsymbol{x} \tag{6-3}$$

对于控制律式(6-2) 系统控制量依赖于参考输入信息和反馈信息，称之为跟踪问题，而式(6-3) 仅依赖于反馈信息，其意义是通过引入控制作用使系统从一定的初始状态按期望的方式或运动轨迹回到零，称之为调节问题。

将 $\boldsymbol{u}=\boldsymbol{v}-\boldsymbol{K}\boldsymbol{x}$ 或 $\boldsymbol{u}=-\boldsymbol{K}\boldsymbol{x}$ 代入式(6-1)，可以得到状态反馈控制系统的闭环状态空间描述：

$$\begin{cases}\dot{\boldsymbol{x}}=(\boldsymbol{A}-\boldsymbol{B}\boldsymbol{K})\boldsymbol{x}+\boldsymbol{B}\boldsymbol{v}\\ \boldsymbol{y}=\boldsymbol{C}\boldsymbol{x}\end{cases} \tag{6-4}$$

$$\begin{cases}\dot{\boldsymbol{x}}=(\boldsymbol{A}-\boldsymbol{B}\boldsymbol{K})\boldsymbol{x}\\ \boldsymbol{y}=\boldsymbol{C}\boldsymbol{x}\end{cases} \tag{6-5}$$

由式(6-4) 看出，采用状态反馈后，改变了原状态方程，而输出方程不变。简记闭环系统为 $\Sigma_B[(\boldsymbol{A}-\boldsymbol{B}\boldsymbol{K}),\boldsymbol{B},\boldsymbol{C}]$。

对于式(6-4) 描述的状态反馈闭环系统，其闭环传递函数阵为

$$\boldsymbol{G}_B(s)=\frac{Y(s)}{V(s)}=\boldsymbol{C}[s\boldsymbol{I}-(\boldsymbol{A}-\boldsymbol{B}\boldsymbol{K})]^{-1}\boldsymbol{B}$$

系统闭环特征方程为

$$\det[s\boldsymbol{I}-(\boldsymbol{A}-\boldsymbol{B}\boldsymbol{K})]=0 \tag{6-6}$$

从式(6-4) 或式(6-5) 可看出，系统的响应特性由闭环系统的极点，即矩阵 $(\boldsymbol{A}-\boldsymbol{B}\boldsymbol{K})$

的特征值决定，通过适当的选取反馈矩阵 $\boldsymbol{K}$，可以改变系统的特征值。

6.1.2 状态反馈极点配置的条件与算法

状态反馈极点配置的含义是，在给出一组期望极点的情况下，通过状态反馈对受控系统进行综合，将闭环系统的极点配置到期望的极点上。

极点配置要研究两个问题，一是利用状态反馈控制律时，确定极点可任意配置的条件；二是确定极点配置所需要的反馈矩阵 $\boldsymbol{K}$。

(1) 闭环极点任意配置的条件

定理 6-1 采用状态反馈使系统闭环极点配置在复平面任意位置上的充分必要条件是受控对象 $\Sigma_0(\boldsymbol{A},\boldsymbol{B})$ 完全能控。

证明 以单输入系统为例来证明。受控系统 $\Sigma_0(\boldsymbol{A},\boldsymbol{B})$ 中的输入矩阵为一维列阵。

充分性。若受控对象 $\Sigma_0(\boldsymbol{A},\boldsymbol{B})$ 完全能控，则一定可以通过线性非奇异变换，化 $\Sigma_0(\boldsymbol{A},\boldsymbol{B})$ 为能控标准形 $\widetilde{\Sigma}_0(\widetilde{\boldsymbol{A}},\widetilde{\boldsymbol{B}})$

$$\dot{\widetilde{\boldsymbol{x}}}=\widetilde{\boldsymbol{A}}\widetilde{\boldsymbol{x}}+\widetilde{\boldsymbol{B}}\boldsymbol{u}$$

$$\boldsymbol{y}=\widetilde{\boldsymbol{C}}\widetilde{\boldsymbol{x}}$$

$$\widetilde{\boldsymbol{A}}=\boldsymbol{P}^{-1}\boldsymbol{A}\boldsymbol{P}=\begin{bmatrix}0 & 1 & 0 & \cdots & 0\\ 0 & 0 & 1 & \cdots & 0\\ \vdots & \vdots & \vdots & \ddots & \vdots\\ 0 & 0 & 0 & \cdots & 1\\ -a_n & -a_{n-1} & -a_{n-2} & \cdots & -a_1\end{bmatrix}$$

$$\widetilde{\boldsymbol{B}}=\boldsymbol{P}^{-1}\boldsymbol{B}=\begin{bmatrix}0\\ 0\\ \vdots\\ 0\\ 1\end{bmatrix},\qquad \widetilde{\boldsymbol{C}}=\widetilde{\boldsymbol{C}}\boldsymbol{P}=\begin{bmatrix}b_n & b_{n-1} & b_{n-2} & \cdots & b_1\end{bmatrix}$$

矩阵 $\boldsymbol{P}$ 为使 $\Sigma_0(\boldsymbol{A},\boldsymbol{B})$ 化为能控标准形的非奇异变换矩阵。

在变换后的状态空间中引入 $1\times n$ 维的状态反馈行阵 $\widetilde{\boldsymbol{K}}=\begin{bmatrix}\widetilde{k}_n & \widetilde{k}_{n-1} & \cdots & \widetilde{k}_1\end{bmatrix}$，由式 (6-4) 可得到关于 $\widetilde{\boldsymbol{x}}$ 的闭环状态空间描述为

$$\dot{\widetilde{\boldsymbol{x}}}=(\widetilde{\boldsymbol{A}}-\widetilde{\boldsymbol{B}}\widetilde{\boldsymbol{K}})\widetilde{\boldsymbol{x}}+\widetilde{\boldsymbol{B}}\boldsymbol{v}$$

$$\boldsymbol{y}=\widetilde{\boldsymbol{C}}\widetilde{\boldsymbol{x}}$$

$$\widetilde{\boldsymbol{A}}-\widetilde{\boldsymbol{B}}\widetilde{\boldsymbol{K}}=\begin{bmatrix}0 & 1 & 0 & \cdots & 0\\ 0 & 0 & 1 & \cdots & 0\\ \vdots & \vdots & \vdots & \ddots & \vdots\\ 0 & 0 & 0 & \cdots & 1\\ -(a_n+\widetilde{k}_n) & -(a_{n-1}+\widetilde{k}_{n-1}) & -(a_{n-2}+\widetilde{k}_{n-2}) & \cdots & -(a_1+\widetilde{k}_1)\end{bmatrix}$$

可见，仍为能控标准形。

容易写出闭环系统的特征多项式为

$$\det[s\boldsymbol{I}-(\widetilde{\boldsymbol{A}}-\widetilde{\boldsymbol{B}}\widetilde{\boldsymbol{K}})]=s^n+(a_1+\widetilde{k}_1)s^{n-1}+\cdots+(a_{n-1}+\widetilde{k}_{n-1})s+(a_n+\widetilde{k}_n) \tag{6-7}$$

由式(6-7) 可以看出，当反馈矩阵的元素值 $\widetilde{k}_i(i=1,2,\cdots,n)$改变时，多项式的各项系数均发生变化，因此，闭环特征值亦改变。说明闭环系统的极点可以任意配置。

必要性。如果系统 $\Sigma_0(\boldsymbol{A},\boldsymbol{B})$ 不能控，就说明系统中的有些状态不受输入 $\boldsymbol{u}$ 的控制，则就不能引入状态反馈控制律来影响不能控极点。证毕。

(2) 极点配置的算法

基于定理 6-1 充分性的证明，推导出状态反馈极点配置中确定反馈矩阵 $\boldsymbol{K}$ 阵的算法。

第一步 判断受控对象 $\Sigma_0(\boldsymbol{A},\boldsymbol{B})$ 的能控性。若能控，则按下列步骤继续；否则，退出计算。

第二步 计算矩阵 $\boldsymbol{A}$ 的特征多项式。有

$$\det(s\boldsymbol{I}-\boldsymbol{A})=s^n+a_1s^{n-1}+\cdots+a_{n-1}s+a_n$$

第三步 由期望极点 $s_1,s_2,\cdots,s_n$，求出期望闭环特征多项式

$$\begin{aligned}F(s)&=(s-s_1)(s-s_2)\cdots(s-s_n)\\&=s^n+a_1^*s^{n-1}+\cdots+a_{n-1}^*s+a_n^*\end{aligned} \tag{6-8}$$

第四步 计算。状态反馈后闭环系统的特征多项式系数为式 (6-7)，令状态反馈后系统的闭环特征多项式与期望闭环特征多项式相等。通过比较式 (6-7) 与式 (6-8) 的 s 的同次幂系数，建立如下等式

$$\left.\begin{aligned}a_1+\widetilde{k}_1&=a_1^*\\a_2+\widetilde{k}_2&=a_1^*\\&\vdots\\a_n+\widetilde{k}_n&=a_n^*\end{aligned}\right\}$$

解之，求出

$$\widetilde{\boldsymbol{K}}=\begin{bmatrix}\widetilde{k}_n & \widetilde{k}_{n-1} & \cdots & \widetilde{k}_1\end{bmatrix}$$

第五步 计算能控标准形变换矩阵 $\boldsymbol{P}$

$$\boldsymbol{P}=[\boldsymbol{A}^{n-1}\boldsymbol{B}\cdots\boldsymbol{AB}\ \boldsymbol{B}]\begin{bmatrix}1 & & & \\ a_1 & \ddots & & \\ \vdots & \ddots & \ddots & \\ a_{n-1} & \cdots & a_1 & 1\end{bmatrix}$$

第六步 把对应于状态向量 $\widetilde{\boldsymbol{x}}$ 的 $\widetilde{\boldsymbol{K}}$，通过线性变换得到对应于原状态空间的反馈矩阵$\boldsymbol{K}=\widetilde{\boldsymbol{K}}\boldsymbol{P}^{-1}$。

上述求解步骤适合于计算机求解，当求解具体问题时，若系统的维数较低，也可以不按照上述步骤进行，可采用计算状态反馈系统的闭环特征多项式，然后令其与所设计的系统期待的闭环特征方程相等，即

$$\det[s\boldsymbol{I}-(\boldsymbol{A}-\boldsymbol{BK})]=F(s)$$

按方程两侧对应项系数相等的方法来确定反馈矩阵 $\boldsymbol{K}$。

以上的定理和算法是基于单输入系统给出的。定理 6-1 同样适用于多输入系统的求解。我们关心的是，状态反馈还会对系统有哪些影响？这个问题将在下面讨论。

6.1.3 状态反馈几点问题的讨论

(1) 状态反馈改变了闭环系统的极点分布，零点位置是否也随之发生变化？

对完全能控的 n 维线性定常系统，引入状态反馈只能改变闭环极点的位置，不影响系统的零点，除非有意制造零极点对消。

(2) 状态反馈阵是唯一的吗？

从上面的算法看出，对于给定的期望极点，单输入系统的状态反馈矩阵 $\boldsymbol{K}$ 是一个 n 维行矩阵，且有唯一解。但对于多输入系统 $\boldsymbol{K}$ 是一个 $r\times n$ 维矩阵（r 是输入维数），解不是唯一的。这可以从多变量系统能导出不止一种形式的能控标准形得到解释。对于相同极点配置的两个不同状态反馈矩阵，其对应的闭环传递函数矩阵不同，从而系统的状态响应和输出响应也各不相同。因此，对于多输入-多输出系统采用状态反馈综合较为复杂。

(3) 状态反馈影响系统的能控能观测性吗？

从定理 6-1 的证明过程可知，状态反馈不会改变系统的能控性。但状态反馈不能保证系统的能观测性不变，因为可能出现零极点对消情况。

(4) 如何配置极点位置？

闭环极点的位置决定系统的主要特性，因此期望极点的选择非常重要。根据对系统动态性能的要求，确定出一对主导极点。其余 $n-2$ 个极点的选取原则是，在复平面的左半部远离主导极点的区域内任取，一般使这些极点离虚轴的距离至少大于主导极点离虚轴距离的 4～6 倍。这时，系统的性能几乎完全由主导极点决定。此外，还要综合考虑极点与系统零点的分布状况，还要兼顾系统的抗干扰能力等其它因素的要求。

【例 6-1】 试设计图 6-2 所示系统中的反馈矩阵 $\boldsymbol{K}=[k_3 \quad k_2 \quad k_1]$，使闭环系统满足最大超调量 $\sigma_p\%\leqslant 5\%$，调整时间 $t_s\leqslant 0.5\text{s}$。

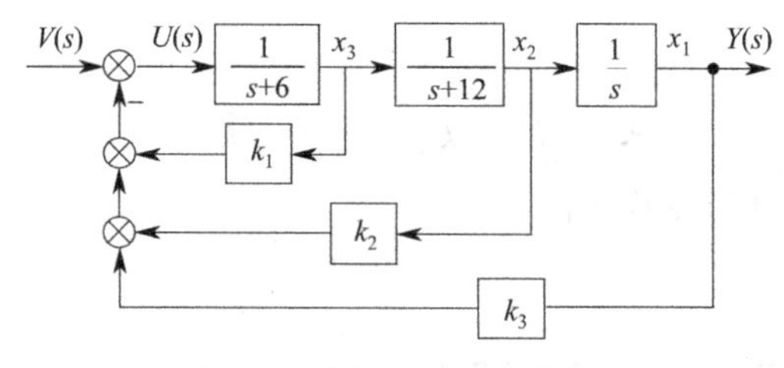

图 6-2 例 6-1 系统结构图

解 ①求出给定受控系统的状态空间描述 $\Sigma_0(\boldsymbol{A},\boldsymbol{B},\boldsymbol{C})$

$$\dot{\boldsymbol{x}}=\boldsymbol{A}\boldsymbol{x}+\boldsymbol{B}u$$
$$\boldsymbol{y}=\boldsymbol{C}\boldsymbol{x}$$

其中，

$$\boldsymbol{A}=\begin{bmatrix}0 & 1 & 0\\ 0 & -12 & 1\\ 0 & 0 & -6\end{bmatrix},\quad \boldsymbol{B}=\begin{bmatrix}0\\0\\1\end{bmatrix},\quad \boldsymbol{C}=[1 \quad 0 \quad 0]$$

$\Sigma_0(\boldsymbol{A},\boldsymbol{B})$是能控的。

求出 $\boldsymbol{A}$ 的特征多项式 $\det(s\boldsymbol{I}-\boldsymbol{A})=s^3+a_1s^2+a_2s+a_3=s^3+18s^2+72s$。

化 $\Sigma_0(\boldsymbol{A},\boldsymbol{B},\boldsymbol{C})$为能控标准形 $\tilde{\Sigma}_0(\tilde{\boldsymbol{A}},\tilde{\boldsymbol{B}},\tilde{\boldsymbol{C}})$ 的变换矩阵及逆阵为

$$\boldsymbol{P}=[\boldsymbol{A}^2\boldsymbol{B}\ \boldsymbol{AB}\ \boldsymbol{B}]\begin{bmatrix}1&0&0\\a_1&1&0\\a_2&a_1&1\end{bmatrix}=\begin{bmatrix}1&0&0\\0&1&0\\0&12&1\end{bmatrix},$$

$$\boldsymbol{P}^{-1}=\begin{bmatrix}1&0&0\\0&1&0\\0&-12&1\end{bmatrix}$$

② 在能控标准形的状态 $\tilde{x}$ 下构成闭环反馈系统 $\tilde{\Sigma}_B(\tilde{\boldsymbol{A}}-\tilde{\boldsymbol{B}}\tilde{\boldsymbol{K}},\tilde{\boldsymbol{B}},\tilde{\boldsymbol{C}})$，闭环系统的特征多项式为

$$\det[s\boldsymbol{I}-(\tilde{\boldsymbol{A}}-\tilde{\boldsymbol{B}}\tilde{\boldsymbol{K}})]=s^3+(18+\tilde{k}_1)s^2+(72+\tilde{k}_2)s+\tilde{k}_3$$

③ 确定闭环系统的期望极点。由于被控对象为 3 阶系统，因此，期望的极点数为 3。由系统的性能指标确定一对为主导极点 s_1、s_2，另一个为远极点 s_3。根据二阶系统性能指标公式，由 $\sigma_p\%\leqslant5\%$，$t_s\leqslant0.5\text{s}$，求出 $\xi\geqslant0.707$，$\xi\omega_n\geqslant8$，为方便计算选 $\xi=0.707$；$\omega_n=10$，由此求出主导极点为

$$s_{1,2}=-\xi\omega_n\pm \text{j}\omega_n\sqrt{1-\xi^2}=-7.07\pm \text{j}7.07$$

为减少远极点的影响，应选择远极点与原点的距离大于 $5\times|\text{Re}(s)|=35.35$，若取 $s_3=-100$，则期望的闭环特征多项式为

$$F(s)=(s+100)(s^2+14.1s+100)=s^3+114.1s^2+1510s+10000$$

④ 求能控状态空间下的反馈矩阵 $\tilde{\boldsymbol{K}}$。令 $\det[s\boldsymbol{I}-(\tilde{\boldsymbol{A}}-\tilde{\boldsymbol{B}}\tilde{\boldsymbol{K}})]=F(s)$，得

$$\tilde{\boldsymbol{K}}=[10000\quad 1483\quad 96.1]$$

⑤ 把 $\tilde{\boldsymbol{K}}$ 变换为原状态空间的反馈矩阵 $\boldsymbol{K}$

$$\boldsymbol{K}=\tilde{\boldsymbol{K}}\boldsymbol{P}^{-1}=[10000\quad 1483\quad 96.1]\begin{bmatrix}1&0&0\\0&1&0\\0&-12&1\end{bmatrix}=[10000\quad 284.8\quad 96.1]$$

6.2 输出反馈与极点配置

输出反馈，就是将系统的输出量通过反馈网络反馈至系统的输入端，与参考输入一起，对受控对象进行控制作用。相对状态反馈，输出反馈实施起来比较简单，在工程中应用较为广泛。在现代控制理论中，根据反馈信号反馈点的位置不同，输出反馈有两种结构，本节将分别给出这两种不同输出反馈的结构和数学描述，并对极点配置的条件和方法进行讨论。

6.2.1 输出反馈的系统结构与数学描述

(1) 输出反馈至状态微分处

以多输入-多输出受控对象为例，其状态空间描述如式(6-1)。输出反馈到状态微分处的系统结构如图 6-3 所示，可列写出输出反馈系统的状态方程，式中 $\boldsymbol{H}$ 为 $n\times m$ 输出反馈矩阵。

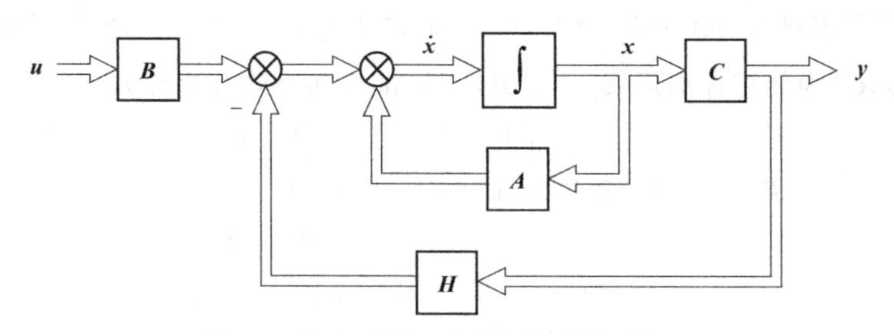

图 6-3 输出反馈至状态微分处的结构图

$$\dot{\boldsymbol{x}}=\boldsymbol{A}\boldsymbol{x}+\boldsymbol{B}\boldsymbol{u}-\boldsymbol{H}\boldsymbol{y} \tag{6-9}$$

$$\boldsymbol{y}=\boldsymbol{C}\boldsymbol{x} \tag{6-10}$$

将式(6-9) 代入至式(6-10)，可求出闭环系统的状态空间描述为

$$\begin{cases}\dot{\boldsymbol{x}}=(\boldsymbol{A}-\boldsymbol{H}\boldsymbol{C})\boldsymbol{x}+\boldsymbol{B}\boldsymbol{u}\\ \boldsymbol{y}=\boldsymbol{C}\boldsymbol{x}\end{cases} \tag{6-11}$$

简记闭环系统为 $\Sigma_H(\boldsymbol{A}-\boldsymbol{H}\boldsymbol{C},\ \boldsymbol{B},\ \boldsymbol{C})$。闭环系统的传递函数矩阵为

$$G_H(s)=\boldsymbol{C}[s\boldsymbol{I}-(\boldsymbol{A}-\boldsymbol{H}\boldsymbol{C})]^{-1}\boldsymbol{B}$$

闭环系统的特征多项式为 $\det[s\boldsymbol{I}-(\boldsymbol{A}-\boldsymbol{H}\boldsymbol{C})]$。

由式 (6-11) 可看出，由于输出反馈 $\boldsymbol{H}$ 矩阵的引入，系统的闭环特征多项式发生了改变。选择反馈系数矩阵 $\boldsymbol{H}$ 可改变闭环系统的特征值。

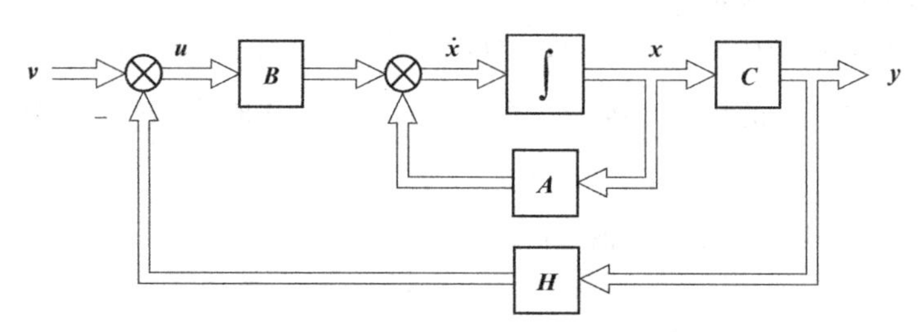

图 6-4 输出反馈至参考输入处的结构示意图

(2) 输出反馈至参考输入处

以多输入-多输出受控对象为例，状态空间描述如式(6-1)。输出反馈至参考输入 $\boldsymbol{v}$ 处的系统结构如图 6-4 所示。此时，设控制律 $\boldsymbol{u}=\boldsymbol{v}-\boldsymbol{H}\boldsymbol{y}$，$\boldsymbol{H}$ 是 $r\times m$ 矩阵。列写状态方程和输出方程

$$\dot{\boldsymbol{x}}=\boldsymbol{A}\boldsymbol{x}+\boldsymbol{B}(\boldsymbol{v}-\boldsymbol{H}\boldsymbol{y}) \tag{6-12}$$

$$\boldsymbol{y}=\boldsymbol{C}\boldsymbol{x} \tag{6-13}$$

将式(6-13) 代入至式(6-12)，可求出闭环系统的状态空间描述为

$$\begin{cases}\dot{\boldsymbol{x}}=(\boldsymbol{A}-\boldsymbol{B}\boldsymbol{H}\boldsymbol{C})\boldsymbol{x}+\boldsymbol{B}\boldsymbol{v}\\ \boldsymbol{y}=\boldsymbol{C}\boldsymbol{x}\end{cases} \tag{6-14}$$

简记闭环系统为 $\Sigma_H(\boldsymbol{A}-\boldsymbol{B}\boldsymbol{H}\boldsymbol{C},\ \boldsymbol{B},\ \boldsymbol{C})$。闭环系统的传递函数矩阵为

$$\boldsymbol{G}_H(s)=\boldsymbol{C}[s\boldsymbol{I}-(\boldsymbol{A}-\boldsymbol{B}\boldsymbol{H}\boldsymbol{C})]^{-1}\boldsymbol{B}$$

闭环系统的特征多项式为 $\det[s\boldsymbol{I}-(\boldsymbol{A}-\boldsymbol{B}\boldsymbol{H}\boldsymbol{C})]$。

6.2.2 输出反馈的极点配置条件与算法

(1) 输出反馈至状态微分处

与应用状态反馈极点配置综合系统一样，首先要考察系统是否满足任意配置极点的条件，其次是在满足任意极点配置的条件下配置极点的算法。

① 闭环极点任意配置的条件。

定理 6-2 受控对象 $\Sigma_0(\boldsymbol{A},\boldsymbol{B},\boldsymbol{C})$，采用输出反馈至系统状态微分处时，能任意配置闭环极点的充分必要条件为受控对象 $\Sigma_0(\boldsymbol{A},\boldsymbol{B},\boldsymbol{C})$完全能观测。

证明 只证充分性。以单输入-单输出系统作证明。由第 3 章的内容可知，当受控对象 $\Sigma_0(\boldsymbol{A},\boldsymbol{B},\boldsymbol{C})$完全能观测时，一定可通过线性变换化为能观测标准形 $\widetilde{\Sigma}_0(\widetilde{\boldsymbol{A}},\widetilde{\boldsymbol{B}},\widetilde{\boldsymbol{C}})$，且有

$$\widetilde{\boldsymbol{A}}=\boldsymbol{P}^{-1}\boldsymbol{A}\boldsymbol{P}=\begin{bmatrix}0 & 0 & \cdots & 0 & -a_n\\ 1 & 0 & \cdots & 0 & -a_{n-1}\\ 0 & 1 & \ddots & \vdots & -a_{n-2}\\ \vdots & \ddots & \ddots & 0 & \vdots\\ 0 & \cdots & 0 & 1 & -a_1\end{bmatrix}$$

$$\widetilde{\boldsymbol{B}}=\boldsymbol{P}^{-1}\boldsymbol{B}=\begin{bmatrix}b_n & b_{n-1} & b_{n-2} & \cdots & b_1\end{bmatrix}^{\mathrm{T}}$$

$$\widetilde{\boldsymbol{C}}=\boldsymbol{C}\boldsymbol{P}=\begin{bmatrix}0 & 0 & \cdots & 0 & 1\end{bmatrix}$$

式中，$\boldsymbol{P}$ 为化 $\Sigma_0(\boldsymbol{A},\boldsymbol{B},\boldsymbol{C})$为能观标准形 $\widetilde{\Sigma}_0(\widetilde{\boldsymbol{A}},\widetilde{\boldsymbol{B}},\widetilde{\boldsymbol{C}})$的变换矩阵。

在变换后的状态空间中引入输出反馈矩阵 $\widetilde{\boldsymbol{H}}=\begin{bmatrix}\widetilde{h}_n & \widetilde{h}_{n-1} & \widetilde{h}_{n-2} & \cdots & \widetilde{h}_1\end{bmatrix}^{\mathrm{T}}$ 至输入矩阵 $\widetilde{\boldsymbol{B}}$ 后端，则有

$$\widetilde{\boldsymbol{A}}-\widetilde{\boldsymbol{H}}\widetilde{\boldsymbol{C}}=\begin{bmatrix}0 & 0 & \cdots & 0 & -(a_n+\widetilde{h}_n)\\ 1 & 0 & \cdots & 0 & -(a_{n-1}+\widetilde{h}_{n-1})\\ 0 & 1 & \ddots & \vdots & -(a_{n-2}+\widetilde{h}_{n-2})\\ \vdots & \ddots & \ddots & 0 & \vdots\\ 0 & \cdots & 0 & 1 & -(a_1+\widetilde{h}_1)\end{bmatrix}$$

可见，系统的能观测性没有改变，而闭环特征多项式变为

$$\det[s\boldsymbol{I}-(\widetilde{\boldsymbol{A}}-\widetilde{\boldsymbol{H}}\widetilde{\boldsymbol{C}})]=s^n+(a_1+\widetilde{h}_1)s^{n-1}+\cdots+(a_{n-1}+\widetilde{h}_{n-1})s+(a_n+\widetilde{h}_n) \quad (6\text{-}15)$$

由式(6-15) 可见，闭环特征多项式的系数均由受控对象参数 $a_i(i=1,2,\cdots,n)$和反馈系数 $\widetilde{h}_i$ 组成，可以通过调整反馈系数 $\widetilde{h}_i$ 的值，改变闭环特征多项式的各项系数，从而改变系统的特征值。由于 $\widetilde{h}_i(i=1,2,\cdots,n)$的值可以任意选择，故特征值可以任意配置。证毕。

② 极点配置的算法。

给定受控对象 $\Sigma_0(\boldsymbol{A},\boldsymbol{B},\boldsymbol{C})$，根据所期望的系统运动形式，给出一组与性能要求相对应的期望闭环特征值 s_1，s_2，$\cdots$，s_n。

第一步 判别受控对象 $\Sigma_0(\boldsymbol{A},\boldsymbol{B},\boldsymbol{C})$是否完全能观测。若系统完全能观测，则表明系统

闭环极点可以任意配置，按以下步骤继续。

第二步　计算矩阵 $\boldsymbol{A}$ 的特征多项式，有

$$\det(s\boldsymbol{I}-\boldsymbol{A})=s^n+a_1s^{n-1}+a_2s^{n-2}+\cdots+a_{n-1}s+a_n$$

第三步　根据期望极点，求出期望闭环特征多项式

$$\begin{aligned}F(s)&=(s-s_1)(s-s_2)\cdots(s-s_n)\\&=s^n+a_1^*s^{n-1}+\cdots+a_{n-1}^*s+a_n^*\end{aligned}\tag{6-16}$$

第四步　按式（6-15），求出加入输出反馈后闭环系统的特征多项式，令 $\det[s\boldsymbol{I}-(\tilde{\boldsymbol{A}}-\tilde{\boldsymbol{H}}\tilde{\boldsymbol{C}})]=F(s)$。即令式中 s 的同次幂的系数相等

$$\left.\begin{aligned}a_1+\tilde{h}_1&=a_1^*\\a_2+\tilde{h}_2&=a_2^*\\&\vdots\\a_n+\tilde{h}_n&=a_n^*\end{aligned}\right\}\tag{6-17}$$

式中，$a_i(i=1,2,\cdots,n)$为矩阵 $\boldsymbol{A}$ 特征多项式系数。$a_j^*(j=1,2,\cdots,n)$是期望特征多项式的系数。求解式（6-17），便可得出对于状态 $\tilde{\boldsymbol{x}}$ 下的反馈矩阵 $\tilde{\boldsymbol{H}}$ 的值 $\tilde{h}_1,\tilde{h}_2,\cdots,\tilde{h}_n$。

第五步　计算能观测标准形变换矩阵 $\boldsymbol{P}$

$$\boldsymbol{P}=\begin{bmatrix}1 & a_1 & \cdots & a_{n-1}\\ & \ddots & \ddots & \vdots\\ & & \ddots & a_1\\ & & & 1\end{bmatrix}\begin{bmatrix}\boldsymbol{CA}^{n-1}\\ \vdots\\ \boldsymbol{CA}\\ \boldsymbol{C}\end{bmatrix}$$

第六步　把对应于 $\tilde{\boldsymbol{x}}$ 的 $\tilde{\boldsymbol{H}}$ 通过变换阵 $\boldsymbol{P}$，得到对应于原状态 $\boldsymbol{x}$ 下的输出反馈矩阵 $\boldsymbol{H}$

$$\boldsymbol{H}=\boldsymbol{P}\tilde{\boldsymbol{H}}\tag{6-18}$$

应说明的是，定理 6-2 同样适用于多输入-多输出系统。在求解具体问题时，当系统的维数较低时，只要具有完全能观测性，可以通过直接比较闭环特征多项式和闭环期望特征多项式的同次幂系数来确定反馈矩阵 $\boldsymbol{H}$ 的值。

需特殊指出，这种形式的输出反馈不改变受控系统的能观测性，不改变闭环零点，但不一定能够保持原系统的能控性不变。

（2）输出反馈至参考输入处

由式(6-14) 可见，对于这种形式的输出反馈，若令 $\boldsymbol{K}=\boldsymbol{HC}$，便可确定一个对应的状态反馈增益矩阵，就有一个与之对应的状态反馈系统。但反之，对于一个状态反馈系统，却不一定能找到一个输出反馈与之等同。因为令 $\boldsymbol{HC}=\boldsymbol{K}$，在求解 $\boldsymbol{H}$ 时，无法保证 $\boldsymbol{H}$ 是一个常系数矩阵，可能会含有导数项。这给物理实现带来困难，使其应用受到限制。

对于这种系统结构的闭环极点配置问题，有如下说明：

① 对完全能控的单输入-单输出系统 $\Sigma_0(\boldsymbol{A},\boldsymbol{b},\boldsymbol{c})$，利用输出反馈控制律 $\boldsymbol{u}=\boldsymbol{v}-\boldsymbol{hy}$（$\boldsymbol{v}$ 为参考输入，$\boldsymbol{h}$ 为输出反馈系数）不能任意配置系统的全部极点。

证明　引入输出反馈控制律 $\boldsymbol{u}=\boldsymbol{v}-\boldsymbol{hy}$ 后，闭环系统为 $\Sigma_h(\boldsymbol{A}-\boldsymbol{bhc},\boldsymbol{b},\boldsymbol{c})$。系统的闭环传递函数为

$$G_h(s)=\boldsymbol{c}[s\boldsymbol{I}-(\boldsymbol{A}-\boldsymbol{b}h\boldsymbol{c})]^{-1}\boldsymbol{b}=\frac{G(s)}{1+hG(s)}$$

式中，$G(s)=\boldsymbol{c}(s\boldsymbol{I}-\boldsymbol{A})^{-1}\boldsymbol{b}$ 为受控系统的传递函数。

闭环根轨迹方程为 $hG(s)=-1$；当 $G(s)$ 已知时，以 h 为参变量，可求得闭环系统的一组根轨迹。很显然，无论 h 如何变化，闭环特征值也只能沿根轨迹的方向移动，而不能落在复平面的所有位置上。因此，这种方式不能任意配置闭环极点，证毕。

② 有文献指出，对于完全能控能观测对象 $\Sigma_0(\boldsymbol{A},\boldsymbol{B},\boldsymbol{C})$，设系统的维数为 n，$\mathrm{rank}[\boldsymbol{B}]=r$，$\mathrm{rank}[\boldsymbol{C}]=m$，当采用这种结构的输出反馈方式时，通过控制律 $\boldsymbol{u}=\boldsymbol{v}-\boldsymbol{H}\boldsymbol{y}$ 可以对闭环特征值的 n^* 个极点进行任意配置，其中 $n^*=\min\{n,r+m-1\}$。

③ 不能任意配置极点，是这种输出反馈的弱点。克服的方法是，在使用控制律 $\boldsymbol{u}=\boldsymbol{v}-\boldsymbol{H}\boldsymbol{y}$ 时，在主通道上附加引入“补偿器”，这就是经典控制理论的串联校正网络方法。那么，通过适当选取补偿器的结构和参数，增加系统的开环零极点来改变根轨迹走向，也可以做到对闭环系统极点进行任意配置，但这将使系统的维数增加。

6.3 控制系统的镇定问题

系统稳定是保证控制系统正常工作的必要前提。对于受控系统 $\Sigma_0(\boldsymbol{A},\boldsymbol{B},\boldsymbol{C})$，若系统是开环不稳定的，即系统矩阵 $\boldsymbol{A}$ 不是稳定矩阵。如果能通过加入反馈使闭环系统的极点全部具有负实部，从而保证系统是渐近稳定的，就称此系统是反馈能镇定的。这类问题称为控制系统的镇定问题。若采用的反馈是状态反馈，则称系统是状态反馈能镇定的；若采用的反馈是输出反馈，则称该系统是输出反馈能镇定的。

判别一个受控系统是否状态能镇定的，有如下定理。

定理 6-3 对受控系统 $\Sigma_0(\boldsymbol{A},\boldsymbol{B},\boldsymbol{C})$，采用状态反馈能镇定的充分必要条件是其不能控子系统是渐近稳定的。

证明 由于受控系统 $\Sigma_0(\boldsymbol{A},\boldsymbol{B},\boldsymbol{C})$ 不完全能控，则可引入非奇异变换进行结构分解，将系统划分为能控与不能控两个部分。

$$\widetilde{\boldsymbol{A}}=\boldsymbol{P}^{-1}\boldsymbol{A}\boldsymbol{P}=\begin{bmatrix}\widetilde{\boldsymbol{A}}_c & \widetilde{\boldsymbol{A}}_{12}\\ \boldsymbol{0} & \widetilde{\boldsymbol{A}}_{\tilde{c}}\end{bmatrix},\widetilde{\boldsymbol{B}}=\boldsymbol{P}^{-1}\boldsymbol{B}=\begin{bmatrix}\widetilde{\boldsymbol{B}}_c\\ \boldsymbol{0}\end{bmatrix}$$

$\{\widetilde{\boldsymbol{A}}_c,\widetilde{\boldsymbol{B}}_c\}$ 为能控部分。

对任意非零 $\widetilde{\boldsymbol{K}}=[\widetilde{\boldsymbol{K}}_2\quad\widetilde{\boldsymbol{K}}_1]$，$\widetilde{\boldsymbol{K}}_2$ 的列数与系统能控子系统的维数相同，$\widetilde{\boldsymbol{K}}_1$ 的列数与不能控子系统的维数相同，有

$$\begin{aligned}\det(s\boldsymbol{I}-\boldsymbol{A}+\boldsymbol{B}\boldsymbol{K})&=\det(s\boldsymbol{I}-\widetilde{\boldsymbol{A}}+\widetilde{\boldsymbol{B}}\widetilde{\boldsymbol{K}})\\&=\det\begin{bmatrix}s\boldsymbol{I}-\widetilde{\boldsymbol{A}}_c+\widetilde{\boldsymbol{B}}_c\widetilde{\boldsymbol{K}}_2 & -\widetilde{\boldsymbol{A}}_{12}+\widetilde{\boldsymbol{B}}_c\widetilde{\boldsymbol{K}}_1\\ \boldsymbol{0} & s\boldsymbol{I}-\widetilde{\boldsymbol{A}}_{\tilde{c}}\end{bmatrix}\\&=\det(s\boldsymbol{I}-\widetilde{\boldsymbol{A}}_c+\widetilde{\boldsymbol{B}}_c\widetilde{\boldsymbol{K}}_2)\det(s\boldsymbol{I}-\widetilde{\boldsymbol{A}}_{\tilde{c}})\end{aligned}$$

由于$\{\widetilde{\boldsymbol{A}}_c,\widetilde{\boldsymbol{B}}_c\}$能控，由定理 6-1 知，必存在$\widetilde{\boldsymbol{K}}_2$使$(\widetilde{\boldsymbol{A}}_c-\widetilde{\boldsymbol{B}}_c\widetilde{\boldsymbol{K}}_2)$的特征值具有负实部。而状态反馈对不能控极点毫无影响，只有当不能控部分$\widetilde{\boldsymbol{A}}_{\tilde{c}}$的特征值具有负实部时，系统才能状态反馈镇定。证毕。

镇定问题是系统极点配置问题的一种特殊情况。从上面的定义可看出，系统的镇定只要求把闭环极点配置在复平面左半部，而不是要求把闭环极点配置到期望的位置上。所以，对于“镇定”的设计要求要比“配置”的要求宽松得多。只需要将那些具有非负实部的不稳定因子配置到复平面的左半部，在满足某种条件下，可利用部分状态反馈实现。

由定理 6-1 及定理 6-3 可知，一个完全能控的系统一定是能镇定的，但一个能镇定的系统不一定是能控的。

对受控系统$\Sigma_0(\boldsymbol{A},\boldsymbol{B},\boldsymbol{C})$，采用输出反馈至状态微分处，能镇定的充要条件是其不能观测子系统为渐近稳定的。

对于采用输出反馈至参考输入端的情况，通过输出反馈能镇定的充要条件是$\Sigma_0(\boldsymbol{A},\boldsymbol{B},\boldsymbol{C})$结构分解中能控且能观测子系统是输出反馈能镇定的；其余子系统是渐近稳定的。由于一个能控且能观测的系统是不能通过这种结构的输出反馈任意配置极点，所以自然无法保证反馈至参考输入端的输出反馈一定具有能镇定性。

【例 6-2】 判断系统 $\dot{\boldsymbol{x}}=\begin{bmatrix}1 & 0 & -1\\ 0 & -2 & 0\\ -1 & 0 & 2\end{bmatrix}\boldsymbol{x}+\begin{bmatrix}0\\0\\1\end{bmatrix}\boldsymbol{u}$ 是否可用状态反馈镇定，若能镇定，设计状态反馈矩阵使其镇定。

解 将系统转换为按能控性分解的形式：

$$\dot{\tilde{\boldsymbol{x}}}=\begin{bmatrix}2 & -1 & 0\\ -1 & 1 & 0\\ 0 & 0 & -2\end{bmatrix}\tilde{\boldsymbol{x}}+\begin{bmatrix}1\\0\\0\end{bmatrix}\boldsymbol{u}$$

其变换矩阵为

$$\boldsymbol{P}=\begin{bmatrix}0 & 1 & 0\\ 0 & 0 & 1\\ 1 & 0 & 0\end{bmatrix}$$

由上式可知，系统不能控子系统的特征值$s=-2$在左半面，因此系统是状态能镇定的。用极点配置的方法进行镇定，设期望极点为-1，-3，-2。

设系统的反馈阵为$\widetilde{\boldsymbol{K}}=[\tilde{k}_3\quad \tilde{k}_2\quad \tilde{k}_1]$，则闭环系统特征方程为

$$\det[s\boldsymbol{I}-\widetilde{\boldsymbol{A}}+\widetilde{\boldsymbol{B}}\widetilde{\boldsymbol{K}}]=[s^2+(\tilde{k}_3-3)s+(1-\tilde{k}_3-\tilde{k}_2)](s+2)$$

根据期望极点的要求，有

$$F(s)=(s+1)(s+3)(s+2)=(s^2+4s+3)(s+2)$$

令两式相等，得$\tilde{k}_3=7$，$\tilde{k}_2=-9$，k_1任意取值。所以

$$\boldsymbol{K}=\widetilde{\boldsymbol{K}}\boldsymbol{P}^{-1}=[7\quad -9\quad 0]\begin{bmatrix}0 & 1 & 0\\ 0 & 0 & 1\\ 1 & 0 & 0\end{bmatrix}=[-9\quad 0\quad 7]$$

6.4 状态重构与状态观测器的设计

状态反馈有着广泛的应用，不仅是在极点配置方面，在下一节里我们还要学习状态反馈在多变量系统解耦控制的应用。为了实现状态反馈，必须获取系统的状态的信息。但在实际的工程系统中并不是所有的状态信息都能检测到。需特殊指出，应避免用一个状态变量的微分产生另一个状态变量，因为干扰信号经过微分器将会严重影响求导的准确性。

状态重构问题，就是在这样的前提下提出的。由龙伯格(Luenberger)提出的状态观测器理论，实际上就是重新构造一个新的系统。新系统是以控制 $\boldsymbol{u}$ 和原系统中能直接量测到的输出信号 $\boldsymbol{y}$ 作为输入，而它的输出是系统状态 $\boldsymbol{x}$ 的估计，用 $\hat{\boldsymbol{x}}$ 表示。在一定条件下 $\hat{\boldsymbol{x}}$ 能与原系统的状态 $\boldsymbol{x}$ 保持一致。通常称 $\hat{\boldsymbol{x}}$ 为 $\boldsymbol{x}$ 的重构状态，而称这个用以实现重构状态的新系统为状态观测器。

6.4.1 全维状态观测器设计

若系统的全部状态都是通过观测器重构的，则称这种观测器为全维状态观测器。

(1) 全维状态观测器的结构与数学描述

考虑 n 维的完全能观测的受控系统，设其状态空间描述为

$$\dot{\boldsymbol{x}}=\boldsymbol{A}\boldsymbol{x}+\boldsymbol{B}\boldsymbol{u}\text{，}\boldsymbol{x}(0)=\boldsymbol{x}_0\text{，}t\geqslant 0 \tag{6-19}$$

$$\boldsymbol{y}=\boldsymbol{C}\boldsymbol{x} \tag{6-20}$$

式中，状态 $\boldsymbol{x}$ 不能直接量测，输入 $\boldsymbol{u}$ 和输出 $\boldsymbol{y}$ 均可直接量测；$\boldsymbol{A}$、$\boldsymbol{B}$ 和 $\boldsymbol{C}$ 分别为 $n\times n$、$n\times r$ 和 $m\times n$ 维的实常数矩阵。

最简单的全维状态观测器可以根据原系统的动态方程重构一个模拟系统，然后加入相同的控制信号。这种形式的观测器称为开环观测器。如图 6-5 所示。

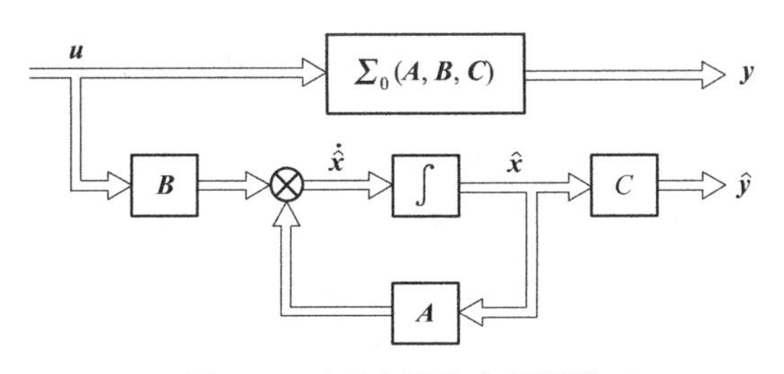

图 6-5　开环全维状态观测器

$$\begin{aligned}&\dot{\hat{\boldsymbol{x}}}=\boldsymbol{A}\hat{\boldsymbol{x}}+\boldsymbol{B}\boldsymbol{u}\text{，}\hat{\boldsymbol{x}}(0)=\hat{\boldsymbol{x}}_0\text{，}t\geqslant 0\\&\hat{\boldsymbol{y}}=\boldsymbol{C}\hat{\boldsymbol{x}}\end{aligned} \tag{6-21}$$

这里，用 $\hat{\boldsymbol{x}}$，$\hat{\boldsymbol{y}}$ 分别表示模拟系统的状态变量估计值和模拟输出值。其实，这种开环状态观测器没有实用的价值。因为有很多的因素会影响模拟系统与原系统的“等效”关系，即使两系统的参数完全一致，但由于两系统的初始状态的差异，外界或内部的噪声干扰影响等因素，都无法保证估计状态的准确性。或者说，必然会存在估计误差$\tilde{\boldsymbol{x}}=\boldsymbol{x}-\hat{\boldsymbol{x}}$。如果利用输

出信息对状态误差进行校正，便可使估计误差 $\boldsymbol{x}$ 渐近趋于零，提高状态估计值 $\hat{\boldsymbol{x}}$ 的精度。利用反馈控制原理，将原系统可以量测到的输出量 $\boldsymbol{y}$ 与状态观测器的输出量 $\hat{\boldsymbol{y}}$ 相比较，求出输出误差信号 $\bar{\boldsymbol{y}}=\boldsymbol{y}-\hat{\boldsymbol{y}}$，把输出误差信号 $\bar{\boldsymbol{y}}$，线性反馈至观测器的状态微分 $\dot{\hat{\boldsymbol{x}}}$ 处，对状态观测器进行校正，构成一个闭环的状态观测器，如图 6-6 所示。

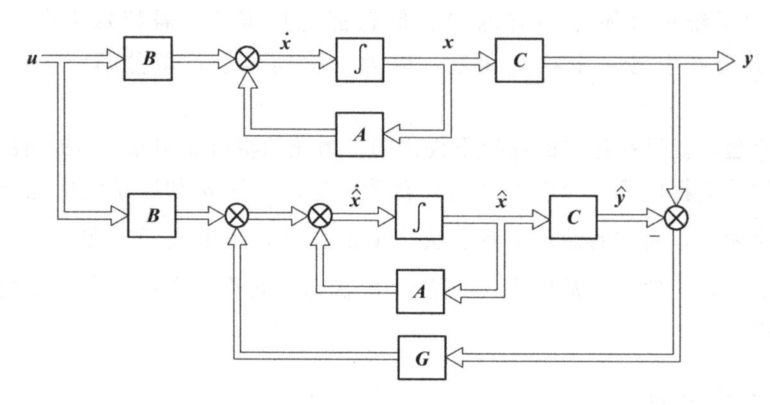

图 6-6　闭环全维状态观测器

线性反馈网络 $\boldsymbol{G}$ 是 $n\times m$ 维矩阵。写出这种观测器的状态方程为

$$\begin{aligned}\dot{\hat{\boldsymbol{x}}}&=\boldsymbol{A}\hat{\boldsymbol{x}}+\boldsymbol{B}\boldsymbol{u}+\boldsymbol{G}\bar{\boldsymbol{y}}\\&=\boldsymbol{A}\hat{\boldsymbol{x}}+\boldsymbol{B}\boldsymbol{u}+\boldsymbol{G}\boldsymbol{C}(\boldsymbol{x}-\hat{\boldsymbol{x}})\\&=(\boldsymbol{A}-\boldsymbol{G}\boldsymbol{C})\hat{\boldsymbol{x}}+\boldsymbol{B}\boldsymbol{u}+\boldsymbol{G}\boldsymbol{y}\end{aligned}\tag{6-22}$$

称式(6-22)为状态观测器的状态方程。具有这种结构的状态观测器称为全维状态观测器。

(2) 全维状态观测器的误差分析

全维状态观测器的误差方程，可由式(6-22)和式(6-19)求出

$$\dot{\bar{\boldsymbol{x}}}=\dot{\boldsymbol{x}}-\dot{\hat{\boldsymbol{x}}}=(\boldsymbol{A}-\boldsymbol{G}\boldsymbol{C})\bar{\boldsymbol{x}}\tag{6-23}$$

式(6-23)是关于状态误差的齐次线性微分方程式，其解为

$$\bar{\boldsymbol{x}}=\mathrm{e}^{(\boldsymbol{A}-\boldsymbol{G}\boldsymbol{C})t}\bar{\boldsymbol{x}}_0,\qquad \bar{\boldsymbol{x}}_0=\boldsymbol{x}_0-\hat{\boldsymbol{x}}_0\tag{6-24}$$

式中，$\hat{\boldsymbol{x}}_0$ 为观测器的初始状态；$\boldsymbol{x}_0$ 为原系统的初始状态。

式(6-24)表明，当观测器与原系统的初始状态相同时，即 $\bar{\boldsymbol{x}}_0=\boldsymbol{0}$ 时，状态估计误差 $\bar{\boldsymbol{x}}=\boldsymbol{0}$，即 $\hat{\boldsymbol{x}}=\boldsymbol{x}$。当两者间的初始状态不同时，误差向量的动态特性由矩阵 $(\boldsymbol{A}-\boldsymbol{G}\boldsymbol{C})$ 的特征值决定。无论初始状态误差 $\bar{\boldsymbol{x}}_0$ 的值是多少，只要 $(\boldsymbol{A}-\boldsymbol{G}\boldsymbol{C})$ 是稳定矩阵，一定可以做到使 $\lim\limits_{t\to\infty}\bar{\boldsymbol{x}}=\boldsymbol{0}$，即 $\hat{\boldsymbol{x}}$ 将收敛到 $\boldsymbol{x}$。若 $(\boldsymbol{A}-\boldsymbol{G}\boldsymbol{C})$ 的特征值可以任意配置，那么，状态估计误差趋于零的速度也就可以任意选择，即状态估计值 $\hat{\boldsymbol{x}}$ 可以以任意快的速度逼近原系统的状态 $\boldsymbol{x}$。

在什么条件下，能够使 $(\boldsymbol{A}-\boldsymbol{G}\boldsymbol{C})$ 的特征值任意配置呢？

(3) 全维状态观测器极点任意配置条件

如果$(\boldsymbol{A}-\boldsymbol{GC})$的特征值能够任意配置，则称全维状态观测器存在。对此，有如下定理：

定理 6-4 能够用图 6-6 所示的结构设计全维状态观测器，使观测器的极点可以任意配置的充分必要条件是系统状态完全能观测。

证明 只要注意到闭环观测器其实是采用输出反馈至状态微分处的输出反馈系统，根据定理 6-2，如果系统是完全能观测的，就可以任意配置矩阵$(\boldsymbol{A}-\boldsymbol{GC})$的极点。由于$(\boldsymbol{A}-\boldsymbol{GC})$是状态误差方程的系数矩阵，由式(6-23)可看出，其特征值将直接影响到状态误差衰减到零的速度。

(4) 关于状态观测器的几点讨论

① 若系统不完全能观测，能否构造出渐近稳定的状态观测器？

若原系统不完全能观测，可将其分解为能观测和不能观测子系统。只有当不能观测的子系统为渐近稳定时，观测器才能够渐近稳定，否则，设计的观测器不稳定。此时，状态误差衰减至零的速度将不完全由 $\boldsymbol{G}$ 阵决定，而还要受到不能观测子系统极点位置的限制。

② 如何选取反馈矩阵 $\boldsymbol{G}$？

反馈矩阵 $\boldsymbol{G}$ 的选取可完全参照极点配置的算法进行，应注意的是观测器的极点选取问题。若是选得离虚轴越远，状态误差趋于零的速度就越快。但是，如果极点配置过于远离虚轴，则状态观测器的频带过宽，将降低状态观测器抗高频干扰的性能。因此，实际设计中，一般选观测器极点与虚轴的距离比系统极点的距离要远一些，视具体情况而定。

【例 6-3】 已知线性定常系统的状态方程及输出方程为

$$\dot{\boldsymbol{x}}=\boldsymbol{Ax}+\boldsymbol{Bu}$$
$$\boldsymbol{y}=\boldsymbol{Cx}$$

其中

$$\boldsymbol{A}=\begin{bmatrix}1&0&0\\0&2&1\\0&0&2\end{bmatrix},\ \boldsymbol{B}=\begin{bmatrix}1\\0\\1\end{bmatrix},\ \boldsymbol{C}=\begin{bmatrix}1&1&0\end{bmatrix}$$

试确定反馈矩阵 $\boldsymbol{G}$，将观测器的极点配置在 $s_1=-3$，$s_2=-4$，$s_3=-5$ 上。

解 根据给定的受控系统，求得能观测性矩阵及能控性矩阵的秩为

$$\text{rank}\begin{bmatrix}\boldsymbol{C}\\\boldsymbol{CA}\\\boldsymbol{CA}^2\end{bmatrix}=\text{rank}\begin{bmatrix}1&1&0\\1&2&1\\1&4&4\end{bmatrix}=3$$

$$\text{rank}\begin{bmatrix}\boldsymbol{B}&\boldsymbol{AB}&\boldsymbol{A}^2\boldsymbol{B}\end{bmatrix}=\text{rank}\begin{bmatrix}1&1&1\\0&1&4\\1&2&4\end{bmatrix}=3$$

可见，系统既完全能控又完全能观测。因此，可通过反馈矩阵 $\boldsymbol{G}$ 的适当选择，满足状态观测器的极点配置要求。

设 $\boldsymbol{G}=\begin{bmatrix}g_3&g_2&g_1\end{bmatrix}^{\mathrm{T}}$，则观测器的系统矩阵

$$A-GC=\begin{bmatrix}1&0&0\\0&2&1\\0&0&2\end{bmatrix}-\begin{bmatrix}g_3\\g_2\\g_1\end{bmatrix}\begin{bmatrix}1&1&0\end{bmatrix}=\begin{bmatrix}1-g_3&-g_3&0\\-g_2&2-g_2&1\\-g_1&-g_1&2\end{bmatrix}$$

根据系统矩阵求出状态观测器的特征方程为

$$\begin{aligned}|sI-(A-GC)|&=\begin{bmatrix}s-(1-g_3)&g_3&0\\g_2&s-(2-g_2)&-1\\g_1&g_1&s-2\end{bmatrix}\\&=s^3+(g_3+g_2-5)s^2+(-4g_3-3g_2+g_1+8)s+(4g_3+2g_2-g_1-4)\\&=0\end{aligned}$$

根据极点配置要求，状态观测器应具有的期望特征方程为

$$|sI-(A-GC)|=(s+3)(s+4)(s+5)=s^3+12s^2+47s+60=0$$

所以

$$\begin{cases}g_3+g_2-5=12\\-4g_3-3g_2+g_1+8=47\\4g_3+2g_2-g_1-4=60\end{cases}$$

解之，求出 $G=[120\quad -103\quad 210]^{\mathrm{T}}$。

6.4.2 降维状态观测器

前面讨论的全维状态观测器，其维数与受控系统的维数相同，可以重构出原系统的全部状态变量。实际上全维状态观测器既不是必需的也不是必要的，因为输出变量中通常包含有状态变量，而且直接测量的状态变量比估计量要好得多。考虑 n 维完全能观测的多输入-多输出线性定常系统

$$\begin{aligned}\dot{x}&=Ax+Bu\\y&=Cx\end{aligned}$$

记为 $\Sigma_0(A,B,C)$，其中，控制向量 u 为 r 维，y 为 m 维。

通常，系统的输出变量是可以直接通过传感器测量的，而输出变量又是由状态变量的线性组合构成。我们可以设法通过线性变换，使每个输出变量仅含单个的状态变量。如果原系统的输出变量的维数为 m，则必有 m 个状态变量能够通过输出测量得到，无需再做估计。因而，需要重构的状态变量数可以减少，使状态观测器的维数降低，观测器的实现也就比较容易和简单。当观测器的维数比原系统的维数少时，称为降维状态观测器。

(1) 降维状态观测器的结构与数学描述

将系统分解成

$$\begin{aligned}\begin{bmatrix}\dot{x}_1\\\dot{x}_2\end{bmatrix}&=\begin{bmatrix}A_{11}&A_{12}\\A_{21}&A_{22}\end{bmatrix}\begin{bmatrix}x_1\\x_2\end{bmatrix}+\begin{bmatrix}B_1\\B_2\end{bmatrix}u\\y&=\begin{bmatrix}C_1&C_2\end{bmatrix}\begin{bmatrix}x_1\\x_2\end{bmatrix}\end{aligned}\tag{6-25}$$

式中，$\boldsymbol{A}_{11}$ 为$(n-m)\times(n-m)$维矩阵；$\boldsymbol{A}_{12}$ 为$(n-m)\times m$ 维矩阵；$\boldsymbol{A}_{21}$、$\boldsymbol{C}_1$ 为 $m\times(n-m)$维矩阵；$\boldsymbol{A}_{22}$、$\boldsymbol{C}_2$ 为 $m\times m$ 维矩阵；$\boldsymbol{B}_1$ 为$(n-m)\times r$ 维矩阵；$\boldsymbol{B}_2$ 为 $m\times r$ 维矩阵。

将输出矩阵 $[\boldsymbol{C}_1 \quad \boldsymbol{C}_2]$ 变换成 $[\boldsymbol{0} \quad \boldsymbol{I}]$，引入线性非奇异变换

$$\boldsymbol{x}=\boldsymbol{P}\boldsymbol{z}$$

则式(6-25)变为

$$\begin{bmatrix}\dot{\boldsymbol{z}}_1\\ \dot{\boldsymbol{z}}_2\end{bmatrix}=\begin{bmatrix}\widetilde{\boldsymbol{A}}_{11} & \widetilde{\boldsymbol{A}}_{12}\\ \widetilde{\boldsymbol{A}}_{21} & \widetilde{\boldsymbol{A}}_{22}\end{bmatrix}\begin{bmatrix}\boldsymbol{z}_1\\ \boldsymbol{z}_2\end{bmatrix}+\begin{bmatrix}\widetilde{\boldsymbol{B}}_1\\ \widetilde{\boldsymbol{B}}_2\end{bmatrix}\boldsymbol{u}$$
$$\boldsymbol{y}=[\boldsymbol{0} \quad \boldsymbol{I}]\begin{bmatrix}\boldsymbol{z}_1\\ \boldsymbol{z}_2\end{bmatrix} \tag{6-26}$$

式中，$\boldsymbol{z}_1$ 为$(n-m)$维；$\boldsymbol{z}_2$ 为 m 维。变换矩阵为

$$\boldsymbol{P}=\begin{bmatrix}\boldsymbol{I} & \boldsymbol{0}\\ -\boldsymbol{C}_2^{-1}\boldsymbol{C}_1 & \boldsymbol{C}_2^{-1}\end{bmatrix},\quad \boldsymbol{P}^{-1}=\begin{bmatrix}\boldsymbol{I} & \boldsymbol{0}\\ \boldsymbol{C}_1 & \boldsymbol{C}_2\end{bmatrix}$$

$$\begin{bmatrix}\widetilde{\boldsymbol{A}}_{11} & \widetilde{\boldsymbol{A}}_{12}\\ \widetilde{\boldsymbol{A}}_{21} & \widetilde{\boldsymbol{A}}_{22}\end{bmatrix}=\boldsymbol{P}^{-1}\boldsymbol{A}\boldsymbol{P}$$

式中，$\widetilde{\boldsymbol{A}}_{11}=\boldsymbol{A}_{11}-\boldsymbol{A}_{12}\boldsymbol{C}_2^{-1}\boldsymbol{C}_1$，$\widetilde{\boldsymbol{A}}_{12}=\boldsymbol{A}_{12}\boldsymbol{C}_2^{-1}$，$\widetilde{\boldsymbol{A}}_{21}=(\boldsymbol{C}_1\boldsymbol{A}_{11}+\boldsymbol{C}_2\boldsymbol{A}_{21})-(\boldsymbol{C}_1\boldsymbol{A}_{12}+\boldsymbol{C}_2\boldsymbol{A}_{22})\boldsymbol{C}_2^{-1}\boldsymbol{C}_1$，$\widetilde{\boldsymbol{A}}_{22}=(\boldsymbol{C}_1\boldsymbol{A}_{12}+\boldsymbol{C}_2\boldsymbol{A}_{22})\boldsymbol{C}_2^{-1}$。

$$\begin{bmatrix}\widetilde{\boldsymbol{B}}_1\\ \widetilde{\boldsymbol{B}}_2\end{bmatrix}=\boldsymbol{P}^{-1}\boldsymbol{B},\ \boldsymbol{B}_2=\boldsymbol{C}_1\boldsymbol{B}_1+\boldsymbol{C}_2\boldsymbol{B}_2$$

$$[\widetilde{\boldsymbol{C}}_1 \quad \widetilde{\boldsymbol{C}}_2]=\boldsymbol{C}\boldsymbol{P}=[\boldsymbol{0} \quad \boldsymbol{I}]$$

由式(6-26)可见，由于输出向量 $\boldsymbol{y}$ 可以测量，故 m 维向量 $\boldsymbol{z}_2$ 可以从输出向量 $\boldsymbol{y}$ 的量测值直接取得，而无需通过状态观测器来估计，状态向量 $\boldsymbol{z}$ 中的 $n-m$ 维向量 $\boldsymbol{z}_1$ 需要通过状态观测器估计。

经如此分解及变换后系统的状态结构图如图 6-7 所示。

对 $n-m$ 维不可量测状态 $\boldsymbol{z}_1$，可写出如下状态方程

$$\dot{\boldsymbol{z}}_1=\widetilde{\boldsymbol{A}}_{11}\boldsymbol{z}_1+\widetilde{\boldsymbol{A}}_{12}\boldsymbol{z}_2+\widetilde{\boldsymbol{B}}_1\boldsymbol{u} \tag{6-27}$$

由于 $\boldsymbol{z}_2=\boldsymbol{y}$ 可以量测得到，$\boldsymbol{u}$ 为已知量，将上式的这两项合在一起，设为

$$\widetilde{\boldsymbol{u}}=\widetilde{\boldsymbol{A}}_{12}\boldsymbol{y}+\widetilde{\boldsymbol{B}}_1\boldsymbol{u} \tag{6-28}$$

将式(6-28)代入式(6-27)，另设 $\boldsymbol{v}=\widetilde{\boldsymbol{A}}_{21}\boldsymbol{z}_1$，得系统状态不可量测部分的状态空间描述

$$\dot{\boldsymbol{z}}_1=\widetilde{\boldsymbol{A}}_{11}\boldsymbol{z}_1+\widetilde{\boldsymbol{u}}$$
$$\boldsymbol{v}=\widetilde{\boldsymbol{A}}_{21}\boldsymbol{z}_1 \tag{6-29}$$

式中，$\widetilde{\boldsymbol{u}}$ 为等效控制向量；$\boldsymbol{v}$ 为等效输出向量，由图 6-7 可看出

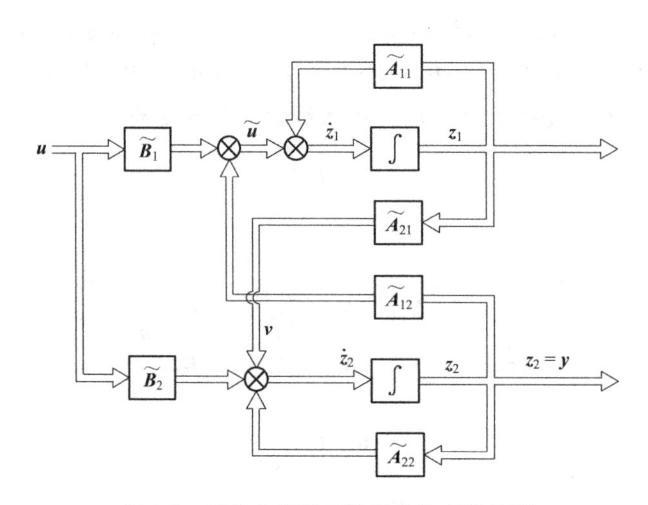

图 6-7　系统分解及变换后的状态结构图

$$\boldsymbol{v}=\dot{\boldsymbol{y}}-\widetilde{\boldsymbol{A}}_{22}\boldsymbol{y}-\widetilde{\boldsymbol{B}}_2\boldsymbol{u} \tag{6-30}$$

对于式(6-29)，矩阵 $\widetilde{\boldsymbol{A}}_{11}$ 可看作系统矩阵，矩阵 $\widetilde{\boldsymbol{A}}_{21}$ 可看作输出矩阵。由于原系统是完全能观测的，所以其子系统 $\Sigma_1(\widetilde{\boldsymbol{A}}_{11},\widetilde{\boldsymbol{A}}_{21})$ 也具有能观测性。作为状态向量 $\boldsymbol{z}$ 一部分的子向量 $\boldsymbol{z}_1$ 必能利用观测器重构。于是，可仿照全维状态观测器的设计方法，设计降维状态观测器。

设反馈阵为 $\boldsymbol{G}$，估计状态为 $\hat{\boldsymbol{z}}_1$，降维状态观测器的状态方程为

$$\dot{\hat{\boldsymbol{z}}}_1=\widetilde{\boldsymbol{A}}_{11}\hat{\boldsymbol{z}}_1+\widetilde{\boldsymbol{u}}+\boldsymbol{G}(\widetilde{\boldsymbol{A}}_{21}\boldsymbol{z}_1-\widetilde{\boldsymbol{A}}_{21}\hat{\boldsymbol{z}}_1)=(\widetilde{\boldsymbol{A}}_{11}-\boldsymbol{G}\widetilde{\boldsymbol{A}}_{21})\hat{\boldsymbol{z}}_1+\widetilde{\boldsymbol{u}}+\boldsymbol{G}\boldsymbol{v} \tag{6-31}$$

通过选择$(n-m)\times m$ 维矩阵 $\boldsymbol{G}$，使 $|\lambda\boldsymbol{I}-(\widetilde{\boldsymbol{A}}_{11}-\boldsymbol{G}\widetilde{\boldsymbol{A}}_{21})|$ 的特征值任意配置。

将式(6-28)与式(6-30)代入式(6-31)，得

$$\begin{aligned}\dot{\hat{\boldsymbol{z}}}_1&=(\widetilde{\boldsymbol{A}}_{11}-\boldsymbol{G}\widetilde{\boldsymbol{A}}_{21})\hat{\boldsymbol{z}}_1+\widetilde{\boldsymbol{A}}_{12}\boldsymbol{y}+\widetilde{\boldsymbol{B}}_1\boldsymbol{u}+\boldsymbol{G}\dot{\boldsymbol{y}}-\boldsymbol{G}\widetilde{\boldsymbol{A}}_{22}\boldsymbol{y}-\boldsymbol{G}\widetilde{\boldsymbol{B}}_2\boldsymbol{u}\\&=(\widetilde{\boldsymbol{A}}_{11}-\boldsymbol{G}\widetilde{\boldsymbol{A}}_{21})\hat{\boldsymbol{z}}_1+(\widetilde{\boldsymbol{A}}_{12}-\boldsymbol{G}\widetilde{\boldsymbol{A}}_{22})\boldsymbol{y}+\boldsymbol{G}\dot{\boldsymbol{y}}+(\widetilde{\boldsymbol{B}}_1-\boldsymbol{G}\widetilde{\boldsymbol{B}}_2)\boldsymbol{u}\end{aligned} \tag{6-32}$$

为避免取输出 $\boldsymbol{y}$ 的微分信号，重新定义状态观测器的状态向量

$$\hat{\boldsymbol{z}}_1-\boldsymbol{G}\boldsymbol{y}=\boldsymbol{w}$$

于是式(6-32)可以写成

$$\dot{\boldsymbol{w}}=(\widetilde{\boldsymbol{A}}_{11}-\boldsymbol{G}\widetilde{\boldsymbol{A}}_{21})\boldsymbol{w}+(\widetilde{\boldsymbol{B}}_1-\boldsymbol{G}\widetilde{\boldsymbol{B}}_2)\boldsymbol{u}+[\widetilde{\boldsymbol{A}}_{12}-\boldsymbol{G}\widetilde{\boldsymbol{A}}_{22}+(\widetilde{\boldsymbol{A}}_{11}-\boldsymbol{G}\widetilde{\boldsymbol{A}}_{21})\boldsymbol{G}]\boldsymbol{y} \tag{6-33}$$

可以得到与之相对应的状态观测器的结构图（图 6-8）。

状态 $\boldsymbol{z}$ 的估计值为 $\hat{\boldsymbol{z}}=\begin{bmatrix}\hat{\boldsymbol{z}}_1\\ \boldsymbol{y}\end{bmatrix}$。由线性变换 $\hat{\boldsymbol{x}}=\boldsymbol{P}\hat{\boldsymbol{z}}$ 即可得到对于状态 $\boldsymbol{x}$ 的估计 $\hat{\boldsymbol{x}}$。

(2) 降维状态观测器误差分析

现分析状态变量估计值 $\hat{\boldsymbol{z}}_1$ 的误差与观测器状态方程系统矩阵$(\widetilde{\boldsymbol{A}}_{11}-\boldsymbol{G}\widetilde{\boldsymbol{A}}_{21})$的关系。设状态变量与其估计值之间的误差为 $\bar{\boldsymbol{z}}_1$

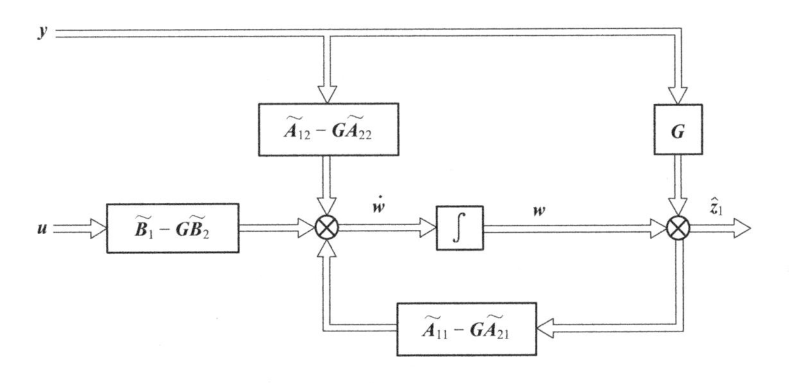

图 6-8 降维状态观测器的结构图

$$\bar{z}_1=z_1-\hat{z}_1,\quad \dot{\bar{z}}=\dot{z}_1-\dot{\hat{z}}_1$$

将 $\dot{z}_1$ 和 $\dot{\hat{z}}_1$ 的表达式，即式(6-27)和式(6-32)，代入上式，并整理后有

$$\dot{\bar{z}}_1=\dot{z}_1-\dot{\hat{z}}_1=\widetilde{\boldsymbol{A}}_{11}\boldsymbol{z}_1-(\widetilde{\boldsymbol{A}}_{11}-\boldsymbol{G}\widetilde{\boldsymbol{A}}_{21})\hat{\boldsymbol{z}}_1-\boldsymbol{G}(\dot{\boldsymbol{y}}-\widetilde{\boldsymbol{A}}_{22}\boldsymbol{y}-\widetilde{\boldsymbol{B}}_2\boldsymbol{u})$$

将式(6-30)和 $\boldsymbol{v}=\widetilde{\boldsymbol{A}}_{21}\boldsymbol{z}_1$ 的关系代入，有

$$\begin{aligned}\dot{\bar{z}}_1&=\widetilde{\boldsymbol{A}}_{11}\boldsymbol{z}_1-(\widetilde{\boldsymbol{A}}_{11}-\boldsymbol{G}\widetilde{\boldsymbol{A}}_{21})\hat{\boldsymbol{z}}_1-\boldsymbol{G}\widetilde{\boldsymbol{A}}_{21}\boldsymbol{z}_1\\&=(\widetilde{\boldsymbol{A}}_{11}-\boldsymbol{G}\widetilde{\boldsymbol{A}}_{21})\boldsymbol{z}_1-(\widetilde{\boldsymbol{A}}_{11}-\boldsymbol{G}\widetilde{\boldsymbol{A}}_{21})\hat{\boldsymbol{z}}_1\\&=(\widetilde{\boldsymbol{A}}_{11}-\boldsymbol{G}\widetilde{\boldsymbol{A}}_{21})\bar{\boldsymbol{z}}_1\end{aligned}\tag{6-34}$$

微分方程(6-34)的解为

$$\bar{\boldsymbol{z}}_1=\mathrm{e}^{(\widetilde{\boldsymbol{A}}_{11}-\boldsymbol{G}\widetilde{\boldsymbol{A}}_{21})t}\bar{\boldsymbol{z}}_{10}$$

式中，$\bar{z}_{10}$ 为初始误差。

由于子系统是能观测的，故一定可以通过选择 $\boldsymbol{G}$ 使矩阵$(\widetilde{\boldsymbol{A}}_{11}-\boldsymbol{G}\widetilde{\boldsymbol{A}}_{21})$的特征值任意配置，保证估计误差 $\bar{z}_1$ 能按设计者的要求尽快衰减到零。反馈矩阵 $\boldsymbol{G}$ 的选择与全维观测器相同。

6.4.3 分离定理

对具有能控、能观测性的受控系统，若状态不可量测，利用状态观测器可以解决其状态重构的问题，使状态反馈成为可能。可是，观测器引入后，是否会影响状态反馈矩阵的设计？状态反馈是否会影响观测器的极点？为此，进一步分析具有观测器的状态反馈系统。

考虑如下 n 维线性定常系统

$$\begin{aligned}\dot{\boldsymbol{x}}&=\boldsymbol{A}\boldsymbol{x}+\boldsymbol{B}\boldsymbol{u}\\\boldsymbol{y}&=\boldsymbol{C}\boldsymbol{x}\end{aligned}\tag{6-35}$$

若系统具有能控能观测性，则可重构系统的状态变量。由上一节可知，n 维状态观测器

系统的状态空间描述为

$$\begin{aligned}\dot{\hat{x}} &= (A-GC)\hat{x}+Bu+Gy \\ y &= C\hat{x}\end{aligned} \tag{6-36}$$

采用由观测器重构的状态 $\hat{x}$，若取反馈控制律为

$$u=v-K\hat{x} \tag{6-37}$$

带全维状态观测器状态反馈闭环系统的结构，如图 6-9 所示。

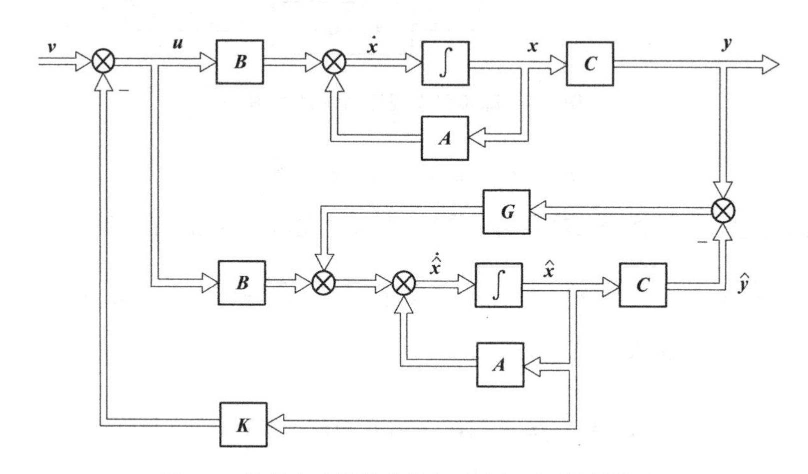

图 6-9　带状态观测器的状态反馈闭环系统结构图

则闭环系统的状态方程为

$$\dot{x}=Ax-BK\hat{x}+Bv=(A-BK)x+BK(x-\hat{x})+Bv \tag{6-38}$$

将真实状态 $x(t)$和观测状态 $\hat{x}(t)$的差定义为误差 $\bar{x}(t)$,即

$$\bar{x}(t)=x(t)-\hat{x}(t)$$

将误差向量代入式(6-37),得

$$\dot{x}=(A-BK)x+BK\bar{x}+Bv \tag{6-39}$$

由上节可知,观测器的状态误差方程

$$\dot{\bar{x}}=(A-GC)\bar{x} \tag{6-40}$$

将式(6-39)及式(6-40)合并,可得

$$\begin{bmatrix}\dot{x}\\ \dot{\bar{x}}\end{bmatrix}=\begin{bmatrix}A-BK & BK\\ 0 & A-GC\end{bmatrix}\begin{bmatrix}x\\ \bar{x}\end{bmatrix}+\begin{bmatrix}B\\ 0\end{bmatrix}v \tag{6-41}$$

式(6-41)描述了带状态观测器的状态反馈系统的动态特性,系统的特征方程为

$$\begin{vmatrix}sI-A+BK & -BK\\ 0 & sI-A+GC\end{vmatrix}=0$$

或

$$|s\boldsymbol{I}-\boldsymbol{A}+\boldsymbol{BK}|\,|s\boldsymbol{I}-\boldsymbol{A}+\boldsymbol{GC}|=0$$

由上式可看出，由状态观测器构成的状态反馈系统，其特征多项式是矩阵($\boldsymbol{A}-\boldsymbol{BK}$)和($\boldsymbol{A}-\boldsymbol{GC}$)的特征多项式的乘积，其闭环极点是状态反馈控制器($\boldsymbol{A}-\boldsymbol{BK}$)的极点和状态观测器($\boldsymbol{A}-\boldsymbol{GC}$)的极点，两者相互独立，互不影响，可分别进行设计。如果系统的维数为 n，在采用全维状态观测器的情况下，则观测器的维数也为 n，整个闭环系统的特征方程为 $2n$ 维。

由以上分析，引出如下分离定理。

定理 6-5(分离定理) 若受控系统 $\Sigma_0(\boldsymbol{A},\boldsymbol{B},\boldsymbol{C})$能控能观测，用状态观测器重构状态形成状态反馈时，其系统的极点配置和观测器的设计可分别独立进行。即状态反馈控制矩阵 $\boldsymbol{K}$ 的设计和观测器反馈矩阵 $\boldsymbol{G}$ 的设计可分别独立进行。

分离定理同样适用于降维状态观测器。

按系统的性能指标要求，由状态反馈选择产生的期望闭环极点。观测器的极点选取通常使得观测器的响应比系统的响应快得多。一个经验法则是观测器的响应速度比系统响应速度快 2～5 倍。因为观测器通常由模拟系统实现，所以它可以加快响应速度，使观测状态迅速收敛到真实状态，但要考虑到系统中噪声的影响和灵敏性的限制。在极点配置中，观测器的极点位于期望的闭环极点左侧，所以系统期望的闭环极点在响应中起主导作用。

【例 6-4】 设受控系统的传递函数为 $G(s)=\dfrac{1}{s(s+6)}$，用状态反馈将闭环极点配置为 $-4\pm \mathrm{j}6$，并设计实现上述反馈的全维及降维状态观测器。设观测器极点为-10，-10。

解 ①由传递函数可知，系统具有能控能观测性，因而存在状态反馈控制器及状态观测器，根据分离定理可分别进行设计。

② 求状态反馈阵 $\boldsymbol{K}$。为方便观测器设计，可直接将系统的状态空间描述写为能观测标准形。

$$\dot{\boldsymbol{x}}=\begin{bmatrix}0 & 0\\1 & -6\end{bmatrix}\boldsymbol{x}+\begin{bmatrix}1\\0\end{bmatrix}u,\quad y=\begin{bmatrix}0 & 1\end{bmatrix}\boldsymbol{x}$$

令 $\boldsymbol{K}=[k_2\quad k_1]$，得闭环系统矩阵

$$\boldsymbol{A}-\boldsymbol{BK}=\begin{bmatrix}0 & 0\\1 & -6\end{bmatrix}-\begin{bmatrix}1\\0\end{bmatrix}[k_2\quad k_1]=\begin{bmatrix}-k_2 & -k_1\\1 & -6\end{bmatrix}$$

闭环系统的特征多项式

$$\det[s\boldsymbol{I}-(\boldsymbol{A}-\boldsymbol{BK})]=\det\begin{bmatrix}s+k_2 & k_1\\-1 & s+6\end{bmatrix}$$
$$=(s+k_2)(s+6)+k_1=s^2+(6+k_2)s+6k_2+k_1$$

期望的特征多项式

$$F(s)=(s+4-6\mathrm{j})(s+4+6\mathrm{j})=s^2+8s+52$$

$$\begin{cases}6+k_2=8\\6k_2+k_1=52\end{cases}$$

解之得

$$\boldsymbol{K}=[2\quad 40]$$

③ 求全维状态观测器。令 $\boldsymbol{G}=\begin{bmatrix} g_2 \\ g_1 \end{bmatrix}$，则

$$\boldsymbol{A}-\boldsymbol{G}\boldsymbol{C}=\begin{bmatrix} 0 & 0 \\ 1 & -6 \end{bmatrix}-\begin{bmatrix} g_2 \\ g_1 \end{bmatrix}\begin{bmatrix} 0 & 1 \end{bmatrix}=\begin{bmatrix} 0 & -g_2 \\ 1 & -6-g_1 \end{bmatrix}$$

$$\det[s\boldsymbol{I}-(\boldsymbol{A}-\boldsymbol{G}\boldsymbol{C})]=\det\begin{bmatrix} s & g_2 \\ -1 & s+6+g_1 \end{bmatrix}$$

$$=s^2+(6+g_1)s+g_2$$

期望观测器的特征多项式为

$$Q(s)=(s+10)^2=s^2+20s+100$$

所以

$$\boldsymbol{G}=\begin{bmatrix} 100 \\ 14 \end{bmatrix}$$

④ 求降维状态观测器

已知输出矩阵 $\boldsymbol{c}=[0\quad 1]$，即输出 $\boldsymbol{y}=x_2$，只需重构状态 x_1，不需要进行变换。

降维状态观测器的方程为

$$\dot{\boldsymbol{w}}=(\boldsymbol{A}_{11}-\boldsymbol{G}\boldsymbol{A}_{21})\boldsymbol{w}+(\boldsymbol{B}_1-\boldsymbol{G}\boldsymbol{B}_2)\boldsymbol{u}+[(\boldsymbol{A}_{12}-\boldsymbol{G}\boldsymbol{A}_{22})+(\boldsymbol{A}_{11}-\boldsymbol{G}\boldsymbol{A}_{21})\boldsymbol{G}]\boldsymbol{y}$$

在本例中，$\boldsymbol{A}_{11}=0$，$\boldsymbol{A}_{21}=1$，$\boldsymbol{A}_{12}=0$，$\boldsymbol{A}_{22}=-6$；$\boldsymbol{B}_1=1$，$\boldsymbol{B}_2=0$，代入上式，得

$$\dot{\boldsymbol{w}}=-\boldsymbol{G}\boldsymbol{w}+6\boldsymbol{G}\boldsymbol{y}-\boldsymbol{G}^2\boldsymbol{y}+\boldsymbol{u}$$

$$\dot{\boldsymbol{w}}+\boldsymbol{G}\boldsymbol{w}=(6\boldsymbol{G}-\boldsymbol{G}^2)\boldsymbol{y}+\boldsymbol{u}$$

降维状态观测器的特征多项式为 $s+\boldsymbol{G}$。因为期望极点为 -10，故 $Q(s)=s+10$。令两式相等，得 $\boldsymbol{G}=10$。所以降维观测器的方程为

$$\dot{w}=-10w-40y+u$$

$$\hat{x}_1=w+10y$$

降维状态观测器的结构图如图 6-10 所示。

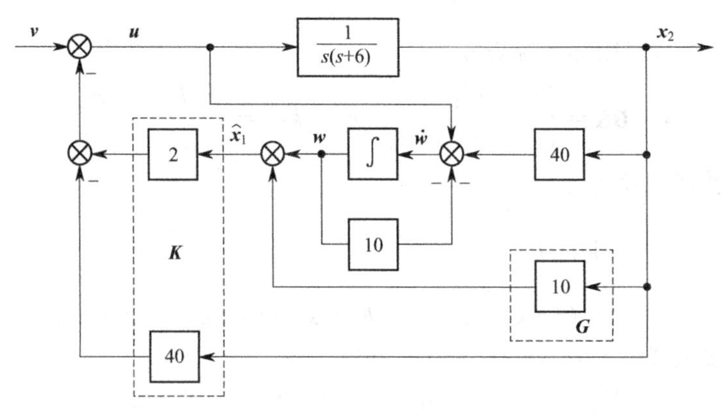

图 6-10　降维状态观测器结构图

6.5 多变量系统的解耦控制

当一个被控过程的被控制参数较多时，可能需要设置多个控制回路来控制这些参数。所谓耦合关系是指这些回路之间的相互影响、相互关联的关系。在这样的多变量系统中，耦合作用通常使系统的性能变差，使控制任务难以实现。

解耦控制，简单来说，就是对一个互相关联耦合的多变量受控系统，采用某种方法使其变为“一对一”的关系，即一个输出量只受一个控制量控制，而与其它的控制量无关。解耦控制是多输入-多输出控制系统综合中的重要内容，在控制理论中越来越受到人们的重视。目前已有多种解决方案。本节仅介绍解耦控制的基本思想和两种较常用的综合方法。

6.5.1 多变量系统的耦合关系

多输入-多输出受控系统的状态空间描述为

$$\dot{\boldsymbol{x}}=\boldsymbol{A}\boldsymbol{x}+\boldsymbol{B}\boldsymbol{u}$$
$$\boldsymbol{y}=\boldsymbol{C}\boldsymbol{x}$$

设输入向量 $\boldsymbol{u}$ 和输出向量 $\boldsymbol{y}$ 有相同的维数 m。我们知道，在初始条件 $\boldsymbol{x}(0)=\boldsymbol{0}$ 时，输出与输入之间的关系可用传递函数阵表示

$$\boldsymbol{G}_{\mathrm{B}}(s)=\frac{\boldsymbol{Y}(s)}{\boldsymbol{U}(s)}=\boldsymbol{C}[s\boldsymbol{I}-\boldsymbol{A}]^{-1}\boldsymbol{B}=\begin{bmatrix} g_{11}(s) & g_{12}(s) & \cdots & g_{1m}(s) \\ g_{21}(s) & g_{22}(s) & \cdots & g_{2m}(s) \\ \vdots & \vdots & & \vdots \\ g_{m1}(s) & g_{m2}(s) & \cdots & g_{mm}(s) \end{bmatrix}$$

或写成

$$\boldsymbol{Y}(s)=\boldsymbol{G}_{\mathrm{B}}(s)\boldsymbol{U}(s) \tag{6-42}$$

展开式(6-42)，有

$$y_1(s)=g_{11}(s)u_1(s)+g_{12}(s)u_2(s)+\cdots+g_{1m}(s)u_m(s)$$
$$y_2(s)=g_{21}(s)u_1(s)+g_{22}(s)u_2(s)+\cdots+g_{2m}(s)u_m(s)$$
$$\vdots$$
$$y_m(s)=g_{m1}(s)u_1(s)+g_{m2}(s)u_2(s)+\cdots+g_{mm}(s)u_m(s)$$

由展开式看出，每一个输出量都受到所有输入量的作用，每一个输入量都影响所有的输出量。耦合作用使得各个被控量之间互相牵制影响，无法由某个单一的输入量控制。具有耦合现象的系统称为耦合系统。不消除信号间的耦合作用，难以获得良好的控制性能。

6.5.2 解耦控制的基本思想

从多变量系统的耦合关系可以看出，控制回路之间的耦合关系是由于对象特性中的子传递函数 $g_{ij}(s)\neq 0, i\neq j, (i,j=1,2,\cdots,m)$ 造成的，使得 y_i 不仅受到 u_i 的作用，而且也受到其它输入的作用。

若 $g_{ij}(s)=0, i\neq j, (i,j=1,2,\cdots,m)$，则输出变为

$$y_1(s)=g_{11}(s)u_1(s)$$
$$y_2(s)=g_{22}(s)u_2(s)$$
$$\vdots$$
$$y_m(s)=g_{mm}(s)u_m(s)$$

或用矩阵表示

$$\boldsymbol{Y}(s)=\boldsymbol{G}_{\mathrm{B}}(s)\boldsymbol{U}(s)=\begin{bmatrix} g_{11}(s) & & & 0 \\ & g_{22}(s) & & \\ & & \ddots & \\ 0 & & & g_{mm}(s) \end{bmatrix}\boldsymbol{U}(s) \tag{6-43}$$

式中，$m\times m$ 对角阵 $\boldsymbol{G}_{\mathrm{B}}(s)$若为非奇异，则说明系统的每个输出 y_i 仅受控于一个相应的输入 u_i，而与其它的输入无关，不再有耦合现象存在。

所谓解耦控制，就是通过采用适当的控制律，使系统的闭环传递函数阵为对角化的非奇异矩阵，这就是解耦控制的基本原理。若通过控制使系统 $\Sigma_0(\boldsymbol{A},\boldsymbol{B},\boldsymbol{C})$ 的传递函数阵 $\boldsymbol{G}_{\mathrm{B}}(s)$是对角化的非奇异矩阵，则称该系统为解耦系统。解耦后的系统，由原来的 m 维输入 m 维输出的多输入-多输出系统化为 m 个单输入-单输出系统，简化了系统结构，使控制更容易实现。

6.5.3 两种常用的解耦控制方法

解耦控制系统的综合问题，就是确定解耦系统的基本结构，求解解耦控制律，消除信号间的耦合关系。目前，较常用的方法有串联补偿器解耦法和应用状态反馈的解耦控制方法。

(1) 串联补偿器解耦

设耦合的受控系统 $\Sigma_0(\boldsymbol{A},\boldsymbol{B},\boldsymbol{C})$，输入输出信号均为 m 维，其传递函数矩阵为 $\boldsymbol{G}_{\mathrm{p}}(s)$。采用串联补偿器解耦方法，就是在其前向通路串入补偿器 $\boldsymbol{G}_{\mathrm{c}}(s)$，使闭环系统的传递函数矩阵成为非奇异对角矩阵。解耦后的系统，其 m 个输入和 m 个输出是相互独立的。系统方框图如图 6-11 所示，其中 $\boldsymbol{G}_{\mathrm{c}}(s)$为 $m\times m$ 矩阵。

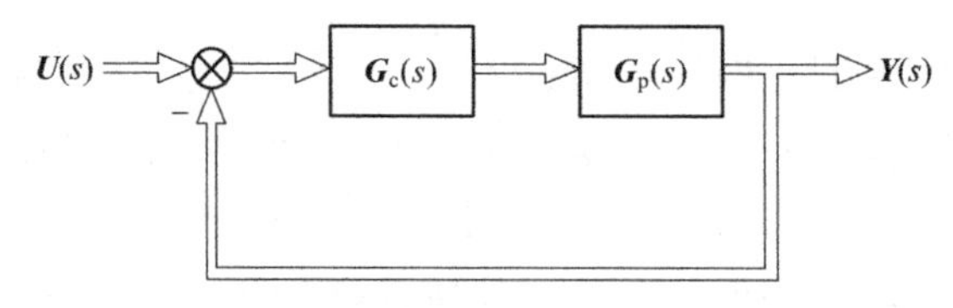

图 6-11 串联补偿器解耦系统方框图

由图 6-11，可求出闭环系统的输出

$$\begin{aligned}\boldsymbol{Y}(s)&=[\boldsymbol{I}+\boldsymbol{G}_{\mathrm{p}}(s)\boldsymbol{G}_{\mathrm{c}}(s)]^{-1}\boldsymbol{G}_{\mathrm{p}}(s)\boldsymbol{G}_{\mathrm{c}}(s)\boldsymbol{U}(s)\\&=\boldsymbol{G}_{\mathrm{B}}(s)\boldsymbol{U}(s)\end{aligned}$$

式中，$\boldsymbol{G}_{\mathrm{B}}(s)$ 为闭环传递函数阵。令引入 $\boldsymbol{G}_{\mathrm{c}}(s)$后 $\boldsymbol{G}_{\mathrm{B}}(s)$ 成为一个对角线阵 $\boldsymbol{\Lambda}$，即

$$\boldsymbol{G}_{\mathrm{B}}(s)=[\boldsymbol{I}+\boldsymbol{G}_{\mathrm{p}}(s)\boldsymbol{G}_{\mathrm{c}}(s)]^{-1}\boldsymbol{G}_{\mathrm{p}}(s)\boldsymbol{G}_{\mathrm{c}}(s)=\boldsymbol{\Lambda} \tag{6-44}$$

式中

$$\boldsymbol{\Lambda}=\begin{bmatrix} g_{11}(s) & & & 0 \\ & g_{22}(s) & & \\ & & \ddots & \\ 0 & & & g_{mm}(s) \end{bmatrix}$$

即闭环系统具有式(6-43)的形式,消除了信号间的耦合关系。下面推导 $\boldsymbol{G}_{c}(s)$:

$$[\boldsymbol{I}+\boldsymbol{G}_{p}(s)\boldsymbol{G}_{c}(s)]^{-1}\boldsymbol{G}_{p}(s)\boldsymbol{G}_{c}(s)=\boldsymbol{G}_{B}(s) \tag{6-45}$$

用$[\boldsymbol{I}+\boldsymbol{G}_{p}(s)\boldsymbol{G}_{c}(s)]$左乘式(6-45),有

$$\boldsymbol{G}_{p}(s)\boldsymbol{G}_{c}(s)=[\boldsymbol{I}+\boldsymbol{G}_{p}(s)\boldsymbol{G}_{c}(s)]\boldsymbol{G}_{B}(s)$$

$$\boldsymbol{G}_{p}(s)\boldsymbol{G}_{c}(s)[\boldsymbol{I}-\boldsymbol{G}_{B}(s)]=\boldsymbol{G}_{B}(s)$$

$$\boldsymbol{G}_{p}(s)\boldsymbol{G}_{c}(s)=\boldsymbol{G}_{B}(s)[\boldsymbol{I}-\boldsymbol{G}_{B}(s)]^{-1} \tag{6-46}$$

考虑到,$\boldsymbol{G}_{B}(s)=\boldsymbol{\Lambda}$,由式(6-46)可求出解耦补偿器的传递矩阵为

$$\boldsymbol{G}_{c}(s)=\boldsymbol{G}_{p}^{-1}(s)\boldsymbol{G}_{B}(s)[\boldsymbol{I}-\boldsymbol{G}_{B}(s)]^{-1}=\boldsymbol{G}_{p}^{-1}(s)\boldsymbol{\Lambda}[\boldsymbol{I}-\boldsymbol{\Lambda}]^{-1} \tag{6-47}$$

可见，只要原系统的传递函数矩阵 $\boldsymbol{G}_{p}(s)$ 满秩，就可以应用串联补偿器的方法解耦，求出解耦补偿器的传递函数阵。其中的对角线阵 $\boldsymbol{\Lambda}$ 根据系统性能要求确定。

(2) 状态反馈解耦

设完全能控的多输入-多输出线性定常系统为

$$\dot{\boldsymbol{x}}=\boldsymbol{A}\boldsymbol{x}+\boldsymbol{B}\boldsymbol{u}$$

$$\boldsymbol{y}=\boldsymbol{C}\boldsymbol{x}$$

其传递函数阵

$$\boldsymbol{G}(s)=\boldsymbol{C}(s\boldsymbol{I}-\boldsymbol{A})^{-1}\boldsymbol{B}$$

为非对角阵，其中 $\boldsymbol{x}$ 是 n 维状态向量，$\boldsymbol{u}$ 为控制向量，$\boldsymbol{y}$ 为输出向量，均是 m 维。

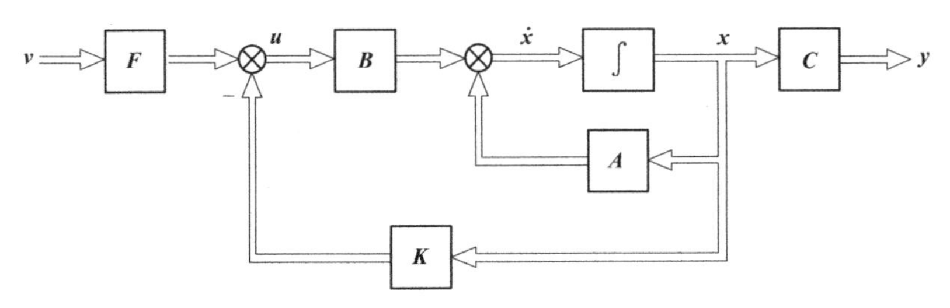

图 6-12　状态反馈解耦系统

选取闭环控制律为

$$\boldsymbol{u}=\boldsymbol{F}\boldsymbol{v}-\boldsymbol{K}\boldsymbol{x} \tag{6-48}$$

使图 6-12 所示的状态反馈系统

$$\dot{\boldsymbol{x}}=(\boldsymbol{A}-\boldsymbol{B}\boldsymbol{K})\boldsymbol{x}+\boldsymbol{B}\boldsymbol{F}\boldsymbol{v} \tag{6-49}$$

$$\boldsymbol{y}=\boldsymbol{C}\boldsymbol{x}$$

为解耦系统，其传递函数阵具有如下形式:

$$G_{B}(s)=C[sI-(A-BK)]^{-1}BF=\begin{bmatrix} s^{\frac{1}{d_1+1}} & & & 0 \\ & s^{\frac{1}{d_2+1}} & & \\ & & \ddots & \\ 0 & & & s^{\frac{1}{d_m+1}} \end{bmatrix} \tag{6-50}$$

称系统可以$\{K,F\}$解耦。其中 $m\times n$ 维矩阵 K 为状态反馈矩阵，$m\times m$ 维矩阵 F 为输入变换矩阵。$d_i(i=1,2,\cdots,m)$是非负整数，它满足下列不等式

$$c_iA^lB\neq 0,\qquad l=0,1,2,\cdots,m \tag{6-51}$$

的一个最小整数 l，称之为状态反馈解耦中的特征量。式中 c_i 是系统输出矩阵C 中的第i 行行向量($i=1,2,\cdots,m$)。显然，d_i 中的下标i 表示行数。

现在要研究的主要问题是，如何设计状态反馈矩阵 K 和输入变换矩阵 F，使系统从输入 v 到输出 y 的传递函数阵是解耦的。

定理 6-6 采用式(6-48)的控制律实现多输入-多输出线性定常系统状态反馈解耦的充分必要条件是 $m\times m$ 矩阵

$$E=\begin{bmatrix} e_1 \\ e_2 \\ \vdots \\ e_m \end{bmatrix}$$

为非奇异，其中

$$e_i=c_iA^{d_i}B \tag{6-52}$$

d_i 由式(6-51)定义。

为使解耦系统(6-49)具有式(6-50)所示的传递矩阵，状态反馈矩阵 K 及输入变换矩阵 F 为

$$K=E^{-1}N \tag{6-53}$$

$$F=E^{-1} \tag{6-54}$$

$m\times n$ 维矩阵 N 定义为

$$N\triangleq\begin{bmatrix} c_1A^{(d_1+1)} \\ c_2A^{(d_2+1)} \\ \vdots \\ c_mA^{(d_m+1)} \end{bmatrix} \tag{6-55}$$

证明略。

【例 6-5】 已知受控系统 $\Sigma_0(A,B,C)$的系数矩阵为

$$A=\begin{bmatrix} 0 & 0 & 0 \\ 0 & 0 & 1 \\ -1 & -2 & -3 \end{bmatrix},\ B=\begin{bmatrix} 1 & 0 \\ 0 & 0 \\ 0 & 1 \end{bmatrix},\ C=\begin{bmatrix} 1 & 1 & 0 \\ 0 & 0 & 1 \end{bmatrix}$$

试寻求$\{K,F\}$变换，实现闭环积分型解耦。

解 ① 系统状态完全可控可观。

② 计算状态反馈解耦中的特征量 d_i

$$c_1\boldsymbol{A}^0\boldsymbol{B}=c_1\boldsymbol{B}=[1\quad 0],\ d_1=0,\ \boldsymbol{e}_1=[1\quad 0]$$

$$c_2\boldsymbol{A}^0\boldsymbol{B}=c_2\boldsymbol{B}=[0\quad 1],\ d_2=0,\ \boldsymbol{e}_2=[0\quad 1]$$

可解耦矩阵 $\boldsymbol{E}=\begin{bmatrix}\boldsymbol{e}_1\\ \boldsymbol{e}_2\end{bmatrix}=\begin{bmatrix}1 & 0\\ 0 & 1\end{bmatrix}$ 非奇异，可以用$\{\boldsymbol{K},\boldsymbol{F}\}$变换实现解耦。

③ 求 $\boldsymbol{K},\boldsymbol{F}$ 矩阵。由解耦特征量，先计算矩阵 $\boldsymbol{N}$

$$\boldsymbol{N}=\begin{bmatrix}c_1\boldsymbol{A}^{d_1+1}\\ c_2\boldsymbol{A}^{d_2+1}\end{bmatrix}=\begin{bmatrix}c_1\boldsymbol{A}\\ c_2\boldsymbol{A}\end{bmatrix}=\begin{bmatrix}0 & 0 & 1\\ -1 & -2 & -3\end{bmatrix}$$

$$\boldsymbol{K}=\boldsymbol{E}^{-1}\boldsymbol{N}=\begin{bmatrix}0 & 0 & 1\\ -1 & -2 & -3\end{bmatrix},\ \boldsymbol{F}=\boldsymbol{E}^{-1}=\begin{bmatrix}1 & 0\\ 0 & 1\end{bmatrix}$$

④ 校验

$\{\boldsymbol{K},\boldsymbol{F}\}$变换后，闭环系统的传递函数阵为 $\boldsymbol{G}_{\mathrm{B}}(s)=\begin{bmatrix}s^{\frac{1}{d_1+1}} & 0\\ 0 & s^{\frac{1}{d_2+1}}\end{bmatrix}=\begin{bmatrix}\frac{1}{s} & 0\\ 0 & \frac{1}{s}\end{bmatrix}$

$$\boldsymbol{A}-\boldsymbol{BK}=\boldsymbol{A}-\begin{bmatrix}0 & 0 & 1\\ 0 & 0 & 0\\ -1 & -2 & -3\end{bmatrix}=\begin{bmatrix}0 & 0 & -1\\ 0 & 0 & 1\\ 0 & 0 & 0\end{bmatrix}$$

$$(s\boldsymbol{I}-\boldsymbol{A}+\boldsymbol{BK})^{-1}=\frac{1}{s^3}\begin{bmatrix}s^2 & 0 & s\\ 0 & s^2 & -s\\ 0 & 0 & s^2\end{bmatrix}=\frac{1}{s^2}\begin{bmatrix}s & 0 & 1\\ 0 & s & -1\\ 0 & 0 & s\end{bmatrix}$$

$$\boldsymbol{G}_{K,F}(s)=\boldsymbol{C}(s\boldsymbol{I}-\boldsymbol{A}+\boldsymbol{BK})^{-1}\boldsymbol{BF}=\frac{1}{s^2}\begin{bmatrix}s & 0\\ 0 & s\end{bmatrix}=\begin{bmatrix}\frac{1}{s} & 0\\ 0 & \frac{1}{s}\end{bmatrix}$$

需指出，由闭环传递函数矩阵 $\boldsymbol{G}_{K,F}(s)$具有的形式意味着，解耦后各单输入-单输出闭环系统传递函数为 d_i+1 重积分器，$(i=1,2,\cdots,m)$。所以称这类解耦为积分型解耦。积分型解耦系统的极点全部为零，这类系统除可在理论分析上的应用，其本身没有实际应用价值，不能直接在工程中应用。积分型的解耦系统只作为解耦控制系统综合的一个中间步骤。通常的做法是，对积分型解耦系统进一步附加状态反馈，将极点配置到希望的位置上；或对解耦后的相互独立的各子系统附加其它的综合方法，如经典控制中的超前校正、滞后超前校正，PID 校正等综合方法，使各个子系统都具有满意的性能指标。

6.6 极点配置及观测器设计的 MATLAB 仿真

利用 MATLAB 进行极点配置方法分析主要包括：控制律增益矩阵计算、观测器增益矩阵计算、控制系统响应和观测器性能等仿真。

【例 6-6】 已知控制对象的描述方程为：

$$\dot{\boldsymbol{x}}=\boldsymbol{Ax}+\boldsymbol{Bu}$$

式中，$\boldsymbol{A}=\begin{bmatrix}0 & 1\\ -3 & -4\end{bmatrix}$，$\boldsymbol{B}=\begin{bmatrix}0\\ 1\end{bmatrix}$，采用状态反馈控制 $\boldsymbol{u}=-\boldsymbol{Kx}$，希望该系统的闭环极点为−4，−5，确定状态反馈增益矩阵 $\boldsymbol{K}$，并利用 MATLAB 求系统初始条件 $\boldsymbol{x}(0)=\begin{bmatrix}1\\ 0\end{bmatrix}$ 时的控制系统响应。

解

$$F(s)=(s+4)(s+5)$$

$$det(s\boldsymbol{I}-\boldsymbol{A}+\boldsymbol{BK})=F(s)$$

按对应项系数相等求得 $\boldsymbol{K}=[17 \quad 5]$，同样应用 Ackerman 公式也能够解得该 $\boldsymbol{K}$ 值。MATLAB 程序如下：

MATLAB 程序 6.1

```
A=[0 1;-3 -4];B=[0;1];J=[-4 -5];K=acker(A,B,J);
D=A-B*K;
sys = ss(D,eye(2),eye(2),eye(2))
t=0:0.01:4;
x = initial(sys,[1;0],t)
x1=[1  0]*x';
x2=[0  1]*x';
subplot(2,1,1); plot(t,x1,'-k'),grid
title('Response to Initial Condition')
ylabel('state variable x1')
subplot(2,1,2); plot(t,x2,'-k'),grid
xlabel('t(sec)')
ylabel('state variable x2')
```

响应曲线如图 6-13 所示。

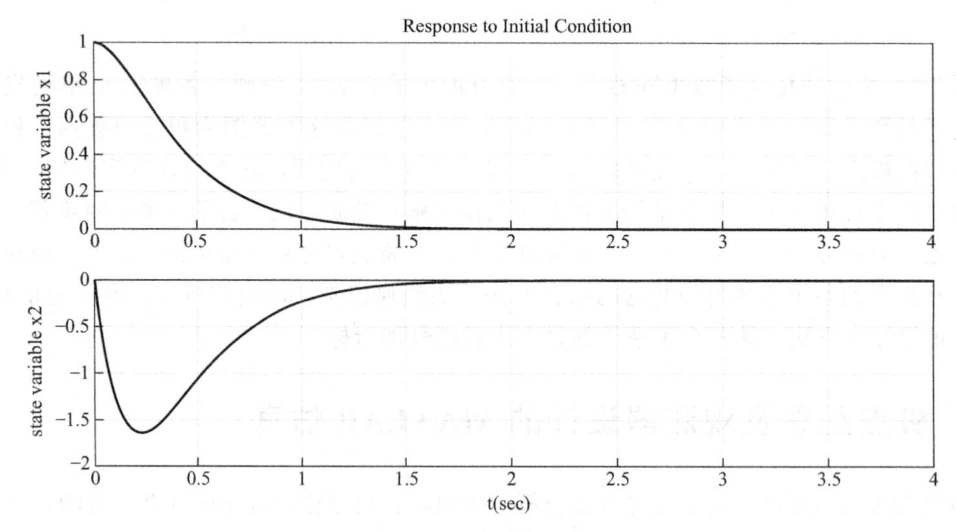

图 6-13 极点配置初始条件的响应曲线

【例 6-7】 已知控制对象的描述方程为：

$$\dot{\boldsymbol{x}}=\boldsymbol{A}\boldsymbol{x}+\boldsymbol{B}u$$

式中，$\boldsymbol{A}=\begin{bmatrix}0 & 1\\-3 & -4\end{bmatrix}$，$\boldsymbol{B}=\begin{bmatrix}0\\1\end{bmatrix}$，$\boldsymbol{C}=\begin{bmatrix}4 & 0\end{bmatrix}$。

设计一个全阶状态观测器，观测器所期望的特征值为$-3+2\sqrt{3}\mathrm{j}$，$-3-2\sqrt{3}\mathrm{j}$，求观测器矩阵 $\boldsymbol{G}$，并用 MATLAB 仿真零输入响应及观测结果：假设系统初值为 $\boldsymbol{x}(0)=\begin{bmatrix}1\\0\end{bmatrix}$，观测器方程的初值取为 $\hat{\boldsymbol{x}}(0)=\begin{bmatrix}0.5\\0\end{bmatrix}$。

解

$$Q(s)=(s+3+2\sqrt{3}\mathrm{j})(s+3-2\sqrt{3}\mathrm{j})$$

$$\det(s\boldsymbol{I}-\boldsymbol{A}+\boldsymbol{G}\boldsymbol{C})=F(s)$$

求得 $\boldsymbol{G}=\begin{bmatrix}0.5\\2.5\end{bmatrix}$，应用 Ackerman 公式也可求得 $\boldsymbol{G}$ 值。

MATLAB 程序如下（零输入响应）：

MATLAB 程序 6.2

```
A=[0,1;-3,-4];B=[0;1];C=[4,0];
p=[-3+j*2*sqrt(3),-3-j*2*sqrt(3)];
G =(acker(A',C',p))'
sys=ss([A zeros(2,2);zeros(2,2) A-G*C],eye(4),eye(4),eye(4))
t=0:0.01:4;
z=initial(sys,[1;0;0.5;0],t);
x1=[1,0,0,0]*z';
x2=[0,1,0,0]*z';
e1=[0,0,1,0]*z';
e2=[0,0,0,1]*z';
c1=x1-e1;
c2=x2-e2;
subplot(2,2,1);plot(t,x1,'-k');
hold on
plot(t,c1,'k--');
grid
title('Response to Initial Condition')
ylabel('state variable x1 and observed value c1')
subplot(2,2,2);plot(t,x2,'-k');
hold on
plot(t,c2,'k--');
grid
title('Response to Initial Condition')
ylabel('state variable x2 and observed value c2')
```

```
subplot(2,2,3);plot(t,e1,'—k'),grid
xlabel('t(sec)'),ylabel('error state var iable e1')
subplot(2,2,4);plot(t,e2,'—k'),grid
xlabel('t(sec)'),ylabel('error state variable e2')
```

对应响应曲线如图 6-14 所示。

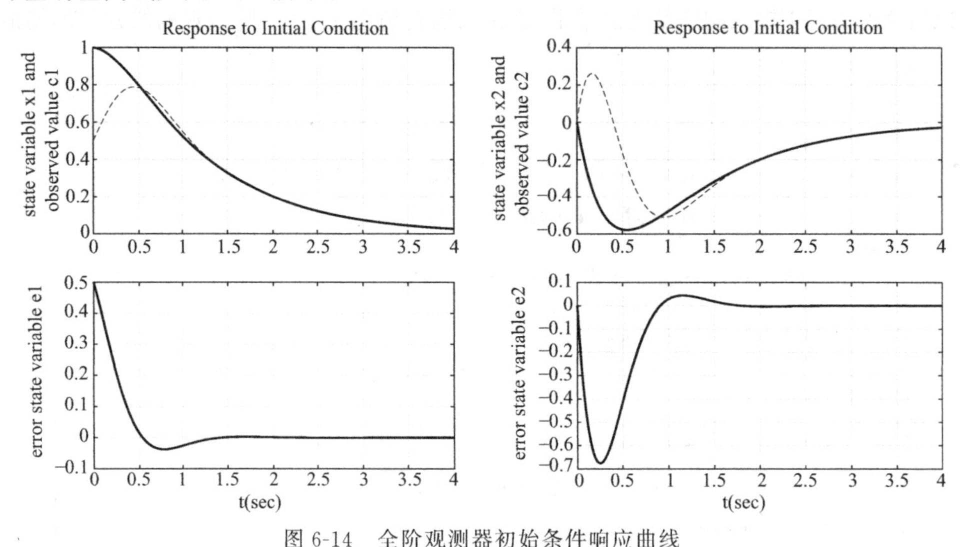

图 6-14　全阶观测器初始条件响应曲线

【例 6-8】 已知控制对象的描述方程为：

$$\dot{\boldsymbol{x}}=\boldsymbol{A}\boldsymbol{x}+\boldsymbol{B}u$$

式中，$\boldsymbol{A}=\begin{bmatrix}0 & 1\\ -3 & -4\end{bmatrix}$，$\boldsymbol{B}=\begin{bmatrix}0\\ 1\end{bmatrix}$，$\boldsymbol{C}=\begin{bmatrix}4 & 0\end{bmatrix}$。

采用状态反馈控制律 $u=-\boldsymbol{K}\hat{\boldsymbol{x}}$，其中 $\dot{\hat{\boldsymbol{x}}}=\boldsymbol{A}\hat{\boldsymbol{x}}+\boldsymbol{B}u+\boldsymbol{G}(\boldsymbol{y}-\boldsymbol{C}\hat{\boldsymbol{x}})$，希望该系统的闭环极点为 $-4,-5$，观测器所期望的特征值为 $-3+2\sqrt{3}\mathrm{j}$，$-3-2\sqrt{3}\mathrm{j}$。求状态反馈矩阵 $\boldsymbol{K}$ 和观测器增益矩阵 $\boldsymbol{G}$，并用 MATLAB 仿真观测器及控制系统响应：假设系统初值为 $\boldsymbol{x}(0)=\begin{bmatrix}1\\ 0\end{bmatrix}$，观测器方程的初值取为 $\hat{\boldsymbol{x}}(0)=\begin{bmatrix}0.5\\ 0\end{bmatrix}$。

解　利用例 6-6 和 6-7 方法可求得反馈增益 $\boldsymbol{K}=[17,5]$ 和观测器增益 $\boldsymbol{G}=[0.5,2.5]^{\mathrm{T}}$。同样也可应用 Ackerman 公式解得。MATLAB 程序如下：

MATLAB 程序 6.3

```
A=[0,1;-3,-4];B=[0;1];C=[4,0];
p1=[-4,-5];
K=place(A,B,p1);
p2=[-3+j*2*sqrt(3)-3-j*2*sqrt(3)];
G=(acker(A',C',p))';
sys= ss([A-B*K,B*K;zeros(2,2) ,A-G*C],eye(4),eye(4),eye(4));
```

```
t=0:0.01:4;
z=initial(sys,[1;0;0.5;0],t);
x1=[1,0,0,0]*z';
x2=[0,1,0,0]*z';
e1=[0,0,1,0]*z';
e2=[0,0,0,1]*z';
c1 = x1- e1;
c2 = x2 - e2;
subplot(2,2,1);
plot(t,x1,'-k');
hold on
plot(t,c1,'k--');
grid
title('Response to Initial Condition')
ylabel('state variable x1 and observed value c1 ')
subplot(2,2,2);
plot(t,x2,'-k');
hold on
plot(t,c2,'k--');
title('Response to Initial Condition')
ylabel('state variable x2 and the observed value c2 ')
subplot(2,2,3); plot(t,e1,'k-'),grid
xlabel('t(sec)'), ylabel('error state variable e1')
subplot(2,2,4); plot(t,e2,'k-'),grid
xlabel('t(sec)'), ylabel('error state variable e2')
```

响应曲线如图 6-15 所示。

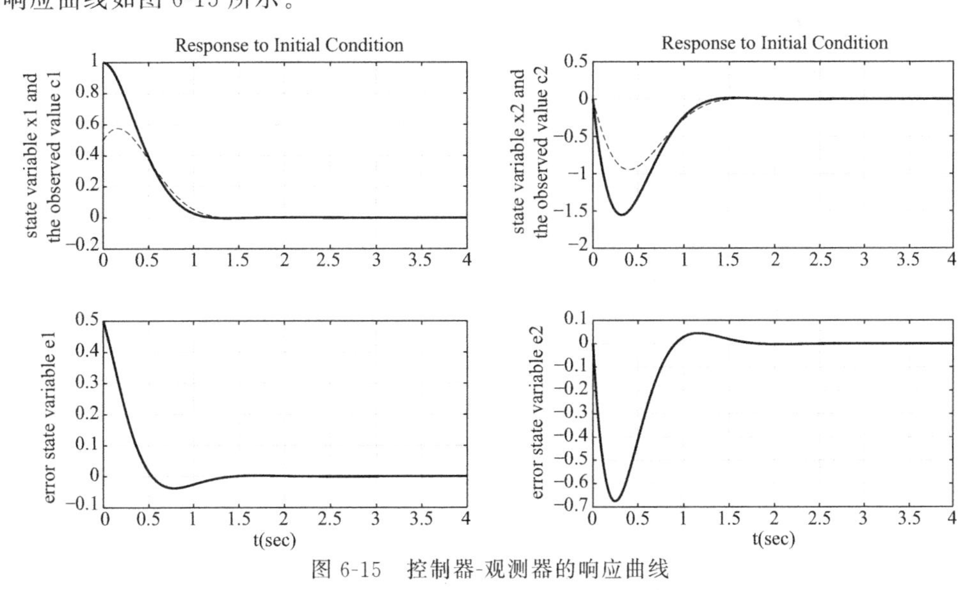

图 6-15 控制器-观测器的响应曲线

【例 6-9】 已知控制对象的描述方程为：

$$\dot{\boldsymbol{x}}=\boldsymbol{A}\boldsymbol{x}+\boldsymbol{B}u$$

式中 $\boldsymbol{A}=\begin{bmatrix}0 & 1\\-3 & -4\end{bmatrix}$，$\boldsymbol{B}=\begin{bmatrix}0\\1\end{bmatrix}$，$\boldsymbol{C}=[1\quad 0]$。

采用状态反馈控制律 $u=\beta v_{\mathrm{r}}-\boldsymbol{K}\hat{\boldsymbol{x}}$，其中 $\dot{\hat{\boldsymbol{x}}}=\boldsymbol{A}\hat{\boldsymbol{x}}+\boldsymbol{B}u+\boldsymbol{G}(\boldsymbol{y}-\boldsymbol{C}\hat{\boldsymbol{x}})$，希望该系统的闭环极点为$-4,-5$，观测器所期望的特征值为$-3+2\sqrt{3}\mathrm{j},-3-2\sqrt{3}\mathrm{j}$。求状态反馈矩阵 $\boldsymbol{K}$ 和观测器增益矩阵 $\boldsymbol{G}$，并用 MATLAB 仿真观测器及控制系统响应，假设系统初值为 $\boldsymbol{x}(0)=\begin{bmatrix}1\\0\end{bmatrix}$，观测器方程的初值取为 $\hat{\boldsymbol{x}}(0)=\begin{bmatrix}0.5\\0\end{bmatrix}$，参考输入信号 $\boldsymbol{v}_{\mathrm{r}}=2\times1(t)$。

解 利用例 6-6 和例 6-7 的方法可求得反馈增益 $\boldsymbol{K}$ 和观测器增益 $\boldsymbol{G}$，$\boldsymbol{K}=[17\quad 5]$，$\boldsymbol{G}=[2\quad 10]^{\mathrm{T}}$，同样也可应用 Ackerman 公式解得。所以系统闭环传递函数

$$W(s)=\frac{Y(s)}{V(s)}=\boldsymbol{C}(s\boldsymbol{I}-\boldsymbol{A}+\boldsymbol{B}\boldsymbol{K})^{-1}\boldsymbol{B}\beta=\frac{1}{s^2+9s+20}\beta$$

此时输出跟踪阶跃输入则 $W(s)|_{s=0}=W(0)=1$，所以 $\beta=20$。

MATLAB 仿真如下：

MATLAB 程序 6.4

```
A=[0,1;-3,-4];B=[0;1];C=[4,0];
p1=[-4,-5];
K=place(A,B,p1);
p2=[-3+j*2*sqrt(3),-3-j*2*sqrt(3)];
[a,b]=ss2tf(A-B*K,B,C,0);
G=(acker(A',C',p2))';
AA = [A-B*K,B*K;zeros(2,2),A-G*C];
BB=[0;1;0;0];
CC = [1,0,0,0];
DD =0;
sys = ss(AA,BB,CC,DD);
t = 0:0.01:4;
vr= 2*heaviside(t);
x0=[1;0;0.5;0];
[y,T,x] = lsim(sys,20*vr,t,x0);
x1=[1,0,0,0]*x';
x2=[0,1,0,0]*x';
e1=[0,0,1,0]*x';
e2=[0,0,0,1]*x';
c1 = x1 - e1;
```

```
c2 = x2 - e2;
subplot(3,2,1);
plot(t,x1,'-k');
hold on
plot(t,c1,'k--');
grid
title('Response to Initial Condition')
ylabel('state variable x1 and observed value c1 ')
subplot(3,2,2);
plot(t,x2,'-k');
hold on
plot(t,c2,'k--');
title('Response to Initial Condition')
ylabel('state variable x2 and the observed value c2 ')
subplot(3,2,3); plot(t,e1,'k-'),grid
xlabel('t(sec)'), ylabel('error state variable e1')
subplot(3,2,4);
plot(t,e2,'k-'),
grid
xlabel('t(sec)'), ylabel('error state variable e2')
subplot(3,2,5);
plot(t,y,'k-');
hold on
plot(t,vr,'k-');
grid
xlabel('tsec'), ylabel('output response y and input vr')
```

响应曲线如图 6-16 所示。

【例 6-10】 用极点配置法给卫星受控系统设计一个补偿器，卫星受控对象的传递函数为 $1/s^2$。采用状态反馈控制律 $\boldsymbol{u}=\beta\boldsymbol{v}_r-\boldsymbol{K}\hat{\boldsymbol{x}}$，其中 $\dot{\hat{\boldsymbol{x}}}=\boldsymbol{A}\hat{\boldsymbol{x}}+\boldsymbol{B}\boldsymbol{u}+\boldsymbol{G}(\boldsymbol{y}-\boldsymbol{C}\hat{\boldsymbol{x}})$，期望的闭环系统的 $\omega_n=1\text{rad/s}$，$\zeta=0.9$，期望观测器的 $\omega_n=6\text{rad/s}$，$\zeta=0.3$。求状态反馈矩阵 $\boldsymbol{K}$ 和观测器增益矩阵 $\boldsymbol{G}$，并用 MATLAB 仿真观测器及控制系统响应，假设系统初值为 $\boldsymbol{x}(0)=\begin{bmatrix}0.2\\0.2\end{bmatrix}$，观测器方程的初值取为 $\hat{\boldsymbol{x}}(0)=\begin{bmatrix}0\\0.5\end{bmatrix}$，参考输入信号 $\boldsymbol{v}_r=1(t)$。

解 给定的传递函数 $G(s)=1/s^2$ 的一种状态描述为：

$$\dot{\boldsymbol{x}}=\begin{bmatrix}0&1\\0&0\end{bmatrix}\boldsymbol{x}+\begin{bmatrix}0\\1\end{bmatrix}\boldsymbol{u}$$

$$\boldsymbol{y}=\begin{bmatrix}1&0\end{bmatrix}\boldsymbol{x}$$

由控制器的 $\omega_n=1\text{rad/s}$，$\zeta=0.9$，则有 $\alpha_c(s)=s^2+1.8s+1$。同理观测器的 $\omega_n=6\text{rad/s}$，$\zeta=0.3$，则 $\alpha_o(s)=s^2+3.6s+36$。应用例 6-6 和例 6-7 的方法或 Ackerman 公式可求得

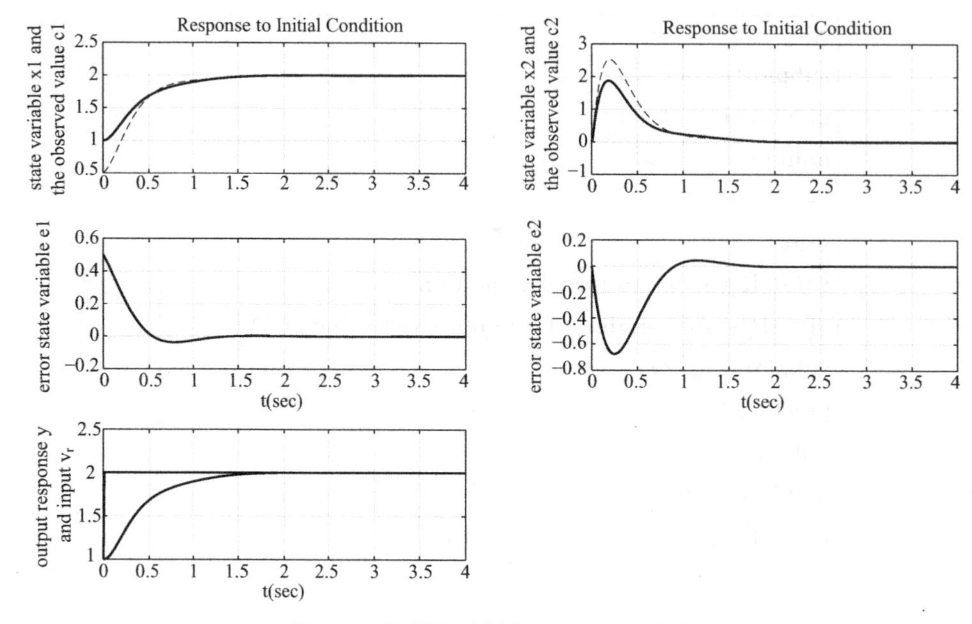

图 6-16　控制器-观测器的跟踪响应曲线

$\boldsymbol{K}=[1\quad 1.8]$，$\boldsymbol{G}=[3.6\quad 36]^{\mathrm{T}}$。

因为系统闭环传递函数 $W(s)=\dfrac{Y(s)}{V(s)}=\boldsymbol{C}(s\boldsymbol{I}-\boldsymbol{A}+\boldsymbol{BK})^{-1}\boldsymbol{B}\beta=\dfrac{1}{s^2+1.8s+1}\beta$

此时输出跟踪阶跃输入则 $W(s)|_{s=0}=W(0)=1$，所以 $\beta=1$。

补偿器传递函数 $D_c(s)=\dfrac{U(s)}{Y(s)}=-\boldsymbol{K}(s\boldsymbol{I}-\boldsymbol{A}+\boldsymbol{BK}+\boldsymbol{GC})^{-1}\boldsymbol{G}=\dfrac{68.4s+36}{s^2+5.4s+43.48}$

MATLAB 仿真如下：

MATLAB 程序 6.5

```
A= [0,1;0,0] ;B= [0;1] ;C= [1,0] ;
p1= [-0.9+j * 0.5 * sqrt(0.76),-0.9-j * 0.5 * sqrt(0.76)] ;
K=place(A,B,p1);
p2= [-1.8+j * 0.5 * sqrt(131.04),-1.8-j * 0.5 * sqrt(131.04)] ;
G=(acker(A',C',p2))';
[a,b] =ss2tf(A-B * K,B,C,0);
AA = [A-B * K,B * K;zeros(2,2),A-G * C] ;
BB= [0;1;0;0] ;
CC = [1,0,0,0] ;
DD =0;
sys = ss(AA,BB,CC,DD);
t = 0 : 0.01 : 6;
```

```
vr= 2 * heaviside(t);
x0= [0.2;0.2;0;0.5];
[y,T,x] = lsim(sys,vr,t,x0);
x1= [1,0,0,0] * x';
x2= [0,1,0,0] * x';
e1= [0,0,1,0] * x';
e2= [0,0,0,1] * x';
c1 = x1 - e1;
c2 = x2 - e2;
subplot(3,2,1);
plot(t,x1,'-k');
hold on
plot(t,c1,'k--');grid
title('Response to Initial Condition')
ylabel('state variable x1 and observed value c1 ')
subplot(3,2,2);
plot(t,x2,'-k');
hold on
plot(t,c2,'k--');
title('Response to Initial Condition')
ylabel('state variable x2 and the observed value c2 ')
subplot(3,2,3);
plot(t,e1,'k-');grid
xlabel('t(sec)'), ylabel('error state variable e1')
subplot(3,2,4);
plot(t,e2,'k-');grid
xlabel('t(sec)'), ylabel('error state variable e2')
subplot(3,2,5); plot(t,y,'k-');hold on
plot(t,vr,'k-');grid
xlabel('t(sec)'), ylabel('output response y and input vr')
```

响应曲线如图 6-17 所示。

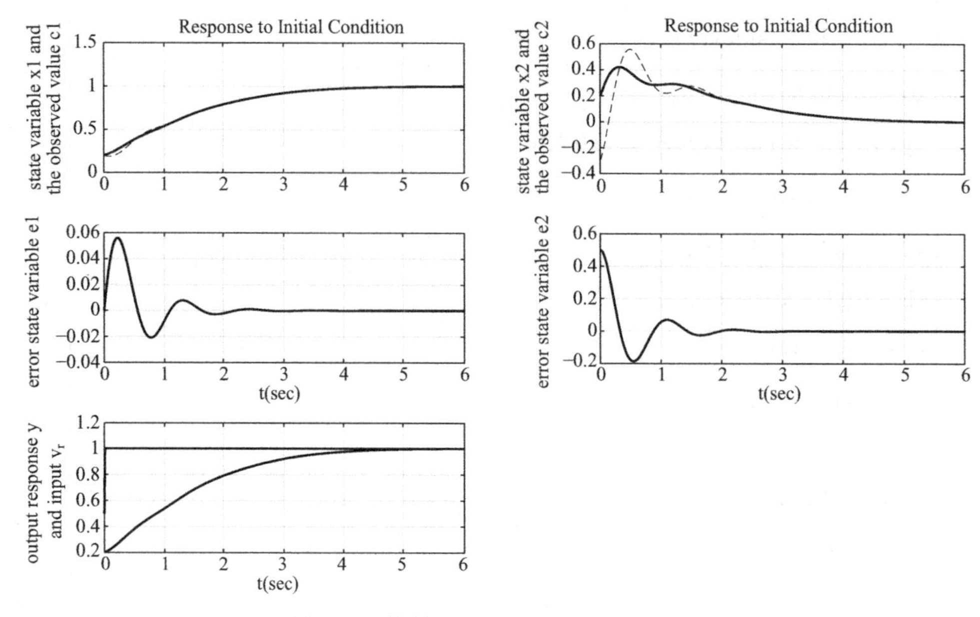

图 6-17 控制器-观测器的跟踪响应曲线

小 结

本章介绍了线性系统综合中的状态反馈及极点配置设计方法，分析了控制系统镇定问题，讨论了状态重构及状态观测器的设计及解耦控制设计思路和方法。

反馈控制系统的特点是对内部参数变化和外部环境影响具有良好的抑制作用。在基于系统状态描述的反馈控制系统设计中，反馈的类型一般有两种：一是依赖于参考输入信息和状态信息的状态反馈，二是依赖于参考输入信息和输出信息的输出反馈。状态/输出反馈的极点配置的含义是：针对被控系统的特点，设计合理的、能够满足系统控制性能要求的控制系统闭环响应或响应形式，依据闭环系统的极点与其闭环响应的对应关系，确定一组期望的系统闭环极点，然后按极点算法求取控制器。对于仅依赖于状态反馈信息，即参考输入为零的控制律，其控制目的是使系统从初始状态，按期待的响应形式回到原点。若参考输入不为零，其控制目的是使系统按期待的响应达到给定的状态或输出，参考输入的增益系数可以根据终值定理来确定，对于阶跃输入，选取增益系数使闭环稳态增益为 1。

状态反馈是现代控制理论中的重要控制手段，但在很多系统中都存在物理上的不可实现性，例如某个状态分量无法用传感器测量，使其难以应用。状态重构即状态观测器正是为解决这一问题而提出的。观测器是建立在系统具有能观测性的基础上，而人类所构造或设计的生产系统大多都是因果的、能控的、能观的。观测器是利用已知的或测量的控制量和输出量信息，基于已知的系统模型参数，再加上一个反应估计误差的修正项来构造的，通过确定修正项的增益使估计误差按期望的形式衰减。从而使我们能够利用系统的输入输出信息对物理上不能测量的状态做出正确的估计，使状态反馈设计得以实现。这一方法也能够指导系统建模，即建模时必须将物理上可测量的系统变量或状态作为模型的输出量。

解耦控制目的在于将多输入输出系统转换为多个单输入输出系统，本章的解耦方法解得的传递函数都具有多重积分的特性，属于积分型解耦控制。这种方法本身无实际应用意义，要想获得良好的控制性能，还需采取进一步的设计，如进行极点配置的设计等。

本章的基本要求如下：

(1) 熟练掌握线性定常系统的状态反馈及其极点配置；

(2) 掌握线性定常系统的输出反馈及其极点配置；

(3) 掌握线性定常控制系统的镇定问题；

(4) 熟练掌握线性定常系统的状态重构及其观测器的设计；

(5) 理解并掌握线性定常多变量系统的解耦控制；

(6) 掌握利用 MATLAB 实现极点配置及观测器设计。

习 题

6-1 设系统的状态方程为

$$\dot{\boldsymbol{x}}=\begin{bmatrix}0&1&0&0\\0&0&-1&0\\0&0&0&1\\0&0&11&0\end{bmatrix}\boldsymbol{x}+\begin{bmatrix}0\\1\\0\\-1\end{bmatrix}\boldsymbol{u}$$

(1) 系统是稳定的吗？极点如何分布？

(2) 加一状态反馈，使闭环极点为-1，-2，$-1-\mathrm{j}$，$-1+\mathrm{j}$。试确定状态反馈矩阵$\boldsymbol{K}$。

(3) 若系统初始状态$x(0)=[1\quad 1\quad 0.5\quad 0.5]^{\mathrm{T}}$，试基于上题计算结果利用 MATLAB 实现状态反馈。

6-2 已知系统的传递函数

$$G(s)=\frac{20}{s^3+4s^2+3s}$$

写出其状态方程，设计状态反馈阵$\boldsymbol{K}$，使闭环极点为-5，$-2\pm2\mathrm{j}$，并做出状态变量图。

6-3 已知受控系统是由下列三个传递函数串联而成

$$G_1(s)=\frac{0.1}{0.1s+1},\ G_2(s)=\frac{0.5}{0.5s+1},\ G_3(s)=\frac{1}{s}$$

以$G_1(s)$，$G_2(s)$，$G_3(s)$的输出为状态变量列写状态方程。设计状态反馈矩阵$\boldsymbol{K}$，使闭环极点为-3，$-2\pm2\mathrm{j}$，并做出结构图。

6-4 给定单输入-单输出线性定常系统的传递函数

$$G(s)=\frac{(s+2)(s+3)}{(s+1)(s-2)(s+4)}$$

判断是否存在状态反馈阵$\boldsymbol{K}$使系统的闭环传递函数为

$$G_{\mathrm{B}}(s)=\frac{(s+3)}{(s+2)(s+4)}$$

如果存在，求出这个状态反馈阵。

6-5 某被控系统的传递函数$G(s)$表示为

$$G(s)=\frac{C(s)}{U(s)}=\frac{1}{s^2+5s+4}$$

试采用状态反馈，使其阶跃响应的超调量约为1%，调整时间小于1s，同时选择增益使其响应的稳态误差为0。

6-6 设线性系统的传递函数为

$$G(s)=\frac{1}{s(s+6)}$$

试采用状态反馈控制 $\boldsymbol{u}=-\boldsymbol{K}\boldsymbol{x}$，使系统的阻尼比 $\xi=1/\sqrt{2}$ 及无阻尼振荡频率 $\omega_n=35\sqrt{2}$，试利用MATLAB计算反馈增益矩阵($\boldsymbol{x}(0)=[1\quad 0.5]^{\mathrm{T}}$)。

6-7　分别判断下列各线性定常系统能否用状态反馈镇定。

(1) $\dot{\boldsymbol{x}}=\begin{bmatrix}1 & 3\\ 2 & 1\end{bmatrix}\boldsymbol{x}+\begin{bmatrix}0\\ 1\end{bmatrix}\boldsymbol{u}$

(2) $\dot{\boldsymbol{x}}=\begin{bmatrix}4 & 2\\ 0 & -2\end{bmatrix}\boldsymbol{x}+\begin{bmatrix}1\\ 0\end{bmatrix}\boldsymbol{u}$

(3) $\dot{\boldsymbol{x}}=\begin{bmatrix}1 & 0 & 0\\ 0 & -2 & 1\\ 0 & 0 & -2\end{bmatrix}\boldsymbol{x}+\begin{bmatrix}1 & 0\\ 0 & 1\\ 0 & 0\end{bmatrix}\boldsymbol{u}$

6-8　已知系统的状态方程为

$$\dot{\boldsymbol{x}}=\begin{bmatrix}-1 & 1\\ -2 & -4\end{bmatrix}\boldsymbol{x}+\begin{bmatrix}0\\ 1\end{bmatrix}\boldsymbol{u},\qquad \boldsymbol{y}=[1\quad 0]\boldsymbol{x}$$

试用极点配置的方法综合系统，$\boldsymbol{u}=-\boldsymbol{K}\hat{\boldsymbol{x}}$。使其极点配置在$-4$,$-5$处，并设计一个状态观测器，将其极点配置在$-8$,$-10$。

(1) 求出满足要求的 $\boldsymbol{K}$ 阵；

(2) 求出满足要求的 $\boldsymbol{G}$ 阵；

(3) 画出整个系统的状态变量图。

(4) 假设系统的初始状态为 $\boldsymbol{x}(0)=[1\quad 0.5]^{\mathrm{T}}$，针对上述的计算结果，对控制系统利用MATLAB实现。

6-9　已知系统如图6-18所示，其中 x_1,x_2 为状态变量。

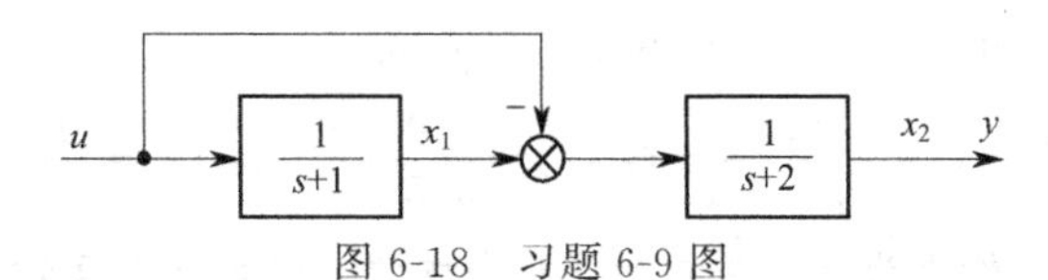

图 6-18　习题 6-9 图

(1) 写出系统的状态空间表达式；

(2) 设计全维状态观测器，要求观测误差以 e^{-10t} 的速度收敛；

(3) 设计状态反馈，将闭环极点配置在$-3\pm j5$上；

(4) 画出整个系统的状态变量图。

6-10　已知系统

$$\dot{\boldsymbol{x}}=\begin{bmatrix}0 & 1 & 0\\ 0 & 0 & 1\\ 0 & 0 & 0\end{bmatrix}\boldsymbol{x}+\begin{bmatrix}0\\ 0\\ 1\end{bmatrix}\boldsymbol{u},\qquad \boldsymbol{y}=[1\quad 0\quad 0]\boldsymbol{x}$$

试设计一降维观测器，使观测器极点为-4,-5，并画出系统的状态变量图。

6-11　给定单输入-单输出线性定常受控系统的传递函数

$$G_0(s)=\frac{1}{s(s+1)(s+2)}$$

(1) 确定一个状态反馈阵 $\boldsymbol{K}$，使闭环系统的极点为-3,$-1/2\pm j\sqrt{3}/2$；

(2) 确定一个特征值为-5的降维状态观测器；

(3) 按综合结果画出整个闭环系统的状态变量图；

(4) 确定闭环控制系统的传递函数$G(s)$。

6-12 设计一个前馈补偿器，使系统

$$G(s)=\begin{bmatrix}\dfrac{1}{s+1} & \dfrac{1}{s+2}\\ \dfrac{1}{s(s+1)} & \dfrac{1}{s}\end{bmatrix}$$

解耦，且解耦后的极点为$-1,-1,-2,-2$。

6-13 已知系统

$$\dot{\boldsymbol{x}}=\begin{bmatrix}-1 & 0 & 0\\ 0 & -2 & -3\\ 1 & 0 & 1\end{bmatrix}\boldsymbol{x}+\begin{bmatrix}1 & 0\\ 0 & 1\\ 0 & -1\end{bmatrix}\boldsymbol{u},\quad \boldsymbol{y}=\begin{bmatrix}1 & 0 & 0\\ 0 & 1 & 1\end{bmatrix}\boldsymbol{x}$$

(1) 判断系统能否状态反馈解耦；

(2) 设计状态反馈使系统解耦，并将闭环极点配置在$-1,-2,-3$。

部分习题参考答案

第 2 章

2-1 (a)

$$\dot{\boldsymbol{x}}=\begin{bmatrix}0&0&0&1&0&0\\0&0&0&0&1&0\\0&0&0&0&0&1\\-\dfrac{K_1+K_2}{M_1}&\dfrac{K_2}{M_1}&0&0&0&0\\\dfrac{K_2}{M_2}&-\dfrac{K_2+K_3}{M_2}&\dfrac{K_2}{M_2}&0&0&0\\0&\dfrac{K_3}{M_3}&-\dfrac{K_3+K_4}{M_3}&0&0&0\end{bmatrix}\boldsymbol{x}+\begin{bmatrix}0\\0\\0\\1\\1\\1\end{bmatrix}g$$

$$y=\begin{bmatrix}1&0&0&0&0&0\\0&1&0&0&0&0\\0&0&1&0&0&0\end{bmatrix}\boldsymbol{x}$$

(b)

$$\dot{\boldsymbol{x}}=\begin{bmatrix}0&0&1&0\\0&0&0&1\\-\dfrac{K_1}{M_1}&0&-\dfrac{B_1}{M_1}&\dfrac{B_1}{M_1}\\0&0&\dfrac{B_1}{M_2}&-\dfrac{B_1+B_2}{M_2}\end{bmatrix}\boldsymbol{x}+\begin{bmatrix}0\\0\\1\\1\end{bmatrix}g+\begin{bmatrix}0\\0\\0\\\dfrac{1}{M_2}\end{bmatrix}f$$

$$y=\begin{bmatrix}1&0&0&0\\0&1&0&0\end{bmatrix}\boldsymbol{x}$$

2-2 (a) 取电感电流 i 和电容电压 u 为状态变量

$$\dot{\boldsymbol{x}}=\begin{bmatrix}\dfrac{-R_1R_2}{L(R_1+R_2)}&\dfrac{R_1}{L(R_1+R_2)}\\-\dfrac{R_1}{C(R_1+R_2)}&-\dfrac{1}{C(R_1+R_2)}\end{bmatrix}\boldsymbol{x}+\begin{bmatrix}\dfrac{R_2}{L(R_1+R_2)}\\\dfrac{1}{C(R_1+R_2)}\end{bmatrix}u_r$$

$$y=\begin{bmatrix}-\dfrac{R_1R_2}{R_1+R_2}&-\dfrac{R_2}{R_1+R_2}\end{bmatrix}\boldsymbol{x}+\dfrac{R_2}{R_1+R_2}u_r$$

(b) 选择回路电流 i_a 和电枢角速度 ω 为状态变量，有

$$\dot{\boldsymbol{x}}=\begin{bmatrix}\dfrac{-R_a}{L_a}&-\dfrac{K_e}{L_a}\\\dfrac{K_a}{J}&-\dfrac{B}{J}\end{bmatrix}\boldsymbol{x}+\begin{bmatrix}\dfrac{1}{L_a}\\0\end{bmatrix}u,\quad y=\omega=[0\quad 1]\boldsymbol{x}$$

2-3（1）

能控标准形：$\dot{\boldsymbol{x}}=\begin{bmatrix}0 & 1 & 0\\ 0 & 0 & 1\\ -5 & -7 & -13\end{bmatrix}\boldsymbol{x}+\begin{bmatrix}0\\0\\1\end{bmatrix}u$

$y=[2\quad 0\quad 0]\boldsymbol{x}$

能观标准形：$\dot{\boldsymbol{x}}=\begin{bmatrix}0 & 0 & -5\\ 1 & 0 & -7\\ 0 & 1 & -13\end{bmatrix}\boldsymbol{x}+\begin{bmatrix}2\\0\\0\end{bmatrix}u$

$y=[0\quad 0\quad 1]\boldsymbol{x}$

（2）

能控标准形：$\dot{\boldsymbol{x}}=\begin{bmatrix}0 & 1 & 0\\ 0 & 0 & 1\\ -3 & 0 & -2\end{bmatrix}\boldsymbol{x}+\begin{bmatrix}0\\0\\1\end{bmatrix}u$

$y=[2\quad 1\quad 0]\boldsymbol{x}$

能观标准形：$\dot{\boldsymbol{x}}=\begin{bmatrix}0 & 0 & -3\\ 1 & 0 & 0\\ 0 & 1 & -2\end{bmatrix}\boldsymbol{x}+\begin{bmatrix}2\\1\\0\end{bmatrix}u$

$y=[0\quad 0\quad 1]\boldsymbol{x}$

（3）

状态空间描述为：$\dot{\boldsymbol{x}}=\begin{bmatrix}0 & 1 & 0\\ 0 & 0 & 1\\ -7 & -4 & -5\end{bmatrix}\boldsymbol{x}+\begin{bmatrix}0\\0\\1\end{bmatrix}u$

$y=[-5\quad -1\quad -4]\boldsymbol{x}+u$

（4）

两系统串联的状态空间描述为 $\begin{bmatrix}\dot{x}_1\\ \dot{x}_2\\ \dot{x}_3\\ \dot{x}_4\end{bmatrix}=\begin{bmatrix}0 & 1 & 0 & 0\\ -a_2 & -a_1 & 0 & 0\\ 0 & 0 & 0 & 1\\ b_2 & b_1 & -\dfrac{c_2}{c_0} & -\dfrac{c_1}{c_0}\end{bmatrix}\begin{bmatrix}x_1\\x_2\\x_3\\x_4\end{bmatrix}+\begin{bmatrix}0\\1\\0\\0\end{bmatrix}u$

（5）

$$x(k+1)=\begin{bmatrix}0 & 1 & 0\\ 0 & 0 & 1\\ -2 & -5 & -4\end{bmatrix}\begin{bmatrix}x_1(k)\\x_2(k)\\x_3(k)\end{bmatrix}+\begin{bmatrix}0\\0\\1\end{bmatrix}u(k)$$

$$y(k)=[1\quad 0\quad 0]\begin{bmatrix}x_1(k)\\x_2(k)\\x_3(k)\end{bmatrix}$$

（6）

$$x(k+1)=\begin{bmatrix}0 & 1 & 0\\0 & 0 & 1\\-6 & -11 & -6\end{bmatrix}x(k)+\begin{bmatrix}0\\0\\1\end{bmatrix}u(k)$$

$$y(k)=\begin{bmatrix}2 & 1 & 2\end{bmatrix}\begin{bmatrix}x_1(k)\\x_2(k)\\x_3(k)\end{bmatrix}$$

2-4 (a) 化简系统结构图得系统状态空间描述：

$$\begin{bmatrix}\dot{x}_1\\\dot{x}_2\\\dot{x}_3\\\dot{x}_4\end{bmatrix}=\begin{bmatrix}0 & 1 & 0 & 0\\0 & 0 & 1 & 0\\2 & 4 & -2 & 2\\0 & -25 & 0 & -2\end{bmatrix}x+\begin{bmatrix}0\\0\\0\\5\end{bmatrix}u$$

$$y=\begin{bmatrix}0 & 1 & 0 & 0\end{bmatrix}x$$

(b) 化简系统结构图得系统状态空间描述：

$$\begin{bmatrix}\dot{x}_1\\\dot{x}_2\end{bmatrix}=\begin{bmatrix}-\frac{12}{2} & -\frac{3}{2}\\-\frac{2}{3} & -\frac{7}{3}\end{bmatrix}\begin{bmatrix}x_1\\x_2\end{bmatrix}+\begin{bmatrix}5 & \frac{5}{2}\\\frac{5}{3} & \frac{5}{3}\end{bmatrix}\begin{bmatrix}u_1\\u_2\end{bmatrix}$$

$$\begin{bmatrix}y_1\\y_2\end{bmatrix}=\begin{bmatrix}1 & 0\\0 & 1\end{bmatrix}\begin{bmatrix}x_1\\x_2\end{bmatrix}$$

2-5 (1)

能控标准形：$\dot{x}=\begin{bmatrix}0 & 1 & 0\\0 & 0 & 1\\-6 & -4 & -2\end{bmatrix}x+\begin{bmatrix}0\\0\\1\end{bmatrix}u$

$$y=\begin{bmatrix}2 & 3 & 1\end{bmatrix}x$$

能观标准形：$\dot{x}=\begin{bmatrix}0 & 0 & -6\\1 & 0 & -4\\0 & 1 & -2\end{bmatrix}x+\begin{bmatrix}2\\3\\1\end{bmatrix}u$

$$y=\begin{bmatrix}0 & 0 & 1\end{bmatrix}x$$

(2) 能控标准形：$\dot{x}=\begin{bmatrix}0 & 1 & 0 & 0\\0 & 0 & 1 & 0\\0 & 0 & 0 & 1\\-2 & 0 & -3 & 0\end{bmatrix}x+\begin{bmatrix}0\\0\\0\\1\end{bmatrix}u$

$$y=\begin{bmatrix}1 & -3 & 0 & 0\end{bmatrix}x$$

能观标准形：$\dot{x}=\begin{bmatrix}0 & 0 & 0 & -2\\1 & 0 & 0 & 0\\0 & 1 & 0 & -3\\0 & 0 & 1 & 0\end{bmatrix}x+\begin{bmatrix}1\\-3\\0\\0\end{bmatrix}u$

$$y=\begin{bmatrix}0 & 0 & 1 & 0\end{bmatrix}\boldsymbol{x}$$

2-6 (1)

$$\dot{\boldsymbol{x}}=\begin{bmatrix}-1 & 0 & 0\\0 & -2 & 0\\0 & 0 & -3\end{bmatrix}\boldsymbol{x}+\begin{bmatrix}1\\1\\1\end{bmatrix}u,\quad y=\begin{bmatrix}12 & -12 & 2\end{bmatrix}\boldsymbol{x}$$

(2)

$$\dot{\boldsymbol{x}}=\begin{bmatrix}-3 & 1 & 0\\0 & -3 & 0\\0 & 0 & -1\end{bmatrix}\boldsymbol{x}+\begin{bmatrix}0\\1\\1\end{bmatrix}u,\quad y=\begin{bmatrix}-3 & -3 & 3\end{bmatrix}\boldsymbol{x}$$

2-7 (1)

$$\dot{\boldsymbol{x}}=\begin{bmatrix}-1 & 0\\0 & -3\end{bmatrix}\boldsymbol{x}+\begin{bmatrix}\frac{1}{2}\\-\frac{1}{2}\end{bmatrix}u$$

(2)

$$\dot{\boldsymbol{x}}=\begin{bmatrix}-1 & 0 & 0\\0 & -2 & 0\\0 & 0 & -3\end{bmatrix}\boldsymbol{x}+\begin{bmatrix}\frac{37}{2} & 27\\-30 & -40\\\frac{27}{2} & 16\end{bmatrix}u$$

(3)

$$\dot{\boldsymbol{x}}=\begin{bmatrix}4 & 0 & 0\\0 & \sqrt{3}\mathrm{j} & 0\\0 & 0 & -\sqrt{3}\mathrm{j}\end{bmatrix}\boldsymbol{x}+\begin{bmatrix}\frac{5}{19}\\\frac{-36\sqrt{3}\mathrm{j}+27}{114}\\\frac{36\sqrt{3}\mathrm{j}+27}{114}\end{bmatrix}u$$

2-8 (1)

$$\dot{\boldsymbol{x}}=\begin{bmatrix}1 & 0 & 0\\0 & 1 & 0\\0 & 0 & 2\end{bmatrix}\boldsymbol{x}+\begin{bmatrix}-1\\-1\\1\end{bmatrix}u$$

(2)

$$\dot{\boldsymbol{x}}=\begin{bmatrix}3 & 1 & 0\\0 & 3 & 0\\0 & 0 & 1\end{bmatrix}\boldsymbol{x}+\begin{bmatrix}13 & -3\\-5 & 2\\-3 & 4\end{bmatrix}u$$

2-9 (1)

$$\dot{\tilde{\boldsymbol{x}}}=\begin{bmatrix}\frac{1}{2} & 0 & 0\\\frac{1}{3} & \frac{10}{3} & 2\\0 & 2 & \frac{3}{2}\end{bmatrix}\tilde{\boldsymbol{x}}+\begin{bmatrix}\frac{1}{6} & 0\\\frac{2}{3} & 0\\0 & \frac{5}{2}\end{bmatrix}u\qquad y=\begin{bmatrix}2 & 0 & 3\\6 & 4 & 0\end{bmatrix}\tilde{\boldsymbol{x}}$$

（2） 证明略。

2-10 证明略。

2-11 $G(s)=\dfrac{1}{s^3+3s^2+2s+1}\begin{bmatrix} s^2+3s+1 & s+1 \\ -s & s^2 \end{bmatrix}$

2-12 $G(z)=\dfrac{z+1}{z^2-3z-1}$

2-13 代码略。

2-14 代码略。

第 3 章

3-1 （1） $e^{\boldsymbol{A}t}=\begin{bmatrix} e^{-2t} & 0 \\ 0 & e^{-3t} \end{bmatrix}$

（2） $e^{\boldsymbol{A}t}=\begin{bmatrix} e^{-2t} & te^{-2t} \\ 0 & e^{-2t} \end{bmatrix}$

（3） $e^{\boldsymbol{A}t}=\begin{bmatrix} e^{-2t} & 0 & 0 \\ 0 & e^{-3t} & te^{-3t} \\ 0 & 0 & e^{-3t} \end{bmatrix}$

（4） $e^{\boldsymbol{A}t}=\begin{bmatrix} 1 & t & \dfrac{t^2}{2} \\ 0 & 1 & t \\ 0 & 0 & 1 \end{bmatrix}$

3-2

（1） $e^{\boldsymbol{A}t}=L^{-1}[(s\boldsymbol{I}-\boldsymbol{A})^{-1}]=\begin{bmatrix} e^t & 0 & 0 \\ 0 & e^t & 0 \\ 0 & e^{2t}-e^t & e^{2t} \end{bmatrix}$

（2） $|\lambda\boldsymbol{I}-\boldsymbol{A}_2|=\begin{vmatrix} \lambda-1 & 0 \\ -1 & \lambda-2 \end{vmatrix}=(\lambda-1)(\lambda-2)=0$

$\lambda_1=1$，$\lambda_2=2$

对于 $\lambda_1=1$，

$$\begin{bmatrix} 0 & 0 \\ -1 & -1 \end{bmatrix}\boldsymbol{P}_1=\begin{bmatrix} 0 \\ 0 \end{bmatrix}\Rightarrow\boldsymbol{P}_1=\begin{bmatrix} 1 \\ -1 \end{bmatrix}$$

对于 $\lambda_2=2$，

$$\begin{bmatrix} 1 & 0 \\ -1 & 0 \end{bmatrix}\boldsymbol{P}_2=\begin{bmatrix} 0 \\ 0 \end{bmatrix}\Rightarrow\boldsymbol{P}_2=\begin{bmatrix} 0 \\ 1 \end{bmatrix}$$

$$\boldsymbol{P}=\begin{bmatrix} 1 & 0 \\ -1 & 1 \end{bmatrix}\Rightarrow\boldsymbol{P}^{-1}=\begin{bmatrix} 1 & 0 \\ 1 & 1 \end{bmatrix}$$

$$e^{A_2 t}=P\begin{bmatrix}e^t & 0\\ 0 & e^{2t}\end{bmatrix}P^{-1}=\begin{bmatrix}1 & 0\\ -1 & 1\end{bmatrix}\begin{bmatrix}e^t & 0\\ 0 & e^{2t}\end{bmatrix}\begin{bmatrix}1 & 0\\ 1 & 1\end{bmatrix}$$

$$=\begin{bmatrix}e^t & 0\\ e^{2t}-e^t & e^{2t}\end{bmatrix}$$

$$e^{Pt}=\begin{bmatrix}e^t & 0 & 0\\ 0 & e^t & 0\\ 0 & e^{2t}-e^t & e^{2t}\end{bmatrix}$$

(3) 矩阵的特征值为$\lambda_{1,2}=1$，$\lambda_3=2$

对于$\lambda_3=2$有：$e^{2t}=\alpha_0(t)+2\alpha_1(t)+4\alpha_2(t)$

对于$\lambda_{1,2}=1$有：$e^t=\alpha_0(t)+\alpha_1(t)+\alpha_2(t)$

因为是二重特征值，故需要补充方程 $te^t=\alpha_1(t)+2\alpha_2(t)$

从而联立求解，得：

$$\alpha_0(t)=e^{2t}-2te^t$$

$$\alpha_1(t)=3te^t-2e^{2t}+2e^t$$

$$\alpha_2(t)=e^{2t}-e^t-te^t$$

$$e^{At}=\alpha_0(t)I+\alpha_1(t)A+\alpha_2(t)A^2$$

$$=\begin{bmatrix}e^t & 0 & 0\\ 0 & e^t & 0\\ 0 & e^{2t}-e^t & e^{2t}\end{bmatrix}$$

(4) $$x(t)=e^{A(t-t_0)}x(t_0)=e^{At}x(0)=\begin{bmatrix}e^t\\ 0\\ e^{2t}\end{bmatrix}$$

3-3

$$e^{At}=\begin{bmatrix}te^{-t}+e^{-t} & te^{-t}\\ -te^{-t} & e^{-t}-te^{-t}\end{bmatrix}$$

3-4

(1) 不满足条件；

(2) 满足条件

$$A=\begin{bmatrix}1 & 1\\ 4 & 1\end{bmatrix}$$

3-5

$$\Phi(t,\ 0)=\begin{bmatrix}2e^{-t}-e^{-2t} & 2e^{-t}-2e^{-2t}\\ e^{-2t}-e^{-t} & 2e^{-2t}-e^{-t}\end{bmatrix}$$

$$A=\begin{bmatrix}0 & 2\\ -1 & -3\end{bmatrix}$$

3-6

$$\boldsymbol{\Phi}^{-1}(t)=\begin{bmatrix}2e^{t}+te^{2t} & e^{t}-e^{2t}\\ 2e^{t}+2e^{2t} & -e^{t}+2e^{2t}\end{bmatrix}$$

3-7

(1) $\boldsymbol{x}(t)=\begin{bmatrix}1+t-\dfrac{t^{2}}{2}\\ 1+t\end{bmatrix}$

(2) $\boldsymbol{x}(t)=\begin{bmatrix}\dfrac{1}{2}+4e^{-t}-\dfrac{5}{2}e^{-2t}\\ -4e^{-t}+5e^{-2t}\end{bmatrix}$

3-8

$$\boldsymbol{x}(t)=\begin{bmatrix}\cos 2t-0.5\sin 2t\\ 2\sin 2t+\cos 2t\end{bmatrix}$$

3-9

$$\boldsymbol{x}(0)=\begin{bmatrix}0.5e^{t}+3.5e^{3t}\\ 0.5e^{t}+4.5e^{3t}\end{bmatrix}$$

3-10

当 $t=0$ 时，$u_C(t)=10(1-e)$

当 $0<t\leqslant 1$，$u_C(t)=10e^{-t}(1-e)+10e^{-(t-\tau)}\big|_0^t=10(1-e^{-(t-1)})$

当 $t>1$，$u_C(t)=0$

3-11

$$\begin{aligned}y(kT)=&\delta(t)+0.9\delta(t-2T)+0.55\delta(t-3T)+0.635\delta(t-4T)\\&+0.6275\delta(t-5T)+0.6227\delta(t-6T)+0.6258\delta(t-7T)\\&+0.6247\delta(t-8T)+0.6250\delta(t-9T)+0.6250\delta(t-10T)\end{aligned}$$

3-12

$$\boldsymbol{\Phi}(k)=\begin{bmatrix}(-1)^{k}\cdot 2+(-1)^{k+1}\cdot 2^{k} & (-1)^{k}+(-1)^{k+1}\cdot 2^{k}\\ (-1)^{k+1}\cdot 2+(-1)^{k}\cdot 2^{k+1} & (-1)^{k+1}+(-1)^{k}\cdot 2^{k+1}\end{bmatrix}$$

3-13

(1) 当 $T=1$ 时，$\boldsymbol{x}(k+1)=\begin{bmatrix}1 & 1\\ 0 & 1\end{bmatrix}\boldsymbol{x}(k)+\begin{bmatrix}0.5\\ 1\end{bmatrix}u(k)\qquad \boldsymbol{y}=\begin{bmatrix}1 & 0\end{bmatrix}\boldsymbol{x}(k)$

(2) 当 $T=1$ 时，

$$\boldsymbol{x}(k+1)=\begin{bmatrix}1 & \dfrac{1}{2}(1-e^{-2})\\ 0 & e^{-2}\end{bmatrix}\boldsymbol{x}(k)+\begin{bmatrix}\dfrac{1}{4}e^{-2}\\ -\dfrac{1}{2}e^{-2}+\dfrac{1}{2}\end{bmatrix}u(k),\quad \boldsymbol{y}(k)=\begin{bmatrix}0 & 1\\ 1 & 0\end{bmatrix}\boldsymbol{x}(k)$$

3-14

(1) $\boldsymbol{x}[(k+1)T]=\begin{bmatrix}2e^{-T}-e^{-2T} & e^{-T}-e^{-2T}\\ -2e^{-T}+2e^{-2T} & -e^{-T}+2e^{-2T}\end{bmatrix}\boldsymbol{x}(kT)+\begin{bmatrix}-e^{-T}+\dfrac{1}{2}e^{-2T}+\dfrac{1}{2}\\ e^{-T}-e^{-2T}\end{bmatrix}\boldsymbol{u}(kT)$

$\boldsymbol{y}(kT)=\begin{bmatrix}1 & 0\end{bmatrix}\boldsymbol{x}(kT)$

(2) $\boldsymbol{\Phi}(k)=\begin{bmatrix}-(e^{-0.2})^k+2(e^{-0.1})^k-(e^{-0.2})^k+(e^{-0.1})^k \\ -2(e^{-0.1})^k+2(e^{-0.2})^k-(e^{-0.1})^k+2(e^{-0.2})^k\end{bmatrix}$

(3) $\begin{cases}\boldsymbol{x}[(k+1)T]=\begin{bmatrix}3e^{-t}-\dfrac{3}{2}e^{-2t}-\dfrac{1}{2} & e^{-t}-e^{-2t} \\ -3e^{-t}+3e^{-2t} & -e^{-t}+2e^{-2t}\end{bmatrix}\boldsymbol{x}(kT)+\begin{bmatrix}-e^{-t}+\dfrac{1}{2}e^{-2t}+\dfrac{1}{2} \\ 2e^{-t}-e^{-2t}\end{bmatrix}\boldsymbol{r}(kT) \\ \boldsymbol{y}(kT)=[1\quad 0]\boldsymbol{x}(kT)\end{cases}$

3-15

$$\begin{bmatrix}x_1 \\ x_2\end{bmatrix}_{t=0.2}=\begin{bmatrix}0.9671 & -0.2968 \\ 0.1484 & 0.5219\end{bmatrix}\begin{bmatrix}x_1 \\ x_2\end{bmatrix}_{t=0.2}=\begin{bmatrix}0.6703 \\ 0.6703\end{bmatrix}$$

3-16 代码略。

第 4 章

4-1

(1) 系统能控且能观测。

(2) 系统能控且能观测。

(3) 根据约当标准形判据知，系统能控，但不能观测。

(4) 系统能控但不能观测。

(5) 系统能观测但不能控。

4-2

(1) 参数 a 和 b 任意取值下系统均为不完全能控的。

(2) $a\neq 0$，b 为任意值。

4-3

(1) 不管 a 取什么值，系统均不是能控且能观测的。

(2) a 和 b 的取值范围为的 $a\neq 0.5394$ 或 2.0856，$b\neq\dfrac{8}{3}$ 或 0。

4-4

(1) 系统能控的条件是 $L\neq CR^2$；

(2) 不论 LCR 取何值，系统均为不能观测的。

4-5 电路不能控且不能观测。

4-6 系统的状态完全能控。

4-7 系统是不能观测的。

4-8 若

$$T\neq\frac{k\pi}{\sqrt{2}},\ k=0,1,2,\cdots$$

则系统为能控且能观测的。

4-9 证明略。

4-10

对偶系统的状态空间描述为：

$$\dot{\boldsymbol{x}}=\begin{bmatrix}0 & 0 & -6\\1 & 0 & -11\\0 & 1 & -6\end{bmatrix}\boldsymbol{x}+\begin{bmatrix}6\\0\\0\end{bmatrix}u$$
$$y=\begin{bmatrix}0 & 0 & 1\end{bmatrix}\boldsymbol{x}$$

传递函数为 $\boldsymbol{G}(s)=\dfrac{6}{s^3+6s^2+11s+6}$。

4-11 (1)

变换阵

$$\boldsymbol{P}=\begin{bmatrix}-6 & -2 & 2\\3 & 1 & 0\\3 & 4 & 1\end{bmatrix}$$

能控标准形

$$\dot{\boldsymbol{x}}=\begin{bmatrix}0 & 1 & 0\\0 & 0 & 1\\-3 & -1 & -1\end{bmatrix}\boldsymbol{x}+\begin{bmatrix}0\\0\\1\end{bmatrix}u$$
$$y=\begin{bmatrix}-3 & -1 & 2\end{bmatrix}\boldsymbol{x}$$

(2) 变换阵

$$\boldsymbol{P}=\begin{bmatrix}0 & 3 & -3\\0 & -2 & -1\\1 & 1 & 0\end{bmatrix}$$

能观测标准形

$$\dot{\boldsymbol{x}}=\begin{bmatrix}0 & 0 & -3\\1 & 0 & -1\\0 & 1 & -1\end{bmatrix}\boldsymbol{x}+\begin{bmatrix}-3\\-1\\2\end{bmatrix}u$$
$$y=\begin{bmatrix}0 & 0 & 1\end{bmatrix}\boldsymbol{x}$$

4-12 传递函数

$$\boldsymbol{G}(s)=\frac{s^2+6s+8}{s^2+4s+3}=1+\frac{2s+5}{s^2+4s+3}$$

能控标准形

$$\dot{\boldsymbol{x}}=\begin{bmatrix}0 & 1\\-3 & -4\end{bmatrix}\boldsymbol{x}+\begin{bmatrix}0\\1\end{bmatrix}u$$
$$y=\begin{bmatrix}5 & 2\end{bmatrix}\boldsymbol{x}+u$$

能观测标准形

$$\dot{\boldsymbol{x}}=\begin{bmatrix}0 & -3\\1 & -4\end{bmatrix}\boldsymbol{x}+\begin{bmatrix}5\\2\end{bmatrix}u$$
$$y=\begin{bmatrix}0 & 1\end{bmatrix}\boldsymbol{x}+u$$

4-13

(1) 能控不能观测。

(2) 能观测不能控。

(3) 不能控且不能观测。

4-14（1）

按照能控性分解后的系统状态空间描述

$$\dot{\hat{x}}=\begin{bmatrix}0 & -4 & 2\\ 1 & 4 & -2\\ 0 & 0 & 1\end{bmatrix}\hat{x}+\begin{bmatrix}1\\0\\0\end{bmatrix}u$$

$$y=\begin{bmatrix}1 & 2 & -1\end{bmatrix}\hat{x}$$

按照能观测性分解后的系统状态空间描述

$$\dot{\hat{x}}=\begin{bmatrix}0 & 1 & 0\\ -2 & 3 & 0\\ -5 & 3 & 2\end{bmatrix}\hat{x}+\begin{bmatrix}1\\2\\1\end{bmatrix}u$$

$$y=\begin{bmatrix}1 & 0 & 0\end{bmatrix}\hat{x}$$

（2）

按照能控性分解后的系统状态空间描述

$$\dot{\hat{x}}=\begin{bmatrix}0 & -1 & -4\\ 1 & -2 & -2\\ 0 & 0 & -2\end{bmatrix}\hat{x}+\begin{bmatrix}1\\0\\0\end{bmatrix}u$$

$$y=\begin{bmatrix}1 & -1 & -1\end{bmatrix}\hat{x}$$

按照能观测性分解后的系统状态空间描述

$$\dot{\hat{x}}=\begin{bmatrix}0 & 1 & 0\\ -2 & -3 & 0\\ -2 & -1 & -1\end{bmatrix}\hat{x}+\begin{bmatrix}1\\-1\\0\end{bmatrix}u$$

$$y=\begin{bmatrix}1 & 0 & 0\end{bmatrix}\hat{x}$$

4-15

（1）按照能控性分解

$$\boldsymbol{R}_c=\begin{bmatrix}0 & 0 & 0 & 1\\ 0 & 0 & 1 & 0\\ 1 & -2 & 0 & 0\\ 2 & -10 & 0 & 0\end{bmatrix}\qquad \boldsymbol{R}_c^{-1}=\begin{bmatrix}0 & 0 & \frac{3}{5} & -\frac{1}{3}\\ 0 & 0 & \frac{1}{3} & -\frac{1}{6}\\ 0 & 1 & 0 & 0\\ 1 & 0 & 0 & 0\end{bmatrix}$$

$$\dot{\hat{x}}=\begin{bmatrix}0 & -8 & \frac{1}{3} & \frac{1}{3}\\ 1 & -6 & \frac{1}{6} & -\frac{1}{3}\\ 0 & 0 & -3 & 2\\ 0 & 0 & 0 & 1\end{bmatrix}\hat{x}+\begin{bmatrix}1\\0\\0\\0\end{bmatrix}u$$

$$y=\begin{bmatrix}1 & -2 & 0 & 3\end{bmatrix}\hat{x}$$

（2）对不能控子系统按照能观测性进行分解

不能控子系统

$$\dot{x}_{\bar{c}}=\begin{bmatrix}-3 & 2\\0 & 1\end{bmatrix}x_{\bar{c}}$$
$$y=\begin{bmatrix}0 & 3\end{bmatrix}x_{\bar{c}}$$

分解后的系统状态空间描述为

$$\dot{\tilde{x}}_{\bar{c}}=\begin{bmatrix}1 & 0\\\frac{2}{3} & -3\end{bmatrix}\tilde{x}_{\bar{c}}$$
$$y=\begin{bmatrix}1 & 0\end{bmatrix}\tilde{x}_{\bar{c}}$$

（3）对能控子系统按照能观测性进行分解

能控子系统

$$\dot{x}_{c}=\begin{bmatrix}0 & -8\\1 & -6\end{bmatrix}x_{c}+\begin{bmatrix}\frac{1}{3} & \frac{1}{3}\\\frac{1}{6} & -\frac{1}{3}\end{bmatrix}x_{\bar{c}}+\begin{bmatrix}1\\0\end{bmatrix}u$$
$$y=\begin{bmatrix}1 & -2\end{bmatrix}x_{c}$$

按照能观测性进行结构分解，取变换阵

$$R_{oc}^{-1}=\begin{bmatrix}1 & -2\\0 & 1\end{bmatrix}\quad R_{oc}=\begin{bmatrix}1 & 2\\0 & 1\end{bmatrix}$$

分解后的系统状态空间描述为

$$\dot{x}_{c}=\begin{bmatrix}-2 & 0\\1 & -4\end{bmatrix}x_{c}+\begin{bmatrix}\frac{1}{3} & 0\\-\frac{1}{9} & \frac{1}{6}\end{bmatrix}x_{\bar{c}}+\begin{bmatrix}1\\0\end{bmatrix}u$$
$$y=\begin{bmatrix}1 & 0\end{bmatrix}x_{c}$$

所以系统按照能控性和能观测性进行结构分解的表达式为

$$\dot{\bar{x}}=\begin{bmatrix}-2 & 0 & \frac{1}{3} & 0\\1 & -4 & -\frac{1}{9} & \frac{1}{6}\\0 & 0 & 1 & 0\\0 & 0 & \frac{2}{3} & -3\end{bmatrix}\bar{x}+\begin{bmatrix}1\\0\\0\\0\end{bmatrix}u$$
$$y=\begin{bmatrix}1 & 0 & 1 & 0\end{bmatrix}\bar{x}$$

4-16

（1）系统是不能控但能观测的。

G_2 在前面时，不能控能观。

（2）系统是完全能控且能观测的。

4-17 证明略。

4-18 代码略。系统完全能控。

4-19 代码略。系统完全能观。

4-20 代码略。系统状态不完全能控。

4-21 代码略。系统状态不完全能观测。

4-22 代码略。系统能控且能观测的。

4-23 代码略。系统是能观测的。

第 5 章

5-1

（1）$V(\boldsymbol{x})$为正定的。

（2）$V(\boldsymbol{x})$为不定的。

5-2 $V(\boldsymbol{x})$可成为系统的李氏函数。

5-3

（1）系统在原点处的平衡状态是渐近稳定的。

（2）系统在原点处的平衡状态是渐近稳定的。

5-4

(a) 当 $k>-1$ 时系统平衡状态渐近稳定。

(b) 当 $k>0$ 时 $\boldsymbol{P}$ 矩阵正定，系统稳定。

5-5

（1）当 $\xi>0$，$\omega_n>0$ 时，$\boldsymbol{P}$ 矩阵正定，该系统大范围渐近稳定。

（2）当 ξ，ω_n 异号时，$\boldsymbol{P}$ 矩阵不正定，该系统不稳定。

5-6 系统不稳定。

5-7 系统稳定。

5-8 系统稳定。

5-9 $a>1$，$b\geqslant 0$ 时，系统稳定。

5-10 略。

5-11 $\begin{cases}\Delta_1=2K_1>0\\ \Delta_1=4K_1K_2-a_1x_k^2<0\\ \Delta_3=8K_1K_2K_3-2K_1a_1^2x_1^2-2K_2a_2^2x_2^2-2K_3a_3^2x_3^2>0\end{cases}$

5-12 代码略，系统不稳定。

5-13 代码略，系统稳定。

第 6 章

6-1

（1）特征值为 0，0，$\sqrt{11}$，$-\sqrt{11}$，故系统不稳定。

（2）$\boldsymbol{k}=[-0.4\quad -1\quad -24.4\quad -6]$

6-2 $\boldsymbol{K}=[40\quad 25\quad 5]$

6-3 $\boldsymbol{K}=[-5\quad 10\quad 24]$

6-4 $\boldsymbol{K}=[24\quad 18\quad 5]$

6-5 $k_2=21$，$k_1=3$，$K=25$

6-6 $\boldsymbol{K}=[2450\quad 64]$

6-7

（1）镇定。

（2）镇定。

（3）镇定。

6-8

（1）$\boldsymbol{K}=[10\quad 4]$

（2）$\boldsymbol{G}=\begin{bmatrix}13\\22\end{bmatrix}$

（3）略

6-9：

（1）$\dot{\boldsymbol{x}}=\begin{bmatrix}-1 & 0\\1 & -2\end{bmatrix}\boldsymbol{x}+\begin{bmatrix}1\\-1\end{bmatrix}u$

$y=[0\quad 1]\boldsymbol{x}$

（2）$\boldsymbol{G}=\begin{bmatrix}81\\17\end{bmatrix}$

（3）$\boldsymbol{K}=[16\quad 13]$

（4）略

6-10 $\boldsymbol{E}=\begin{bmatrix}20\\9\end{bmatrix}$

6-11

（1）$\boldsymbol{K}=[3\quad 2\quad 1]$

（2）$\boldsymbol{E}=\begin{bmatrix}7\\2\end{bmatrix}$

（3）略

（4）$G(s)=\dfrac{1}{s^2+10s+25}$

6-12 $\boldsymbol{G}_{\mathrm{c}}(s)=\begin{bmatrix}\dfrac{1}{s} & \dfrac{-s}{(s+1)(s+3)}\\ \dfrac{-1}{s(s+1)} & \dfrac{s(s+2)}{(s+1)^2(s+3)}\end{bmatrix}$

6-13

（1）可以进行状态反馈解耦。

（2）$\boldsymbol{K}=\begin{bmatrix}0 & 0 & 1\\-1 & -2 & -3\end{bmatrix}$，$\boldsymbol{F}=\begin{bmatrix}1 & 0\\0 & 1\end{bmatrix}$

参考文献

[1] 孙德宝，王金城，王永骥．自动控制原理．北京：化学工业出版社，2002.

[2] 沈绍信，王金城，李亚芬．自动控制原理．大连：大连理工大学出版社，1997.

[3] 胡寿松．自动控制原理．第7版．北京：科学出版社，2019.

[4] 张嗣瀛，高立群．现代控制理论．第2版．北京：清华大学出版社，2017.

[5] 郑大钟．线性控制理论．第2版．北京：清华大学出版社，2005.

[6] 梁慧冰，孙炳达．现代控制理论基础．第2版．北京：机械工业出版社，2012.

[7] 夏超英．现代控制理论．第3版．北京：科学出版社，2016.

[8] 胡寿松，王执铨，胡维礼．最优控制理论与系统．第3版．北京：科学出版社，2020.

[9] 吴麒，王诗宓．自动控制原理．第2版．北京：清华大学出版社，2016.

[10] 刘豹．现代控制理论．第3版．北京：机械工业出版社，2006.

[11] 陈启宗．线性系统理论与设计．第4版．北京：北京航空航天大学出版社，2019.

[12] 章卫国，卢京潮，吴方向．先进控制理论与方法导论．西安：西北工业大学出版社，2002.

[13] 史忠科．最优估计的计算方法．北京：科学出版社，2001.

[14] 王正林．MATLAB/Simulink 与控制系统仿真．第4版．北京：电子工业出版社，2017.

[15] 邓自立．最优估计理论及其应用——建模、滤波、信息融合估计．哈尔滨：哈尔滨工业大学出版社，2005.

[16] 萧德云．系统辨识理论及应用．北京：清华大学出版社，2014.

[17] 冯培悌．系统辨识．第2版．杭州：浙江大学出版社，2004.

[18] 徐南荣，宋文忠，夏安邦．系统辨识．南京：东南大学出版社，1991.

[19] 史维，陈文吾，何勤奋．自适应控制导论．南京：东南大学出版社，1990.

[20] 韩曾晋．自适应控制．北京：清华大学出版社，1995.

[21] RichardC. Dorf，RobertH. Bishop. 现代控制系统．北京：电子工业出版社，2015.

[22] Benjamin C. Kuo and Farid Golnaraghi. Automatic Control Systems (Eighth Edition). John Wiley & Sons，Inc.，New Jersey，2003.

[23] Golnaraghi F，Kuo B C. Automatic control systems. McGraw-Hill Education，Inc.，New York，2017.

[24] Katsuhiko Ogata. 现代控制工程．第5版．英文版．北京：电子工业出版社，2011.

[25] Tao G. Adaptive control design and analysis. John Wiley & Sons，Inc.，New Jersey，2003.

[26] Åström K J，Wittenmark B. Adaptive control. Courier Corporation，Inc.，Massachusetts，2013.

[27] HassanK. Khalil，哈里尔，朱义胜，等．非线性系统．北京：电子工业出版社，2011.